建筑门窗幕墙创新与发展

（2017年卷）

名誉主编　黄　圻

主　　编　董　红

副 主 编　刘忠伟　白　新

主编单位　中国建筑金属结构协会铝门窗幕墙委员会

支持单位　常熟市恒信粘胶有限公司

中国建材工业出版社

图书在版编目（CIP）数据

建筑门窗幕墙创新与发展. 2017年卷/董红主编. —北京：中国建材工业出版社，2018.2
ISBN 978-7-5160-2145-3

Ⅰ.①建… Ⅱ.①董… Ⅲ.①铝合金-门-文集 ②铝合金-窗-文集 ③幕墙一文集 Ⅳ.①TU228-53 ②TU227-53

中国版本图书馆CIP数据核字（2018）第016541号

内容简介

《建筑门窗幕墙创新与发展（2017年卷）》共收集论文40篇，分为综合篇、设计与施工篇、方法与标准篇、材料性能篇四部分，涵盖了建筑门窗幕墙行业发展现状、生产工艺、技术装备、新产品、标准规范、管理创新等内容，反映了近年来行业发展的部分成果。

编辑出版本书，旨在为门窗幕墙行业在更广泛的范围内开展技术交流提供平台，为行业和企业的发展提供指导。本书适合所有幕墙行业从业人员阅读和在实际工作中借鉴，也可供相关专业的科研、教学和培训使用。

建筑门窗幕墙创新与发展（2017年卷）
名誉主编 黄 圻
主 编 董 红
副 主 编 刘忠伟 白 新

出版发行：中国建材工业出版社
地 址：北京市海淀区三里河路1号
邮 编：100044
经 销：全国各地新华书店
印 刷：北京雁林吉兆印刷有限公司
开 本：787mm×1092mm 1/16
印 张：19.25
字 数：470千字
版 次：2018年2月第1版
印 次：2018年2月第1次
定 价：**86.80元**

本社网址：www.jccbs.com 微信公众号：zgjcgycbs
本书如出现印装质量问题，由我社市场营销部负责调换。联系电话：(010)88386906

序

每年一度的全国铝门窗幕墙委员会年会可谓热闹非凡，上千人的年会、数百个展览摊位、上万人次的参观、无数的商务洽谈、专家研讨、学术交流、学员培训等，这一切都办得轰轰烈烈。但我们觉得还不够味，还要赶在年会上发行本书，非要凑凑这个“热闹”。行业年会嘛，不怕节目多。试看当今行业内还有比铝门窗幕墙委员会行业年会更精彩、更具影响力的会议吗？

行业在进步，本书也在进步。多年来我一直参与审稿，体会还是很深的。本书进步表现之一是论文质量在不断提高。早年间有些论文看起来更像是检测报告，或是像幕墙工程情况简介，技术内涵少，创新点更谈不上。如今大多数论文都像模像样，理论分析、计算模型、试验验证、结果分析等面面俱到，读来颇为受益。我原本对玻璃应用技术略知一二，几年审稿下来，门窗幕墙的方方面面我都懂点啦。可以说我是本书的第一个读者，也是最大受益者。本书进步表现之二是本书在形式上跃了一个台阶。原本是行业年会一本内部交流用的论文集，经委员会领导的多方努力，现如今已是一本正式出版物，并且是多卷本系列丛书。它记录了行业的技术创新与发展，从某种意义说，这是一套铝门窗幕墙行业的科学技术年鉴。

门窗幕墙工程实践是我们创新与发展的载体。现如今世界上体量最大、技术最难、最具挑战的幕墙工程就在我们的手中诞生，我相信我们共同编写的这套系列丛书终将会成为世界各国图书馆争相馆藏的珍品。

谨以此文是为序。

北京中新方建筑科技研究中心主任，教授级高工

刘忠伟

目　录

一、综 合 篇

2017年铝门窗幕墙委员会工作报告

董 红
中国建筑金属结构协会铝门窗幕墙委员会 北京 100037

2017年是中国建筑金属结构协会铝门窗幕墙委员会（以下简称“委员会”）新班子着力发展的一年，委员会在中国建筑金属结构协会各级领导的亲切关怀和帮助下，引领铝门窗幕墙行业在2017年完成行业转型过渡并推动行业平稳持续发展。

关注绿色、持续发展
2017年度铝门窗幕墙行业发展回顾

1 关注绿色、关注民生

随着人们对生存环境的日益关注，中国门窗幕墙行业发展模式也相应地进行调整，既从“十三五”前期追求速度和规模而向“十三五”后期向绿色、高端发展转变。

在2017年的市场调研工作中发现，幕墙工程企业高度重视设计、研发和施工工艺的提升，通过积极学习掌握BIM、VR和AR技术，并将它最大化地应用到工程项目全流程中，为社会、为民众贡献不少地标工程。同时，通过进一步改良“单元式幕墙”的生产工艺、安装流程，促使其更加安全高效地参与到装配式建筑体系当中，行业中多家龙头企业，先后承建了多项国家级重点装配式建筑外立面的施工项目。

而近年来随着普通百姓在门窗的保温、隔声性能方面更加关注，民众在家装时对窗户提出更换需求大幅提升，这对门窗企业来说是非常好的发展契机。十九大报告中明确指出，我国已由高速增长阶段转向高质量发展阶段，正处在转变发展方式、优化经济结构、转换增长动力的攻关期。如何生产出高性能、低能耗的铝合金门窗产品，如何进一步提升门窗产品的使用耐久性，是铝门窗幕墙行业企业一直在思考和追求的目标。因此，委员会也一直致力于对高性能门窗产品的宣传，引导健康、科学的消费观，让普通百姓能够对门窗性能有所了解，而不是如以前一样仅关注产品价格或产品某项单一性能。随着近年来委员会铝门窗幕墙博览会的举办，企业更多的新产品、好产品得以推广，绿色环保节能的门窗产品成为委员会宣传的重点，门窗企业也在技术进步中打好了企业发展的坚实基础。

铝门窗幕墙行业除通过产品性能的提升为国家和用户节约能源外，在配件的选用和生产工艺的工业化、绿色化方面也一直走在建筑行业的前列。铝门窗幕墙行业是工业化程度较高的产业，这种工厂集约化的生产大大降低了现场施工带来的粉尘、噪声等污染，同时最大限度保障了产品性能。同时，铝门窗幕墙行业也在积极响应国家节能减排的号召，生产企业呈现区域化、集中化的趋势，例如江西安义的铝门窗幕墙生产工业园；广东、山东等较为集中的密封材料企业等，都在很大程度上减少了原材料运输所消耗的能源，又最大限度地利用了区域集中物流的优势，降低了产品流出能耗。即便如此，委员会仍在致力于提高铝门窗幕墙行业的绿色化设计、生产、施工、废弃物处理等环节，希望携手共进，为祖国的蓝天多出一份力。

2 成本提高对行业发展的影响

2017年，随着国内环保严查等因素的影响，铝门窗幕墙行业各生产企业的原材料价格均有较大幅度的增长，有些甚至成倍提高，这引起了委员会的高度重视，尤其是门窗幕墙用硅酮胶行业，原材料价格在一年内多次起伏，在9月份达到最高点，较去年同期增长超过1倍，且断货严重，原材料供应缺口较大。而硅酮胶企业的产品价格却依然维持在原有水平，导致企业资金压力较大，利润受到严重影响。

在今年的调研工作中，我们了解到成本价格提高导致的企业经营压力大的问题占比较高，部分小型企业因无法承受今年市场的变化而濒临倒闭。在这场由原料价格带来的变革中，给行业内各企业敲响了警钟，企业发展需时刻关注市场动向，积极应对市场变化带来的经营风险。

委员会在今年也多次召开企业家座谈会，倾听企业呼声，做好企业服务，积极引导下游企业关注和理解因原材料价格上涨带来的产品价格的变动。委员会还将一如既往地关注行业发展动态，寻求应对的策略。

3 国内房地产业现状对铝门窗幕墙行业的影响

房地产行业作为国民经济稳定发展的关键性支柱产业，在2017年经历了近年来较为严峻的上行压力。

党的十九大提出了新时代我国社会主要矛盾已转化为人民日益增长的美好生活需要和不平衡不充分的发展之间的矛盾。我国门窗幕墙行业，在经过了二十多年的快速发展后，也开始步入重要的转型期和机遇期。新建的项目高端化，既有建筑的改造化，家装市场的定制化，已成为当今房地产行业的主流趋势。

首先是城市分化严重，库存压力大，由于城市人口流动和资源配置的差别，不同城市房地产分化严重，去库存成为三四线城市房地产发展的瓶颈。其次是一二线城市在2017年相继出台的房地产调控措施，使得房地产行业整体面临较大的上行压力。三是在原有劳动力和管理成本不断增加的基础上，今年建材成本的增加和短缺也成为制约房地产业发展的因素之一。四是国内“新常态”下的经济形势也给房地产业带来巨大的发展压力。

铝门窗幕墙行业作为房地产业的组成部分，行业的发展必须紧跟房地产行业的走向才能把握住发展的方向。

首先，在进入“十三五”中期发展阶段后，建筑业整体进入工业化发展的实施阶段，从现浇技术逐步过渡到装配式技术，是彻底地建筑模式和方法的革新。在建筑工业化开始规模化推广和发展的过程中，我们行业如何研发适用于装配式建筑的高品质门窗系统，将成为未来行业发展的关键点。

其次，行业企业要在建筑工业化发展过程中寻找新的发展契机，比如我们行业的很多密封胶生产企业已生产和推广适用于装配式建筑外墙防水密封的新产品，在配方和生产技术上不断追求创新，在现场施工服务方面不断提升，不但保证了装配式建筑的使用性和耐久性，还找到了企业自身的新方向。

三是，房地产业已进入平稳发展的阶段，甚至在发展速度上明显放缓，新建建筑量逐年减少，但同时，既有建筑使用年限逐年增加，既有建筑改造的需求越来越多。既有建筑改造将成为未来建筑业发展的又一个重点，在既有建筑功能提升的过程中，如何高效提升建筑品质和舒适度，保障建筑安全性和可靠性将成为行业需要解决和思考的新问题。既有建筑的改造也为行业企业的发展带来新的商机，委员会也将更多关注既有建筑改造方面的技术发展趋势，为行业企业做好服务。

4 企业结构和规模调整成为今后企业发展的新常态

产能过剩和效率提升之间的矛盾，环境保护和成本提升之间的矛盾，科技创新和研发成本之间的矛盾，是当今行业三大主要矛盾点。

2017年，因经营不善而难以维持的企业数量呈增长的态势，盲目扩大生产、新投资项目失败或追求资本运作是诱因。整个行业在经济下行压力下，面临企业间洗牌和重组的可能，特别是2017年环保严查、原料价格上涨等因素使得规模小、技术低、生产线落后的企业无法正常生产和销售，停产和停工成为这些小企业今年的常态，行业企业构成进一步调整。未来生存并发展的企业一定是技术研发自主、生产规模集约高效的企业。

相比欧美，中国制造还在追赶期，因此中国企业家要有责任、担当和挑战自我的精神。同时，不能一味地做跟随型、模仿型，要明确自身的问题和特点。因此，如何根据市场需求合理发展，成为行业企业近一两年需要认真思考的问题。

5 低价中标必须做到低价不低质

“饿死同行、累死自己、坑死甲方”，低价中标导致质量低劣或纠纷扯皮的事件广为流传。政府主管部门和项目利益相关方近年来也认识到了这一症结。2017年在全国人大、政协会议期间，也多次有代表提到“低价中标”成为制约经济发展、激化社会矛盾并埋下工程安全隐患的导火索。随着国务院办公厅、发改委以及财政部近期印发的招投标管理办法以及发布的指导意见与征求意见稿，我们看到了很多积极的变化，国家从政策层面，正在探索和完善解决办法，让招投标过程更加公平、公正、公开，引导甲乙双方在一定机制的保障下，相对平等的进行对话磋商。

6 旧城改造将成为行业新的增长点

住建部在12月1日召开老旧小区改造试点工作座谈会，指出我国将在15个城市开展老旧小区改造试点。

老旧小区改造的主要工作是利用这些资源进行合理规划和安排，以便实现现代化城市目标而实施的一项重要工程。作为能源消耗“大户”的门窗，其更换是非常有必要的。要了解旧房改造对建筑门窗幕墙行业市场发展的关系，下面有几个数据供参考：

国内现有建筑面积约460亿平方米；

国内现有门窗面积约110亿平方米；

旧门窗更换每年新增用量约10亿平方米；

城镇化建设每年新增门窗用量约15亿平方米；

新农村建设每年新增门窗用量约5亿平方米;

旧房改造每年新增旧门窗更换用量约20亿平方米。

可以看到,旧房改造每年带来的新增门窗市场,能够与调控中的城镇化建设和新农村建设产生的门窗市场相当。

不忘初心、牢记使命
2017年度铝门窗幕墙行业工作情况介绍

1 继续做好行业调查统计工作

2017年铝门窗幕墙行业总体产值较2016年略有波动,保持在与2015年基本持平的状态。总体变化幅度不明显,深化到细节中,幕墙板块相比2016年,整体工程产值仍然呈现一个小幅下降的态势,幅度与上年同期相比,出现有所放缓态势。而铝门窗产值再次上升,对应市场内的变化情况,主要是有两方面:一是房地产市场的体量下降明显,从前几年的急速上升,到近期各种限购政策反而刺激了市场供需的平稳回调;二是部分地区对公用建筑限制玻璃幕墙应用的误解,导致幕墙应用,尤其是玻璃幕墙的应用受到了一定量的限制,明显减少了幕墙的市场体量。但在建筑外围护结构体系中,基于对采光和通风的功能诉求,幕墙的减少,相应的会在建筑立面适当增加门窗的面积及外墙装饰、造型面板的设计。这样的情况下,铝合金门窗的工程占比较以往出现了进一步的上升。而与之配套的铝型材、玻璃、五金件、密封胶等分类产品,因应用领域的扩大或缩减,各有增减,但总体来说波动不大。不过伴随三季度以来环保督察、安监巡查等因素,行业企业呈现出全年利润下调的预期。

从长远的预期发展来看,经历2017年的市场变化后,幕墙行业调整幅度最大,两极分化加剧,工程质量控制、团队协调组织以及资金风险把控等三大能力,成为当前幕墙企业发展的核心竞争力。铝门窗行业则除了巩固原来的工程领域外,逐年向高品质、优服务以及个性化定制的家装门窗领域发力。而建筑材料行业的洗牌力度空前,中小企业关停及暂停生产的情况屡屡出现,市场空缺出来的份额,仅有部分为大企业所填补,而低价中标、中间环节多、房地产市场整体回暖预期依然不明朗等背景,导致了大企业、品牌生产商仍然无法完全占据空缺出来的市场份额。

2017年行业利润率的变化情况从铝门窗、幕墙、铝型材、玻璃、建筑密封胶、隔热与密封材料、五金、加工设备、建筑幕墙咨询等行业来看,总体发展稳中稍降。2016年对比2015年是一个下滑明显的年份,2017年的市场情况从总体行业信息汇集来看,有着利好的一面。幕墙工程企业、铝门窗工程企业提交的数据显示,利润率有所上升,但掩盖在利润率之后的资金现状,令人颇为担忧:各种原材料、运费、人工成本的上升幅度较大,至少在20%以上。通过数据申报表的“行业从业人员变动情况表”以及对企业和主要负责人的走访,我们了解到大多数的企业采取的是“减员增效”、“控制企业资金成本流出”、“调整工程规模及合作模式”、“提高工程款回收比例”等,在一定程度上为利润率拔高带来了好处,但如何合理地处理与房地产商之间的资金回笼问题,在工程报价方面有所提高,规避过低报价带来的利润风险仍然是重中之重。相应的铝门窗市场化拓展、各类附件(包括五金、隔热及密封材料、建筑密封胶以及加工设备等)在工程市场与家装市场,甚至是工业市场内做出产

品延伸，通过增量的市场份额，提高企业产值和利润。

另外，作为行业的组成部分——幕墙顾问咨询领域，我们通过近三年来委员会组织召开的“全国幕墙顾问联盟”会议，以图表调查的方式，把采集到的相关信息，整理得出以下结论：在建筑幕墙顾问咨询市场内，从2015年的百花争艳，到2016年的急剧萎缩，再到2017年的适当增长，市场中行业上、下游企业的自我调节修复的能力、主动适应求变的过程，出乎了大多数人的想象。建筑幕墙顾问咨询行业由最初的单一幕墙设计咨询，向着多元化发展，包括大量的建筑咨询、钢结构咨询、膜结构咨询、BIM技术应用、建筑照明、建筑绿化等，其国内市场总体量保守估计应在15～25亿之间，国内品牌顾问公司与国外企业之间的市场竞争将在未来两到三年内，呈现更加激烈的情况。

在此，要特别感谢广大会员单位以及部分非会员单位，对每年统计工作的大力支持，积极填报企业数据。同时，也请关注年度“喜爱幕墙工程”和“首选品牌”活动的开展，委员会除了发布行业大数据以外，通过公布这个榜单也是从另一个角度反映出企业的运营状态。

2 参与标准制订、修订工作

委员会积极响应国家对建筑业绿色、环保、高性能的要求，从源头标准完善和制订高水平企业的评价方法，引导行业企业向着更高的目标前行。

在2016年团体标准制订工作的探索基础上，2017年，委员会在团体标准制订工作方面着力于绿色建筑、绿色建材评价标准的制订。

3 活动开展情况

3.1 积极开展幕墙咨询公司联盟活动

近年来幕墙安全性受到政府部门及社会各界的广泛关注，尤其是极端天气下的幕墙安全问题更是成为老百姓和媒体关注的热点。如何进一步保障建筑门窗幕墙的安全性，提高门窗幕墙抗极端天气影响的能力，成为行业内关注的热点话题。

2017年，委员会组织安排联盟成员及相关企业代表赴福建地区进行观摩活动。本次观摩活动，联盟成员在参观新工艺、学习新技术的基础上，结合自己的工作实践情况，有针对性地参观了工程实际案例，更形象、更直观地了解建筑行业发展的新动向。

3.2 关注行业年青企业家成长

2017年9月委员会组织召开了“2017门窗幕墙行业青年企业家交流座谈会暨第二届青年企业家沙龙活动”，期间有幸邀请到了长江商学院欧洲首席代表、TED Talk演讲家季波先生，为青年企业家带来激情澎湃的主题演讲。旨在为门窗幕墙行业青年企业搭建交流学习平台，帮助参会的青年企业家建立更加深度的合作共赢关系，增强相互间的凝聚力，共同推动行业的健康持续发展。

3.3 举办行业年会及新产品博览会

2017年3月，委员会在广州如期召开行业年会和新产品博览会，年会聚焦建筑产业化和人居生存环境的思考，在资本寒冬下，用地产商思维、互联网视角，寻求房地产与门窗幕墙行业上下游产业链之间的转型升级之路，帮助企业制定突围2017年的市场战略；同时用政策导向为企业的未来发展指引了方向。展会共计113，156观展人次，其中观众62，639人，展商564家，展出新产品18，000件，展会面积达到了80，000平方米，相比2016年同期增加了百分之二十。展会期间，更多的来自世界不同国家和地区的企业及专业买家观众一次性全面接触了铝门窗幕墙行业的最新产品与技术。

3.4 举办门窗幕墙技术培训班

"2017全国建筑铝门窗技术培训班"在佛山举办，此次培训班以建筑门窗新材料、新技术和新工艺和行业标准化体系为主题，共160余名学员参加了此次培训。通过理论讲解和案例分析相结合的方式，力求提升学员的门窗技术水平和应对市场挑战的能力。

3.5 服务行业，服务社会

据不完全统计，铝门窗幕墙委员会专家组专家在2017年活跃在全国各地，参与讲座、审图、评标等技术支持工作千次。展示出技术引领、专业服务为门窗幕墙产业链发展所带来的积极影响。

3.6 支持地方协会、学会，合作共赢

今年，与各地方协会、学会合作的活动20余次。走访企业100余次。在此不一一列举，期待广大会员企业积极参与行业活动，通过技术介绍，产品展示等交流形式，深度融入到委员会组建的行业大家庭中。

4 出版发行图书

2017年，委员会通过中国建材工业出版社，公开出版了《建筑幕墙创新与发展（2016年卷)》论文集，累计发表文章46篇，从多角度对建筑门窗幕墙的创新与发展提出了不同的观点。同时，委员会还组织行业专家、幕墙顾问代表、企业市场与技术负责人，联合出版了《2017中国门窗幕墙行业主流技术及市场热点分析报告》，发表文章35篇。两本图书通过对最新政策法规、行业专家、市场趋势、数据统计、技术分析等内容板块进行深入剖析，为门窗幕墙行业形成发展报告。

明确方向，砥砺前行
2018年度铝门窗幕墙行业工作思路

1 积极推进行业团体标准的编制工作

2017年，根据国务院印发的《深化标准化工作改革方案》（国发【2015】13号），改革措施中指出，政府主导制定的标准由6类整合精简为4类，分别是强制性国家标准、推荐性国家标准、推荐性行业标准、推荐性地方标准；市场自主制定的标准分为团体标准和企业标准。政府主导制定的标准侧重于保基本，市场自主制定的标准侧重于提高竞争力。同时建立完善与新标准体系配套的标准化管理体制。国标委和行业标准管理部门均在实施13号文的要求，国家标准和行业标准的制修订工作进一步缩紧，协会标准如雨后春笋般大量涌现。

委员会将抓住协会标准发展的契机，发挥委员会技术专家的专业优势，进一步积极开展协会标准的制修订工作。委员会拟在2018年出台协会标准申报、管理的规定，进一步规范协会标准的申报审批流程，提高协会标准的技术水平，真正做到让协会标准为行业服务。

2 组织开展装配式建筑设计、施工调研活动

随着我国步入"十三五"发展的中后期，建筑工业化已从新兴事物变为广泛推广的建筑

模式。铝门窗幕墙行业如何能够工业化发展的步伐，并不能只停留在自我发展的阶段，避免闭门造车的问题。另外，针对行业企业近年来提出的要求，委员会拟在2018年组织相关企业以“建筑工业化”为主题，深入建筑设计单位和科研院所，深入实际工地开展调研和技术交流活动，并邀请建筑工业化设计、施工、质量验收等领域的专家做相关专题报告。

3 积极开展行业绿色建材推荐工作

2018年，委员会在参与绿色建材评价标准编制工作的基础上，将会进一步对会员企业的生产规模、管理模式进行深入了解，掌握行业动态。向社会上游企业推荐绿色建材产品，从而为保障国内绿色建材行业发展贡献力量。

4 继续开展行业年会及新产品博览会

延续年会及展览，在原有参展公司和展览规模的基础上，更多地邀请国外知名企业和专家进行技术交流和产品展示，让国内企业能够在家门口学习发达国家的先进技术和管理经验。

5 继续开展行业培训

继续开展技术培训班、行业技能培训课等，为建筑门窗幕墙行业的设计技术、预算、施工、工程管理等，提供权威、统一、合理、全面的学习、培养、提升平台。

6 继续做好铝门窗幕墙行业数据统计工作

2018年，铝门窗幕墙委员会将继续推进行业的统计工作，希望通过不断升级的统计手段以及不断深入的统计工作开展，在国家鼓励建立行业大数据的背景下，在供给侧新形势的改革下，为行业的企业发展和再投资，做出有价值的参考数据。

7 强化现代信息传播能力，丰富行业网络信息平台

继续利用委员会网站平台：中国幕墙网以及官方微信平台，实时发布最新的幕墙工程进展情况、行业动向、企业及最新产品、技术信息等，针对行业内一些技术、施工问题带来的安全隐患与引发的问题，进行实时分析，树立正确舆论导向，传播行业正能量。

8 积极组织开展各类企业交流及技术展示活动

继续积极组织行业内企业及企业家共同参与行业交流、工程展示、新产品新技术展示的交流展示活动，拉近协会与企业、企业家、房地产商、工程商之间的互动交流，为大家提供专业、规范、公开、全面的交流、展示、提升平台。

2018，让我们一起拥抱新时代，创造新辉煌！

装配式建筑节能门窗研发与产业化浅析

张国峰

北京嘉寓门窗幕墙股份有限公司　北京　101301

摘　要　装配式建筑节能门窗系统是一种新型结构的建筑外窗加工、安装技术，创造性地实现了建筑外窗模块化加工生产与安装，是本行业技术的一种革新。

关键词　装配式；建筑；节能；门窗

0　引言

目前，我国人民对生活品质的要求越来越高，传统建筑的施工方法已越来越不能满足现代居民的居住需求；建筑产业链上的各方均在不断寻求实现建筑标准化、工业化、集约化生产新思路、新方法；装配式建筑采用标准化设计、工厂化生产、装配化施工、信息化管理、智能化应用，是现代化、工业化的生产方式；实现节能、节水、节材、节时、节省人工、大幅减少建筑垃圾和扬尘，实现绿色施工，因此，推广装配式住宅是一条可行的发展之路，同时也使得装配式建筑从规划、设计、生产到运营整个产业链市场也有了更多的发展空间。

2016 年 9 月，国务院办公厅《关于大力发展装配式建筑的指导意见》指出：提升装配施工水平。引导企业研发应用与装配式施工相适应的技术、设备和机具，提高部品部件的装配施工连接质量和建筑安全性能。鼓励企业创新施工组织方式，推行绿色施工，应用结构工程与分部分项工程协同施工新模式。

装配式建筑中，建筑部品由车间生产加工成预制品或模块，建筑现场主要做装配作业，这与传统建筑设计与施工模式发生颠覆性变化，随着装配式建筑技术的发展，现有门窗安装生产技术不能满足建筑及围护结构一体化设计与施工的要求；门窗是建筑外围护结构阻隔外界气候侵扰的基本屏障，与建筑围护结构的其他部分，即墙体和屋面相比，门窗属薄壁轻质构件，是建筑保温、隔热、隔声最薄弱的环节。

现行的门窗安装施工形式，是先在工厂加工窗框，在建筑结构门窗洞口中安装完成后，再按土建施工进度，依次安装窗扇、玻璃及配件。因安装过程是半成品安装，与土建施工反复交叉作业，存在门窗成品破损、污染、室外安装高空坠落等风险；同时，配合土建施工需要反复交叉进行现场半成品安装，均可能造成门窗损坏，保温性能、水密性、气密性不能有效保障，影响整窗节能效果，窗的最终成品质量很难得到有效控制；因此，目前的建筑外窗产品从生产到安装存在着不利于大规模工业化生产和质量控制的因素。

为解决目前存在的问题，需要一种装配式建筑节能窗系统，一种新型结构的建筑外窗加工、安装技术，实现铝合金门窗的玻璃安装、密封件、五金配件安装调试等工序在工厂内一次性加工完成，最大限度地减少工程施工安装环节。将建筑外窗框架按照装配式建筑可实现的原则进行分拆设计，在工厂内做成独立的单元，现场进行拼装组合。

研发装配式建筑节能窗系统，与传统节能窗相比，具有以下优势：装配式门窗技术真正实现了门窗产品的标准化生产，最大限度地减少门窗现场安装施工工序，减少现场安装工作量，大幅提高施工安全性，缩短了门窗安装周期；同时，绝大部分工序都在工厂内完成，使现场安装对门窗质量的影响程度降至最低，有利于门窗成品整体质量的提升。

1　国内外门窗行业安装技术现状

现行的建筑门窗行业中铝合金门窗安装主要有湿法安装和干法安装两种方法。

1.1　湿法安装

将铝合金门窗直接安装在未经表面装饰的墙体门窗洞口上，在墙体表面湿作业装饰时对门窗洞口间隙进行填充和防水密封处理（引自《铝合金门窗工程技术规范》JGJ 214—2010）。

由于湿法安装方式墙体表面湿作业的水泥砂浆等材料以及操作中对铝合金窗框的污染和破坏较严重，因此《铝合金门窗工程技术规范》JGJ 214—2010 中规定：铝合金门窗宜采用干法施工方式，铝合金门窗的安装宜在室内侧或洞口内进行。

1.2　干法安装

建筑墙体门窗洞口预先安置附加金属外框并对墙体缝隙进行填充、防水密封处理，在墙体洞口表面装饰湿作业之完成后，将门窗固定在金属附框上的安装方法。（引自《铝合金门窗工程技术规范》JGJ 214—2010）。

干法安装工作流程为：1 准备工作→2 测量放线→3 确认安装基准→4 洞口处理→5 钢附框安放、校正、固定→6 防雷施工（中高层建筑）→7 洞口土建抹灰收口→8 安装门窗框→9 调整固定→10 安装玻璃及打胶→11 安装、调整窗扇及五金件→12 门窗四周打胶→13 纱窗安装→14 清理、清洗门窗→15 检查验收。

近几年干法安装技术应用越来越多，现行的干法施工安装技术为：利用矩形钢管作为附框用于铝合金窗框与结构墙的连接固定构件，窗框、窗扇、五金配件、玻璃、门窗密封材料等分别进行安装。这种干法安装技术和传统的湿法安装相比有利于成品保护、一定程度上缩短了安装周期、便于维护更换、提高安装精度，但是依然存在如下问题：

（1）钢附框影响门窗的节能保温性能：现行的方案中矩形钢管作为附框用于铝合金窗框与结构墙的连接固定构件，因其没有隔热结构，致使门窗与结构墙连接处为“冷桥”，影响门窗的节能保温效果。

（2）现场施工周期长、交叉污染严重：窗框、窗扇、五金配件、玻璃、门窗密封材料等分别在施工现场进行安装，门窗的施工周期依然较长，致使实际运作中墙体表面湿作业与安装铝合金窗框两个工序截然分开很困难，使得安装窗扇、五金配件、玻璃、门窗密封材料等部件之前随着土建施工的进行，一些铝窗框已发生损坏、被建筑墙体表面湿作业的水泥砂浆污染。

（3）影响施工安全及产品成品质量：现行的干法安装技术中很多工作必须在室外进行，施工人员的安全性较差，特别是北方施工受季节影响也较严重，操作工人在寒冷恶劣环境下室外操作手法难以保证，影响产品成品质量。

（4）综合经济损失较高：玻璃等部件从工厂运输到安装现场需多次搬运、装卸、现场存储会造成破损率增加；施工安装工作量大、工作效率低、质量损失增加、人工和运输等费用增加。

2 装配式建筑节能门窗研发的目标

创造全新的铝合金门窗模块化生产安装技术，设计开发出一套铝合金节能门窗系统，规避现行铝合金门窗技术的弊端，改变铝合金门窗传统加工安装思维方式，有效节约能源；设计开发的铝合金节能窗系统能够实现：

（1）将建筑墙体门窗洞口中较大的洞口拆分成小洞口，分割成两个或两个以上的单元，参照《建筑模数协调标准》GB/T 50002—2013、《建筑门窗洞口尺寸协调要求》GB/T 30591—2014 按照材料节省、容易生产、加工、运输、安装的原则进行优化，确定单元洞口的规格，实现成品窗标准化、模块化加工生产与安装。

（2）铝合金门窗的窗框、窗扇、五金配件、玻璃、门窗密封材料等分别在工厂内安装调试完毕，即产品出厂时为成品窗；现场只进行成品窗安装，实现安装工艺的简单化、标准化，减少现场安装工作量，大大缩短门窗安装的施工周期。

3 装配式建筑节能门窗研发的开发思路

3.1 各项基本性能设计

3.1.1 节能设计

预制副框、门窗预制模块的型材均使用断桥隔热型材（穿条式或注胶式均可），隔热构造的宽度可以根据节能指标的要求进行调整。由于装配式门窗接口设计采用单腔结构，可方便地在一侧设置弹性保温材料（聚苯材料或聚氨酯挤塑材料），能够有效地阻碍单元拼接腔体内部的空气流通，节能效果超过其他同类节能窗，同时也起到了隔声、降噪的作用。

3.1.2 密封设计

装配式节能门窗系统的密封设计至关重要，门窗预制模块之间的密封、门窗预制模块与预制副框之间的密封，密封构造采用两道以上的橡胶条进行连续密封；另外预制副框与门窗洞口之间的密封构造设计，根据建筑结构形式的不同进行有针对性地设计，通常情况下预制副框与门窗洞口之间在进行保温分隔后使用防水砂浆进行填缝处理，预制副框与窗洞口内外饰面之间使用防水硅胶再进行密封处理。

3.1.3 防水设计

防水设计是装配式节能门窗系统对传统方案一个重要革新，装配式节能门窗可以采取双层防水设计，即门窗预制模块本身的防水设计和下部预制副框内的第二层防水的设计，除了在门窗预制模块上设置等压排水孔之外在下部预制副框与门窗预制模块连接位置也开设排水孔。正常状况下进入腔室的雨水或冷凝水直接由门窗预制模块上的排水孔直接排出。若门窗预制模块与预制副框之间密封不严所造成的雨水渗透或因门窗预制模块排水不畅所造成的漏水以及型材腔体内部的冷凝水可经过下部预制副框的第二层防水孔顺利排出。

3.2 安装构造设计

安装构造设计是装配式门窗的基础设计，主要是设计与洞口墙体直接连接固定的预制副框结构，预制副框除了起到与目前普遍采用的干法施工的钢制附框一样所具有的确定门窗加工尺寸、规范安装位置、室内外墙体过渡等作用以外，还要考虑满足以下要求：

（1）适应各类建筑结构形式（如砌块建筑、板材建筑）的安装需求；

(2) 能够承受门窗预制模块的各类荷载(风荷载、自重荷载等);

(3) 预制副框、预制中框与门窗预制模块要一体化配套设计;

(4) 考虑加工安装工艺的简单化、标准化;

(5) 不同系列、不同产品形式的通用性设计;

(6) 设计配套的压座结构,实现门窗预制模块在室内侧进行安装或拆卸;

(7) 要具备可拓展性,考虑与其他结构配套,如外用窗台板、外遮阳系统等。

3.3 接口构造设计

门窗预制模块之间、门窗预制模块与预制副框的接口构造设计是装配式门窗系统的关键性设计,也是装配式门窗技术研发的难点所在,由于要综合考虑连接强度、门窗框立面效果、五金安装空间、门窗预制模块尺寸误差等因素,在设计时主要考虑满足以下几点要求:

(1) 门窗预制模块与预制副框、预制中框的接口构造设计能够有效吸收单元变形;

(2) 门窗预制模块与门窗各类转角的连接部位有完善的构造设计;

(3) 接口构造设计考虑门窗预制模块连接后满足各类五金安装空间及承载力的要求;

(4) 接口构造设计考虑应满足门窗预制模块连接后门窗框可视面宽度的最低要求。

3.4 工艺设计

3.4.1 预制副框部分

装配式门窗预制副框直接承受窗体传导过来的荷载 ,即要保证强度的需要,还要考虑施工安装的方便易行,所以预制副框的角部连接采用螺钉连接的方式,这样既可以保证角部连接的强度,也能够把预制副框分拆为杆件的形式运输至施工现场后再进行组装,安全方便快捷。

门窗预制模块安装至预制副框的预设位置后,内侧安装采用铝合金压板连接构造,在正风压的荷载作用下压力越大压板与预制副框的啮合部分就会越紧,不易松动,与预制副框形成一体。当需要更换或需要拆卸时,只需将连接螺钉卸下,就能轻松拿下,从而达到牢固、简便、易拆卸等实用功能。

3.4.2 门窗预制模块部分

门窗框采用传统的单臂公母料的设计形式,角部连接采用螺钉连接并使用防水胶垫加涂胶进行密封,竖向门窗框通长,单个门窗预制模块内部的中挺连接工艺、玻璃安装构造、五金安装构造等与现有的常规门窗技术兼容。

通常情况下一个横向分格设计成一个门窗预制模块,单元设置以方便运输、搬运和现场安装为原则,一般不宜不超过 3m^2,单个单元板块体重量不宜超过 100kg,单元与单元之间采取竖向进行拼接。

3.5 铝型材的结构设计

装配式建筑节能窗复合隔热型材为新型隔热断桥铝合金型材,型材由室内侧型材、室外侧型材、隔热断桥组成;型材为三腔或者三腔以上结构,形成专用的排水腔、保温腔,隔热断桥内部设有若干空腔,降低了型材成本,又可以解决材料热膨胀所产生的应力问题,提高了型材的稳定性及整体保温隔热性能。

4 关键技术

装配式建筑节能窗系统设计一种预制副框、预制中框及压板、装饰盖板,预制副框和预制中框将窗洞口进行横向分格，分格尺寸符合规定的门窗预制模块规格范围；安装现场建筑窗洞口结构墙完成后，将预制副框和预制中框在现场组好后安装在窗洞口；然后在工厂加工门窗预制模块（即窗框、扇及五金配件、玻璃等在工厂内组合完成的成品窗），待安装现场条件允许后进行门窗预制模块的安装。

安装时，预制副框与门窗预制模块之间调整安装间隙后采用压板固定，压板的一侧压住门窗预制模块型材特定部位，使其朝预制副框的固定翼方向（靠紧室外方向，操作人员在室内）；室内侧用压板与预制副框螺纹连接，将门窗预制模块可靠地固定后，再用装饰盖板盖住，使得内侧面保持美观。

此技术方案的优点是：

（1）系统中压板为分段固定，门窗预制模块之间的间隙可调；同时由于增加了室外橡胶密封条也起到了降低噪声的作用。

（2）预制副框、预制中框结构中的第二道防水设计提高门窗系统的水密性能。

（3）压板式方案在正风压的荷载作用下，压力越大压板的啮合部分会越紧，不易松动，与预制副框、预制中框形成一体。

（4）加工工艺性：借用现有型材，如隔热断桥等；借鉴成熟加工工艺，加工设备通用。

5 装配式建筑节能门窗系统创新点

5.1 理论创新

引入铝合金门窗成品化生产加工的新理念，实现成品窗模块化加工生产与安装，有利于进一步实现标准化、工业化的流水线生产，提高企业经济效益；大规模标准化的生产安装技术使产品质量更稳定，也提高了铝合金门窗系统的综合性能。

5.2 结构创新

本系统开发的预制副框、预制中框具有独立均衡的三腔或三腔以上结构设计，使该系统门窗具有更高的稳定性，提高力学性能、隔热保温、隔声性能等；型材断面层等位线设计及隔热断桥设计使该系统门窗具备了更好的隔热性能，彻底改变传统门窗安装中简单地利用矩形钢管作为附框连接铝合金窗框与建筑结构墙，创造全新的铝合金门窗模块化的生产安装技术。

本系统门窗预制模块之间调整安装间隙后，采用压板固定，压板的一侧压住门窗预制模块型材特定部位，使门窗预制模块朝预制副框的固定翼方向，即靠紧室外方向，操作人员在室内工作；室内侧用压板与预制副框螺纹连接，实现铝合金门窗的现场安装工作全部在室内侧进行，消除现场室外施工的安全隐患。

5.3 生产加工及安装工艺的创新

研制开发的装配式建筑节能窗系统实现窗框、窗扇、玻璃及五金配件等的安装各工序在生产工厂内完成；即产品出厂时为成品窗。使得现场安装的工作简单易行，实现安装工艺的简单化、标准化，减少现场安装工作量，同时可提高产品质量。

6 装配式建筑节能门窗系统综合优势比较

装配式建筑节能窗系统与传统节能窗相比具有的优势如表1：

表 1　装配式建筑节能窗系统与传统产品系统综合性比较

	装配式建筑节能窗系统	传统产品系统
施工周期	短。真正实现了成品门窗的标准化生产，最大限度的减少了门窗现场安装施工工序，缩短了门窗安装周期	长。窗框、窗扇、五金配件、玻璃、门窗密封材料等分别在施工现场进行安装，门窗的施工周期依然较长
节能保温	强。本系统开发的预制副框、预制中框具有独立均衡的三腔或三腔以上结构设计，使该系统门窗具有更高的稳定性，提高力学性能、隔热保温、隔声性能等	弱。现行的方案中矩形钢管作为附框用于铝合金窗框与结构墙的连接固定构件，因其没有隔热结构，致使门窗与结构墙连接处为“冷桥”，影响门窗的节能保温效果想
安全性	高。在工厂内的生产加工环节完成，最大限度地减少工程施工安装环节的工作	低。需要有室外高空作业，施工人员的安全性较差
施工条件	好。绝大部分工序都在工厂内完成，现代化、标准化、工业化的流水线生产模式生产	差。与在工厂内操作相比在施工现场安装门窗的工作条件较差，特别是北方施工受季节影响也较严重，操作工人在寒冷季节的恶劣环境下室外操作手法难以保证质量，安装效率较低

7　结语

装配式建筑节能窗系统创造性地实现了门窗产品标准化、模块化生产，使得产品质量稳定，进一步提高节能效果；有利于门窗产品整体质量的提升，是行业技术的一种革新；其重要意义还在于装配式建筑节能门窗技术与装配式建筑技术相融合，实现安装工艺的标准化、模块化；同时节约能源、保护环境，符合绿色建筑的要求。

参考文献

[1]　《铝合金门窗》GB/T 8478—2008.
[2]　《建筑模数协调标准》GB/T 50002—2013.
[3]　《建筑门窗洞口尺寸协调要求》GB/T 30591—2014.
[4]　《铝合金门窗工程技术规范》JGJ 214—2010.
[5]　《居住建筑节能设计标准》DB11/891—2012.

作者简介

张国峰（Zhang Guofeng），男，1978 年 1 月出生，高级工程师，北京嘉寓门窗幕墙股份有限公司总工程师。

国家大剧院外装饰面历经十年风雨后的表现
——对金属屋面和玻璃采光顶的质量回访

王德勤

北京德宏幕墙工程技术科技中心　北京　100062

摘　要　在国家大剧院竣工后投入使用十年的时候，2017年年底我对大剧院的玻璃幕墙、采光顶和金属屋面板的使用情况和面材的耐候状态进行了质量回访，与管理、维护人员进行了座谈，并对金属屋面、玻璃幕墙及采光顶系统的节点构造的适应性和面板耐久性等进行了详细的探讨和分析。本文通过现场图片，对工程的关键技术进行较全面的分析和介绍。同时文章还特别对当时在我国首次用作外装饰面层的钛金属板的性能和表现作了介绍。

关键词　中国国家大剧院；钛金属板装饰面层；铝镁锰金属屋面板；玻璃反声罩

1　引言

最近，在国家大剧院工程竣工正式投入使用整整十年的时候，我又去了一趟国家大剧院。它对于我来说是再熟悉不过的了。在资料中很容易就能找到对它的描述：国家大剧院位于北京市中心天安门广场西，西长安街南侧，由主体建筑及南北两侧的水下长廊、地下停车场、人工湖、绿地组成，总占地面积11.89万平方米，总建筑面积约16.5万平方米（图1～图3）。

图1　中国国家大剧院图片

国家大剧院中心建筑为半椭球形钢结构壳体，东西长轴212.2米，南北短轴143.64米，高46.68米，地下最深32.50米，周长达600余米。整个壳体表面由18398块钛金属板和1226块超白透明钢化玻璃共同组成，两种材质经巧妙拼接呈现出唯美的曲线，营造出舞台帷幕徐徐拉开的视觉效果。

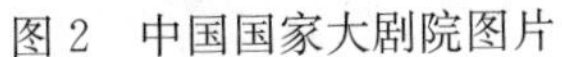
图 2　中国国家大剧院图片

图 3　中国国家大剧院图片

从大剧院的金属屋面和玻璃采光顶的施工安装完成，算起来到现在也已经有 12 个年头了。想起当年的建设过程心情还是那样的激动，久久不能平静。我是在 2005 年初介入这个项目的，当时项目主体已经完成，大部分的金属屋面系统和玻璃采光顶吊装已经结束，已进入到了收尾阶段。剧院的内部装饰正在紧张地进行之中。

十多年过去了，它历经了诸多次酷暑严寒、暴雨沙尘的洗礼，这对于我们安装的每一块面板、每一个节点来说都是一个质量考验。

2　国家大剧院投入使用十年时的质量回访

我曾于 2016 年 6 月份，在国家大剧院已竣工十年的时候对大剧院的金属屋面、玻璃幕墙及玻璃采光顶系统进行了检查，并与大剧院的管理、维护者进行了关于十年来使用情况的座谈和调研，同时对金属屋面系统、玻璃幕墙及采光顶系统节点构造、板块连接系统的适应性以及面板耐久性等进行了详细地探讨和分析（图 4、图 5）。

图 4　中国国家大剧院内视照片（一）

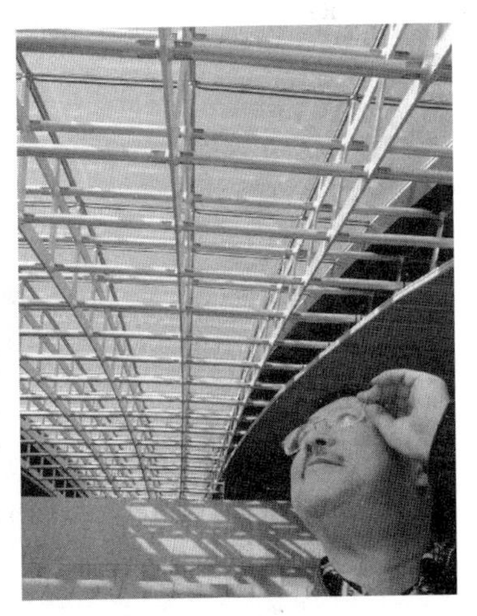

图5　中国国家大剧院内视照片（二）

2.1　针对玻璃幕墙、采光顶和金属屋面的质量回访

此次回访，由国家大剧院行政部的相关管理人员对金属屋面及玻璃幕墙在使用中的情况

作了较为详细的介绍。在充分肯定其使用性能的基础上，也对在使用过程中出现一些问题的处理方案和办法做了实地讲解（图6～图8）。

图6 钛金属板与玻璃幕墙接口

图7 钛板装饰面与湖水收口

图8 使用十年后的钛板装饰面

在深入座谈中我们了解到，在个别中空玻璃内有过结露现象，已及时进行了更换。金属屋面部位在使用过程中未出现过任何问题；玻璃采光顶在胶缝处增加了防水胶带，进行过密封处理，现已彻底解决了乌鸦等鸟类在玻璃采光顶的顶部啄食密封胶的现象，使用情况很好。在玻璃幕墙和金属屋面上使用的硅酮结构胶、密封胶性能良好，未出现过质量问题。

顶部可开启部位表现良好；金属屋面部位的局部钛板表面有少量的污染。钛板边部折角处没有出现任何裂纹现象；玻璃之间的密封胶性能良好；顶部清洗用喷淋系统未曾使用。屋面的清洗主要是采用蜘蛛人的人工清洗方案；自动清洗设备也未曾安装使用。

我于2017年11月底又一次来到大剧院，对顶部的玻璃采光顶和屋面板的使用情况和面材的耐候状态进行了观察，认为该部分的工作状态良好，没有出现任何异常现象，能确保金属屋面系统和玻璃采光顶及玻璃幕墙的各项物理性能的实现（图9、图10）。

图9 国家大剧院内视照片，拍摄于2017年11月

图10 国家大剧院外视照片，拍摄于2017年11月

2.2 回顾工程建设时的情况

还记得当年对国家大剧院的方案设计褒贬不一，在众多的说法和报道中有过这样一段描

述：在 1999 年，安德鲁领导的巴黎机场公司与清华大学合作，经过两轮竞赛三次修改，在中国国家大剧院国际竞赛中 36 个设计单位的 69 个方案中夺标，1999 年 7 月，获选为最终的建设方案（图 11、图 12）。

安德鲁曾说“我想打破中国的传统，当你要去剧院，你就是想进入一块梦想之地”。安德鲁这样形容他的作品——巨大的半球仿佛一颗生命的种子。“中国国家大剧院要表达的，就是内在的活力，是在外部宁静笼罩下的内部生机。一个简单的‘鸡蛋壳’，里面孕育着生命。这就是我的设计灵魂：外壳、生命和开放。”

图 11　钛板与玻璃幕墙接口，拍摄于 2017 年 11 月

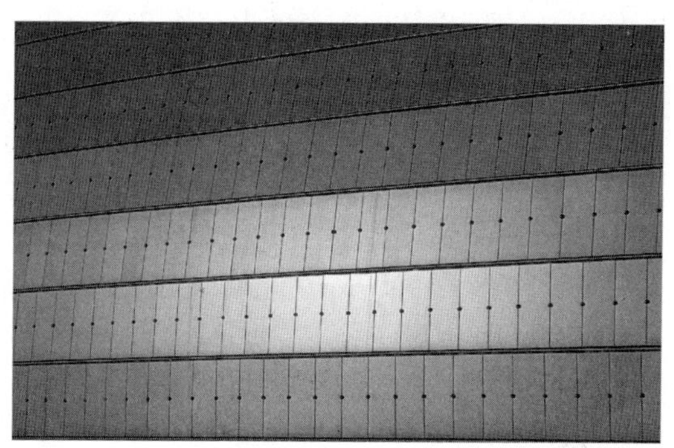

图 12　钛金属板装饰面层，拍摄于 2017 年 11 月

大剧院设计图纸需要进一步深入论证，当时的朱镕基总理接见了他。安德鲁匆忙出发，急切中，竟然穿了两只不同的鞋，谈话过程中，朱总理突然将眼睛往地上看。窘迫的安德鲁以为朱总理看到了他两只鞋子不同的“熊样”，结果，朱总理一字一顿对他说：“我们接受你的设计，会承担非常巨大的压力。我们给你这块土地，是中国最珍贵的黄金之地。全中国人民都会来品评你的作品。只要有 51％的人赞同你的作品，你就成功了。”

在调整方案时，考虑国家大剧院与天安门广场和人民大会堂的关系，两次将用地范围扩展，扩到人民大会堂南侧路。这样大剧院南移 70m，对改善周围环境起到了关键作用。

国家大剧院是国家兴建的重要文化设施，也是一处别具特色的景观胜地（图 13、图 14）。

今天，如梦作为新北京十六景之一的地标性建筑，国家大剧院造型独特的主体结构，一池清澈见底的湖水，以及外围大面积的绿地、树木和花卉，不仅极大改善了周围地区的生态环境，更体现了人与人、人与艺术、人与自然和谐共融、相得益彰的理念。

图 13　中国国家大剧院的夜景照片（一）

图 14　中国国家大剧院的夜景照片（二）

每当夜幕降临，透过渐开的“帷幕”，金碧辉煌的歌剧院尽收眼底。壳体表面上星星点点、错落有致的“蘑菇灯”，如同扑朔迷离的点点繁星，与远处的夜空遥相呼应，使大剧院充满了含蓄而别致的韵味与美感。

壳体外围环绕着水色荡漾的人工湖，总面积达 3.55 万平方米。湖水如同一面清澈见底的镜子，波光与倒影交相辉映，共同托起中央巨大而晶莹的建筑。人工湖水域的设计理念来自京城水系，为北京城中心地区增添了一处灵动水景。人工湖水池采用水循环系统去除浊物，冬季不结冰，夏季不长藻。宁静清澈的水面和静谧宏大的椭球壳体下，笼罩着充满无限生机与活力的五彩斑斓的艺术世界（图 15）。

图 15　中国国家大剧院的外景照片

图 16　国家大剧院主要设计者：保罗·安德鲁

十多年过去了，在设计圈里只要一提到国家大剧院的设计，人们就不会忘记保罗·安德鲁（Paul Andreu）的名字（图 16）。但对于我来说，更能让我想起的人是我国异型建筑幕墙和金属屋面的先行者，幕墙节点和构造设计的奇才罗忆先生（图 17、图 18）。

图 17　罗忆先生为大剧院玻璃幕墙设计的球铰接节点

图 18　罗忆先生在国家大剧院金属屋面施工现场

罗忆先生在国家大剧院的玻璃幕墙和金属屋面的设计中，用他过人的智慧，设计出了可适应多向变形的组合式球铰接节点等多项新型特殊的节点和构造，很好地实现了建筑师的设计理念和外观要求，得到安德鲁的肯定和赞扬。同时他为后来的异形建筑幕墙的节点、构造设计提供了参考。

3 装饰面层——钛金属板

3.1 钛金属板的基本特点

在这里想说说国家大剧院装饰面层的材料——钛金属板。

钛金属外观似钢，具有银白色的金属光泽，是一种过渡金属，在过去一段时间内人们一直认为它是一种稀有金属。钛并不是稀有金属，钛在地壳中约占总重量的0.42%，是铜、镍、铅、锌的总量的16倍，在金属世界里排行第七，含钛的矿物多达70多种。钛的强度大、密度小、硬度大、熔点高、抗腐蚀性很强；高纯度钛具有良好的可塑性，但当有杂质存在时变得脆而硬。

钛的相对密度仅是铁的1/2，却像铜一样经得起锤击和拉延。钛有很强的耐酸碱腐蚀能力，在海中浸5年不锈蚀，钢铁在海水中则会腐蚀变质。用钛合金为船只制造外壳，海水无法腐蚀它。

纯钛是银白色的金属，它具有许多优良性能。钛的密度为4.54g/cm^3，比钢轻43%，比久负盛名的轻金属镁稍重一些。机械强度却与钢相差不多，比铝大两倍，比镁大五倍。钛耐高温，熔点1942K，比黄金高近1000K，比钢高近500K。

钛属于化学性质比较活泼的金属。加热时能与O_2、N_2、H_2、S和卤素等非金属作用。但在常温下，钛表面易生成一层极薄致密的氧化物保护膜，可以抵抗强酸甚至王水的作用，表现出强的抗腐蚀性。因此，一般金属在酸的溶液中变得千疮百孔而钛却安然无恙。

纯钛金属板作为建筑室外装饰材料可以抵抗诸多的大气中携带的有害成分对装饰面层的污染，抗腐蚀性极强，能够常年保持建筑物的外观效果（图19、图20）。

图19 钛金属装饰面板的工程样板

图20 已经安装的钛金属装饰面板

有人给钛金属板总结了十大特性：

（1）密度小、比强度高：金属钛的密度为4.51g/cm^3，高于铝而低于钢、铜、镍，但比强度位于金属之首。

（2）耐腐蚀性能：钛是一种非常活泼的金属，其平衡电位很低，在介质中的热力学腐蚀倾向大。但实际上钛在许多介质中很稳定，如钛在氧化性、中性和弱还原性等介质中是耐腐蚀的。

(3) 耐热性能好：新型钛合金可在 600℃或更高的温度下长期使用。

(4) 耐低温性能好：钛合金的强度随温度的降低而提高，但塑性变化却不大。在 156～253℃低温下保持较好的延性及韧性，是低温容器、贮箱等设备的理想材料。

(5) 抗阻尼性能强：金属钛受到机械振动、电振动后，与钢、铜金属相比，其自身振动衰减时间最长。

(6) 无磁性、无毒：钛是无磁性金属，在很大的磁场中也不会被磁化，无毒且与人体组织及血液有好的相溶性，所以被医疗界采用。

(7) 抗拉强度与其屈服强度接近：钛的这一性能说明了其屈强比（抗拉强度/屈服强度）高，表示了金属钛材料在成形时塑性变形差。由于钛的屈服极限与弹性模量的比值大，使钛成型时的回弹能力大。

(8) 换热性能好：金属钛的导热系数虽然比碳钢和铜低，但由于钛优异的耐腐蚀性能，所以壁厚可以大大减薄，其表面不结垢，也可减少热阻，使钛的换热性能显著提高。

(9) 弹性模量低：钛的弹性模量在常温时为 106.4GPa，为钢的 57%。

(10) 吸气性能：钛是一种化学性质非常活泼的金属，在高温下可与许多元素和化合物发生反应。钛吸气主要指高温下与碳、氢、氮、氧发生反应。

3.2 国家大剧院外装饰层钛金属板的支撑结构

本工程的主体结构是半椭球形钢结构壳体，其壳体结构由一根根弧形钢梁组成。东西长轴 212.2 米，南北短轴 143.64 米，高 46.68 米，地下最深 32.50 米，周长达 600 余米（图 21～图 22）。

图 21 已经安装的双道弧形铝支撑管

图 22 主体结构是半椭球形钢结构壳体

由于该项目的屋面的外装饰面板采用了 0.44mm 厚的钛金属板，按设计的建筑外形要采用 18398 块钛金属板和 1226 块超白透明钢化玻璃共同组成，两种材质经巧妙拼接呈现出唯美的曲线。这样的结构如果按照传统的方案就要有上千个点穿透屋面系统，这将很难保证大穹顶的防水性能。

为此，国家大剧院的穹顶屋面系统，在国内首次引进了“铝镁锰直立锁边金属屋面”系统，其最大的特点是，外层装饰板的支承结构不是穿透屋面固定在主体结构上，而是用连接夹具直接连接固定在铝镁锰板的立边上，实现了无穿透式连接，很好地实现了屋面系统的各项物理性能，特别是对防止屋面漏水起到了决定性的作用（图 23～图 24）。

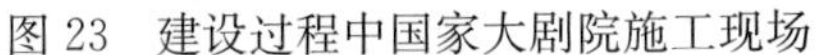

图 23 建设过程中国家大剧院施工现场

图 24 钛金属板的安装照片

3.3 金属屋面系统的构造

由于其体型和功能的要求，对金属屋面来说，其设计与施工的难度很大，必须结合实际工程情况采取特殊的、能够适应本项工程的结构，节点设计和施工工艺方案才能顺利完成工程。屋面系统的构造如下：（自下而上）

主体支撑钢结构；可进行双向调整的连接角码；二次钢环形檩条；底层硬质防水镀锌钢板（厚度为 1.5mm）；防潮隔气层；防水板 T 型支座系统；双层 50mm 保温棉；铝镁锰金属屋面板（锤纹板），厚度为 0.9mm，高直立锁边；转接件，铝合金材质的连接装置；双道弧形铝支撑管；转接件，成型后的钛金属装饰板。

屋面底板的做法有很多，可以用软防水、用压型钢板以及聚安脂硬泡等。但由于本工程的金属屋面为不规则的双曲面，这些做法都无法解决双曲扇形面伸缩变形的问题。采用 1.5mm 厚的镀锌钢板根据曲面的走向铺设成硬防水层（图 25）。不但解决了扇形排版问题，同时也为安装过程中施工人员提供了可靠的安全踏板，避免在施工时损坏下层底板。

为了保证二次防水和提高钢板的平面外刚度，在节点设计时确定了在左右两块钢板之间折直角边，并加盖“Ω”形钢槽(图26)。上下两块钢板在安装时上板压下板边180mm，来

图 25 现场铺设的钢板硬防水层

图 26 镀锌钢板加盖“Ω”形钢槽

保证其防水性能。

在金属屋面的使用过程中，为防止室内潮气进入玻璃棉，在玻璃棉的下侧加贴隔气、隔潮、反射热辐射的铝箔隔气层和聚乙烯防潮隔气层。

3.4 球体外表面的清洗

大剧院外装饰面的清洗方案，在初期设计时是采用机器人自动清洗设备和清洗用喷淋系统对钛金属板的表面和玻璃采光顶的表面进行清洗，由于各种原因自动清洗设备未曾安装使用，顶部清洗用喷淋系统也未曾使用，屋面的清洗主要是采用蜘蛛人的人工清洗方案。

图27 大剧院音乐厅的全景照片

图28 音乐厅内玻璃体反声罩在安装调试（一）

金属屋面和玻璃采光顶清洗的顺序是自上而下，从中间往外的原则。使用玻璃清洁工具及清洁剂依次清洗室内外玻璃幕墙，对钛金属装饰面层板块和玻璃采光顶的玻璃板块，利用高压水和专用清洗剂逐一进行清洗，确保一次性清洗干净。

使用潮湿清洁布及便携式吸尘器，人工清洁钢结构架上的尘土，污渍尘土积结处需用工具刷加入清洁剂进行处理，在日常的维护清洗时应防止对面板的二次污染。

4 音乐厅内玻璃反声罩的设计制作

音乐厅的天花板被打造成一件抽象的现代艺术作品，形状不规则的白色浮雕像一片起伏的沙丘，又似海浪冲刷的海滩。天花板上看似凌乱的沟槽实际上经过了特别的声学设计，使声音能够被扩散反射，更加均匀、柔和。精美的天花板其实是特制的声扩散装饰板。

天花板使用纤维石膏成型板制成，材质厚重，能够有效地防止低频吸收，增强厅内的低频混响时间，使低音效果（如管风琴、大管、大提琴等）更加具有震撼力和感染力。为达到声效的完美，在顶棚的下面还悬挂了一面龟背形状的集中式反声板，俗称“龟背反声板”或叫“玻璃反声罩”，它的作用是将声音向四面八方散射。

音乐厅内玻璃体反声罩的设计与施工是在大剧院工程整体工程的后期了。记得当时我在

图 29　音乐厅内玻璃体反声罩在安装调试（二）

图 30　音乐厅内玻璃体反声罩在安装调试（三）

负责大剧院屋面工程的后期收尾工作。接到指挥部的通知，要求我们用一个月的时间完成音乐厅内玻璃体反声罩的设计与制作安装施工全部工作。当时对于我来说，以前从来没听说过有这样的东西。由于时间工期很急，抓紧一切时间，只用了一周的时间就完成了结构和面板的整体设计及下料。

当时我按照声学专家的要求，将反声罩设计成了半椭球体双曲面的点支式玻璃吊顶，上部平面为椭圆形，由倒 A 字形钢梁与交叉，钢丝绳交织成一整体稳定结构平面，下部凸面为半椭球面，双层钢化夹层玻璃通过不锈钢夹具固定在结构平面外的竖直撑竿上，撑杆通过双向十字交叉钢丝绳连接成一个稳定的椭球面。整个结构完成后可以用钢丝绳升降，并能固定在任意的位置。有良好的整体刚度和稳定性。

图 31　音乐厅内玻璃体反声罩在调试中照片（一）

图 32　音乐厅内玻璃体反声罩在调试中（二）

玻璃体反声罩的外形尺寸为长轴 17200mm，短轴 11600mm，拱高 1400mm。反声罩共使用了大小 88 块双曲面玻璃，玻璃的配置是 10＋1.14PVB＋8 半钢化双曲面夹胶玻璃。按照声学的要求 16 片玻璃上开了 700mm 直径的大圆孔。玻璃与索结构的固定采用了穿孔式不锈钢四爪沉头驳接系统。这是当时最新颖的剧场反声装置。经过十多年的使用仍能保持最佳的效果。

5 结语

由于社会经济有了进一步的提高，建筑业快速蓬勃发展，建筑外围护结构形式在不断地改进，也使得异形建筑外围护结构的样式和数量迅速增加，促进了幕墙行业设计和施工水平的普遍提高，促使墙面材料的多样化和加工技术的提升。

在国家大剧院竣工后投入使用十年的时候进行相关的质量回访，还有一个重要的目的就是要总结我们对幕墙和金属屋面的设计、加工、施工技术是否能经得起时间的磨砺。在总结的基础上，对外围护结构的特点进行分析，提供给同行们共同探讨以促使幕墙和金属屋面设计和施工技术进一步的提高。

参考文献

[1] 国家大剧院工程业主委会《国家大剧院》. 2011.
[2] 《外围护幕墙、屋面施工图设计说明书》，国家大剧院项目，2004. 04.
[3] 罗忆 . 国家大剧院钛饰金属屋面 .《全国铝门窗幕墙行业年会论文集》2005. 03.
[4] 王德勤 . 异型金属屋面和幕墙的设计 .《中国建筑防水》[J]2012(7)：7～11.
[5] 王德勤 . 双曲面玻璃幕墙节点设计方案解析 .《幕墙设计》[J]，2014(2).

作者简介

王德勤(Wang Deqin)，男，1958 年 4 月生，教授级高级工程师，清华大学建筑玻璃与金属结构研究所技术交流委员会副主任；中国建筑金属结构协会幕墙委员会专家；中国建筑装饰协会专家组成员；全国建筑幕墙门窗标委会专家。

浅谈超高层建筑如何利用玻璃幕墙实现火灾快速逃生

章一峰[1]　张光智[2]

1　浙江中辽建设有限公司　浙江杭州　310000

2　浙江共济有限公司　浙江杭州　310000

摘　要　如今随着超高层建筑的兴起，随之而来的消防逃生也成了一个重要课题，当高层火灾发生时，如何让处在高层中居住、办公人员迅速逃离火灾现场，是所有从事建筑相关专业人员都需要共同思考的问题。本文通过建筑外幕墙来实现逃生，或许可作为将来逃生的一种渠道。

关键词　幕墙；火灾；逃生系统；超高层建筑

Abstract　Now with the rise of super tall buildings, the ensuing fire escape has also become an important issue. When high-level fires occur, how to make living in the high-rise, office workers quickly fled the scene of the fire, all engaged in building-related professional people need to think together. This article by building exterior walls to achieve escape, perhaps as a way to escape in the future.

Keywords　the curtain wall; fire; escape system; super high-rise building

1　引言

一旦超高层建筑火灾，如果初期处理不当，随时都会葬身于火海，更多时候，火势还没有窜至上层，浓烟已经提前到达，因此大部分人是被浓烟中的有毒有害气体呛死，或者在烟雾中无法第一时间找到逃生通道，像没头苍蝇一般在浓烟区域内反复奔走，导致吸入大量有毒气体最终中毒或窒息。

一般而言，在建筑设计时会系统地考虑建筑防火、排烟、疏散等问题，例如消防通道的宽度、常闭防火门的耐火极限、避难层的设置、自动/手动灭火设备的摆放、逃生救援窗的排布、防火分区的分布等，可谓非常完善而成体系，但是随着建筑的高度越来越高，建筑中业主的年龄层分布不同、心理素质存在差异，以及一些既有建筑中消防配备的落后，导致因高层火灾引发的人员伤亡事故时有发生。

笔者通过分析火灾中人类心理学的一些特征，来尝试解答为何高层火灾发生时仍有部分人员最终丧命火场。

2　火灾发生时人的行为特性

即使如今消防演练已经成为常态化，但当火情发生在眼前时，与生俱来的恐惧依然能使大部分人短时间内丧失快速反应能力，他们的第一反应是慌乱和随大流。

这样的慌乱往往导致很多人无法做出正确的判断，尤其是在烟雾弥漫的室内，这样的慌乱是致命的，会耽误宝贵的逃生时间，也有部分人是为了在火灾中抢救个人财产或者公共财产，导致逃生时间被耽误，这都是在电光火石间下意识的行为。

更多的人则由于缺乏消防逃生知识，在下层发生火灾时只顾向上层逃命，从而在火场中越陷越深，而人的从众习性会导致一个人向上跑引发一群人跟随，随大流引发的是将更多的人带到绝路，甚至还有在奔向绝路的途中相互拥挤踩踏引发的事故，这也是群死群伤事件的重要因素。

身处火灾烟气中的人，精神上往往接近崩溃，惊慌的心理极易导致为了逃生不顾一切的伤害性行为如跳楼逃生，而超高层建筑本身离地面较高，即使底部消防人员事先已经铺设好充气垫，也无法有效缓冲坠落时的冲击力，更何况高层跳落的人员往往坠落半径较大，并不一定能成功跌到充气垫位置。

这些由恐惧引发的一系列不理智行为（慌乱、从众、走极端）是人在火场中常见的特性。

3　如何通过幕墙实现快速逃生

基于以上人类的行为特性，笔者认为传统的逃生方式虽然充分考率了逃生人员的通过率、最短逃生距离、避难空间等，但依然无法彻底解决人在逃生时的恐惧和慌乱，这是人的本能——在精神奔溃时人可能做出各种意想不到的过激行为。

为了避免以上行为，借助建筑玻璃幕墙，笔者研发了一套快速逃生的系统，该系统由以下及部分组成：①安全头盔；②幕墙装饰外立柱；③降速隔热手套；④缓冲隔热鞋，穿戴式装备与幕墙外立柱相匹配，发挥最佳的逃生作用。

其工作原理为：在发生火灾时在发现火情严重时，挑选火势相对较弱的方位，迅速戴上安全头盔及专用手套、鞋等，并在身体其他位置用水基灭火器喷淋一遍，然后将限位开启扇打开，先将右手的速降隔热手套前端卡件与幕墙外装饰立柱扣死，接着将左手速降隔热手套前端卡件与幕墙外装饰立柱扣死，借此将身体探出室外，同时将安全头盔前端的卡件插入幕墙装饰外力柱，形成三个垂直且卡死的固定点后双脚将专用的速降隔热鞋侧面与立柱内凹处产生摩擦力，此时松开双手降速隔热手套的锁死装置，人体在重力作用下实现下降。(图 1)

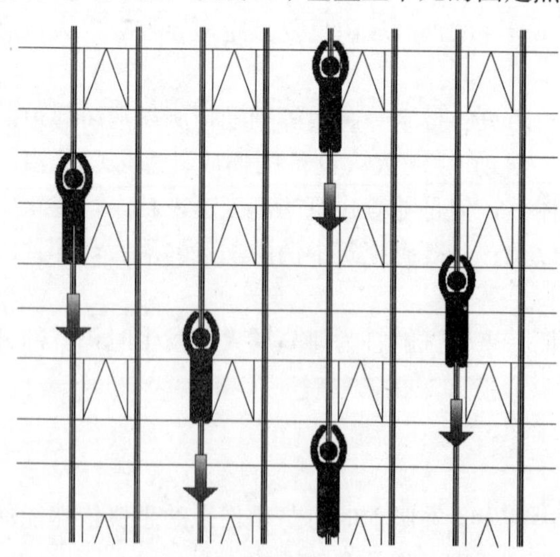

图 1　通过幕墙实现快速逃生工作原理示意图

3.1　安全头盔

安全头盔外观与普通头盔类似，不同之处是在头盔的前端有一个卡扣，可与外墙装饰型材相匹配，当扣件深入型材前端凹槽时，扣件前端的按钮与凹槽型材壁接触后，其弹簧能被触发而向两侧弹开，从而可将头盔直接卡在型材内，只能上下活动，而无法向其他路径移动，保障了人在垂直坠落时的方向不受偏离，此外头盔的作用除了能阻挡高空坠落物对头部的伤害之外，还能防止火焰对对头部的灼伤，减少高空带来的恐惧感，是本系统中重要的组成部分（图 2）。

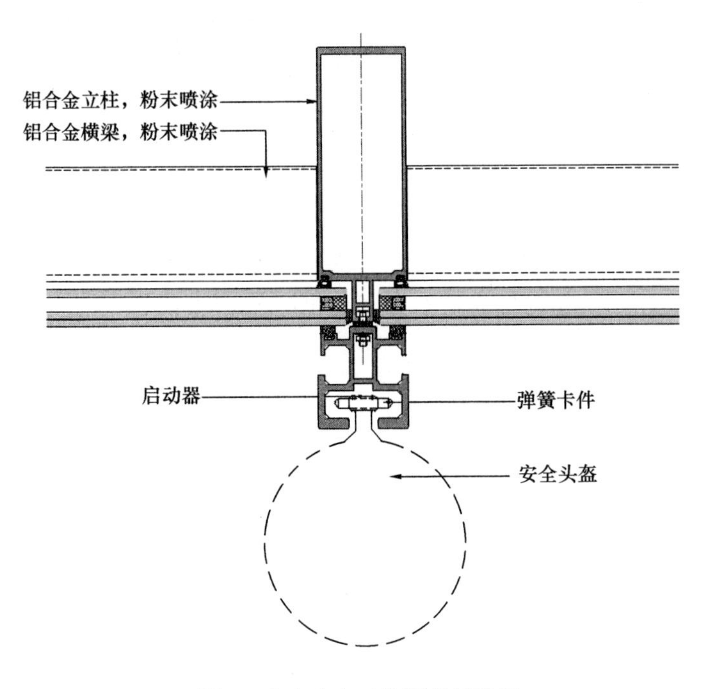

图 2　安全头盔工作原理示意图

3.2　幕墙装饰外立柱

幕墙金属装饰立柱是本方案的重要组成部分，其前端和两侧均由“凹”字形缺口，前端的缺口作为安全头盔的固定点，两侧的缺口则是作为左右手套的插接口，其作用是限制降落轨迹、控制下降速度，通过外侧内壁的锯齿状型材面增加摩擦力，在手套压紧时可发挥减速作用，从而能使受灾群众平稳得从高层降落至地面或避难层；在通过火灾区域时则可松开锯齿位置，从而提升下降速度，快速通过。（图 3）

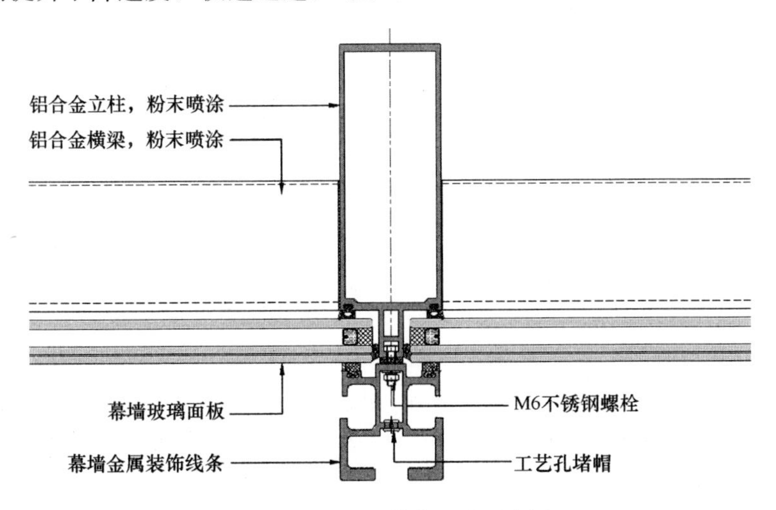

图 3　幕墙金属装饰立柱示意图

3.3 降速隔热手套

手套采用石棉材料，不易燃烧，同时可有效隔绝幕墙立柱在被火焰燃烧后传递的热量，减少摩擦对手部的伤害，指尖位置设置有金属外张式卡件和锯齿状胶条，与立柱摩擦时既能实现柔性接触，降低对立柱的磨损，又能起到降速的作用，卡件则通过指尖控制伸缩，在其外张状态下能与型材达形成咬合，将人体固定在型材上，在头盔等其他部件与外立柱形成全面衔接后可再次通过指尖控制收回卡件，令人员能向下自由下降（图 4）。本次采用的手套相对较为传统，在条件允许的情况下可对手套进行升级，如增加助力装置，可进一步减少体能消耗。

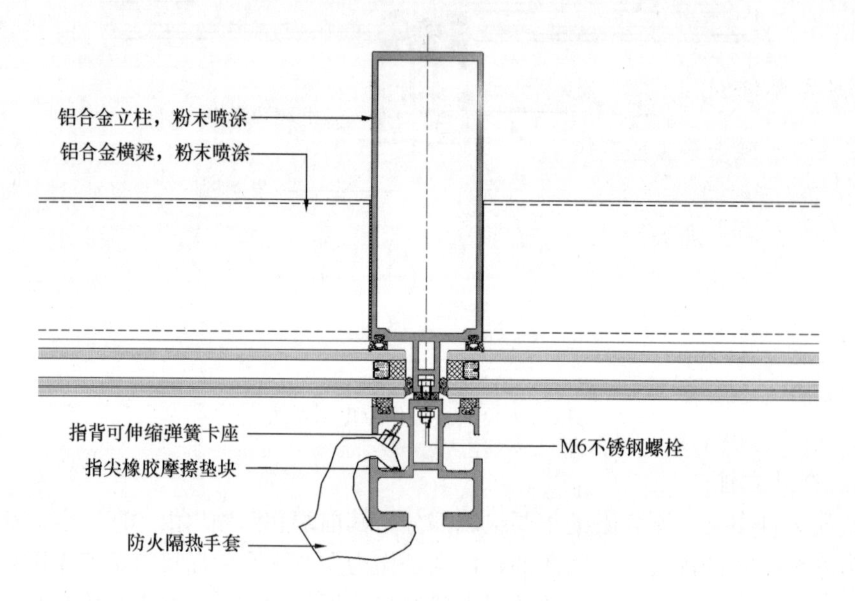

图 4　防火隔热手套工作原理示意图

3.4 缓冲隔热鞋

缓冲鞋除了通过其自身属性能达到隔热作用外，还能通过侧面与立柱凹槽口的摩擦达到降速作用，或采用前端的金属扣件实现紧急制动，同时鞋底采用三层缓冲设计，在快速下降落地时能发挥减震作用，最大程度得保护下肢。（图 5）

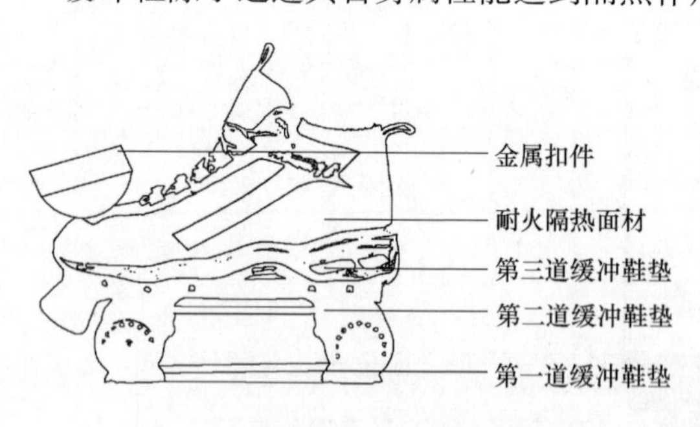

图 5　缓冲隔热鞋工作原理示意图

4 幕墙逃生系统的优势

从建筑幕墙的角度，我认为通过玻璃幕墙实现逃生的方式至少具备以下几点快速逃生优势：

（1）火情可视化，玻璃幕墙通透的特性可以快速辨别出哪里是火势最小的位置，提前选择火情最弱区域作为逃生点。

（2）逃生路径短，一般消防通道往往设置在公共区域，而玻璃幕墙则每个办公空间都有，业主可以迅速选择就近的幕墙开启位置实现逃生，而逃生方式为垂直降落，不论是降落至地面或者避难层，其距离都是最短的。

（3）体力消耗少，人在精神奔溃时一些歇斯底里的喊叫、奔跑会消耗大量体力，虽然求生的本能可以使人超常发挥，但在大量消耗体力的情况下逃生后期也会力不从心，本方案可以最少的体力消耗来实现快速逃生。

（4）快速通过火灾区域，通过本逃生系统的降速工具，可以有效控制下降速度，在经过火情严重区域时可以采用加速的方式逃离，避免直接烧伤。

（5）有毒气体吸入量少，在安全头盔内能存储少量氧气，可隔绝有毒气体的吸入，同时由于是室外逃生，只要快速经过火灾发生层，相当于经过了有毒气体的范围，可迅速补充氧气。

5 快速逃生系统还需要克服的问题

5.1 视觉上及心理上带来的恐惧

高空下降极具刺激性，为大部分人所排斥，尤其是快速下坠时，往往会引发人们的恐慌，一般会表现为短时间的手足无措和尖叫，安全头盔虽然能降低一部分的即视感，但依然无法完全克服人们对于所处的高空位置所带来的恐惧。

5.2 幕墙材料的变形（摩擦变形和受热变形）

幕墙材料为此系统的枢纽，需要承受多人的下降逃生，因此型材选择上要求极高，一旦型材发生变形，轻则降低逃生效率，重则直接将人员卡死在某个高空点或者滑脱。

型材变形的原因一般会是由于反复摩擦所导致，也有可能是受热后在达到一定温度时自身发生变形，或者以上两种因素同时发生，因此型材的选择极为关键。

型材的变形危害较大的位置例如凹槽变形导致卡扣不严密等情况。

5.3 开启扇的阻碍

常规幕墙开启扇一般两侧与幕墙装饰立柱相接，则其中开启状态下便阻碍了人员自由降落，甚至会将人员卡死在某个位置，或者由于人员撞击导致玻璃破碎坠落，因此采用此系统时，开启扇应单独处理，与立柱既不发生干扰，又不能距离太远，从而影响逃生。（图 6）

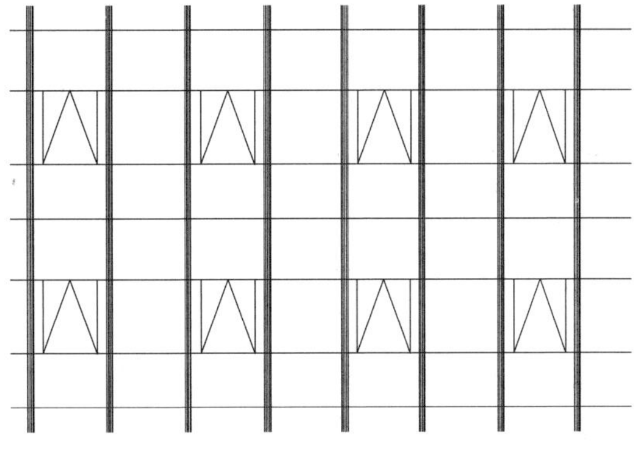

图 6 开启扇示意图

5.4 成本

该系统相较于传统幕墙形式，成本略有增加，将幕墙而言，一方面是装饰立柱材料规格较高，所产生的成本，另一方面是开启扇需要独立设置造成的用料增加，此外是其他穿戴设备的成本，但相较于无价的生命而言，所有附加的支出都将是值得的。

5.5 温度

高层建筑物火灾核心区域的温度可达 1300℃，因此火灾达到一定程度时不可冒险尝试，应挑选火势相对较弱的部位进行逃生。

5.6 适宜人群

由于本系统逃生方式刺激性较大，因此有恐高症的、肢体不灵活的、老年人及儿童并不适宜，青壮年人也不宜直接逃生，而应在模拟环境中经过多次演练后，达到一定的合格标准后方可发放逃生用具，这类人员办公位置应安排在距离逃生窗口较近的位置，帮助其他人员共同逃生。

6 结语

本文仅提供一种思路，有更多细节需要进一步完善，也需要大量的实验去证实其可靠性，仅作为一种超高层建筑逃生的思路供同行专家思考，在未经过完善之前请勿投入市场使用。

参考文献

[1] GB 50016—2014《建筑设计防火规范》.
[2] GB 50045—95《高层民用建筑设计防火规范》.
[3] GB/T 21086—2007《建筑幕墙》.
[4] GB 50429—2007《铝合金结构设计规范》.

作者简介

章一峰（Zhang Yifeng），男，1988 年 12 月生，工程师，研究方向：建筑幕墙；工作单位：浙江中辽建设有限公司；地址：杭州市江干区水湘路 341 号金骏大厦 902 室：联系电话：18605756796；E-mail：261769048@qq. com。

张光智（Zhang Guangzhi），男，1982 年 7 月生，工程师，研究方向：建筑幕墙；工作单位：浙江共济幕墙有限公司；地址：杭州市江干区水湘路 341 号金骏大厦 903 室：联系电话：15167165921；E-mail：147716880@qq. com。

玻璃幕墙结构设计的安全风险评价概述

陈　峻

华建集团华东建筑设计研究总院　上海　200002

摘　要　文章从系统风险管理控制的理论着手，结合建筑玻璃幕墙结构设计安全风险的特点进行相关阐述和说明。以框架式玻璃幕墙为例，运用矩阵法对幕墙结构设计的安全风险评估流程和案例进行了初步的探讨，对于幕墙设计人员图纸校对、审核、提高幕墙设计行业对风险的认识和管理水平、为幕墙工程质量保驾护航提供有益的参考。

关键词　风险；风险管理；风险矩阵

1　引言

自从有了人类，便有了风险，风险一直伴随着人类社会的发展。虽然几千年前人类就认识到了风险的存在，但一直到18世纪，“风险”一词才被提出来研究。到了19世纪，随着工业革命的展开，企业风险管理的思想开始萌芽。1931年，美国管理协会保险部首先提出风险管理的概念。1932年，美国几家大公司成立纽约保险经纪协会，定期讨论有关风险管理的理论与实践，该协会的成立标志着风险管理学科的兴起。二战以后，随着第三次工业革命的迅猛发展，新技术、新材料在企业中的广泛应用，企业间竞争加剧，面临的风险日益凸显，进行风险管理的要求与日俱增。1963年和1964年，美国先后出版了《企业的风险管理》和《风险管理与保险》等专著，正式拉开了风险管理学系统研究的序幕。20世纪70年代初期，风险管理的理念和方法从欧美发达国家传入亚洲，20世纪80年代后期传入我国。虽然我国对风险管理的研究起步较晚，但近些年来发展势头很猛。特别是2006年6月，我国发布了《中央企业全面风险管理指引》，标志着我国拥有了自己的全面风险管理指导性文件，也标志着我国进入了风险管理理论研究与应用的新阶段。从世界上其他国家的实践看，目前，安全风险管理已被广泛应用于铁路、石油、电力、核工业、航空航天等众多领域。

建筑幕墙工程，特别是玻璃幕墙工程的安全风险管理在国内刚刚起步，近年来，随着社会公众对工程安全质量意识的提高，国内各地区分别出台了对玻璃幕墙的安全风险的管控要求，建设部和行业协会也颁布了相关的规范和管理文件。其内容聚焦在针对不同的建筑高度、建筑类型、建筑环境的限制立面玻璃的应用方面，对玻璃的原片选择、单块玻璃厚度容许玻璃使用的最大面积，做了行业中史上最严格的规定。这些规定和举措在一定程度上降低了危险发生的概率，也标志着国家层面针对玻璃幕墙工程安全风险管控的时代已经来临。

政府和行业管理方出台的文件和规定主要聚焦在玻璃材料使用、原材料制造上面的控制，在玻璃幕墙设计阶段，如何进行风险管理，以风险评估的概念来指导设计，从评审审查要点来追溯设计，这是一个较新又亟须研究的课题。从结果风险管理导向的概念控制和指导项目实施过程中的设计和施工，有助于找到和发现幕墙系统结构安全设计的关键环节和突破口；有助于将工程质量安全的风险意识根植于设计人员思想深处，并对全员生产人员树立安全共识；以工程设计为龙头，有助于将防范工作落实到各层级、各岗位，提高行业的工程质量安全水平。

2 风险的概念

新华字典的解释-风险：遭受损害或损失的可能性；AS/NZS 4360-澳大利亚/新西兰国家标准，风险：对目标产生影响的某种事件发生的机会。它可以用后果和可能性来衡量；ISO/IEC TR 13335-1：1996 安全风险：是指一种特定的威胁利用一种或一组脆弱性造成组织的资产损失或损害的可能性。

2.1 风险

风险广泛存在于社会生产、生活之中。一般来说，风险就是指危险、危害事件发生的可能性与后果严重程度的综合度量。如果用定量模型表示即为：风险＝风险发生的可能性×风险事故发生的损失程度，即风险度 R＝可能性 L×严重性 S。

就幕墙结构设计而言，安全风险又有广义和狭义之分。广义上讲，与结构设计有关的风险都称为安全风险。狭义的结构设计安全风险则表示幕墙结构设计的合理性、可行性和耐久性，以及发生破坏的可能性，即在幕墙实施或使用的时间内，人们为了确保工程安全可能付出的代价，包括由于采用安全技术措施投入的人力、物力、财力等安全支出可能获得的安全收益边际，或者没有适当的安全投入可能付出的人身伤害、财产损失、环境破坏和社会影响等代价。

2.2 风险管理

所谓风险管理，就是指为了降低风险可能导致的事故，减少事故造成的损失所进行的风险因子识别、危险源分析、隐患判别、风险评价、制定并实施相应风险对策与措施的全过程。从宏观角度而言，风险管理的对象是存在于系统中的人、物和环境，以及由它们所构成的系统。而从微观角度而言，风险管理的对象就是指风险因子、危险源、隐患和事故。

风险因子。风险因子是指以一定的状态、形式存在的物或物质。风险因子自身具有中性的属性，但从事故的不期望角度而言，它又表现为风险性。安全风险管理就是要对不期望的、能导致事故的风险因子进行识别和控制。

危险源。危险源是指系统中客观存在的、具有潜在能量和物质释放危险的、在一定的触发因素作用下可转化为隐患、事故的根源或状态。从风险管理的角度而言，危险源具有理论上可以减少，但实际上只能加以控制的特性。从防范事故的角度而言，危险源表现为风险性。危险源是否变成隐患，进而引发事故，往往取决于人们的行为。

隐患。隐患是指超出了人们设定的安全界限的状态或行为，如超标、“两违”现象等，是直接导致事故发生的根源。隐患能否导致事故，主要取决于它所处的环境和状态。由于人们设定界限的不同，隐患既可能被划定为隐患，也可能被划定为危险源。正是从这个意义上讲，隐患是完全可以被消除的。

事故。按照系统论的观点，事故是指系统的发展、变化违背人们的意愿，发生了人们不期望的后果。如造成人员死亡、伤害、职业病、财产损失或其他损失的意外或偶发事件。事故是由一种危险因素或几种危险因素相互作用导致的，这些危险因素是事故的外在原因或直接原因。事故具有理论上可以减少，实际上也是可以减少的特性。

基于上述定义，人们常用风险率、风险程度、个人风险、社会风险、事故次数、伤害人数、伤害概率和财产损失等风险判别指标来表示风险的存在及其大小。以风险程度指标为例，风险可以分为极显著、显著、轻微、不显著等四种情况，风险管理的过程，就是针对不同情况的风险，采取相应的预防措施和控制措施，从而使风险降低，达到可以接受的程度。

安全风险管理作为一门新兴的管理学科。在其形成和发展过程中，由于对风险管理的出发点、目标、运用范围等侧重点不同，国内外专家学者和企业家们也给出了不同的定义，并且随着时代的发展不断演变。如在幕墙行业设计系统全面推行安全风险管理，就是要结合幕墙行业的工作实际情况，通过风险识别、风险研判和规避风险、转移风险、驾驭风险、监控风险等一系列活动来防范和消除风险，形成一种科学的管理方法。重点是要抓好风险识别、风险评价和风险控制等要素。

风险识别，就是对系统中尚未发生的、潜在的以及客观存在的各种风险进行全面的、连续的识别和归类；风险评价，就是对系统中的风险因素能造成多大的伤害和损失，以及能否接受进行评估；风险控制，就是对不能接受的伤害和损失采取安全预防措施，以达到消除、降低危害的目的。风险识别、风险评价和风险控制在幕墙工程风险管理的过程中是不可分割的有机整体，它们既相互联系，又相互作用。风险识别和风险评价是基础，风险控制是核心。掌握一些简易的风险识别和风险评价方法有助于在幕墙设计中建立结构安全意识，提高系统设计的安全性，达到幕墙工程结构安全风险控制的目的。

3 风险的识别和分析

风险识别是在风险事故发生前，运用各种方法系统地、连续地认识所面临的各种风险，以及分析风险发生的潜在原因。可依靠观察、经验、掌握有关知识、调查研究、实地踏查，采访或参考有关资料、听取专家意见、咨询有关法规等手段。就幕墙设计而言，主要是依据国家、行业、产品、企业的规范、法规、政策性文件，对设计规范、制造工艺、施工工艺、工期、材料涨价等方面的内容进行归纳整理，明确识别结果。参与人员可根据项目的实施情况灵活组织，包含项目设计团队，风险管理团队，客户方，用户方，专家，项目关联方（工程监理、与幕墙专业相关的技术人员）等。在设计项目开始时，在设计分项每个阶段的开始时进行风险识别，并且要持续的执行和补充。

风险因素的识别是风险管理一切工作的起点和基础，其任务是通过一定的方法和手段，尽可能地找出潜在显著影响项目成功的风险因素。风险的识别有很多成熟的方法。常用的方法可以分成两大类，即分析方法和专家调查方法。分析方法类似于系统分析中的结构分解方法。根据事物本身的规律和个人的历史经验将项目风险进行分解。常用方法有故障树、概率树、决策树等；专家调查方法常用的有智暴方法（Brainstorming）、德尔菲方法（Delphi）、幕景分析方法（Seenarios Analysis）、工作分解结构等。

幕墙工程设计安全风险辨识可根据项目、安全管控目标制定出明确的识别细则，即评审要点或标准。对应评审标准的条款建立风险问卷调查表，见表 1。

风险分析，是指在风险识别和衡量的基础上，把损失可能性、损失程度以及其他因素综合权衡，分析风险可能对项目造成影响，寻求控制风险的对策。目的是规范项目风险评价，降低项目运作成本。评价分析的原则可分为回避原则、权衡原则、处理成本最小原则、风险成本/效益对比原则、社会费用最小原则等。分析的主要内容包括风险的级别、发生的可能性、影响和损失、起因和可控制性、发生的时间等。

表1　设计风险调查表

序号	风险因素	可能性			影响程度														
		高	中	低	成本			工期			质量			环境			安全		
					较低	一般	严重	较低	一般	严重	较低	一般	严重	较低	一般	严重	较低	一般	严重
RV1	设计失误																		
RV2	规范不符																		
RV3	施工工艺落后																		
RV4	施工条件不足																		
RV5	工期紧迫																		
RV6	材料涨价																		
RV7	汇率浮动																		
	……																		

根据以上原则建立风险等级和分类，明确可接受风险和与风险识别目标向匹配的条文。如图1所示。

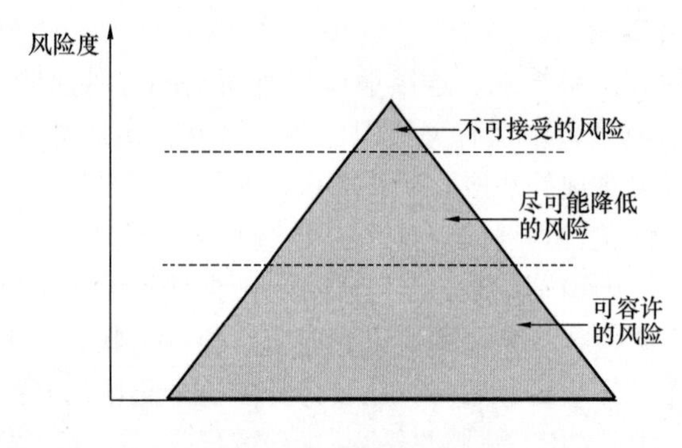

图1　风险等级金字塔

进行归类和筛选风险原则为：有很大的影响/发生的概率很高；影响不大/发生的概率很高；有很大的影响/发生的概率很小。常见的方法是将风险划分为三个等级段，塔顶段是指无论活动能带来什么利益，风险等级都是无法容忍的，必须不惜代价进行风险应对；塔中段是指要考虑实施风险应对的成本与收益，并权衡机遇与潜在结果；塔下段是指风险等级微不足道，或者风险很小，无需采取风险应对措施。风险评价的结果应满足风险应对的需要，否则，应做进一步分析，根据具体风险管理目标来确定。

4　风险的评价

风险评价包括将风险分析的结果与预先设定的风险准则相比较，或者在各种风险的分析结果之间进行比较，确定风险的等级。风险评价利用风险分析过程中所获得的对风险的认识，来对未来的行动进行决策。道德、法律、资金以及包括风险偏好在内的其他因素也是决策的参考信息。决策包括：某个风险是否需要应对；风险的应对优先次序；是否应开展某项应对活动；应该采取哪种途径。

通常，风险评价所解决的问题如下：

(1) 对影响结构安全因素的各种风险进行比较和评价，确定它们的先后顺序。

（2）从结构设计整体出发，弄清各个风险事件之间确切的因果关系。因为从表面上看起来，不相干的风险事件常常是由一个共同的风险源造成的。

（3）考虑各种不同结构风险之间相互转化的条件，研究如何才能化威胁的机会。有时候，机会与威胁会相互转化。

（4）量化已识别风险的发生概率和后果，减少风险发生概率和后果估计中的不确定性。必要时根据设计优化重新分析结构设计风险发生的概率和可能的后果。

目前并没有使用所谓正确或错误的方法，重要的是选择使用一个分别针对适合幕墙工程在设计、制造、施工现状的方法，许多方法都会使用表格并结合主观和经验判断，同一项目内，也可以根据不同等级的风险，运用不同的风险分析方法，对玻璃幕墙遭遇强震、爆炸等罕见工况的结构安全评估很难量化。

5 风险矩阵[1]

风险矩阵（Risk Matrix）是一种将定性或半定量的后果分级与产生一定水平的风险或风险等级的可能性相结合的方式。矩阵格式及适用的定义取决于使用背景，关键是要在这种情况下使用合适的设计。

风险矩阵可用来根据风险等级对风险、风险来源或风险应对进行排序。它通常作为一种筛查工具，以确定哪些风险需要更细致的分析，或是应首先处理哪些风险，这需要提到一个更高层次的管理。它还可以用作一种筛查工具，以挑选哪些风险此时无需进一步考虑。根据其在矩阵中所处的区域，此类的风险矩阵也被广泛用于决定给定的风险是否被广泛接受或不接受。

结合幕墙设计项目的特点，由于每个项目的系统都不完全一样，设计工作在施工前进行，而相对类似的了幕墙项目已有建成实例和相关检测数据，符合风险矩阵的适用特点。同时由于地域性和项目本身的独特性，风险接受程度的定义也可根据实际情况灵活掌握，所以在施工阶段前期的设计中，运用风险矩阵评估设计的结构安全具备合理性和科学性。

主要操作流程如下：

5.1 输入

过程的输入数据为个性化的结果及可能性等级，以及将两者结合起来的矩阵。后果等级应涵盖需分析的各类不同的结果（例如，经济损失、安全、环境或其他取决于背景的参数），并应从最大可信结果拓展到最小结果。标度可以为任何数量的点。最常见的是有 3、4 或 5 个点的等级。可能性标度也可为任何数量的点。需要选择的可能性的定义应尽量避免含混不清。如果使用数字指南来界定不同的可能性，那么应给出单位。可能性等级需要跨越现有研究范围，牢记最低可能性必须为最高界定结果所接受，否则，就把一切最严重结果的活动界定为不可容忍。如表 2 和表 3 所示。

表 2 风险可能性的定性估计

等级	评价	说　明
A	几乎确定	在大多情况下，预期会发生
B	很可能	在大多情况下，可能会发生
C	可能	在某些时候会发生
D	不大可能	在某些时候可能会发生
E	罕见	只有在特殊情况下才会发生

表 3 风险后果或影响的定性估计

等级	评价	举例说明
1	不重大	无伤害，低经济损失
2	次重大	急救措施，现场快速自救，中等经济损失
3	中等重大	需要医疗措施，靠外来帮助解决现场问题，高经济损失
4	重大	大面积损害，生产能力的损失，现场外的解救无负影响，重大的经济损失
5	极其重大	死亡，现场外的危害性解救，有负面影响，巨大的经济损失

绘制矩阵时，结果在一个轴上，可能性在另一个轴上。图 2 显示了矩阵的部分事例，该矩阵带有 6 点结果和 5 点可能性等级。

各单元的风险等级将取决于可能性结果等级的定义。可以以特别突出结果（图 2）或可能性建立矩阵，根据实际应用情况，该矩阵可以是对称的。风险等级与决策规则相关，例如管理层关注度水平或所需反应的时间标度密切相关。

可能性等级						
E	Ⅳ	Ⅲ	Ⅱ	Ⅰ	Ⅰ	Ⅰ
D	Ⅳ	Ⅲ	Ⅲ	Ⅱ	Ⅰ	Ⅰ
C	Ⅴ	Ⅳ	Ⅲ	Ⅱ	Ⅱ	Ⅰ
B	Ⅴ	Ⅳ	Ⅲ	Ⅲ	Ⅱ	Ⅰ
A	Ⅴ	Ⅴ	Ⅳ	Ⅲ	Ⅱ	Ⅱ
	1	2	3	4	5	6
	结果等级					

图 2 风险矩阵示例

分级评分和矩阵可以用定量等级进行建立。例如，在可靠性背景中，可能性等级表示指示故障率，而结果等级表示故障的现金成本。工具的使用需要有掌握相关专业知识的人员（最好是团队），以及有助于对结果和可能性进行判断的现有数据。

5.2 过程

为了进行风险分级，使用者首先要发现最适合当时情况的结果描述符，然后界定那些结果发生的可能性。然后，从矩阵中读取风险等级。很多风险事项会有各种结果，并有各种不同的相关可能性。通常，次要问题比灾难更为常见。因此，有必要选择是对最常见的问题评分，还是对最严重的结果，抑或是两者的统一体进行评分。在很多情况下，有必要关注最严重的可信事项，因为这些事项会带来最大的威胁，经常也是管理者最关注的事情。有时，有必要将常见问题和不可能的灾难归为独立风险。关键是要使用与所选结果相关的可能性，而不是整个事项的可能性。

矩阵定义的风险水平可能与是否应对风险的决策规则相联系。

5.3 输出

输出结果是对各类风险的分级或是确定了重要性水平的、经分级的风险清单。

5.4 优缺点

优点包括：比较便于使用；将风险很快划分为不同的重要性水平。

局限包括：必须设计出适合具体情况的矩阵，因此，很难有一个适用于组织各相关环境的通用系统；很难清晰地界定等级；使用具有很强的主观色彩，分级者之间会有明显的差别；无法对风险进行总计（例如，人们无法确定一定数量的低风险或是界定过一定次数的低风险相当于中级风险）。组合或比较不同类型后果的风险等级是困难的。

结果将取决于分析的详细程度，即分析越详细，情景数字就越高，每个数字的概率越低。这将低估实际风险等级。在描述风险时将情景分组的方法应当在研究开始时确定并且是一致的。

6 矩阵法分析应用

以上海市建筑幕墙工程技术规范为风险识别原则，以上海市建委科技委有关《上海市建筑玻璃幕墙结构安全论证评审要点》为识别点，针对构件式玻璃幕墙部分风险评价方法进行举例。

6.1 对风险源的采集和梳理

审查要点[2]如下：

（1）构件式幕墙系统设计应安全合理、施工可行；立柱、横梁连接构造应可靠、可行，并符合结构传力要求。

（2）系统主型材立柱、横梁的强度和刚度应满足规范要求；横梁、立柱最小截面厚度及其截面宽厚比应符合规范要求。玻璃入槽及边距尺寸应符合规范规定。

（3）横梁截面设计应能满足玻璃面板偏心荷载作用下的抗扭承载能力，无详细计算分析和可靠构造措施横梁不宜采用单壁开口型材。

（4）采用钢铝组合截面立柱，钢铝连接构造应能满足共同协调工作的要求，钢铝共同工作的组合截面立柱强度和刚度应满足规范要求。不建议大量采用钢铝组合立柱形式，确需采用时，建议以钢立柱为主受力构件，铝型材作为装饰，且其连接构造应确保荷载能直接传至于钢构件。

（5）转角立柱应关注其强度及刚度是否满足安全性要求，弱轴方向的强度应有验算；转角部位玻璃的固定方式应可行，玻璃入槽深度应满足要求，玻璃压板 或扣板连接应可靠。

（6）对大跨度立柱，应考虑大弯矩作用平面内的稳定性能否满足安全性要求；对 于采用 T 型钢立柱，应审核其侧向稳定性是否满足要求。

（7）立柱、横梁采用钢结构构件时，应尽可能选用国家标准钢型材截面，不建议采用焊接钢板或厚钢板形式的立柱、横梁。

（8）立柱、横梁采用隔热型材时，隔热条不应承受和传递荷载，采用穿条挤压型断热条时，主型材材料的选用应考虑挤压工艺的影响。

（9）隐框玻璃幕墙系统应有防玻璃脱落的构造措施，确保满足安全性要求；玻璃副框设计的可行性和可靠性应符合结构受力和安全要求；玻璃托板及其连接应经计算，应检查连接位置和连接方式的合理性和可靠性，托板应与横梁采用机械连接。

（10）外挑装饰条应仔细审核其连接构造和支承节点能否满足安全性要求。大尺度悬挑外装饰线条设计应构造合理、连接可靠、传力清晰、施工工艺可行，不建议采用过多的转接连接。

（11）对于采用通槽齿型材或隐槽式固定方式的构件式幕墙系统，应提供足够的安全措施。

针对要点进行关键控制点梳理见表 4。

表 4　风险源控制点简表

条文	要　点	条文	要　点
1	系统设计；龙骨连接	7	标准截面钢型材选用
2	龙骨计算；截面特性；玻璃入槽构造	8	隔热条不应承受和传递荷载
3	横梁抗扭	9	隐框玻璃幕墙放脱落构造、附框、托板设计
4	钢铝组合立柱协调工作	10	外装饰条连接构造和支撑设计
5	转角立柱计算；玻璃固定、入槽、压板	11	通槽齿和隐式幕墙的结构安全设计
6	大跨立柱、T 钢面内稳定		

6.2　输入

对可能性和严重性制表 5 和表 6

表 5　幕墙结构设计风险可能性的定性估计

等级	建筑工程标准	幕墙对应部分	对应控制条文
5	在现场没有采取防范、监测、保护、控制措施。 危害的发生不能被发现（没有监测系统）或在正常情况下经常发生此类事故或事件	玻璃、龙骨计算不达标；系统结构设计不成立；玻璃、外装饰条等幕墙构件坠落	①、②、⑤、⑨、⑩、⑪
4	危害的发生不容易被发现，现场没有检测系统，也未作过任何监测，或在现场有控制措施，但未有效执行或控制措施不当。 危害常发生或在预期情况下发生	在正常使用状态下玻璃破损、系统出现不可控变形	②、③、④、⑤、⑥
3	没有保护措施（如没有保护防装置、没有个人防护用品等），或未严格按操作程序执行或危害的发生容易被发现（现场有监测系统）或曾经作过监测或过去曾经发生、或在异常情况下发生类似事故或事件	相关可靠性分析内容，和体系、构造、材料综合相关	⑦、⑧
2	危害一旦发生能及时发现，现场有防范控制措施，并能有效执行或过去偶尔发生危险事故或事件	构造细部明显的结构缺陷	②、⑤、⑩
1	有充分、有效的防范、控制、监测、保护措施或员工安全卫生意识相当高，严格执行操作规程，极不可能发生事故或事件	材料合理选用；系统连接构造、传力途经的合理性	①、⑤、⑪

表 6　幕墙结构设计风险严重性的定性估计

等级	法律、法规及其他要求	人	财产（暂）（万元）	幕墙对应解读	对应条文
5	违反法律、法规	发生死亡	＞50	违反规范强条、法规文件中“必须、禁止”条文；发生玻璃坠落、系统坍塌重大事故	
4	潜在违反法规	丧失劳动	＞25	结构计算不全面，违反规范中“应”“不应”条文，在正常使用状态下玻璃破损、系统出现不可控变形；	①、②、③、④、⑤、⑥、⑧、⑨、⑩、⑪

续表

等级	法律、法规及其他要求	人	财产（暂）（万元）	幕墙对应解读	对应条文
3	不符合企业安全管理的方针、制度、规定	截肢、骨折、听力丧失、慢性病	>10	违反规范中“宜”“可”“不宜”条文；造成“四性”物理性能等级未达标的设计	③
2	不符合企业安全管理的操作程序、规定	轻微受伤、间歇不舒适	<10	对防火、防雷、隔音等构造上的缺失结构设计，“建议”条文	④、⑦
1	完全符合	无伤亡	无损失		

6.3 绘制分析矩阵

表 7　幕墙结构设计风险矩阵的定性估计

严重性 S / 可能性 L		1	2	3	4	5
	条文号		④、⑦	③	①②③④⑤⑥⑧⑨⑩⑪	
1	①、⑤、⑪	1	2	3	4	5
2	②、⑤、⑩	2	4	6	8	10
3	⑦、⑧	3	6	9	12	15
4	②、③、④、⑤、⑥	4	8	12	16	20
5	①、②、⑤、⑨、⑩、⑪	5	10	15	20	25

表中数值为纵横分级指标值的乘积。

6.4 输出

从上表中得出如下结论：

表 8　幕墙结构设计风险清单表

低风险	中等风险	高风险	极度风险
对应条文	1 2 3 4 5 8 10 11	2 3 4 5 6	1 2 5 9 10 11

可以看出，由于原有风险源的识别和分析不够细分，有很多条文存在重复风险等级的情况，所以风险的识别和分析至关重要，这里就不再展开。在实际操作中，成本因素、对风险认识的不足、人为要求等原因为出发点，设计人员在“事件发生的可能性”和“事件后果严重性”的等级判定方面存在偏差，有意取值偏低，从而导致“风险等级”过低，进而掩盖了一些重大危害因素，这不利于幕墙的结构安全管控。所以，设计人员应以科学、严肃和实事求是的态度来对待这项工作。

6.5 风险应对控制

风险应对控制是在完成风险评估之后，选择并执行一种或多种改变风险的措施，包括改变风险事件发生的可能性或后果。风险控制措施是一个递进的循环过程，实施风险应对措施后，应重新评估新的风险水平是否可以承受，从而确定是否需要进一步采取应对措施。

根据表8输出的结论，制定风险对应措施表9。

表9　幕墙结构设计风险对应控制表

风险度	等级	应采取的行动、措施	评估
20～25	巨大风险	系统重新设计 根除错误	不接受
15～16	重大风险	局部问题、重要问题调改或优化设计，减少发生的可能性到可以容忍或可忽略的水平	需要调整
4～12	中等或可容忍	细部完善	基本接受
<4	轻微或可忽略的风险	保存记录	可接受

6.6　风险矩阵法评价的特点和局限性

特点：

(1) 对后果和可能性进行分析

后果的推导在规范法规或评审技术要点中结论比较清晰；通过几十年的试验和事故分析，可能性比较明确。符合设计结构安全的目标要求。

(2) 采用文字形式或叙述性的数值范围描述风险的影响程度和可能性的大小（如高、中、低等）

评审报告中是建立在设计图纸和计算书比较明确的论据上的定性判断。

(3) 分析的有效性取决于所用的数值精确度和完整性

幕墙工程的结构计算、实验数据、检测数据的理论和研究工具相对完善，提供的数据能易于地和规范、标准做比较。

(4) 简易的计算方式表推导出结论，有利于降低结论的出错率。

(5) 一旦制定出风险等级的条文细则（风险因素明确且较少，不确定性的描述容易表达和区分），很容易抓住评估重点和要点，提高评价效率。

(6) 流程和报告形式比较有弹性，易于推广。

局限性：

(1) 本质上是主观的成分较多：确定风险发生的可能性和后果的严重性，主要依据风险分析人员和专家的知识、经验和历史资料数据，对风险因素描述和定义（条纹细则），有时难以做到严格的定量化。

(2) 对经济性、实施可行性、时间性等相关价值评估的参考性较低，只能用于控制风险因素相对较少的项目评估。

(3) 缺乏对风险降低的成本分析，或需要做进一步的输入信息补充。

7　结语

本文风险管理控制理论体系着手，对建筑玻璃幕墙结构设计的风险识别、风险分析、风险评估、风险对应措施进行了具体阐述和讲解。通过风险矩阵法在框架式玻璃幕墙结构设计安全评估中的应用，初步接触了工程设计风险管理的强大功能，同时也证明矩阵法是一个提高设计评审效率、提高结构安全意识的有力工具。

结构安全是工程之本，在设计阶段就加强风险管理意识，无遗是对设计人员本身技术水平的提高和自查，还是对企业、行业的安全管控，都起着重要的作用。本文仅仅是窥豹一斑，探索了幕墙设计的安全风险控管理的一角，愿能抛砖引玉，引起有志者的重视，投身到风险管理的事业中，对幕墙行业的发展做出贡献。

具体案例以及相关幕墙系统的拓展，篇幅有限，不再详叙。有意者可与作者联系。

参考文献

[1] 《ISO31010》International Standard Risk management-Risk assessment techniques ，2009.

[2] 《上海市玻璃幕墙结构安全性评论审查要点》，2017.

作者简介

陈峻（Chen Jun），男，1972年生，高级工程师，研究方向：玻璃幕墙抗爆炸冲击波、异形空间玻璃结构、文化建筑表皮；工作单位：华建集团华东建筑设计研究总院；地址：上海市汉口路151号；联系电话：021-63217420；E-mail：jun _ chen@ecadi. com。

上海市建筑玻璃幕墙结构安全论证及思考

陈　峻

华建集团华东建筑设计研究总院　上海　200002

摘　要　本文通过对上海市玻璃幕墙结构安全性评审流程、标准、审查热点的介绍，使读者了解论证的缘由和发展，为促进各省市开展技术评审咨询工作的开展提供有益参考，同时通过上海市部分当前审查技术热点的解读，对当前幕墙行业技术发展提供一定的参考作用。

关键词　结构安全论证

1　引言

上海市新建和改扩建项目的建筑玻璃幕墙结构安全性论证已实施5年，据不完全统计，共计审查项目近3000项目次，期间，作为论证主要依据的《上海市建筑幕墙工程技术规范》也经历了二次修编，即将出台2018版的地方性玻璃幕墙规范。通过论证和规范更新，有力的规范了幕墙技术行业设计标准，促进了技术发展和技术进步。

目前在浙江、深圳、四川等地方，也在进行类似的审查工作，随着政府监管部门对公共安全意识的提高，对工程安全审查和监管的措施也会越来越多，幕墙行业必须总结出一套确实有效的模式，在以结构安全为工程实施核心的前提下，兼顾勘察设计管理流程、建筑师立面创作、幕墙技术的创新和发展、建造商成本投入和性价比、政府监管措施配合等几个方面的总额和原因，推动安全论证的发展，切实提高幕墙工程安全质量。

2　流程

2.1　市政府令

（2012年2月1日）上海市人民政府令第77号文件，提出了安全论证的法律性要求。“第九条（结构安全性论证和光反射环境影响论证）对采用玻璃幕墙的建设工程，建设单位应当在初步设计文件阶段，编制玻璃幕墙结构安全性报告，并提交建设行政管理部门组织专家论证。建设单位应当在施工图设计文件阶段，委托相关机构对玻璃幕墙的光反射环境影响进行技术评估，并提交环境保护行政管理部门组织专家论证。市建设行政管理部门、市环境保护行政管理部门应当分别建立由符合相关专业要求专家组成的专家库。专家抽取、回避等规则，由市建设行政管理部门、市环境保护行政管理部门另行制定。第十条（施工图设计文件的审查）设计单位应当在编制施工图设计文件时，落实结构安全性和光反射环境影响的评估和论证意见。建设单位在申请施工图设计文件审查时，应当提交结构安全性论证报告、光反射环境影响技术评估报告和专家论证报告。施工图设计文件审查机构应当审查施工图设计文件是否满足结构安全和环境保护要求。施工图设计文件未经审查通过的，建设行政管理部门不予颁发施工许可证。变更玻璃幕墙设计的，建设单位应当将施工图设计文件送原审查机构重新审查。”

可以看到，政令中明确了责任主体是建设单位；编制主体没有明确提出，目前执行的是有幕墙设计资质的建筑设计研究院和幕墙设计单位。和施工许可证挂钩，对所有产业链上的行业提出了要求。

2.2 上海市建设项目报建和审批流程

图 1 是上海市审批流程图。

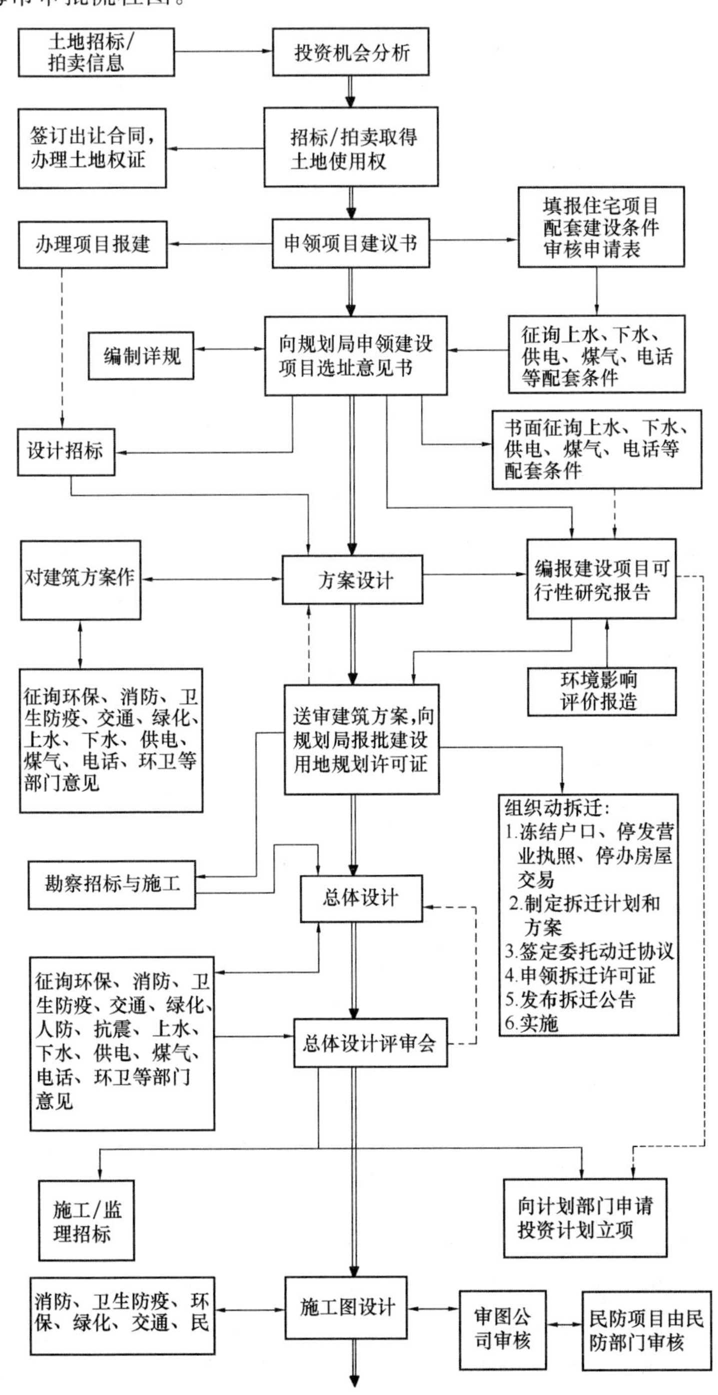

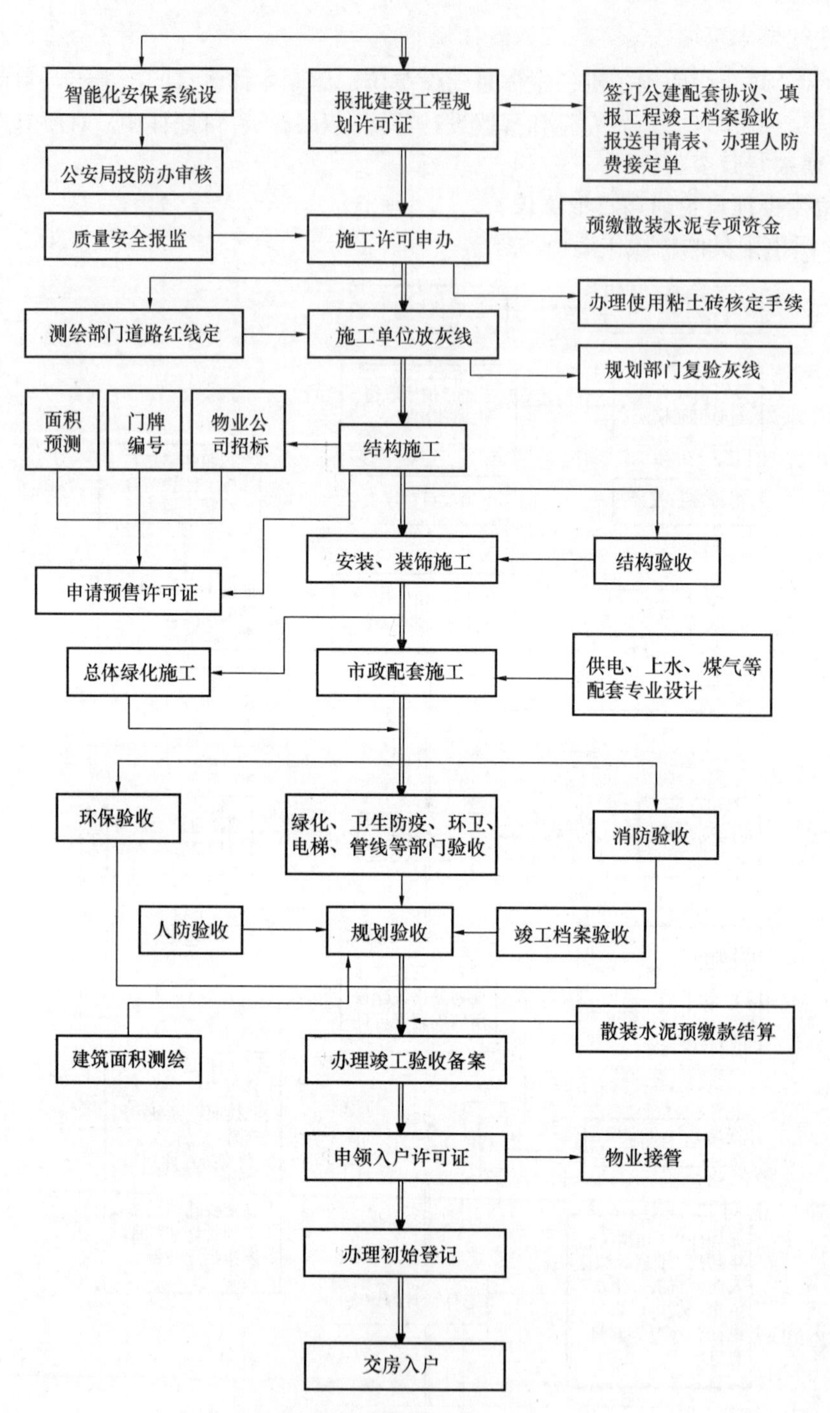

图1　上海市建设项目报建和审批流程图

可以看到，要求完成安评时间在初步设计阶段，位于方案设计阶段之后，施工图设计阶段之前，此时建筑立面尚未最终成型，建筑幕墙招标图也尚未完成；同时中国的幕墙行业是设计施工一体化的工程管理模式，这个期间的专业幕墙工程公司并没有介入建筑扩初阶段的幕墙安评图纸设计，出现了设计设计人员和设计阶段上的真空。实际上建设方为了完成安评时间节点，往往要求幕墙顾问进行安评设计，形成了先做安评图，后招标图，最后才施工图的局面。建筑扩初结束后，建筑施工图对立面设计必然有修改和完善之处，会出现安评一张建筑表皮，招标施工另外一张建筑表皮的情况，值得我们思考。

2.3 上海市建委科技委的100号文

受市住建委委托，上海市建委科技委具体开展论证和管理工作，科技委发布具体执行的100号文件，提出了具体的操作流程和要求。如图2所示。

3 安评技术要求

3.1 基本要求

（1）幕墙施工图设计深度

（2）经济合理性、安全可靠性、构造可行性、耐久性和维修保养的可操作性。

（3）有关安全玻璃类法规

沪政府令2011年77号《上海市建筑玻璃幕墙管理办法》

沪政府令78号《上海市建筑物使用安装安全玻璃规定》

上海市《建筑幕墙工程技术规范》DGJ08－56－2012

（4）《关于实施建筑玻璃幕墙结构安全性论证的通知》沪建交【2012】100号文的规定要求。

（5）论证报告中应提供相关政府主管部门对建设项目审批、核准的批复文件，设计任务书和建设单位的委托书等文件资料。编制论证报告应有技术负责人、项目设计负责人、建筑及结构设计专业负责人、设计人员的签名、并加盖编制单位图章、注册建筑师、结构师专业印章。

（6）对由第三方设计单位设计的大型钢结构应加盖设计单位和编制单位图章、结构工程师专业印章，并应明确由主体设计单位审核确认。

3.2 沪政府令2011年77号《上海市建筑玻璃幕墙管理办法》

管理办第五条、第六条：

第五条（禁止采用玻璃幕墙的范围）

住宅、医院门诊急诊楼和病房楼、中小学校教学楼、托儿所、幼儿园、养老院的新建、改建、扩建工程以及立面改造工程，不得在二层以上采用玻璃幕墙。

在T形路口正对直线路段处，不得采用玻璃幕墙。

第六条（幕墙玻璃的采用要求）

有下列情形之一，需要在二层以上安装幕墙玻璃的，应当采用安全夹层玻璃或者其他具有防坠落性能的玻璃：

（一）商业中心、交通枢纽、公共文化体育设施等人员密集、流动性大的区域内的建筑；

（二）临街建筑；

（三）因幕墙玻璃坠落容易造成人身伤害、财产损坏的其他情形。

采用前款规定玻璃的，玻璃幕墙设计时应当按照相关技术标准的要求，设置应急击碎玻璃。

3.3 沪政府令78号《上海市建筑物使用安装安全玻璃规定》第五条

第五条（安全玻璃的使用部位）

沪建交（2012）100号

上海市城乡建设和交通委员会关于实施建筑玻璃幕墙结构安全性论证的通知

各有关单位

为贯彻落实《上海市建筑玻璃幕墙管理办法》（市政府77号令）和《关于废止〈关于在建设工程中使用幕墙玻璃有关规定的通知〉的通知》（沪建交[2012]81号）有关规定要求，现就本市实施建筑玻璃幕墙结构安全性论证相关事项通知如下：

一、本市行政区域内新建、改建、扩建工程和立面改造工程中采用玻璃幕墙的建设工程，均应按照《上海市建筑玻璃幕墙管理办法》的规定，实施建筑玻璃幕墙结构安全性论证。

二、市建设交通委委托市建设交通委科学技术委员会（简称"市建交委科技委"）组建建筑玻璃幕墙安全论证专家库，并负责组织市立项工程项目的专家论证；区（县）立项的工程项目由区（县）建设行政管理部门负责组织专家论证。

三、本市对建筑玻璃幕墙结构安全性论证的专家实行统一入库管理，论证专家须按规定从专家库中抽取，论证报告内容和格式要求应符合统一规定，专家论证必须严格按照论证程序进行，论证工作须按照建设行政管理部门要求采集输入相关工程信息。有关专家库管理、专家抽取办法、论证程序、论证报告要求、信息归集要求等，由市建交委科技委另行制定。

四、建设单位在申请委托建筑玻璃幕墙结构安全性论证时，应提交建筑玻璃幕墙结构安全性论证申请表、玻璃幕墙结构安全性报告、玻璃幕墙结构计算书、上海市建设工程报建表、规划部门审批意见。

五、受理窗口和办理时限。自2012年2月1日起，建设单位申请建筑玻璃幕墙结构安全性论证，应持有关资料到市或区（县）建设行政受理服务部门的受理窗口进行申请。

受理窗口应当场核对申报资料，有缺漏的不予接受申报材料，并一次性告知当事人需补全的材料。受理窗口接受材料后5个工作日内，应当完成建设单位申报资料的审核，并告知建设单位明确是否受理。对受理的安全论证申请，应当在15个工作日内完成建筑玻璃幕墙结构安全性专家论证，并出具专家论证意见。

六、建设单位、设计单位、施工图设计文件审查机构、相关管理部门，应严格按照《上海市建筑玻璃幕墙管理办法》第十条规定，落实建筑玻璃幕墙结构安全性论证意见。

附件：1、建筑玻璃幕墙工程结构安全性论证申请表

2、玻璃幕墙结构安全性报告编制要求

3、上海市玻璃幕墙建筑工程信息登录表

4、建筑玻璃幕墙结构安全性论证申报资料汇总表

图2　上海市建委科技委100号文

建筑物需要以玻璃作为建筑材料的下列部位，必须使用安全玻璃：

（一）各类天棚、吊顶；

（二）观光电梯；

（三）室内隔断、倾斜装配窗；
（四）楼梯、阳台、平台走廊的栏板和中庭内栏板；
（五）水族馆和游泳池的观察窗、观察孔；
（六）公共建筑物的出入口、门厅等部位；
（七）易遭受撞击、冲击而造成人体伤害的其他部位。
前款第（七）项的部位由市建设交通委另行规定。

3.4 内容要求

（1）建筑效果图、建筑总平面图、建筑平、立、剖面图及结构专业施工图。
（2）改扩建项目
原主体结构及建筑幕墙情况的介绍和说明；
原主体结构的适应性、可行性专项评估意见或报告依据；
原幕墙埋件或支撑龙骨检测评估报告；
后置埋件说明；
划分出项目论证的内容和范围。
（3）非论证范围的内容作相应的介绍。
（4）体型或风环境复杂的建筑风洞试验报告。
（5）对采用超出规范或特殊连接构造形式、幕墙超大单元板块、异型板块等设计方案，应有相关可行性依据和安全措施。
（6）对新材料、新工艺等应有试验数据和专项论证意见。
（7）《上海市建筑幕墙工程设计文件编制深度规定》。

4 评审技术热点[1]

4.1 单块玻璃面积

上海市《建筑幕墙工程技术规范》DGJ 08—56—2012 中 4.1.6 幕墙玻璃面板按下列要求使用：

1 除建筑物的底层大堂和地面高度 10m 以下的橱窗玻璃外，玻璃面板宜不大于 4.5m^2。

2 除夹层玻璃外，钢化玻璃应不大于 4.5m^2、半钢化玻璃应不大于 2.5m^2，钢化玻璃应有防自爆坠落措施、半钢化玻璃应有防坠落构造措施。

3 除建筑物的底层大堂和地面高度 10m 以下的橱窗玻璃外，夹层玻璃面板应不大于 9.0m^2。

基本上按照 4.5m^{2}的面积控制立面玻璃分格，其余要求按照 JGJ 113—2015 建筑玻璃应用技术规程的要求执行。

4.2 幕墙光反射

墙玻璃的可见光反射率宜不大于 15%，反射光影响范围内没有敏感建筑时可选择不大于 20%。非玻璃材料宜采用低反射亚光表面。

4.3 幕墙层间防火封堵

1 楼层边缘应有高度不小于 1.2m 的实体墙。当室内设置自动喷水灭火系统时，实体墙高度应不小于 0.8m。幕墙与实体墙的上下沿口应分别设置水平防火封堵。

2　玻璃幕墙与楼板边缘实体墙的间距宜不大于200mm。

3　防火封堵构造措施不得替代楼层边缘的实体墙。

4　同一块幕墙玻璃面板不应跨越上下左右相邻的防火分区。

4.4　钢铝组合型材的设计

采用钢铝组合截面立柱，钢铝连接构造应能满足共同协调工作的要求，钢铝共同工作的组合截面立柱强度和刚度应满足规范要求。

不建议大量采用钢铝组合立柱形式，确需采用时，建议以钢立柱为主受力构件，铝型材作为装饰，且其连接构造应确保荷载能直接传至于钢构件。

幕墙构件不宜采用铝型材闭口腔内衬套钢型材作为共同参与受力的钢铝组合构件。

4.5　分层支撑幕墙与窗

分层支承的幕墙体系，即在楼层间（包括底层地坪至上层楼盖）设置金属立柱、横梁等支承构件，并与面板组成建筑外围护体系。

4.6　采用U型槽式固定方式

梁柱采用开口U型槽截面时，由于加工精度难以保证，连接安全性低，故限定适用高度。

4.7　悬挑装饰罩板

扣合在幕墙面板压板上的装饰扣盖等部件，扣合连接应紧密可靠，当扣合件的悬挑尺寸大于100mm或扣件造型复杂时，扣合的连接构造应加强，必要时可用机械连接方式加固。

4.8　幕墙适应主体结构变形性能

不同材料、不同的结构形式，建筑的允许变形是不一样的。幕墙设计时，其柱、梁的轴向可变形能力和转角可变形能力应大于主体结构按规范规定的变形要求和设计的变形要求，且有一定的余量。

幕墙面板和幕墙梁柱的连接构造消化变形的能力应大于幕墙平面由于主体结构的变形产生的形变。构件式幕墙面板和幕墙梁、柱的连接：明框构造采用由明框压板、密封胶条、面板同梁柱间设定的间隙和连接面的贴合实现密封和支承荷载力。间隙和密封胶条与面板间的可位移保证幕墙梁柱随主体结构侧向位移时面板不被挤破的安全；隐框构造采用面板结构胶与面板副框粘结，副框与幕墙框架梁、柱固结连接。副框与幕墙梁柱间、副框与压块间均留有设定的间隙，当面板副框随幕墙梁、柱变形时，设定的间隙及结构胶的设计可剪变量用以消化此时副框所承受的剪变量，保证面板不被挤破的安全。

对跨越立柱层间分缝的面板，由于面板固定在两段立柱上，应对面板的适变量予以校核。

4.9　结构胶厚度的计算。

主体层间位移角，非抗震设计时，取风荷载作用下主体结构最大弹性层间位移角；抗震设计时，取频遇地震作用下主体结构最大弹性层间位移角；幕墙安装处层间位移角的值由主体结构设计提供，无具体资料时可按现行结构设计规范取值。

5　结语

本文对上海市建筑玻璃幕墙结构安全性论证的指令、流程做了简要介绍，对安评的实施阶段与现有建设项目的申报审批流程之间存在一定的不协调性，提出了质疑。安评的技术要求和当前审查热点贡献给大家，以供设计评审时参考与讨论。

参考文献

[1] 上海市《建筑幕墙工程技术规范》DGJ 08—56—20××修编第9稿，2017。

作者简介

陈峻(Chen Jun)，男，1972年生，高级工程师，研究方向：玻璃幕墙抗爆炸冲击波、异形空间玻璃结构、文化建筑表皮；工作单位：华建集团华东建筑设计研究总院；地址：上海市汉口路151号；联系电话：021-63217420；E-mail：jun_chen@ecadi.com。

建筑智能化系统在铝门窗幕墙行业中的应用与存在的问题

刘玉琦

天津奥福威工程管理咨询有限公司　天津　300012

摘　要　智能化、智能建筑、物联网、采用机器人、智能化系统，在铝门窗、幕墙行业中应用越来越广泛。本文阐述了智能建筑的发展以及我国目前智能建筑化在铝门窗、幕墙行业中的应用。

关键词　智能化建筑；铝门窗；幕墙；应用；存在问题

1　建筑智能化系统的发展状况

在信息社会中，人们对于现代建筑的概念也在发生变化，传统建筑提供的服务已远远不能满足现代社会和工作环境等方面的要求。智能建筑（Intelligent Building，以下简单称 IB）的出现，使得一幢幢高楼就变成了一个小社会，其内部有众多小公司，各种商业的生活行为要求数以兆计的信息和控制指令进出整座大厦。IB 把建筑物的结构、系统、服务和管理等基本要素以及它们之间内在联系进行优化组合，从而提供一个投资合理、高效、舒适、便利的环境。1984 年，美国康涅狄格州的哈特福市将一幢旧金融大厦进行了改造，建成了称之为 City Place 的大厦，从此诞生了世界公认的第一座智能大厦，它是时代发展和国际竞争的产物。为了适应信息时代要求，各高科技公司纷纷建成或改造具有高科技装备的高科技大厦（Hi-Tech. Building），如美国国家安全局和五角大楼等。据有关估测，美国的智能大厦将超万幢，日本和泰国新建大厦中的 60%为智能大厦，中国的第一座智能大厦被认为是北京的发展大厦。此后，相继建成了一批智能大厦，如深圳的地王大厦、北京西客站等。智能建筑最近几年在我国发展很快，许多公共设施、高层建筑，甚至住宅小区都要求智能化，智能建筑热潮已经来临。

为了适应信息时代要求，各高科技公司纷纷建成或改造具有高科技装备的高科技大厦。当前智能涵盖很多大的学科，归纳为六个：

（1）计算机视觉（包括模式识别、图像处理等问题）；

（2）自然语言理解与交流（包括语音识别、语音合成、自然对话）；

（3）认知与推理（包含各种物理和社会常识）；

（4）机器人学（包括机械、控制、设计、运动规划、任务规划等）；

（5）博弈与伦理（多代理人交互、对抗与合作，机器人与社会融合等）；

（6）机器学习（包括各种统计的建模、分析工具和计算的方法）。

由于历史发展的原因，人工智能自 1980 年代以来，被分化出以上几大学科，相互独立发展，而且这些学科基本抛弃了之前30年以逻辑推理与启发式搜索为主的研究方法，取而代之的是概率统计（建模、学习）的方法。留在传统人工智能领域（逻辑推理、搜索博弈、专家系统等）而没有分流到以上分支学科的老一辈人中，的确是有很多全局视野的，但多数已经过世或退休了。他们之中只有极少数人在八九十年代，以敏锐的眼光，过渡或者引领了概率统计与学习的方法，成为了学术领军人物。而新生代（20世纪80年代以后）留在传统人工智能学科的研究人员很少，他们又不是很了解那些被分化出去的学科中的具体问题。

2 智能幕墙的原理以及应用

我们把智能化分为四层，在具体看看在幕墙门窗中应用到几层。以下是智能化建筑幕墙的层级：

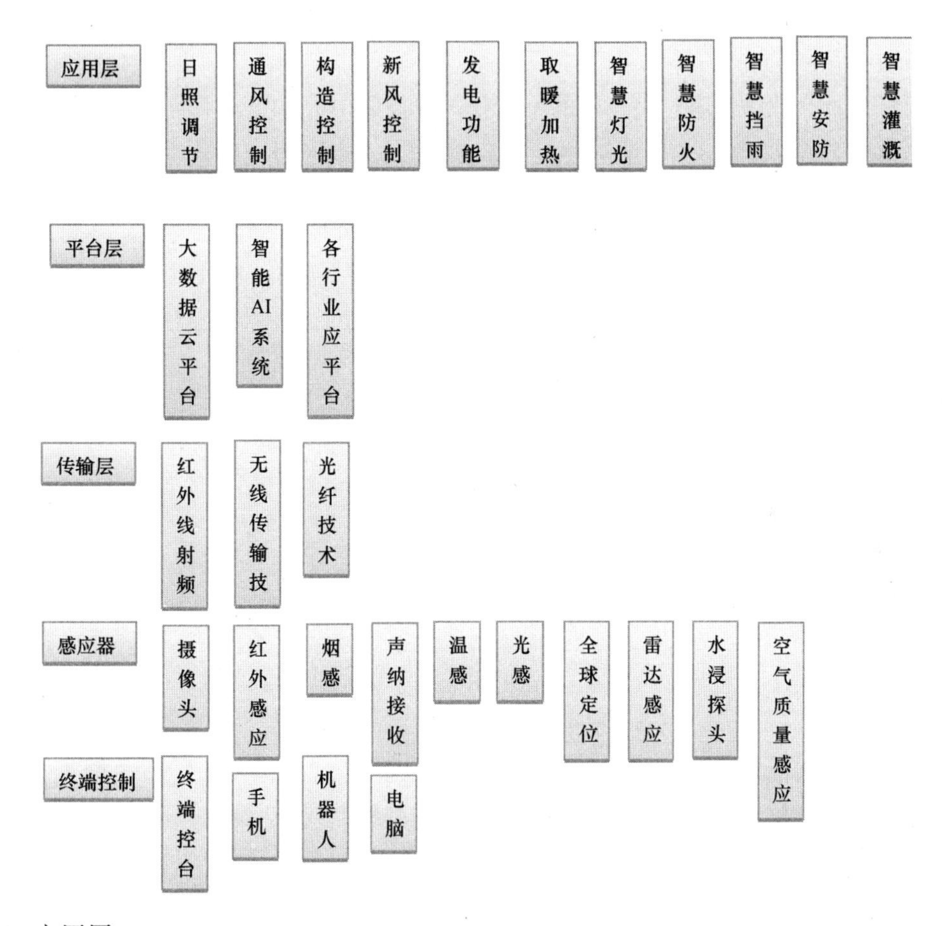

（1）应用层

建筑幕墙外围护结构是建筑的内外交流的唯一通道，光、通风、冷热交换等。

日照调节：可以控制室内外的采光度，随着自然日的进行以及自然月的进行，室内的采光度是不一样的，随着室内的摆设每个业主的需要也是不一样的。如果透光玻璃的透光度可以随意调节并且有情景模式，或者与智能AI接轨，就可以满足业主的任意需求，并且可以随时调节，当然这个技术已经实现了。

通风控制：幕墙通风口有风扇或者其他设备，可以由智慧程序控制，节能减排，减少不必要开机浪费电力。

构造控制：现在的幕墙结构随着设计师的构思可以变化莫测，墙可以变形成为阳台，阳台可以变形成为窗墙等，匪夷所思变化莫测。

美国智能建筑研究机构把智能建筑定义为：

通过对建筑物的结构、系统、服务和管理四个基本要素，以及它们之间的内在联系的最优组合来提供一个投资合理，又具有高效、舒适、便利的环境。

新风控制：有的幕墙结构为双层幕墙，外幕墙通过玻璃格栅等系统作为外进风口，室内有门窗作为内进风口。新风系统为智能化控制。还有高级系统窗加装的新风过滤系统，可以根据室内的空气含量而实时调整外窗的新风系统启闭。

发电功能：光伏发电，节能减排，符合绿色建筑要求。

取暖加热：通过幕墙内部的设备对水进行加热。节能减排，满足供暖所需，以及热水需求。

智慧灯光：企业活动时，整栋楼的幕墙就是外投影，可以变化不同的字符以及各种颜色效果，实现动画等效果。以及幕墙 led 屏幕，都可以连接到终端控制平台，甚至由手机遥控。

智慧防火：建筑内部避难层防火窗启闭，以及建筑外墙窗户自动关闭，涉及花洒等灭火装置，以及如有建筑防火封堵是智能启闭的，也可以做到联动，并且自动报火警，提供火源位置，做出应对措施。

智慧挡雨：根据水浸感应器的感应，可以随时升起雨篷，为行人提供挡雨功能。不用的时候降下来，保证阳光以及空间。(很多大楼的挡雨平台可能影响到防火通道不得不设置电动雨篷。)

智能安防：如果幕墙以及外窗被破坏，有人非法闯入，系统会自动通知所有知情人，以及上报到相关机构或报警。

智能浇灌：幕墙有的时候和植物相关。比如玻璃幕墙花园，绿植幕墙，幕墙中安装相关的雾化喷淋装置可以模拟风雨效果。根据相关感应装置，以及植物不同，在不同区域实行不同的天气模拟。

(2) 平台层

“机器人最先切入的行业是那些以阅历、经历、积累为主的行业，比如销售、教育、医疗、IT、管理、金融、法律。”在2018年人工智能将可以取代这些行业里的大部分工作，其中包括建筑智能化，“综合使用分析软件、移动互联网、移动应用、云服务，计算机将可以构建起一套效率远高于人类的系统。”是人们简单手势操作、语音识别、面孔识别、智能联动、交互方式等技术可以得到很多技术控制。云平台是所有的核心，大数据可以集合建筑内外发生的所有事情，由AI人工智能进行分析，有重要且必须、重要不必须等层级分辨，自动进行大数据分拣，将有用的信息传达到AI中枢，进行判断，由人来进行监督。人们可以根据脸部识别，以及一个动作让建筑幕墙进行相关变形，或者改变建筑玻璃的透光度等等命令。

(3) 传输层

建筑幕墙内部电缆以及信号传输是整个系统的心脏，通常为有线传输。然而建筑幕墙的复杂度提升，通过类似 Wifi 和红外射频和蓝牙等技术的大量应用，形成建筑设备的网络化，为未来建筑幕墙设备的接入提供了基础，而 Wifi 技术是基于 IEEE 标准组织 802.11 系列标准的无线以太网技术，它在以 PC 为主的网络环境中占统治地位，也自然成为无线传输的首选。

（4）感应器以及终端

感应器是智能化的眼睛和耳朵，而终端就是手和脚。机器人已经进入千家万户，智能化端口和机器人对接，可以让整个系统更加完善以及人性化。

智能化建筑真正体现舒适方便的境界就是像使用电视机一样，方便简单、随心所欲的智能控制，智能化程度高。比如出门时按一个出门设防按键，相关的安防、对讲、信息、家电控制、家庭数字影音和电梯联动等自动启动相关的动作，而不需要一一操作。

3 幕墙智能化行业态势以及存在的问题

当前国际上流行的新世纪建筑三大原则："开放与交流、舒适与自然、环保与节能"。建筑已经不仅仅是满足建筑美学和建筑功能的要求，更应该体现出"舒适与自然、环保与节能"的设计精髓。建筑幕墙正在成为高科技含量的智能产品。显而易见智能化幕墙将是建筑幕墙未来的发展方向。

根据有关资料介绍，我国已建成的智能建筑有 70%以上运行不正常，上述比例是否正确没有分析过，但根据工作中接触的情况看，至今见到的运行正常、真正达到智能建筑标准的确实为数不多，造成投资浪费现象惊人。

智能建筑运行不正常，可分为以下几种情况：

最严重的是系统处于停运状态，这种项目大多建于 20 世纪 90 年代初期，通过代理商订货、调试、验收及培训，工作不完善，后期服务无法保证，出现问题找不到原订货商，即使找到了费用也很高；另一种情况是系统仍在运行，但只达到自动控制全部投入运行，而实现经济运行的效果不佳。造成大量智能建筑不能正常运行的原因是多方面的，有些是对智能建筑定义认识不正确，有些是设计上的原因，有些是供货商的原因，有些是施工单位的原因。

针对不同情况，需要进行认真分析，总结经验，不断改进。

我们可以这样理解，智能建筑必须满足两个基本要求：

第一，对于建筑管理者来说，智能建筑应当具有一套管理、控制、维护和通讯设施，能够在花费比较少的条件下，有效地进行环境控制、安全检查、报警监视，能够实时地与城市管理部门取得联系。第二，对于建筑使用者来说，智能建筑应当创造一个有利于提高工作效率、有利于激发工作人员的创造性，并可以提供一个舒适和谐的生活环境。

4 智能建筑幕墙、门窗的目标

4.1 建筑幕墙及门窗功能运作自动化

大型建筑幕墙的运作包含有多种功能系统，如水、电、热力、空调、通讯等。如门窗遇到大风大雨会自动关闭；遇到火警会及时报警自动喷淋并通知进行消防救援；遇到空气环境未达到人们的舒适环境，会自动调节净化换气设备；自动进行园林灌溉系统，而这些对一座建筑幕墙来说要实现自动控制就十分复杂。所以智能的概念是替人来做出最佳方案并完成其运行。

4.2 建筑物的节能运作

智能建筑的另一个使命是降低建筑物各类设备的能耗，延长其使用寿命，提高效率，减少管理人员，求取更高的经济效益。

4.3 通信自动化

利用电信网络、卫星电视和计算机互联网络为大厦提供现代化的信息传递手段。

4.4 办公自动化

4.5 安全保卫自动化

通过各种摄像、各种感触探测器进行信号采集、分析、处理，并经过机电一体化的设备进行控制保护。

4.6 门窗、幕墙生产车间的机械手自动化

通过BIM设计中心的程序化管理，使材料的加工、制作及组装按照自动化生产要求自动包装入库。

其核心技术部分为：

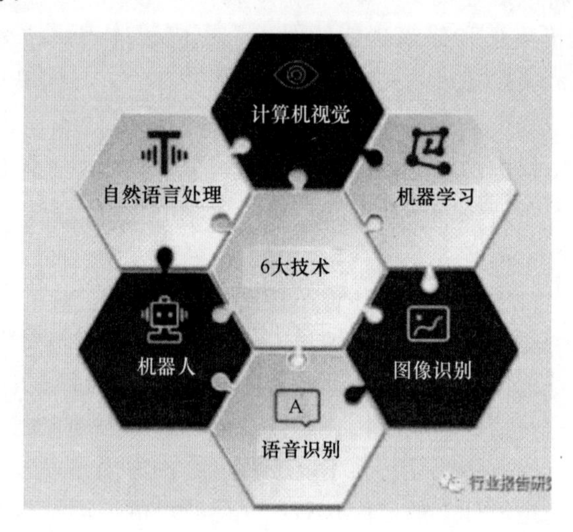

5 结语

概括地讲，IB是由建筑、BA、CA、OA等四种系统所构成，将它们进行有机的整合后，以便对办公室的业务处理提供各种高度自动化的机能，从而达到经济性、机能性、可靠性及安全性的目标。

BA、CA和OA系统共同组成了大楼的头脑与神经系统，而建筑系统为三系统的躯体，同时亦为大楼居住者的活动空间。智能建筑是人、信息和工作环境的智慧结合，是建立在建筑设计、行为科学、信息科学、环境科学、社会工程学、系统工程学、人类工程学等各类理论学科之上的交叉应用。智能建筑是当代科学技术发展的必然产物。

作者简介

刘玉琦(Liu Yuqi)，天津奥福威工程管理咨询有限公司总工程师。

幕墙安评的设计质量通病及防治技术

徐　勤[1,2]　王　骅[1,2]
1　上海市建筑幕墙检测中心　上海　201108
2　上海建科检验有限公司　上海　201108

摘　要　2012年出台的沪建交委第100号文《关于实施建筑玻璃幕墙结构安全性论证的通知》，明确指出新建的玻璃幕墙工程在初步设计阶段，应进行结构安全性论证（简称“安评”）。本文收集了浦东新区近年来42项玻璃幕墙安评的设计资料，在汇总整理幕墙安评设计质量通病的基础上，进一步分析了设计环节中影响建筑幕墙结构安全及使用安全的关键因素，并从材料内因、细节设计、使用环境等多个方面阐述了建筑幕墙设计质量通病的防治技术。
关键词　幕墙安评；设计质量通病；防治技术

Abstract　In 2012 " the No. 100th notice on *implementation of structure safety evaluation for building glass curtain walls*" was issued by Shanghai Construction and Transportation Commission. This notice clearly pointed out that every new project of glass curtain walls in the preliminary design phase should be carried out to prove the security of structure (referred to as the " safety evaluation") . 42 design information of glass curtain wall in Pudong New Area were collected in this paper. Based on the common design defects, the key design factors affecting the safety and use of curtain wall structure are summarized. Further prevention and control technology from material, details design and external environment and so on were stated.
Keywords　safety evaluation of building curtain walls; common design defects; prevention technology

1　引言

我国玻璃幕墙行业从1983年开始起步，1990年代进入高速发展期，因玻璃幕墙外形简洁、豪华、现代感强，具有很好的装饰效果[1-2]。在上海地区更是因其自重轻，相当于砖砌体墙体的1/12，混凝土墙体的1/10；施工周期短，较一般建筑墙体的施工周期节省2/3时间，所以备受青睐。

位于延安东路的上海“联谊大厦”于1984年建成，首开上海玻璃幕墙的先河。截至2016年底，上海约有玻璃幕墙建筑12000幢，已成为我国玻璃幕墙建筑数量最多的城市，总幕墙面积约占全国的20%，且大多存在于人流密集的CBD区域。

在这短短30年的时间里，我国的幕墙行业走完了国外建筑幕墙150年的发展史。部分调查研究数据表明[3]，这些既有的玻璃幕墙建筑存在着较大的安全隐患，主要表现为钢化玻璃自爆、面板脱落、开启扇坠落、结构胶老化、连接件失效、五金件缺失等多项问题。

2012年颁布实施的第77号沪府令《上海市建筑玻璃幕墙管理办法》明确规定："采用玻璃幕墙的建设工程，建设单位应当在初步设计文件阶段，编制玻璃幕墙结构安全性报告，并提交建设行政管理部门组织专家论证（第九条）"；"建设单位在申请施工图设计文件审查时，应当提交结构安全性论证报告、光反射环境影响技术评估报告和专家论证报告（第十条）"。

同期配套出台的沪建交（2012）第100号文《关于实施建筑玻璃幕墙结构安全性论证的通知》，更是明确规定："本市行政区域内新建、改建、扩建工程和立面改造工程中采用玻璃幕墙的建设工程，均应按照《上海市建筑玻璃幕墙管理办法》的规定，实施建筑玻璃幕墙结构安全性论证（第一条）"；"建设单位在申请委托建筑玻璃幕墙结构安全性论证时，应提交建筑玻璃幕墙结构安全性论证申请表、玻璃幕墙结构安全性报告、玻璃幕墙结构计算书、上海市建设工程报建表、规划部门审批意见（第四条）"。

上述法律法规实施已近五年，玻璃幕墙结构安全性论证（以下简称"安评"）实施过程中各级管理部门、建设单位、设计单位、幕墙企业都碰到了不少问题。结合第一阶段汇总整理幕墙安评的常见设计质量通病的基础上，本文拟从确保城市公共安全的角度出发，进一步分析设计环节中影响幕墙结构安全及使用的关键因素，不断完善建筑玻璃幕墙管理办法的配套措施，并从材料内因和建筑环境两个方面阐述了建筑幕墙设计质量通病的防治技术。

2 设计质量通病

在第一阶段中，我们通过汇总和整理幕墙安评中常见的设计质量通病，把安评资料按照"设计说明、材料选用、安全设计、结构图纸、结构计算书、其他"六个角度进行了归纳汇总，运用数理统计的方法进行分类汇总（表1）。

表1 调研项目问题分类汇总

分类	设计深度	材料选用	结构安全	设计图纸	计算书	其他
意见数量	99	51	110	114	99	50

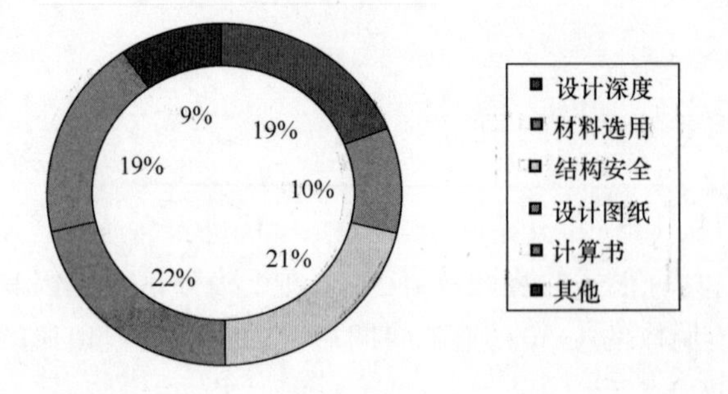

在上海市浦东新区建交委科技委、浦东新区建设工程设计文件审查事务中心的大力支持下，针对所收集到的42项玻璃幕墙安评设计资料，进一步重点提炼了设计环节中影响幕墙

结构安全及使用的关键因素，采用文献检索、专家会议、问卷调查等多种形式，归纳和完善常见的设计质量通病最主要存在五个方面：

（1）玻璃尺寸过大，钢化玻璃的自爆问题始终无较好的解决方法；

（2）细部构造设计不到位，对连接部位的结构计算缺失；

（3）外立面的装饰条（遮阳条）在缺少合理的验证前被设计大胆运用；

（4）建筑材料的防火等级不足、防火分区的设置不当等；

（5）组合幕墙中的石材幕墙问题较多。

3 设计质量通病的防治技术

根据上述玻璃幕墙安评中发现的设计质量通病的影响程度不同，除满足国家、行业及地方建设标准强制性条文的要求外，本文从内在本质和外部使用两个方面总结提出玻璃幕墙结构设计的关键因素，并有针对性地展开研究，提出相关的防治技术。

3.1 优选原材，本质解决幕墙玻璃自爆

据中国建筑装饰协会幕墙工程委员会对北京、上海、天津、重庆、西安、武汉、深圳、哈尔滨、厦门、温州10个城市96座在用建筑幕墙的质量与安全情况进行抽样调查结果显示[3]，既有幕墙存在安全隐患，可以初步认定为钢化玻璃自爆的板块47块，有重要隐患的幕墙工程9项，占调查项目总数的9.38%。如果去掉钢化玻璃自爆因素，比例下降到2.3%。

玻璃面板是幕墙最常使用的材料，由于玻璃在生产过程中混入了含有硫化镍结晶物，NiS（硫化镍）在379℃时有一相变过程，从高温状态的α-NiS晶系转变为低温状态β-NiS晶系时，体积膨胀2%～4%，且表面粗糙。如果这些杂质是在钢化玻璃张应力区内，则体积膨胀就可能引起炸裂。

新的研究表明[4]，玻璃内单质硅结晶微粒膨胀也会引起玻璃的破裂。单质硅微粒的膨胀系数只是玻璃膨胀系数的一半，而硬度却比玻璃大。由于玻璃内分散着部分单质硅微粒，当温度下降时，引起单质硅微粒周边玻璃的切向应力增大。当应力过大时引起局部拉伸裂缝，并导致整体破碎。

关于钢化玻璃自爆率，国内各生产厂家的说法从0.3%～3%不等，且并不完全一致。这也就意味着，即使是合格的钢化玻璃，在通过所有的审核以及验收过后，它仍旧有一定数量的自爆率。而对于部分大面积（5平方米以上）、厚板块（单片超过20mm玻璃或是由两

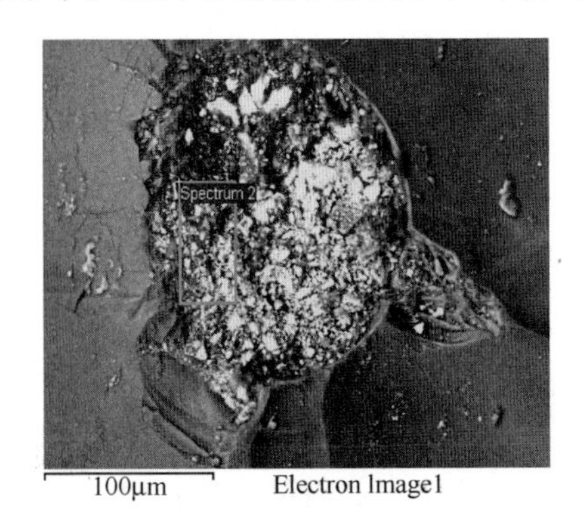

图1 硫化镍杂质

图2 单质硅结晶

片钢化玻璃组成的板块）实际的自爆率可能更高。

目前，从材料内在本质上解决钢化玻璃“自爆”的主要有热浸处理加工工艺和优质超白玻璃。

热浸处理（Heat Soak Test，简称 HST）又称均质处理。主要作用是促使硫化镍在钢化玻璃的工厂热浸炉中快速完成晶相转变，让原本使用后才可能自爆的钢化玻璃人为地提前破碎在工厂的热浸炉中，从而减少安装后使用中的钢化玻璃自爆。按照国外经验，经过均质处理后的钢化玻璃自爆率可降低至 0.15%以下。

超白玻璃，是采用浮法工艺生产，成分中 Fe_2O_3 含量不大于 0.015%，具有高可见光透射比的平板玻璃。超白玻璃，因其选材基本不用传统玻璃所用的矿物原料（如长石、白云石、石灰石等），而用的是纯度较高的化工原料，如氢氧化铝、碳酸钙、碳酸镁等，通过有效降低氧化铁的掺量，没有了自爆的内因，所以不会发生钢化玻璃的自爆。

3.2 按规范设计，提升玻璃防坠性能

现行的国标《建筑玻璃应用技术规程》JGJ 113—2015 和地标《建筑幕墙工程技术规范》DGJ 08—56—2012 对幕墙玻璃面板的安全选用提出明确的要求。

本文结合浦东新区建设工程设计文件审查事务中心提供的 42 多个多项建筑工程的玻璃幕墙安评资料，对玻璃幕墙的细部设计中反映的与幕墙面板脱落相关的质量通病进行汇总分析，吃透规范，按规范设计，实现确保玻璃幕墙的整体结构安全性能。

（1）加强玻璃外片质控

根据国发改委运行［2003］2116 号《建筑安全玻璃管理规定》的要求，幕墙必须使用安全玻璃。该规定中所称安全玻璃，是指符合现行国家标准的钢化玻璃、夹层玻璃及由钢化玻璃或夹层玻璃组合加工而成的其他玻璃制品，如安全中空玻璃等。上海地标《建筑幕墙工程技术规范》更是在全国率先提出，临街的建筑如需采用玻璃幕墙宜优先采用夹层玻璃；针对人员密集且流动性大的重要公共建筑的幕墙玻璃面板应采用夹层玻璃。

通过工程前的优质选材，加强玻璃外片的质量控制。选择缺陷相对较少的原片作为中空玻璃的外片，适度钢化保证钢化玻璃表面应力差较小，应力分布均匀，提高钢化玻璃边部的加工质量等。

（2）控制玻璃最大面积

通过大量的工程案例发现，超大面积的钢化玻璃发生自爆的概率会远远高于常规尺寸的钢化玻璃。因此，2012 年 5 月 1 日上海市城乡建设和交通委员会和上海市金属结构行业协会联合颁布的上海市地标《建筑幕墙工程技术规范》DGJ 08—56—2012 第 4.1.6 条款要求：“幕墙玻璃面板宜不大于 4.5m^2，半钢化玻璃应不大于 2.5m^2，夹层玻璃面板应不大于 9.0m^2，钢化玻璃应有防自爆坠落措施、半钢化玻璃应有防坠落构造措施”。

3.3 巧设缓冲，合理优化建筑体型

由于建筑学的发展更加丰富了建筑物外立面的体型，而玻璃幕墙作为建筑的外围护结构更加能突显出丰富的空间层次、复杂多变的建筑效果。在建筑体型设计时，应考虑结合玻璃幕墙高空坠落的防护性能，合理选用退台、外挑、底层架空等体型处理手法，确保建筑使用安全。

在建筑的总体规划设计中，应合理划分通行区、活动区、隔离区和缓冲区等功能区域，并处理好相互之间的关系。隔离区和通行区、活动区之间一定要建立明确的边界，建立竖向

防护的安全措施，并确保通行区、活动区不得与隔离区交叉和重叠。

塔楼式建筑幕墙中退台的设置有很多优点[5]，一方面丰富了建筑的体型；另一方面还可为楼层空间提供类地面的活动场所。退让出来的露台增加了人性化的使用空间，但同时也形成了一个防面板高空坠落的缓冲区。反之，外挑体型的建筑则因建筑的局促而无法设置合理的缓冲区域，造成潜在的坠落伤害风险。

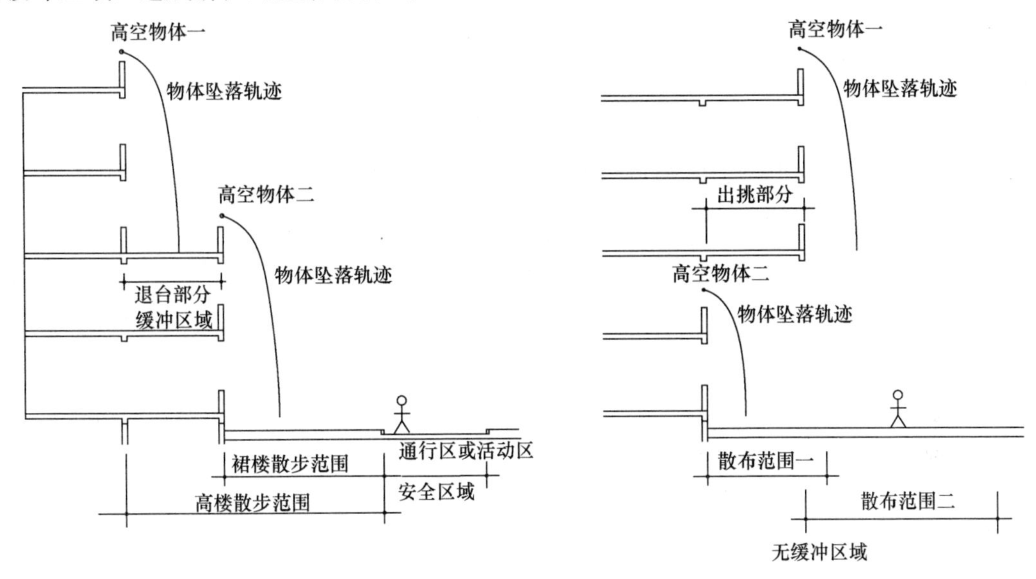

图 3　设置缓冲区域的退台建筑相对安全

3.4　遮阳和防火，兼顾安全

合理有效地布置幕墙的外遮阳措施，可以改善室内热舒适环境，降低通风、空调、采暖的负荷，提高建筑节能的效果。然而，在注重建筑遮阳效果和建筑外观效果的同时，更需确保外遮阳装置的安全性能。虽然幕墙外遮阳的结构安全性计算尚无明确的规范可依，但已有部分幕墙设计单位尝试性地开展有限元计算分析，并通过相关的模拟试验来验证，指导具体的工程实践。

幕墙防火性能也越来越多受到设计师的关注。通过研究防止火焰沿着幕墙外墙、屋面传播，面板或保温材料可燃时如何防止立体燃烧，建立防止立体燃烧的幕墙技术指标体系，在设计图纸阶段完善幕墙防火节点和防火分区的设计。

3.5　扩大安评范围，延伸至组合幕墙

安评中发现玻璃和石材的组合幕墙的形式很多。特别是石材等重型面板，由于石材幕墙连接性能在使用过程中不断发生退化，温度变化、机械振动以及各种各样的外界因素的影响，这样的受力状态很难用传统的理论进行计算和分析。

建议扩大安评的范围，结合石材幕墙的结构耐久性分析，实现建筑幕墙结构安全论证的全覆盖，整体提升组合幕墙安全性能。

4　结语

本文收集了浦东新区近年来 42 项的玻璃幕墙安评的设计资料，在汇总整理幕墙安评的

设计质量通病的基础上，进一步分析了设计环节中影响幕墙结构安全及使用的关键因素，并从材料内因、细节设计、使用环境等多个方面阐述了玻璃幕墙防治技术。

通过玻璃幕墙结构安全性论证及评审工作的推广，幕墙行业设计水平得到了整体提升，特别在建筑幕墙的公共安全及运维方面实现了非常有效的管控，这项工作意义重大，并将不断地完善和发展中更好为城市服务。

本项研究工作得到了上海市科技发展研究资助项目《区域既有建筑群玻璃幕墙和外墙安全管理技术研究及示范》(17DZ1200300) 的资助。

参考文献

[1] 上海市房屋土地资源管理局科研项目. 既有建筑玻璃幕墙综合维修技术研究与应用. 2009.

[2] 上海市科学技术委员会科研项目课题报告. 建筑幕墙安全性评估和改造关键技术研究与示范. 2014.

[3] 中国建筑装饰协会幕墙工程委员会会议文件. 2006.

[4] 包亦望，刘立忠，韩松，石新勇，杨建军. 钢化玻璃自爆机理的新发现—单质硅微粒引裂. 硅酸盐学报. 2007，(35)9：1273-1276.

[5] 李晨. 城市居住环境下高空坠物及建筑设计防坠措施研究. 南昌大学硕士毕业论文，2007.

作者简介

徐勤(Xu Qin)，上海市建筑幕墙检测中心。

王骅(Wang Hua)，上海建科检验有限公司。E-mail：wang hua@jktac. com。

二、设计与施工

无肋全玻幕墙应用技术要点

高　琦　李春超

天津北玻玻璃工业技术有限公司　天津　301823

刘忠伟

北京中新方建筑科技研究中心　北京　100024

摘　要　本文阐述了无肋全玻幕墙的构造、特点和应用技术要点。

关键词　无肋全玻幕墙；玻璃肋；超大尺寸结构玻璃；应用技术要求

1　引言

全玻幕墙是应用非常广泛的传统幕墙，在建筑物首层大堂、顶层和旋转餐厅多有应用。为增加玻璃幕墙的通透性，不仅仅玻璃板，包括支撑结构都采用玻璃肋，这类幕墙称之为全玻幕墙。根据玻璃肋与玻璃面板的相对位置，全玻幕墙可分为后置式、骑缝式、平齐式和突出式四种。分别见图 1、图 2、图 3 和图 4。

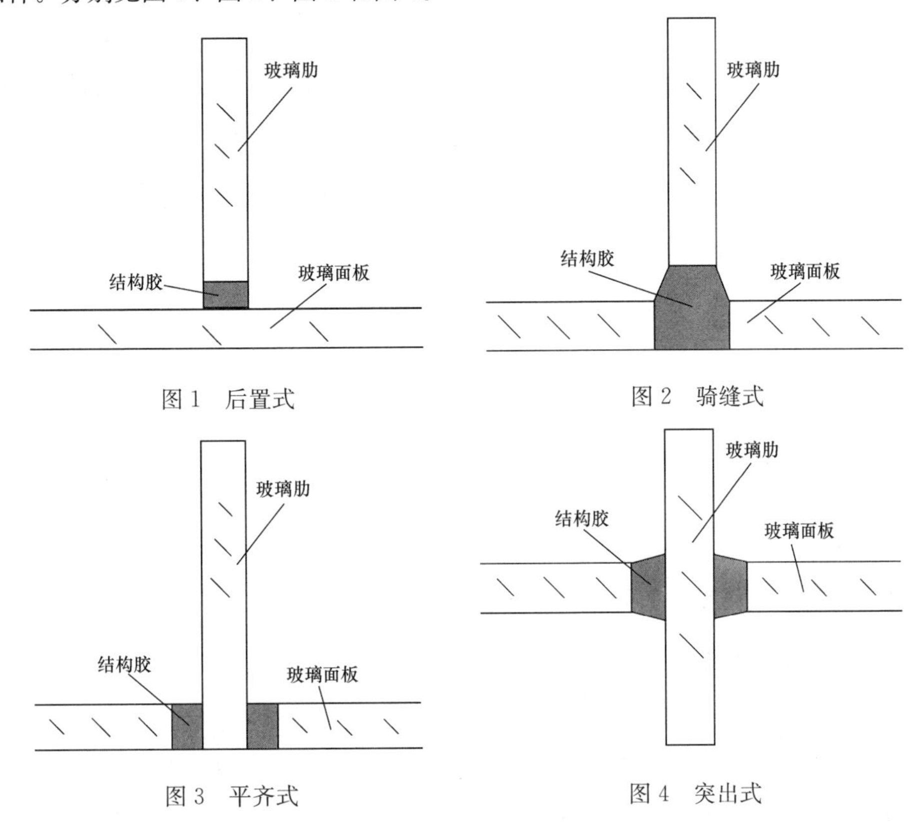

图 1　后置式

图 2　骑缝式

图 3　平齐式

图 4　突出式

全玻幕墙一般只用于一个楼层，如首层、顶层等，如今也有跨层使用的。如用于一个楼层，玻璃面板和玻璃肋上下端用镶嵌槽夹持。如楼层较低，例如4～5m，玻璃面板和玻璃肋可由下端支撑，其上部与镶嵌槽底留有足够的伸缩间隙。当玻璃高度超过5m，由于自重，玻璃会发生变形，压应力增加，危险性很大，而且施工中位置调整也很困难。若采用上端悬挂，则上述缺点可消除。玻璃板下端与镶嵌槽之间留有足够的伸缩间隙。安装方式最好不采用干式安装，而采用湿式或混合式安装。玻璃外侧应采用湿式安装，以保证气密性和水密性。判断是否需要把玻璃悬挂起来，应根据下列原则：

厚度10mm，高度4m以上；

厚度12mm，高度5m以上；

厚度15mm，高度6m以上；

厚度19mm，高度7m以上。

目前国内工程中，许多单片玻璃肋的跨度多达8m，钢板连接玻璃肋的跨度甚至达到26m。由于玻璃肋在平面外的刚度较小，有发生横向屈曲的可能性。当正向风压作用使玻璃肋产生弯曲时，玻璃肋的受压部位有面板作为平面外的支撑；当负风压作用时，受压部位在玻璃肋的自由边，就可能产生平面外受弯屈服。所以，跨度大于8m的玻璃肋在设计时宜考虑其侧向稳定性要求，进行稳定性验算；跨度大于12m的玻璃肋在设计时应考虑其侧向稳定性要求，进行稳定性验算，必要时采取横向支撑或拉结等措施。全玻幕墙如图5所示。

图5　全玻幕墙

由上述内容可见，原本简洁通透的全玻幕墙其构造极为复杂，有些大跨度的全玻幕墙其玻璃肋宽度达几十厘米，不仅应用不便，也占据了室内大量空间。究其原因是面板玻璃太薄，品质较差，其自身无法承受水平风荷载和自重荷载，必须要依靠玻璃肋的支承。

如果全玻幕墙的玻璃面板足够厚、承载力足够大、刚度足够强，其自身能够承受水平风荷载和垂直重力荷载，就可以构造出无肋全玻幕墙，如图6和图7所示。

广州凯华大厦的玻璃配置为：12超白均质钢化＋2.29SGP＋12超白均质钢化＋2.29SGP＋12超白均质钢化＋2.29SGP＋12超白均质钢化＋2.29SGP＋12超白均质钢化，对玻璃加工工艺和质量要求极为严格。

由图6和图7可见，无肋全玻幕墙构造极为简单，视野通透，没有幕墙构造占据室内外空间的问题，是近几年开发出的最新类型幕墙。

2　无肋全玻幕墙的构造

无肋全玻幕墙的构造极为简单，主要形式为玻璃面板由下端支撑，其上部与镶嵌槽底留有足够的伸缩间隙，这也是无肋全玻幕墙的特点之一，当然无肋全玻幕墙也可采用将玻璃面板吊挂的方式。无论是玻璃面板下端支承还是上端吊挂，只要不设置玻璃肋就属于无肋全玻

图 6 广州凯华国际大厦 2.3×10.8 米无肋全玻幕墙

图 7 广州苹果店无肋全玻幕墙

幕墙。

3 无肋全玻幕墙的结构计算

无肋全玻幕墙的玻璃宽度一般为 2～3m，高度可达十几米，甚至更高。由于构造上没有玻璃肋，实际上无肋全玻幕墙的玻璃在水平风荷载作用下是支撑在玻璃板的两个短边上，属于支撑条件不利。无肋全玻幕墙的玻璃在垂直重力荷载作用下是支撑在玻璃板的一个短边上，也属于支撑条件不利。这就是为什么这么多年来全玻幕墙都设有玻璃肋和把玻璃面板吊挂的原因。

无肋全玻幕墙与传统全玻幕墙相比在抗风压结构计算方面是有区别的，虽然两者玻璃面板都是两对边支撑，传统全玻幕墙是靠玻璃肋支撑在面板玻璃的长边，而无肋全玻幕墙是靠上下槽口支撑在面部玻璃的短边，这一改变对面板玻璃的承载力和刚度的要求增加巨大。因此尽管无肋全玻幕墙在构造和结构上都成立，但多年来一直没有应用主要是因为无法生产出承载力和刚度巨大的玻璃。

无肋全玻幕墙的玻璃既可以采用夹层玻璃也可以采用夹层中空玻璃。无肋全玻幕墙在风荷载作用下的弯曲应力和挠度计算公式与传统全玻幕墙是一样的，以夹层玻璃为例，主要步骤为：

夹层玻璃强度计算时，应取夹层玻璃的单片玻璃计算。作用在夹层玻璃单片上的荷载可按下式计算：

$$q_i = \frac{t_i^3}{t_e^3} q \tag{1}$$

式中：q_i ——分配到第 i 片玻璃上的荷载基本组合设计值；

t_i ——第 i 片玻璃的厚度；

t_e ——夹层玻璃的等效厚度；

q ——作用在玻璃上荷载基本组合设计值。

夹层玻璃的等效厚度 t_e 可按下式计算：

$$t_e = \sqrt[3]{t_1^3 + t_2^3 + \cdots + t_n^3} \tag{2}$$

式中：t_e ——夹层玻璃的等效厚度；

t_1、t_2、t_i、t_n ——分别为各单片玻璃的厚度；

n ——夹层玻璃的层数。

夹层玻璃中的单片玻璃最大应力可用考虑几何非线性的有限元方法计算，也可按下式计算：

$$\sigma_i = \frac{6mq_i b^2}{t_i^2} \eta \tag{3}$$

式中：σ_i ——第 i 片玻璃的最大应力，N/mm^2；

q_i ——作用于第 i 片玻璃的荷载基本组合设计值，N/mm^2；

b ——矩形玻璃板长边边长，mm；

t_i ——玻璃的厚度，mm；

η ——折减系数；

m ——弯矩系数，按 0.125 取值。

计算无肋全玻幕墙用夹层玻璃的最大挠度可按等效单片玻璃计算。计算无肋全玻幕墙用夹层玻璃的刚度时，应采用夹层玻璃的等效厚度。

在垂直于玻璃平面的荷载作用下，无肋全玻幕墙用单片玻璃的最大挠度，可用考虑几何非线性的有限元方法计算，也可按下列公式计算：

$$d_f = \frac{\mu q b^4}{D} \eta \tag{4}$$

$$D = \frac{E t_e^3}{12(1-\nu^2)} \tag{5}$$

式中：d_f ——在垂直于玻璃的荷载标准组合值作用下最大挠度，mm；

q ——垂直于该片玻璃的荷载标准组合值，N/mm^2；

μ ——挠度系数，按 0.01302 取值；

D ——玻璃的刚度，Nmm；

E ——玻璃的弹性模量，可按 $0.72 \times 10^5 N/mm^2$ 取值；

η——折减系数；

ν——泊松比，可按 0.2 取值。

如果无肋全玻幕墙采用的是夹层中空玻璃，荷载可先按中空玻璃进行荷载分配，然后按上述方法计算。

4 无肋全玻幕墙的玻璃技术要求

无肋全玻幕墙无论其构造还是结构计算均与传统全玻幕墙相似，唯其玻璃品质和质量相差极大。无肋全玻幕墙玻璃由于支撑在玻璃板的短边上，因此在荷载作用下的应力和变形也非常大。为满足结构计算要求，玻璃板必须增厚，对玻璃的品质和质量要求极高，随之而来会对无肋全玻幕墙玻璃提出一系列特殊的技术条件。

4.1 玻璃加工要求

首先应选用超白浮法玻璃中的优等品，即市场上能够买到的最好的玻璃原片，因为玻璃原片品质的优劣是玻璃钢化后是否自爆的决定性因素。超大尺寸结构玻璃对玻璃表面的缺陷要求较高，通常不允许 1.0mm 以上的点状缺陷存在，对小于 1.0mm 的点状缺陷允许 1 处/$10m^2$，小于 0.5mm 的点状缺陷相邻两个缺陷的间距必须大于 300mm。玻璃表面的外观线状缺陷及影响玻璃性能的缺陷不允许存在。因为超大钢化玻璃必须进行均质处理，为了降低钢化玻璃均质的自爆率，所以在切割前必须对原片进行清洗检查，避免使用不合格的原片。严禁使用带有硬伤、厚度方向结石、密集微气泡的不合格原片。

然后对玻璃板应进行精准裁切和边部加工。一般玻璃的边长允许偏差通常为±2～±3mm，对于大尺寸的玻璃，边长允许偏差通常为±5mm，甚至更大。对于结构玻璃而言，这样的边长允许偏差太大了，因为结构玻璃要求精准对位，边长允许偏差通常为±1.0mm，1.5mm 边长偏差太大无法满足工程要求。结构玻璃边部要求倒角，且应进行三边精磨和三边抛光，因为玻璃板在裁切过程中在边部产生大量裂纹，这些裂纹会极大地降低玻璃板的端面强度，通过三边精磨、抛光，可将玻璃板边部的裂纹清除，达到提高玻璃强度的目的。结构玻璃通常需要在玻璃板上钻孔。一般玻璃的圆孔直径允许偏差通常为±2mm，对于大孔径的玻璃，直径允许偏差更大。对于结构玻璃而言，这样的边长允许偏差太大了，结构玻璃要求的直径允许偏差通常为±0.5mm。结构玻璃的孔径偏差要求不但高，而且孔边应进行精磨、抛光处理，因为玻璃板孔边应力集中，孔径尺寸偏差过大和孔边加工低，极易造成玻璃板在使用中由于孔边受力不均而自孔边开裂。

结构玻璃应进行钢化处理。如果认为钢化玻璃有自爆问题而采用半钢化处理是不合适的，因为结构玻璃通常需要在玻璃板上打孔，半钢化玻璃是无法满足开孔要求的。即便不开孔，结构玻璃也应采用钢化处理，因为玻璃是典型的脆性材料，钢化处理后，玻璃的脆性得到极大的改善，即玻璃的断裂韧度提高了。尽管目前还没有测量玻璃断裂韧度的方法，也没有规范采用断裂韧度来表征玻璃的力学性能，但玻璃的断裂韧度是客观存在的，作为结构玻璃，其断裂韧度的提高无疑是极为有利的。半钢化处理的玻璃，其断裂韧度比钢化处理玻璃断裂韧度低得多，因此结构玻璃应进行钢化处理。至于钢化玻璃的自爆问题可通过以下途径解决：其一是结构玻璃原片必须采用超白浮法玻璃中的优等品。其二是适度钢化，即钢化玻璃允许碎片数应在 30～90 粒之间。其三是钢化玻璃表面压应力应均匀，即表面压应力最大值和最小值之差不应超过 12MPa。其四是结构玻璃钢化后必须进行均质处理。其五是玻璃板边部精磨抛光。采用这些措施，结构玻璃的自爆率应当极低。

结构玻璃应采用夹层玻璃。一般夹层玻璃可采用 PVB 胶片，但是结构玻璃必须采用 SGP 胶片，因为 SGP 的粘接性更强，且均有一定的残余强度，由 SGP 胶片构成的夹层玻璃的刚度更大。夹层玻璃都有叠差，一般夹层玻璃的叠差较大，对于大板面夹层玻璃，最大叠差可达 6mm。作为结构玻璃，夹层玻璃的叠差非常小，不得超过 1.0mm，特别是孔边的叠差更是严格限制，因为要保证组成夹层玻璃的多片玻璃共同工作，同时受力，玻璃板孔边必须保证叠差极小。结构玻璃的孔必须进行严格的质量控制，保证孔周受力均匀。

4.2 加工设备要求

（1）裁切、磨边抛光

目前没有标准规定多大的玻璃板为超大尺寸，一般认为玻璃板一边边长超过 8m 即为超大尺寸玻璃。如此大的板面，边长偏差要求小于 1.0mm，采用一般裁切设备根本做不到，必须采用加工中心进行加工，因为加工中心的设备精度达到小数点后第八位。

超大尺寸玻璃板的精磨边和抛光对磨边机的要求也比通常的磨边机要求。超大尺寸结构玻璃磨边时不但要控制好尺寸公差，还要严格控制磨边质量。宽度边尺寸控制在±1.0mm，高度边的尺寸公差控制在±2.0mm，对角线控制在对角线长度的 0.05%，倒棱宽度控制在 2.0mm±0.5mm。必须倒安全角，超大尺寸结构玻璃必须进行精磨边处理，端面须精磨光亮，多片玻璃的叠差控制在 1.0mm 以内。

（2）钢化

目前钢化设备最大的加工能力为 3660mm×18000mm，超大尺寸钢化玻璃不但要控制好钢化玻璃的表面应力，还要控制好钢化玻璃的平整度和外观视觉效果。

超大尺寸钢化设备要求钢化玻璃的外观质量和视觉效果，即必须保证钢化玻璃的碎片数为 30～90 之间，钢化玻璃的表面应力必须大于 90MPa，且钢化玻璃表面应力的最大值和最小值之差小于 12MPa。对钢化炉内各点的温度差不得超过 5℃，并且要求快速均匀加热，迅速冷却，风压偏差不得超过 2MPa，需要快速出炉从而形成钢化玻璃的表面应力。超大尺寸钢化玻璃的平整度控制在 0.005%以内，同时要求超大尺寸玻璃的外观视觉效果，不得存在明显的变形和风斑不均现象。滚波纹的变形边部控制在 0.08mm/300mm，中部波形控制在 0.04mm/300mm，并要求辊波纹平行于底边。外观质量：距 600mm 处目视观察不得出现明显的麻点和局部片状或团装的应力斑，钢化后的玻璃不得出现白雾缺陷。

超大尺寸结构玻璃必须采用均质钢化玻璃，均质过程中的温度必须达到 290℃±10℃，在此条件下保温至少 2h（建议保温 150min，因为超大尺寸玻璃面积大，受热不均匀，超大版玻璃自身重，为了保证恒温均匀），在保温过程中时刻监控记录保温时的温度变化情况，降温时达到 70℃以下，均质采用的热电偶必须经过专业校准，并要求每年校准一次，超大尺寸结构玻璃均质时必须在玻璃表面贴热电偶，并按照均质要求的位置和数量进行张贴。均质完成后要对均质的玻璃提供完整的均质报告，否则判定均质处理不合格。

（3）夹层合片

超大尺寸结构玻璃必须采用离子型中间层作为夹层玻璃的中间层，在加工中必须采用高温高压并进行封边处理，具有高强度的抗弯性能和超强的撞击性能，同时具有破碎后不倒塌的优点。

超大尺寸结构玻璃必须有一层离子型中间层或多次离子型中间层构成，需具备结构玻璃的设计要求。夹层必须在十万级以上的净化室内进行合片，合片室须有温湿度控制装置，并保持正压，光线充足良好。结构玻璃表面必须进行清洗，并且不残留其他异物，合片前对玻璃表面和离子型中间层进行目视检查，对异物及时清除。

合片时保证结构玻璃的底边和可见边的叠差，对多层玻璃合片时需保证夹层玻璃的厚度方向与玻璃表面垂直，合片后预留 1～2mm 的中间层，由于玻璃板面较大，合片后需对玻璃边缘进行简单的固定。超大尺寸结构玻璃必须在真空状态下进行加工，保证夹层玻璃的中间层充分融化并粘接。对夹层结构玻璃进行涂刷封边剂处理，减少夹层玻璃因中夹层吸收空气中的水分而影响玻璃的使用寿命。

超大尺寸要在恒温、恒湿、正压、10 万级洁净合片室进行合片，对于厚度 100mm 的玻璃，在 SGP 夹层拼接技术上，视觉无缺陷，拼接缝肉眼达到不可视。图 8 为夹层玻璃边部质量。

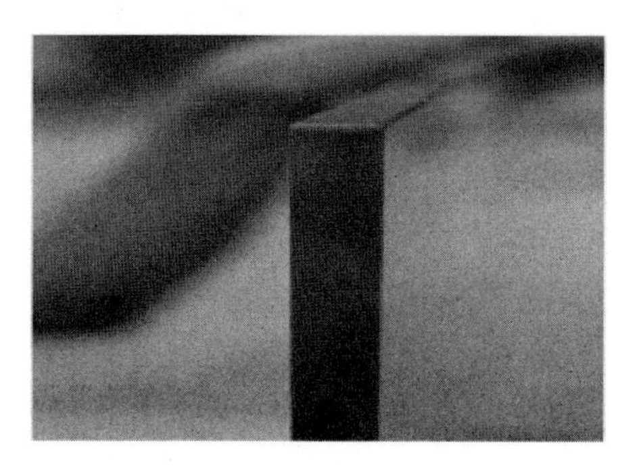

图 8　夹层玻璃边部质量

5　结语

玻璃的品质越来越高，设计师的视野越来越广，传统全玻幕墙已不能满足设计师和业主的需求，无肋全玻幕墙的市场空间势必越来越大。

单索结构玻璃幕墙的安全保障系统解析

王德勤

北京德宏幕墙工程技术科技中心　北京　100062

摘　要　以单索结构玻璃幕墙实际工程为例，对单层索网结构幕墙的概念与工作原理，从基本术语、索结构玻璃幕墙在设计时需要考虑的问题等方面进行了介绍，有助于设计人员全面了解索结构幕墙设计时的相关知识，同时也分析了索结构玻璃幕墙在实际使用中出现问题的原因和解决问题的办法。介绍了国家发明专利技术“索结构幕墙及采光顶拉索安全保护装置”的原理和应用技术。

关键词　单层索网结构点支式玻璃幕墙；单向单索网结构点支式玻璃幕墙；索结构幕墙及采光顶拉索安全保护装置；过载保护装置

1　引言

我国的建筑幕墙经过了三十年发展，特别是近二十年建筑幕墙在各大工程项目上的广泛应用，使得各项技术都逐步成熟，相关各类幕墙的标准、规范也都纷纷出台。对现代幕墙从设计、加工制作到施工技术质量都有了相应的要求和规范，使得设计单位和幕墙公司在进行新项目的设计、施工时有章可循。在一定程度上保障了建筑幕墙的安全性、可靠性，也推动了建筑幕墙行业的发展。然而，由于设计单位和幕墙企业的技术能力上的差异，使得在对各类幕墙在设计和施工不可避免地会在对技术层面上出现认识上的差异。特别是对于在幕墙技术含量较高的索结构玻璃幕墙的生产技术上，还存在不少认识上的差异和经验不足的情况，需要强调技术重点，以确保工程项目的安全使用。

本文是以实际工程项目（图1）为例，结合单索结构点支式玻璃幕墙特点、形式，从结构的工作原理到节点设计思路和工艺技巧，对单索结构玻璃幕墙的抗风、抗震、温度变形等

图1　单层索网结构点支式玻璃幕墙实际工程照片

各项物理性能的实现和安全保障作深入介绍。同时还将国家发明专利技术“索结构幕墙安全保护装置”的工作原理和使用方法进行讲解和介绍。

2 单层索网结构点支式玻璃幕墙

单索结构玻璃幕墙在我国已有十五、六年的历史，比如“哈尔滨国际会议中心”就是建成于2002年9月，是我国第一个平面单层索网玻璃幕墙。其单索网玻璃幕墙高13m，总长540m，采用矩形夹板式支承装置，钢索采用 ϕ22mm 不锈钢绞线。其结构是由多个单索网结构单元组成的玻璃幕墙。（图2）

图2　建成于2002年的哈尔滨国际会议中心是我国第一个平面单层索网玻璃幕墙

在此之后有诸多的建筑外围护结构采用了单索结构玻璃幕墙。最有代表性之一的“北京新保利大楼”东北立面玻璃幕墙，（图3）其索网结构是由两根斜拉主索组合成三个相互联动并拼折的柔索网面，洞口宽58m、高87m，玻璃基本分格为：1300mm×1300mm。经过对一些项目的质量回访和各方面的了解得知，诸多的单索结构玻璃幕墙使用到今天，其工作状态良好，索体的内应力变化和面板玻璃的稳定性都能在可控范围内。但是，也有个别项目已经出现了这样或那样的问题。由于个别问题的产生，对有些功能性的问题和安全性的问题也越发广泛的引起了人们的注意，这就要求我们进一步对单索结构玻璃幕墙的安全可靠性的研究就显得十分重要。

图3　北京新保利大楼单层索网结构的点支式玻璃幕墙

2.1 单层索网结构幕墙的概念与工作原理

单层索网结构玻璃幕墙是索结构点支式玻璃幕墙中的一种类型，其幕墙玻璃面板的支承体系为单层平面索网结构，它可以是一个单索网结构单元组成的，也可以由多个单索网结构组成的玻璃幕墙，（图 4）大大节省了支撑结构所用的空间，进一步提高了玻璃幕墙的通透性，对于玻璃幕墙支撑结构来说，是一种全新的受力体系。

分析单索支撑结构的工作原理也就是要了解单索网平面抵抗风荷载作用时的工作状态，了解单索网结构作为玻璃幕墙的支撑结构使索网的变形与预应力的关系。索内应力的大小索网平面在抵抗风荷载时各节点的适应能力。

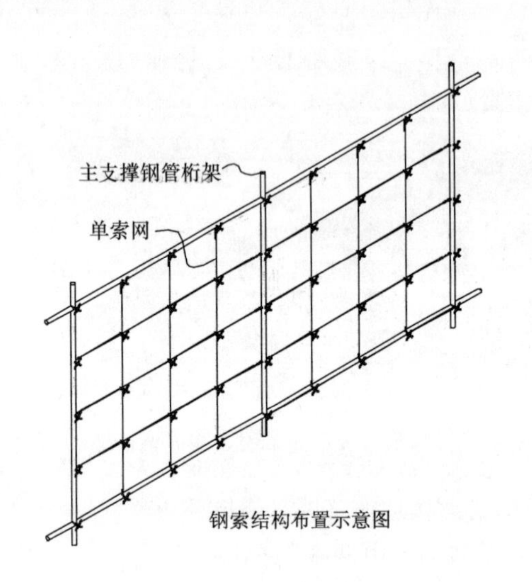

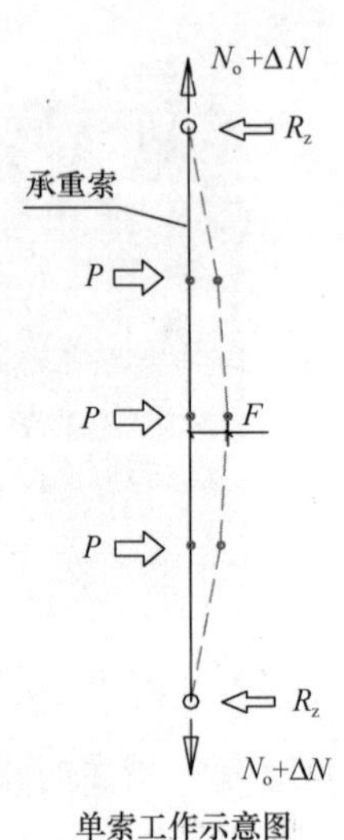

图 4　单索网结构的工作原理图

在玻璃幕墙平面受外部荷载后，通过玻璃的连接机构将外部荷载转化成节点荷载 P，节点荷载 P 作用在索网结构上，只要在索网中有足够的预应力 N_0 和挠度 F，就可以满足力学的平衡条件。当 P 为某一确定值时，挠度 F 和预应力 N_0 成反比，即预应力 N_0 值越大，挠度 F 就越小，$F=P/N_0$，因此挠度 F 和预应力 N_0 是单层平面索网的两个关键参数，必须经过试验和计算分析后才能确定。

在工作原理示意图上还可以看出，当外部水平荷载 P 为正值和负值时都是由同一根钢索来抵抗，其工作效率是双层索系的一倍。近年来，在单层索网体系玻璃幕墙的实际应用中，按其工作原理出现了单层平面索网玻璃幕墙、单层曲面索网（鞍型）结构玻璃幕墙、单向单索结构平面玻璃幕墙、单向单索结构曲面玻璃幕墙、隐形单向单索结构玻璃幕墙，这些幕墙形式的出现，大大丰富了建筑造型的手段。（图 5）

2.2 单层索网结构点支式玻璃幕墙实际工程案例

① 北京市联想融科资讯中心单向单索玻璃幕墙，是在两幢主楼之间用用悬索结构垂吊的连廊大厅跨度 63m，立面采用单向单索结构的点式玻璃幕，单向单索最大受力跨度 7～12m。屋面及墙体由全透明的玻璃组成，通过 4 根悬索、2 根缆风索、31 榀联梁和 62 根垂直单向索及弹簧装置构成全柔性维护结构。（图 6）

② 首都图书馆二期单索网结构玻璃幕墙工程是在东、南两栋楼的立面转角处设置了一

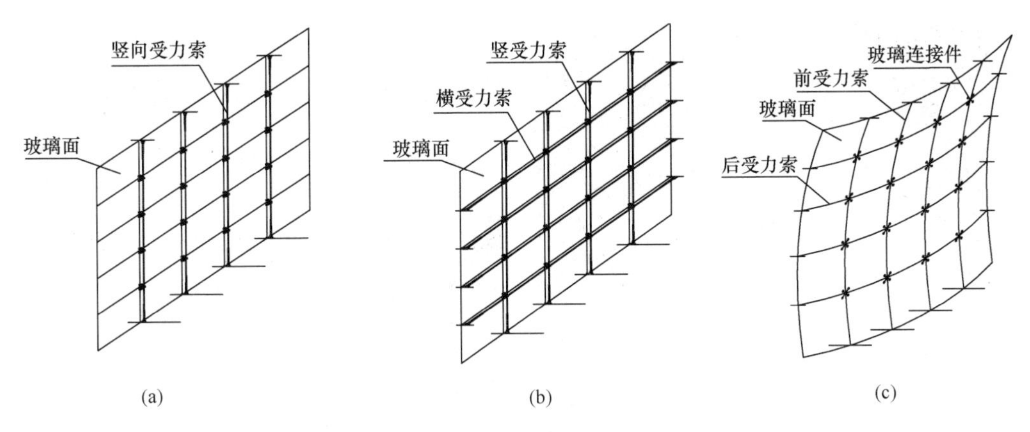

图 5　单层索网体系玻璃幕墙在实际应用中的类型

(a) 单向单索；(b) 单层平面索网；(c) 鞍形索网

图 6　北京联想融科项目玻璃幕墙采用了单向单索结构

片单层索网结构点支式玻璃幕墙，使其形成一个大的共享空间。由于边缘支承条件约束玻璃幕墙采用了竖向为主要受力方向，所以立面采用了双根竖向索、单根水平索形成的索网系统作为玻璃幕墙的支承体系。(图 7)

图 7　立面采用了双根竖向索，单根水平索形成的索网结构点支式玻璃幕

③ 北京中青旅大厦单层索网玻璃幕墙工程是在建筑的东、西两个立面上设计了宽 20m ×高 75m 的单层索网结构点支式玻璃幕墙；幕墙立面被水平支撑钢梁分成 20m×14.4m 的受力单元，每个立面由五个单层索网结构受力单元组成。(图 8)

图8　立面为多个单层索网结构单元构成的点支式玻璃幕墙

⑤ 北京万通中心裙楼隐形单向单索结构点支式玻璃幕墙的结构形式采用了隐形布置的索结构，所谓隐形就是将作为支承结构的竖向单索隐藏在两片中空玻璃之间的缝隙中，在玻璃幕墙的室内、外都看不见结构，其支承结构在受到外部荷载作用时能够有效的工作。该工程单索结构的受力跨度在8m至13m之间。(图9)

图9　隐形单向单索结构的点支式玻璃幕墙外立面

2.3　在索结构支承玻璃幕墙设计中的相关术语

索结构支承点支式玻璃幕墙在当今已经有了较广泛的应用，但由于相关的规范和标准还没有更多的涉及该幕墙的名称和相关技术术语，所以在市场上出现了在行业内叫法不规范不统一的现象。下面对索结构支承点支式玻璃幕墙及索结构中的相关术语作一介绍。

索结构玻璃幕墙：索结构玻璃幕墙是指用索结构作为玻璃幕墙的支承体系的玻璃幕墙。由于玻璃面板一般都采用了点支承的支承方式，所以按幕墙分类的原则，应该叫“索结构支承点支式玻璃幕墙”。

拉索（tension cable）：具有一定预应力的受拉构件，由索体、锚具和防护层组成。

索体（cable body）：拉索受力的主要部分，可为钢丝束、钢丝绳、钢绞线或钢拉杆。

索结构（cable structure）：由拉索作为主要承重构件而形成的预应力结构体系。

悬索结构（cable-suspended structure）：由一系列作为主要承重构件的悬挂拉索按一定规律布置而组成的结构体系，包括单层索系（单索、索网）、双层索系及横向加劲索系。

张弦结构（structure with tension chord）：由上弦刚性杆件与下弦拉索以及上下弦之间撑杆组成的结构体系。

索穹顶（cable dome）：支承在圆形、椭圆形或多边形刚性周边构件上，由脊索、环索、撑杆及斜索组成的结构体系。

索桁架（cable truss）：由在同一竖向平面内布置的承重索、稳定索（或前受力索、后受力索）以及两索之间的撑杆组成的结构体系。

柔性索（flexible cable）：按受力要求仅承受拉力的构件，如钢丝束、钢丝绳、钢绞线及钢拉杆。

劲性索（rigid cable）：按受力要求，可承受拉力和部分弯矩的构件，如型钢。

初始几何状态（initial geometrical state）：单索悬挂后，在自重作用下的自然形态。

初始预应力状态（initial prestress state）：索结构在预应力施加完毕后的自平衡状态，是进行结构荷载分析的基础。

荷载状态（loading state）：索结构在外部荷载作用下的平衡状态。

不锈钢绞线（stainless steel strand）：由一定数量，一层或多层的圆形不锈钢丝螺旋绞合而成的钢丝束。

节径比（lay ratio）：绞线中单线的捻距与该层的外径之比。

捻距（lay length）：绞线中的一根不锈钢丝形成一个完整的螺旋的轴向距离。

压管接头（the swaged fitting）：金属套管与嵌入其内的钢绞线或钢丝绳经冷挤压成型的接头。

接头最小破坏拉力：使接头处的金属压管锚具产生断裂、裂纹；接头处的钢索破断或钢索与金属压管锚具产生滑移失效的最小拉力，称之为接头最小破坏拉力。

3 索结构玻璃幕墙的设计

3.1 在索结构设计时要考虑的问题：

索结构设计应采用极限状态设计方法，以分项系数设计表达式进行计算。荷载及荷载效应组合应按现行国家标准《建筑结构荷载规范》(GB 50009) 进行计算。

索结构的计算应包括初始预应力状态的确定及荷载状态的计算，索结构的初始预应力状态确定和荷载状态分析应考虑几何非线性影响，不考虑材料非线性。

索结构的荷载状态计算应在初始预应力状态的基础上考虑永久荷载与活荷载、雪荷载、风荷载的组合；并应根据具体情况，考虑施工安装荷载、地震和温度变化等作用。

索结构计算时，应考虑索边缘支承结构的相互影响，有条件时宜采用包含边缘结构的整体模型进行分析。

索结构设计时，在永久荷载控制的荷载组合作用下，应避免索退出工作；在可变荷载控制的荷载组合作用下，应防止因索松弛而导致结构失效。索截面根据承载力按下式验算：

$$\gamma_0 N_d \leqslant fA$$

式中：N_d ——拉索承受的最大轴向拉力设计值；

f ——拉索的抗拉强度设计值，按式 4.2.1 计算；

A ——拉索体的净截面面积；

γ_0 ——结构重要性系数。

索结构玻璃幕墙中的索按受力要求可选用仅承受拉力的柔性索和可承受拉力和部分弯矩的劲性索，柔性索可采用钢丝束、钢绞线或钢拉杆，劲性索可采用型钢。为保证索结构的整体刚度可采用在索中建立预应力的措施：

用以支承玻璃幕墙的索结构其索结构形状的布置和索系的确定，可以根据具体工程项目确定，应考虑到边缘结构的承受力和稳定性。

索桁架的矢高与跨度之比：在双层索系索结构点支式玻璃幕墙索桁架中受力索主要是承受风荷载，抵抗正负风压及水平地震荷载作用下，其布置形式、体型尺寸，索桁架的矢高与跨度比的大小，预应力施加的大小都直接影响索桁架的刚度和幕墙的性能，索桁架的矢高与跨度比是双层索系工作性能的重要几何参数，根据索布置的不同形式一般对于玻璃幕墙，索桁架矢高可取跨度的 1/10～1/20。(图 10)

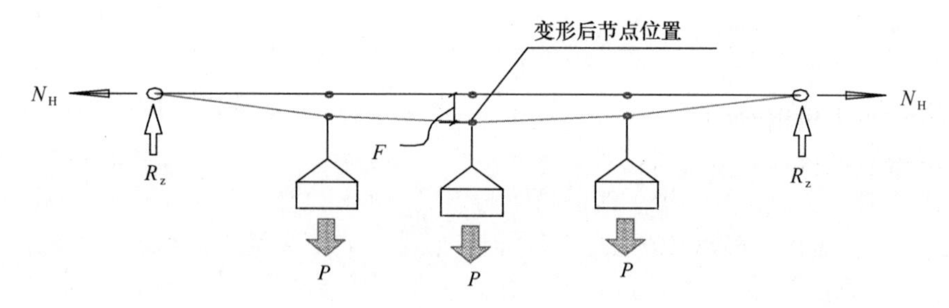

图 10　索桁架的矢高与跨度简图

3.1.1　索内预应力值确定时需要考虑的因素

自初始预应力状态之后的最大挠度与跨度之比：

双层索系玻璃幕墙及曲面（鞍形）单层索网自初始预应力状态之后的最大挠度与跨度之比不宜大于 1/200。单层平面索网玻璃幕墙的最大挠度与跨度之比不宜大于 1/45。张弦结构玻璃采光顶的最大挠度与跨度之比不宜超过 1/200。

索内预应力值确定时需要考虑的因素：预应力索结构属柔性结构，在没有施加预应力之前索桁架是没有刚度的，其形状也不能确定，必须施加适当的预应力才能使索和连系杆赋予索桁架一定的形状。才能成为承受外荷载的索结构。在给定的边界条件下，所施加的预应力系统的分布大小和所形成的结构初始形状是相互联系的，这是索桁架自平衡内应力系统的建立，如何最合理地确定这一“初始平衡状态的确定”，这是索网结构设计中的一个关键的所在。

受力索的预应力值确定时需考虑的因素：

(1) 所使用地区的风压值，地震设防指标，体形系数，地面粗糙度等的直接荷载力；

(2) 温度变化应力：

$$\delta T = \alpha \cdot E \cdot \Delta T \tag{1}$$

其中：α ——材料试膨胀系数；

E——材料弹性模量，N/mm^2，MPa；

ΔT——温度变化值，℃。

其中：ΔT 为正值时，升高温度，αT 为正值；ΔT 为负值时，降低温度，αT 为负值.

（3）剩余张力；

（4）边缘支撑力（支座反力）；等。

3.2 拉索、索体与锚具

3.2.1 拉索

拉索是由索体及两端的锚具组成的受拉构件。在索结构玻璃幕墙中大量使用的不锈钢拉索（图 11）其两端的锚具叫建筑幕墙用钢索压管接头。

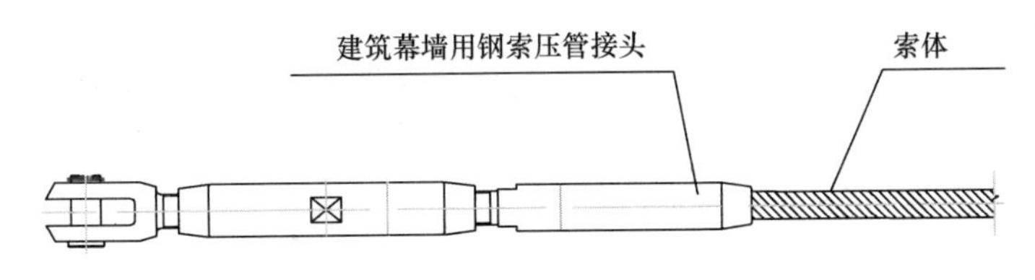

图 11　建筑幕墙用不锈钢拉索

拉索的索体可采用钢丝束、钢丝绳、钢绞线或钢拉杆等材料构成。

拉索两端锚具的构造应由建筑外观、索体类型、索力、施工安装、索力调整、换索等多种因素确定。

3.2.2 不锈钢绞线索体强度设计值的计算：

不锈钢绞线索体强度设计值按不锈钢绞线最小破断拉力的计算方法《建筑用不锈钢绞线》（JG/T 200—2007）计算最小破断拉力，公式如下：

$$F_m = (K \times S \times \sigma_b)/1000 \qquad (2)$$

式中：F_m——不锈钢绞线最小破断拉力，kN；

K——不锈钢绞线强度折减系数，其中 1×7 和 1×19 结构绞线 K 值为 0.87，1×37 和 1×61 结构绞线 K 值为 0.86；

S——不锈钢绞线公称金属截面积，mm^2；

σ_b——不锈钢丝公称抗拉强度，MPa。

（当需方要求时可采用整绳破断拉力试验方法）

不锈钢绞线强度设计值＝不锈钢绞线最小破断拉力（F_m）×轧制系数（0.9）/安全系（K）。钢索强度设计值需考虑材料安全度，在破断应力的基础上除以材料安全系数 K＝1.8。

3.2.3 温度变化对拉索索体内力的影响分析：

温度荷载对拉索索体内力的影响应按如下公式进行计算：

$$\Delta N = \alpha \times \Delta T \times E \times A_s \qquad (3)$$

式中：ΔN——拉索在温度荷载作用下的内力变化值；

α——拉索材料的线膨胀系数，取 1/℃，对于不锈钢绞线取 1.8×10^{-5}；

ΔT——温度荷载变化值，取℃；

A_s——拉索净截面面积；

E——拉索弹性模量；

假定：拉索的线膨胀系数 $\alpha=1.8\times10^{-5}$，拉索弹性模量：$E=1.2\times105\text{N/mm}^2$，温度变化 $\Delta\text{T}=10$℃时，两端铰接的 Φ16 拉索产生的温度拉力：

$\Delta N=\alpha\times\Delta T\times E\times A_s=1.8\times10^{-5}\times10\times1.2\times105\times148.7=3211.9\text{N}=3.21\text{kN}$，温度变化 $\Delta T=10$℃时，两端铰接的 Φ28 拉索产生的温度拉力：

$$\Delta N=\alpha\times\Delta T\times E\times A_s=1.8\times10^{-5}\times10\times1.2\times105\times460.4=9944.6\text{N}=9.94\text{kN}$$

从以上计算中可以看出温度变化对索体内力的变化影响很大，所以不论是在对索结构施加预应力的过程中，还是在索结构的工作状态时预先设定温度范围是很重要的。

4　索结构玻璃幕墙的部分节点设计与构造

4.1　单索结构玻璃幕墙重要节点的设计

单层索结构玻璃幕墙的平面外变形的大小与索内预应力有着直接的关系。随着索结构预应力的变化，玻璃幕墙平面外的变形量也随之变化。在单向单索结构幕墙设计时可以利用这个原理来解决索体与墙体相对位移过大的问题。

由于单索的索网结构是靠跨中弯曲变形来支承风荷载的，所以对钢索的要求和节点的适应变形能力要求及高。理论上只要有风，钢索就要产生变形，每个索上节点就必须承担相应的工作来达到整体幕墙的性能。

在单索网工作示意图（图 12）中可以看到，幕墙的玻璃面在受风荷载产生变形时，节点部相对变形角度大在边部，所以对边部节点的变形适应能力要求高，此外节点的处理好坏直接影响着幕墙的安全性和使用性能。边部固定端可以采用活动铰连接方法（图 13）。

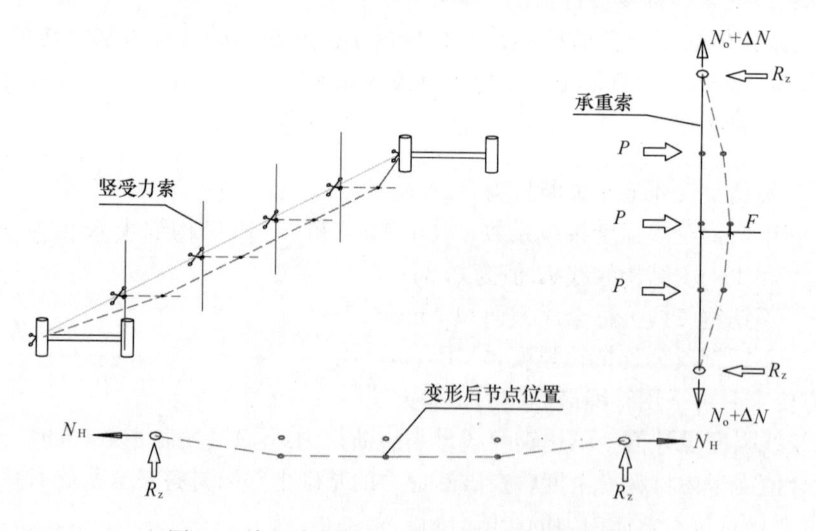

图 12　单向单索结构玻璃幕墙工作状态示意图

在调节轴端的设计时应考虑在变形时的适应能力，防止在钢索与索压头结合处产生弯曲，调节端的作用是调节索内应力。

球形铰接系统：

索结构中索与支承结构连接是通过一对球面结构（球座、球头）实现，此结构随索拉力方向变化而产生微小的相对位移，避免构件产生附加弯矩，有利于结构安全和安装。(图 14)

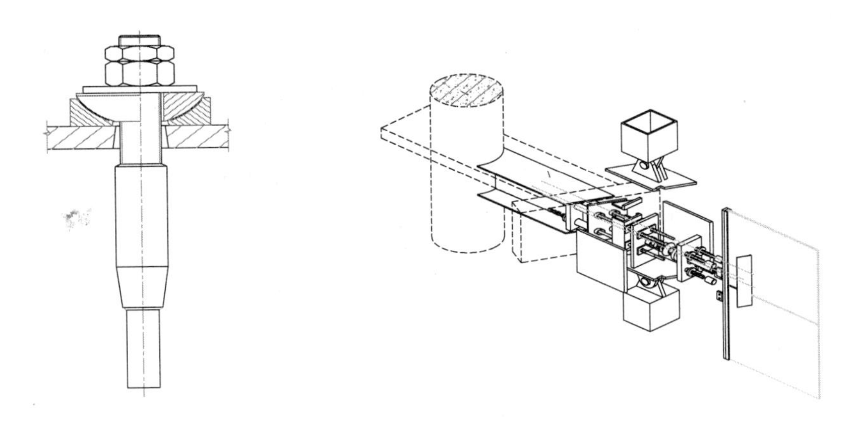

图 13　单索幕墙边部球形铰支座节点图

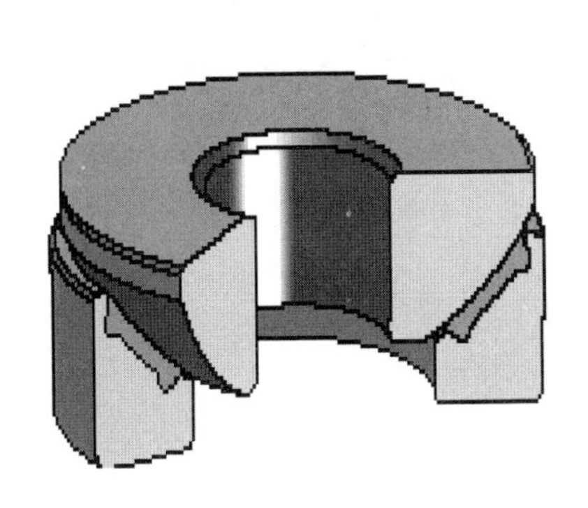

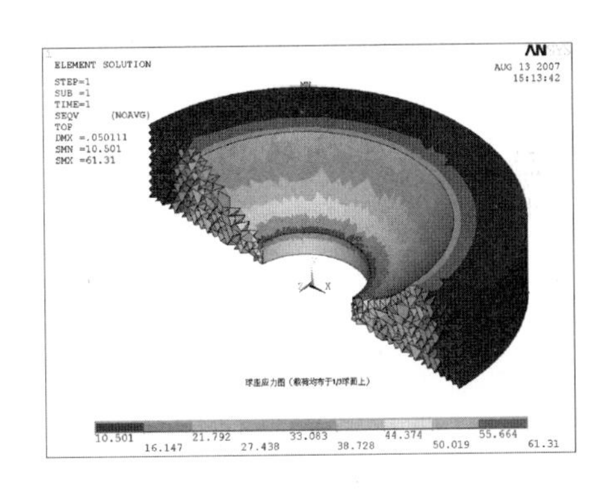

图 14　球形铰支座在使用状态下的有限元分析

4.2　索结构玻璃幕墙应力补偿装置

在索结构玻璃幕墙的设计中，由于每个项目的支承结构体系都有所不同，在设计时为了使索结构玻璃幕墙中的每一根索的内力能够按设计给定的值实现，减少索结构中每根索之间的内力差，可以在索的端部设置索内应力补偿装置。还能通过弹簧组的弹性变形，减小钢索因蠕变而产生的应力损失。

索内应力补偿装置的工作原理：此装置是安装在每根索的端部，索内应力的大小是由在端部弹簧系统所产生的内力所决定的，弹簧中弹力是可以预先设定的，是可控、易控的，所以应力补偿装置能使每根索的内力控制在一定的范围内。（图 15）

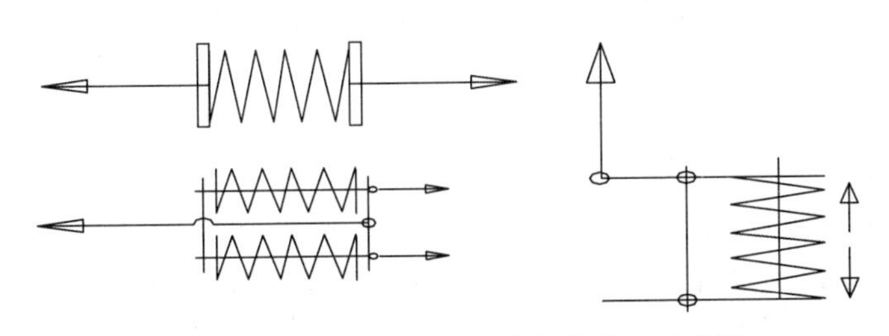

图 15　索结构玻璃幕墙应力补偿装置示意图

4.3 索结构玻璃幕墙过载保护装置

在索结构玻璃幕墙的设计中，由于每片幕墙的边缘结构支承体系的条件不同，在一定极限状态下可能对索结构体系产生影响。如在考虑地震荷载和变形时如索结构的边缘支撑结构不在一个基础上，或在两栋建筑之间设置索结构幕墙时，当地震变形时索结构自身的弹性变形量已经无法适应总变形量时，索结构将产生破坏。为了避免此类问题的发生，使玻璃幕墙实现“小震不坏，中震可修，大震不倒”的原则，可在索结构的端部设置过载保护装置。(如图 16)

索结构玻璃幕墙过载保护装置的工作原理：在过载保护装置中，当索的内力在极限状态，达到一定的内力时使过载保护装置中的保险部件发挥作用，使弹簧系统进入工作状态，以此来保证玻璃幕墙支承体系的正常工作。

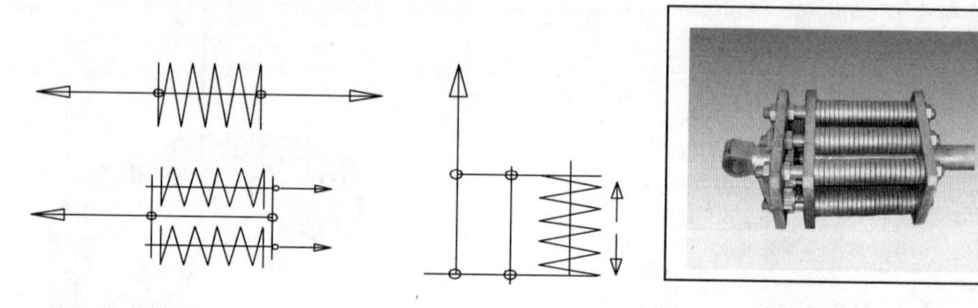

图 16 索结构玻璃幕墙过载保护装置示意图

5 索结构幕墙及采光顶拉索安全保护装置

5.1 个别项目在实际工程中出现的安全问题

索结构玻璃幕墙在实际工程中出现的安全问题，主要表现在不锈钢接头螺纹处断裂、索锚固接头与索体之间滑移、索体跳丝等现象。索结构玻璃幕墙的竖向吊重索，在不锈钢接头螺纹处断裂（图 17）。

图 17 玻璃在固定节点处产生滑移已经不能起到固定作用了，玻璃也已出现破损现象

索结构玻璃幕墙在实际工程中出现的安全问题，主要表现在不锈钢接头螺纹处断裂(图 18)、索锚固接头与索体之间滑移、索体跳丝等现象。由于单向单索结构的主索在顶部节点索头处断裂，造成玻璃在固定节点处产生滑移。索结构玻璃采光顶的主索断裂已经退出工作状态。

图 18　索结构玻璃采光顶在不锈钢接头螺纹处断裂

5.2　拉索安全保护装置

在充分分析能引起索结构玻璃幕墙安全隐患原因后，针对单索结构玻璃幕墙的构造和受力特点，并结合实际工程案例，设计发明了一套专门针对索结构玻璃幕墙及采光顶拉索系统的安全保护装置（图 19），其最大特点是在钢索或索端头锚具（索套管接头）发生断裂时的瞬间就可以对索体起到固定作用。

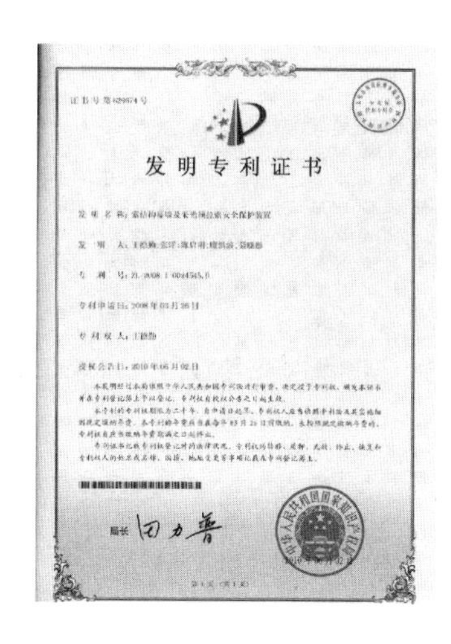

发明专利证书

局长

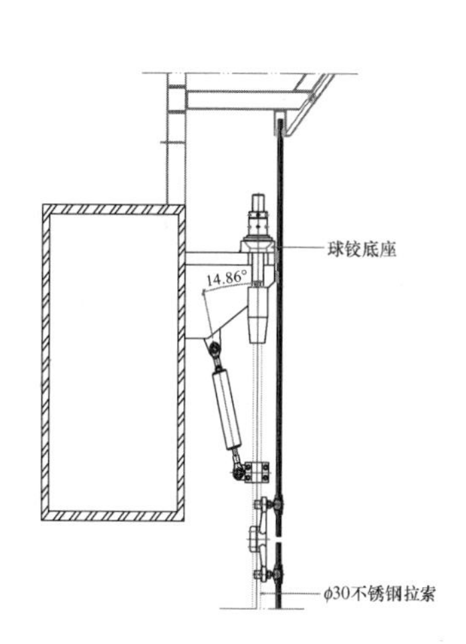

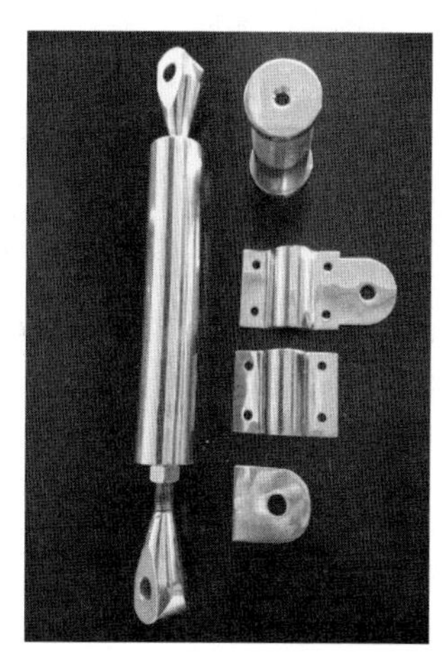

图 19　使用在玻璃幕墙上的拉索安全保护装置

确保索结构玻璃幕墙或采光顶在索结构出现断裂时不产生玻璃幕墙倾覆的现象，大大提高了索结构玻璃幕墙的安全度。

这套系统使用灵活安装方便，可以在索结构安装时同时安装，也可以在索结构已经安装完成后加装这套系统。同时还适用于既有索结构玻璃幕墙的索结构加装。

索结构幕墙及采光顶拉索安全保护装置：【专利号为：ZL 2008 1 0024545.0】本发明索结构幕墙及采光顶拉索安全保护装置是一种适用于玻璃幕墙工程和玻璃采光顶工程领域中，单层、单向索结构支承的拉索安全保护装索结构幕墙及采光顶拉索。

安全保护装置作用：在拉索构件因过载或其他原因导致拉索压管接头（锚固端）破坏后，安全保护装置开始起作用，让竖向拉索继续保持正常工作状态，玻璃板块不致因竖向拉索破坏而高处倾覆脱落，伤及人员，提高幕墙的安全性能，为后续维修赢得时间。（图 20）

(19)中华人民共和国国家知识产权局

(12)发明专利

(10)授权公告号 CN 101250911 B
(45)授权公告日 2010.06.02

(21)申请号 200810024545.0
(22)申请日 2008.03.26
(73)专利权人 王德勤
地址 100062 北京市崇文区广渠门内大街90号楼新裕商务大厦409室北京德宏特种幕墙建筑工程技术有限公司
(72)发明人 王德勤 张洋 陈启明 廉洪波 聂晓影
(74)专利代理机构 南京君陶专利商标代理有限公司 32215
代理人 奚胜元

JP 特开2001-336252 A,2001.12.07,全文.
WO 94/18409 A1,1994.08.18,全文.
DE 202005010702 U1,2005.10.20,全文.
CN 2592744 Y,2003.12.17,全文.
CN 201169847 Y,2008.12.24,权利要求1-4.
黄诚等.单层平面索网点支式玻璃幕墙设计与施工.施工技术 32 7.2003,32(7),17-19.
审查员 王丽

图 20 对出现断索现象的既有索结构玻璃幕墙进行安全维护和修复

6 结语

索结构支承点支式玻璃幕墙，在近年来越来越多的使用在现代建筑中，从双层索系到单层索网、单向单索、隐形单索，从平面玻璃幕墙到曲面玻璃幕墙，从立面索结构玻璃幕墙到索结构玻璃采光顶，应用范围越来越广。在建筑幕墙市场上能够对索结构玻璃幕墙进行设计与施工的单位也多了起来。大家也都通过自己的实践经验总结了不少的工艺方法，并应用在实际工程中。但是我们应该注意索结构玻璃幕墙是一种预应力结构支承的幕墙，对其安全度的考量极为重要，特别是在相关的国家规范和标准还不全面时，更应该对每一片索结构玻璃幕墙在设计和施工中都要给予足够的重视。

参考文献

[1] 《索结构技术规程》报批稿，建设部标准，2011.

[2] 王德勤，索结构玻璃幕墙用索桁架的构造与设计，《建筑技术》[J]. 北京，2003.

[3] 王德勤，点支式玻璃采光顶应用技术探讨，《2010年全国铝门窗幕墙行业论文集》，第6篇，49-66.
[4] 王德勤，曲面索结构玻璃幕墙承载性能探讨，幕墙设计，北京，2010.

作者简介

王德勤(Wang Deqin)，男，1958年4月生，教授级高级工程师，清华大学建筑玻璃与金属结构研究所技术交流委员会副主任；中国建筑金属结构协会幕墙委员会专家；中国建筑装饰协会专家组成员；全国建筑幕墙门窗标委会专家。

双层幕墙构造与性能

刘忠伟
北京中新方建筑科技研究中心　北京　100045

摘　要　本文全面剖析了双层幕墙构造与性能，并给出了评价方法。
关键词　双层幕墙构造；性能；评价方法

1　引言

双层幕墙以其性能优越、环境舒适早几年曾在行业内有一应用小高潮。近几年，双层幕墙的应用案例越来越少，原因是对于双层幕墙在构造、保温性能和防火性能方面存在不同的看法和认知，有些看法和认知甚至是对立的，如有人认为双层幕墙是节能的，有人认为双层幕墙不节能，有人认为双层幕墙热循环处理好了节能，处理不好不节能。本文就双层幕墙的构造、性能和评价方法作较为深入的剖析。

2　构造

顾名思义，双层幕墙应该有两层幕墙，且两层都应该是幕墙结构，因此对于有些既有建筑的改造，仅在原传统建筑外墙再挂一层玻璃幕墙不能称其为双层幕墙。再例如原本是普通玻璃幕墙，仅在室内侧楼板上增加一层玻璃，也不能称其为双层幕墙。尽管这些维护结构有些具有双层幕墙的性能，可以称其为双层外维护结构，但不能称其为双层幕墙，就像我们不能称双层窗为双层幕墙一样。只有内外两层均为幕墙的构造才能称其为双层幕墙。外层幕墙通常采用点支式玻璃幕墙、明框玻璃幕墙或隐框玻璃幕墙，内层幕墙通常采用明框玻璃幕墙、隐框玻璃幕墙，为增加幕墙的通透性，也有内外层幕墙都采用点支式玻璃幕墙结构的。在内外层幕墙之间，有一个宽度通常为几百毫米的通道，在通道的上下部位分别有出气口和进气口，空气可从下部的进气口进入通道，从上部的出气口排出通道，形成空气在通道内自下而上的流动，同时将通道内的热量带出通道，所以双层幕墙也称为热通道幕墙，或呼吸式幕墙，如图 1 所示。

图 1　双层幕墙通道

2.1　内循环式

外层幕墙封闭，内层幕墙与室内有通道连通，使得双层幕墙通道内的空气可与室内空气进行循环。外层幕墙玻璃通常采用中空玻璃，内层幕墙玻璃通常采用单片玻璃，如图 2 所示。

图 2　内循环示意图

2.2　外循环式

内层幕墙封闭，外层幕墙与室外有通道连通，使得双层幕墙通道内的空气可与室外空气进行循环。内层幕墙玻璃通常采用中空玻璃，外层幕墙玻璃通常采用单片玻璃。外循环式双层幕墙通常可分为整体式、廊道式、通道式和箱体式。

1. 整体式：空气从底部进入，空气从顶部排出，空气在通道中没有分隔，气流方向为从底部到顶部，如图 3 所示。

2. 廊道式：每层设置通风道，层间水平有分隔，无垂直换气通道，如图 4 所示。

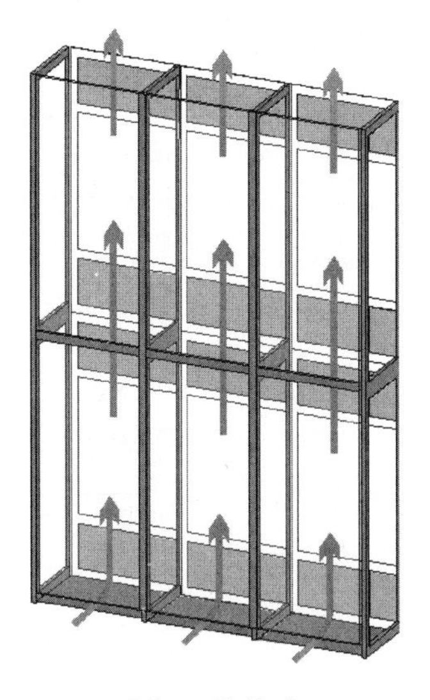

图 3　整体式

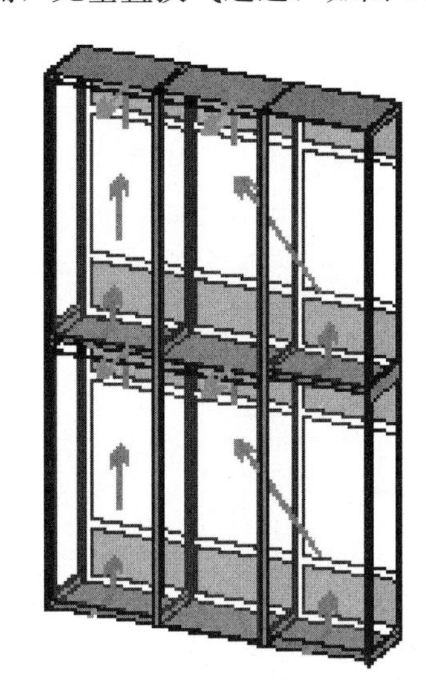

图 4　廊道式

3. 通道式：空气从开启窗进入，空气从风道中排出，层间共用一个通风道，如图 5 所示。

4. 箱体式：每个箱体设置开启窗，水平及垂直均有分隔，每个箱体都能独立完成换气功能，如图 6 所示。

图5　通道式

图6　箱体式

3　热工性能

双层幕墙最大的优点就表现在热工性能上，分歧最大的也在热工性能上。双层幕墙有明显的温室效应，顾名思义，温室效应即是双层幕墙通道能形成热屏蔽，冬季能阻止室内的热量流向室外，夏季能阻止室外的热量流向室内，使得室内处于较恒定的热环境中。双层幕墙的温室效应共有三种表现形式：其一是在炎热的夏季，双层幕墙中通道里的进气口和出气口全部打开，由于烟窗效应，空气将在通道中自下而上的运行，在空气运行过程中，将通道内的热量带出通道，使得内层幕墙处于较低的温度环境中，阻止了热量由室外流向室内，这是双层通道幕墙温室效应的表现形式之一，如图7所示。但是这种温室效应是动态的、随机的，只能定性描述，目前还无法定量计算，即使采用计算软件模拟计算，其结果的准确性也不好评价。

其二是在冬季，双层幕墙通道里的进气口和出气口全部关闭，通道中的空气静止，在阳光的照射下，通道中的空气将有较大的温升，使得内层幕墙处于较高的温度环境中，阻止了热量由室内流向室外，这是双层通道幕墙温室效应的表现形式之二，如图8所示。但是这种温室效应是动态的、随机的，只能定

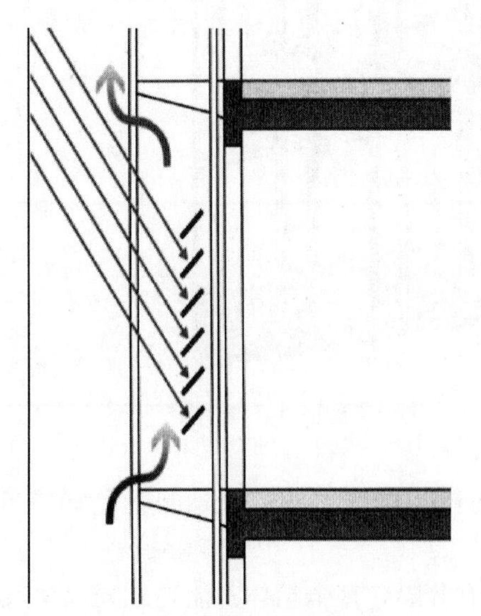
图7　温室效应表现形式之一

图8　温室效应表现形式之二

性描述，目前还无法定量计算，即使采用计算软件模拟计算，其结果的准确性也不好评价。

在夏季，如果双层幕墙内的空气不能及时将通道内的热量带走，通道内的温度就会逐渐升高，通常会达到50～60℃，甚至更高，这也是认为双层幕墙不节能看法形成的基础。但认为双层幕墙节能的看法刚好相反，认为即使双层幕墙通道内空气不循环，双层幕墙也是节能的，而且通道内温度越高，节能效果越好，因为它把原本应该进入室内的太阳辐射热留在了通道内，并将其中的一部分传到室外，其结果是进入室内的太阳辐射热减少。同时，由于双层幕墙通道内温度较高，甚至会超过室外空气温度，在此情况下，原本环境热量应该由室外传向室内，现在变为通道内的热量由通道传向室外，环境热量不能进入室内，即双层幕墙的通道形成了热位垒，室外热量无法穿越。

其三是双层幕墙的传热系数比单层幕墙的传热系数降低很多，阻止了室内外环境热量的交换，这是双层幕墙温室效应的表现形式之三。双层幕墙的传热系数是可以定量计算的，首先按《建筑玻璃应用技术规程》（JGJ 113）可分别计算出两层幕墙玻璃的热阻，但应注意，在计算内层幕墙玻璃的热阻时，其室外表面换热系数应取室内表面换热系数。空气层的热阻可按《民用建筑热工设计规范》（GB 50176）取值，需要说明的是，当空气层间距大于60mm时，空气层的热阻不变，这是因为随着空气层间距的加大，空气层的热传导将导致空气层热阻的增加，但空气层对流也随之加剧，导致空气层热阻的降低，两种作用互抵，空气层的热阻保持不变。双层幕墙的热阻按下式计算：

$$R = R_1 + R_2 + R_3 \tag{1}$$

式中 R——双层通道幕墙的热阻；

R_1——外层幕墙的热阻；

R_2——内层幕墙的热阻；

R_3——空气层的热阻，取0.18m²K/W。

双层幕墙的传热系数为$1/R$。例如双层通道幕墙的外层为19mm单层玻璃，空气层为500mm，内层幕墙为（8mm＋12mmA＋8mm）中空玻璃，双层幕墙的传热系数为1.2W/m²K。而仅由内层幕墙构成的单层幕墙的传热系数为2.8 W/m²K，双层幕墙的节能效果明显可见。

在温暖的春季和秋季，室内既不必采暖，也不必制冷，因此不涉及耗能问题，也就谈不上节能问题，耗能和节能是针对寒冷的冬季和炎热的夏季的。双层幕墙由于其传热系数比单层幕墙的传热系数低，空气渗透性能比单层幕墙优良，因此双层幕墙比单层幕墙节能。

设室内外温差为ΔT，由（8mm＋12mmA＋8mm）中空玻璃组成的单层幕墙的传热系数U_0＝2.8W/（m²K），由外层为19mm单层玻璃，空气层为500mm，内层幕墙为（8mm＋12mmA＋8mm）中空玻璃组成的双层幕墙的传热系数U_1＝1.2W/（m²K）。由于空气渗透造成单层幕墙单位面积的能量损失为Q_1，双层幕墙单位面积的能量损失为Q_2。由于双层幕墙的空气渗透性能比单层幕墙优良，所以$Q_1>Q_2$。双层幕墙比单层幕墙的节能率为：

$$\begin{aligned}\text{节能率} &= \frac{\Delta T U_0 - \Delta T U_1}{\Delta T U_0} + \frac{Q_1 - Q_2}{Q_1} \\ &= \frac{U_0 - U_1}{U_0} + \frac{Q_1 - Q_2}{Q_1}\end{aligned} \tag{2}$$

由于$Q_1>Q_2$，所以$Q_1-Q_2>0$。因此节能率可简化为：

$$节能率 = \frac{U_0 - U_1}{U_0} = \frac{2.8 - 1.2}{2.8} = 57\%$$

这里的节能率仅考虑了环境温差和空气渗透的影响。此外，还要考虑太阳辐射的作用。在夏季，双层幕墙的遮阳系数比单层幕墙的遮阳系数小，降低了夏季环境制冷的能耗，也就是说在夏季，双层幕墙的节能率大于57%。在冬季，设阳光的辐射强度为I，单层幕墙的遮阳系数 $S_{c1}=0.72$，双层幕墙的遮阳系数 $S_{c2}=0.57$。由于双层幕墙减少阳光进入室内，增加了室内的采暖负荷。增加的能量损失率为：

$$能量损失率 = \frac{IS_{c1} - IS_{c2}}{IS_{c1}} = \frac{S_{c1} - S_{c2}}{S_{c1}}$$

$$= \frac{0.72 - 0.57}{0.72} = 21\%$$

因此在冬季双层幕墙的节能率为：

$$节能率 = 57\% - 21\% = 36\%$$

所以这种双层幕墙比单层幕墙节能率为36%～57%，效果极为明显。需要说明的是，由于双层幕墙设计时往往在通道中设置遮阳系统，使得双层幕墙的遮阳效果更好，因此双层幕墙的节能效果夏季更好。但遮阳系数是双刃剑，特别是玻璃和固定遮阳系统的遮阳效果是不可调整的，遮阳效应夏季是正作用，冬季是副作用，因此从节能效果考虑，玻璃幕墙的传热系数越低越节能，但遮阳系数并不是越低越节能，因为随着遮阳系数的降低，一定伴随着玻璃幕墙可见光透过率的降低，增加室内的照明能耗；同时随着遮阳系数的降低，也会增加冬季的采暖能耗，因此遮阳系数适度最节能。

4 隔声性能

计权隔声量是可以测量的，平均隔声量是可以计算的，即幕墙的隔声性能可完全定量分析。幕墙的平均隔声量按下式计算：

$$\overline{R} = 13.5\lg M + 12 + \Delta R \tag{3}$$

式中 R——幕墙的平均隔声量；

M——幕墙的面密度；

ΔR——空气层附加隔声量；对于空气层为12mm的中空玻璃，其值为4dB；当空气层厚度超过90mm，其值为12dB。

对于由（8mm+12mmA+8mm）中空玻璃组成的单层幕墙，其平均隔声量为38dB。对于由外层为19mm单玻，空气层为500mm，内层幕墙为（8mm+12mmA+8mm）中空玻璃组成的双层幕墙，其平均隔声量为47dB，双层幕墙的隔声性能明显优于单层幕墙。双层幕墙隔声性能优异的原因有两个：其一是按质量定律，多一层幕墙玻璃将增加幕墙面密度，因此隔声量增加。其二是增加空气层的厚度将增加空气对声波振动的衰减作用，隔声量增加。

5 烟窗效应

双层幕墙在阳光照射下，通道内的空气将有温升。空气在通道内的时间越长，温升越大。因此，在通道内的空气将存在温度梯度，即 $\Delta T \neq 0$。上部温度高，下部温度低；上部空气比重小，下部空气比重大；上部空气压力小，下部空气压力大。在上下空气压差的作用下，通道内的空气将上升，这就是双层幕墙的烟囱效应。

5.1 烟囱效应的自拔力

通道内空气上下部压差称为空气的自拔力。根据大连地区相似工程实测结果，通道内空气上下部温差超过5℃。如通道下部进气口的温度取20℃，通道上部出风口的温度将达25℃。通道下部进气口处空气的比重 $W_{下}=12.045\mathrm{N/m^3}$，通道上部出风口处空气的比重 $W_{上}$ 为：

$$W_{上}=12.93\times273/298=11.845\mathrm{N/m^3}。$$

双层幕墙的通道高度 H 取为20m，则自拔力 P 为：

$$P=H(W_{下}-W_{上})=20\times(12.045-11.845)=4\mathrm{Pa}$$

5.2 双层幕墙出风口的风速

在仅考虑烟囱效应的情况下，出风口的风速为：

$$V=\sqrt{\frac{2P}{\rho}}=\sqrt{\frac{2\times4}{1.2045}}=2.5\mathrm{m/s}$$

考虑通道内空气有阻力，出风口的风速比2.5m/s要小很多。事实上，进气口和出气口都有迎面风速的影响，因此通道内的气流速度是非常紊乱的。

6 环境舒适性

由于双层幕墙外循环系统可以通过通道为室内更换新鲜空气，通道的存在为改善更换空气的质量提供了条件。例如影响北方空气质量的污染物主要是可吸入颗粒物，可在通道的进气口安置静电滤尘网或过滤PM2.5的装置，也可在通道进气口的下方对空气进行喷雾，既使得进入室内的空气清新，同时又改善了室内的湿度，提高了居室的舒适度，如图9所示。

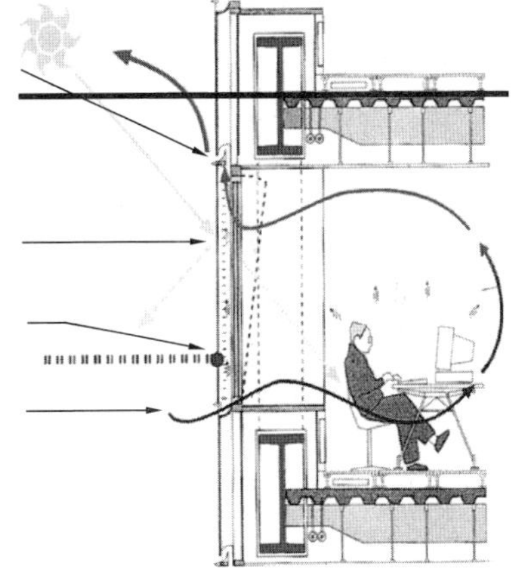

图9 通道为室内更换新鲜空气

由于双层幕墙的传热系数比单层幕墙的传热系数低很多，因此在相同条件下，双层幕墙室内侧的表面温度夏季会比单层幕墙的低，冬季会比单层幕墙的高，人站在幕墙边温度的舒适感会好很多。

我们居住的城市环境噪音日益增加，严重地影响室内人们的工作和生活，因此人们尽量增加建筑外维护结构的隔声量，以获得一安静的环境。双层幕墙的隔声量比单层幕墙高很多，因此隔声性能优异也是双层幕墙环境舒适性的表象之一。

7 正确使用双层幕墙

双层幕墙从设计构思、内容组成和工作过程各方面看，都是一个各专业协调合作的多功能系统，它与单层玻璃幕墙有很大差别，不仅有玻璃支撑结构，还包括建筑内部环境控制和建筑服务系统，通过双层幕墙可以控制室内光线，提供通风。因此相对单层幕墙来说对日常使用和维护提出了更高的要求。

双层幕墙的使用原则是根据双层幕墙的原理充分发挥其先进性能。如在夏季和室外气温高于室内温度时，应考虑将进风口百叶打开，同时打开顶部通风口的开启扇，进风口百叶和顶部通风口的开启扇的角度应根据实际情况确定。在冬季或室内温度高于室外温度时，关闭进风口百叶和顶部通风口的开启扇。遮阳百叶的角度可根据阳光强度和室内采光的需要调整。进风口喷水池在温度较高的季节应当保持有水状态，注意注水并保持清洁。在冬季结冰天气来临之前，应将水池中的水排出，防止水池冻坏。应保持幕墙各部分完好，定期清洁、维护进风口、出风口、百叶系统、幕墙系统。

8 结语

双层幕墙性能优异，特别是他的节能性能是毋庸置疑的，即无论是何种气候分区，也无论是冬季还是夏季，无论通道内空气是否流通，双层幕墙都是节能的，就像双层窗比单层窗节能是一个机理。双层幕墙的热环境舒适性、声学舒适性和通风舒适性也是非常明显的，加之其他优异性能，双层幕墙应该是高档幕墙的首选，具有广大的发展空间。

玻璃幕墙索结构概念设计分析及其要点

花定兴
深圳市三鑫科技发展有限公司　广东深圳　518057

摘　要　本文通过结构概念设计思想分析了玻璃幕墙索结构的力学原理和主体结构关系，指出了索结构边界条件及其主体结构的重要性，并且提出了索结构设计要点。

关键词　玻璃幕墙索结构；概念设计；边界条件

1　引言

玻璃幕墙索结构是近年来在国内外应用较为广泛的一种新型幕墙结构型式。这种玻璃幕墙给人们带来轻盈通透的视觉，特别适用于大型机场航站楼、会展中心、体育馆、城市综合体、超高层等公共建筑中。众所周知，索结构承担玻璃幕墙的抗风支承结构的主要功能。它是一种特殊的结构，由于它的平面外刚度较差，风荷载作用下会产生大挠度变形，表现出较明显的几何非线性特征。这种幕墙新结构体系以其特有的简洁美观、构造简单、施工方便、成本低廉、不占室内空间等众多优点而备受业内外人士的青睐。由于玻璃幕墙索结构仅是主体建筑的外围护结构，只有依赖主体结构具备边界条件作为索结构的支承关系才能成立，在外荷载作用下，索的拉力非常大，给主体结构带来较大的不利影响。这种由围护结构分体系和主体建筑总结构体系的相互关系复杂，必须依靠结构设计师运用结构概念设计知识来作结构设计合理判断。所谓概念设计一般指不经详细计算，尤其在一些难以作出精确理性分析或在规范中难以规定的问题中，依据主体结构体系和幕墙索结构体系之间的力学关系、结构破坏机理和工程经验所获得的基本设计原则和设计思想，从整体的角度来确定幕墙结构的总体布置和细部构造措施的宏观控制。

2　索结构的概念设计分析

2.1　索结构力学原理

索结构抗风的力学原理和特点，可以用直线拉索抗风的力学原理和特点来代表。众所周知，直线拉索施加了一定的预拉力后，就具备了一定的侧向刚度，但这种刚度是很差的，风荷作用下会产生大挠度变形，如图1所示。

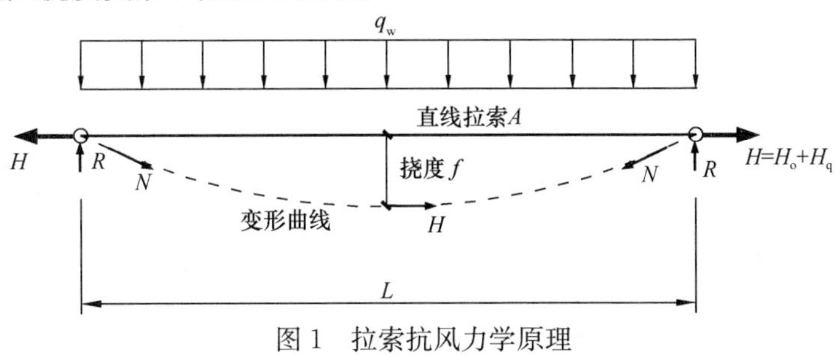

图1　拉索抗风力学原理

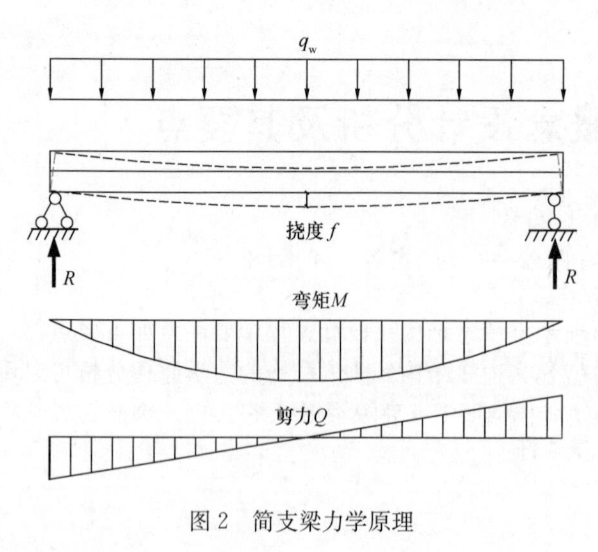

图2　简支梁力学原理

索挠度 f 与索截面A，索拉力 H 外荷载q_w之间均为非线性相关，必须用非线性理论进行计算分析。将直线拉索与常规的梁式结构作一比较，梁的抗风能力是由梁的截面弯矩 M，剪力 Q 和支座反力R 提供的，如图 2 所示。

当外荷载和梁的跨度确定后，这些 M、Q、R 也都确定了。当需要调整截面尺寸时，只有梁的挠度 f 发生变化，而这些内力参数是不会改变的，梁的强度控制和挠度控制可以独立进行。对直线拉索来说，其抗风能力是由索拉力 N，挠度 f，支座反力 H、R 等提供的，当荷载和跨度确定后，索拉力 N、挠度 f 和索截面积A 之间都是可变的，没有固定的关系，可以作出多种不同组合的设计。现仍以图 1 为例，对有关参数之间的关系作一分析。拉索承受风荷 q_w 后，跨中弯矩 $M=\frac{q_w l^2}{8}$，跨中挠度为 f，支座水平反力为 H。由静力平衡原理可知，$M=\frac{q_w l^2}{8}=H\times f$。当外荷 q_w 和跨度 L 确定后，$\frac{q_w l^2}{8}$ 是一个常数，即 Hf=常数，所以 f 越大 H 就越小。而支座反力 $H=Ho+Hq$，其中预拉力 Ho 是可以人为调控的。通过调控 Ho 也就使得挠度 f 得到了调控。加大预拉力，可使 f 减小，但索的内力增大了。Hq 是索从直线状态变为有挠度 f 的曲线状态时，索弹性伸长产生的索力增量对支座的水平作用力。索的截面越大 Hq 就越大，Ho 可越小，当索截面加大到一定程度时，索中可以不加预拉力 Ho 就可满足拉索的抗风要求，但这样的设计索截面太大，经济上不合理。当荷载和跨度确定后，处理好索截面、预拉力和挠度这三者之间的关系，索结构设计的重要任务。

2.2　索结构受力特点

索结构受力特点如下：

（1）直线拉索承受风荷后，必然产生挠度，只有挠曲后的索才能将风荷向支座传递，挠度越大，抗风的能力越强。限制拉索的挠度，就是限制了索的抗风能力，所以拉索产生挠度是索具备抗风能力的必要条件，这是直线拉索和平面索网抗风有别于其他结构的一个显著特点。

（2）拉索抗风前应施加一定的预拉力，预拉力越大，挠度反应越小，刚度越好，但索的总拉力也增大了，索本身的强度安全系数下降了，施工的难度增加了，周边支承结构的负担也加重了，所以预拉力又不应加得太大。如果索拉力太大，索本身的强度安全系数已不能满足安全要求，只有增大索截面才行。

（3）设计、施工中往往需要调整截面，一般认为以大代小总是安全的，这对常规结构可以，对索结构则不一定安全，因为索断面增大后，挠度反应减小，索力增大，周边结构的安全就可能受到威胁，所以调整截面后必须重新分析。

（4）常规结构的有关规范，从使用角度出发，都是限制结构变形的，因为这样的限制不会影响结构承载能力的发挥，但对直线拉索来说，则必须允许产生大挠度变形，只有产生了大变形，才会产生抗风能力，才会收到好的抗风效果，

（5）直线索结构只能承受拉力，不能承受压力和剪力，只有允许索结构产生较大几何变形才能具备抗风的能力。控制预拉力大小是影响索结构抗风能力和经济效果的关键因素。

3 索结构概念设计要点

笔者通过多年来的工程实践，总结出玻璃幕墙索结构在设计过程中要注意如下要点：

（1）幕墙索结构设计成立的必要条件就是其边界结构，由索结构的力学原理分析可以看出，索结构在受力状态下，其对支座的反力比常规设计下的梁结构大很多倍，因此边界结构设计非常重要。若是主体结构除了承受自身荷载外，还要额外承担幕墙索结构传递来的巨大拉力。

（2）主体结构若无边界条件，必须另外设计边界结构创造条件来实现索结构的支承目的。这里要注意新的边界结构和主体结构关系互相适应。

（3）直线索结构宜设计成单层索网，若不具备条件，由于单向单索结构体系跨中方向变形很大，宜在两侧幕墙端部设置伸缩缝或适应变形构造设计。

（4）索结构的预拉力不宜过大，按照《索结构技术规程》规定，单索结构最大挠度与其短边跨度之比不得大于 1/45，索桁架最大挠度与跨度之比不得大于 1/200。

（5）索结构应分别进行初始预拉力和荷载作用下计算分析。由于单索结构的荷载作用与效应呈非线性关系，因此其计算应考虑几何非线性影响。

（6）基于索结构对支承结构的变形敏感，支承结构变形对索的预拉力影响较大，因此建议有条件时将索结构和边界结构一起计算。在施工张拉期间，应考虑索结构张拉顺序计算互为影响，并且需做施工张拉模拟分析。

（7）斜面幕墙不宜设计单索结构，必须设计的话，建议设计单层平面索网结构，其构造设计应考虑消除索结构在幕墙自重作用下变形影响。

（8）索结构穿过主体结构要考虑与主体结构实际受力传递关系，其节点构造要分别满足主体结构支承作用和变形影响。

（9）索结构的两端与边界结构连接构造设计应考虑方便预拉力调节和测量。

（10）为防止意外偶然因素影响，可以考虑设计弹簧装置作为索结构的保险作用（图 3），该弹簧装置可以根据建筑效果需要设计在上方还是下方，是外露还是隐藏式（注意图中仅示意，水平方向设置可以参考竖向）。

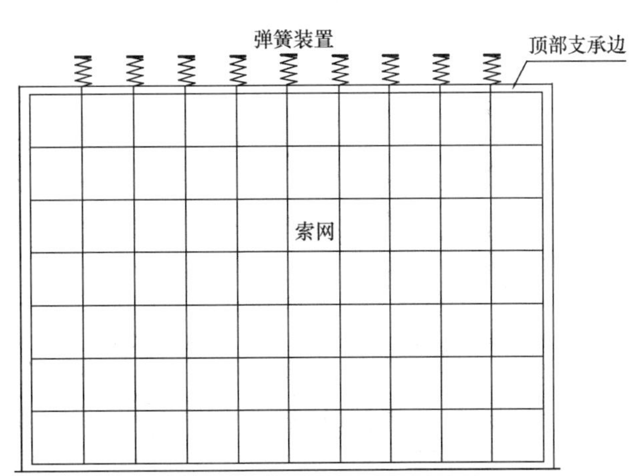

图 3 弹簧装置作为索结构的保险作用示意图

（11）索结构不宜跨越建筑伸缩缝，若由于设计需要必须跨越的话，应该充分计算主体结构伸缩变形对索

结构的内力影响，其节点构造也必须考虑适应主体结构变形。

(12) 要认真重视多家单位设计关系，索结构和边界结构设计往往是两家单位，更有甚者会存在多家单位设计，这时候必须主动和其他单位紧密协调，把索结构支座反力准确无误传递给其他结构设计单位。并且还要考虑其他设计单位设计的边界结构变形给索结构带来不利影响。一般来说，由主体设计把两个结构体系放在一个结构模型共同计算，考虑了互为影响，其计算结果准确度高。为消除各自结构设计考虑不周留下安全隐患打下了良好基础。

(13) 在建筑主要立面出人口设计索结构玻璃幕墙时，其竖向索结构下端支承在门斗或雨棚结构上，支承结构要考虑索结构产生巨大拉力和风方向水平力，必要时把此结构和索结构建立统一模型共同计算。

4 结语

结构设计不是规范加计算，同样索结构计算也是如此。一些人认为“只要计算机算出来结果能满足规范要求，就算设计成功”是错误的。有经验的结构设计师往往不需先计算，就能根据建筑结构和围护结构关系来构思和判断整个结构体系的安全性合理性，从而明确总结构体系和分结构体系之间最佳受力要求。特别是在方案设计阶段，能通过概念性近视计算或估算进行探索，优化以致最后确定各分体系构件的合理尺寸，并确定设计方案的可行性。在整个设计过程中，应以正确的判断力来把握设计。必须理解吃透规范条文，而不是生搬硬套，更不能盲目从一体化计算机设计和计算程序，任其随意摆布。在玻璃幕墙索结构设计中尤其如此。随着大量场馆建筑或超高层建筑层出不穷，大跨度公共建筑越来越多采用索结构玻璃幕墙，为人们在不断增加物质文明同时也增添了不少精神文明的内容。然而尽管索结构的应用优势明显，由于玻璃幕墙索结构必须依赖其边界结构的关系，若设计不当则会产生许多负面影响，甚至导致设计安全事故。设计管理不到位导致在工程实践中出现各种隐患已经屡见不鲜。各单位间发生矛盾扯皮也影响施工工期，严重影响工程质量，造成了不必要的经济损失甚至安全隐患。特别是对于大跨度的索结构设计必须慎重。因此作为幕墙结构设计师必须要掌握丰富踏实的整体结构概念设计技能，理顺主体结构体系和和索结构分体系的复杂关系。并且抱有对设计负有终身责任制的精神，充分认识索结构概念设计特点，牢牢把控索结构设计要点，紧密和主体结构设计单位合作，保证玻璃幕墙索结构设计安全可靠，经济合理、科学完美。

参考文献

[1] 《索结构技术规程》JGJ 257—2012. 北京：中国建筑工业出版社，2012.

[2] 高立人，方鄂华，钱稼茹.《高层建筑结构概念设计》：全国注册结构工程师继续教育必读系列教材(之四). 北京：中国计划出版社，2005.

[3] 姚裕昌. 平面索网点支玻璃幕墙抗风设计原理研究.《第四届全国现代结构工程学术研讨会论文集》[C]. 2004.

[4] 花定兴. 广州新机场主航站楼点支式玻璃幕墙结构设计.《建筑结构》[J]. 2003(11).

[5] 花定兴. 自平衡索桁架在广州新白云机场工程中的应用.《第三届全国现代结构工程学术研讨会论文集》2003 年《工业建筑》增刊.

[6] 花定兴. 建筑幕墙结构概念设计及其要点.《2006 年全国铝门窗幕墙行业年会》(C).

[7] 花定兴. 大型机场航站楼建筑幕墙设计关键要点分析.《钢结构建筑工业化与新技术应用》. 北京：中国建筑出版社，2016.
[8] 花定兴. 昆明新机场航站楼拉索结构施工张拉设计分析.《大型复杂钢结构—建筑工程施工新技术与应用》. 北京：中国建筑工业出版社，2012.
[9] 花定兴. 华安保险总部大厦玻璃幕墙单层平面索网结构施工张拉设计分析.《钢结构与金属屋面新技术应用》. 北京：中国建筑工业出版社，2015.

北京新机场主航站楼建筑幕墙技术分析

王继惠　杨　俊　花定兴
深圳市三鑫科技发展有限公司　广东深圳　518057

摘　要　本文对北京新机场主航站楼建筑幕墙的相关设计及玻璃安装进行了介绍，对各种重难点技术和新材料进行了相关分析，并提出了切合实际的施工工艺和解决办法。

关键词　航站楼；空间变化曲面；无横梁玻璃幕墙体系

1　工程概况

北京新机场位于永定河北岸，北京市大兴区礼贤镇、榆垡镇和河北省廊坊市广阳区之间，北距天安门 46 公里，距离首都机场 68.4 公里，属国家重点工程。本项目幕墙系统设计从建筑功能和自然条件出发，充分考虑其在安全性能、热工性能、声学性能、光学性能上的特点和要求，利用各种幕墙技术、材料、方法、工艺创造优越的围护功能(图 1)。

图 1　整体鸟瞰图

本项目幕墙工程主要包括以下两大系统：

(1)立面框架玻璃幕墙系统；

(2)采光顶系统；

本文着重对立面框架玻璃幕墙系统进行介绍。

2　立面框架玻璃幕墙系统设计介绍

立面框架玻璃幕墙系统位于北侧立面以及整个机场中心区域的东、西、东南、西南各面。上部与屋面相接，下部落于一层或二层混凝土楼板(图 2)。

由于立面框架玻璃幕墙处于旅客密集的区域，建筑师非常重视该幕墙的简洁、通透性，

图 2　立面框架玻璃幕墙局部效果图

因此选用了较大分格尺寸的玻璃：宽 2250mm×高 3000mm。系统采用竖向明框，横向无结构的单向结构体系，由于横向无结构，立面的通透性大大提高，外铝合金立柱既起到承担结构荷载的作用，又兼顾装饰遮阳作用，效果美观的同时又节省了造价。

2.1　立面框架玻璃幕墙标准节点设计

立面框架玻璃幕墙铝合金立柱分为内、外两部分，内、外铝立柱通过布置的不锈钢螺栓紧密配合达到协同受力的目的，承受垂直于玻璃面的荷载。铝合金内立柱通过“二夹一钢板”与主体钢结构连接。两块 16mm 厚钢板连接件与主体钢结构焊接，一块 18mm 钢板连接件与铝立柱用多颗 M8 不锈钢螺栓连接，16mm 钢连接件与 18mm 钢连接件相互配搭、焊接，以适应主体钢结构产生的误差(图 3、图 4)。

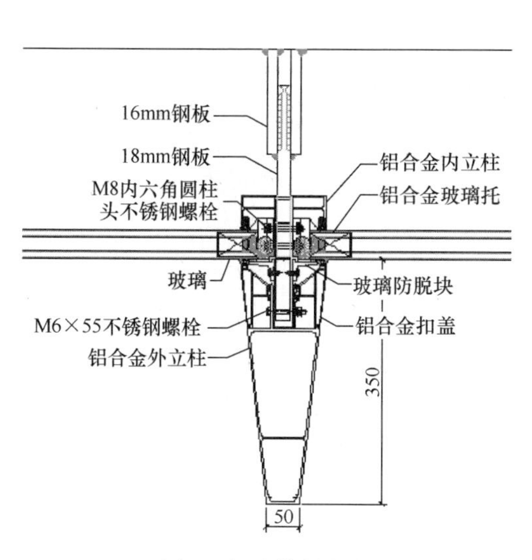

图 3　标准横剖节点

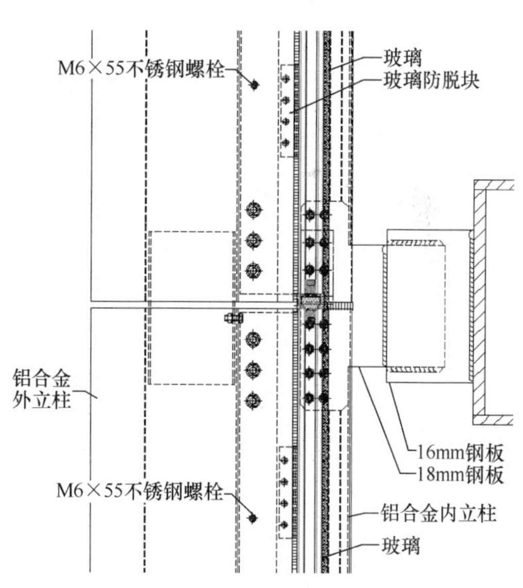

图 4　标准竖剖节点

立面幕墙分为直面幕墙和倾斜面幕墙，直面幕墙选用 12＋18A＋12 中空双银 Low-E 钢化超白玻璃，倾斜面幕墙选用 12＋12A＋10＋1.52PVB＋10 中空双银 Low-E 钢化夹胶超白玻璃，单块玻璃自重达到 550kg，为支撑如此沉重的玻璃，选用角铝玻璃托板，通过内六角不锈钢螺栓与铝立柱连接，同时在内侧铝合金立柱腔内增加一道加强筋，将玻璃自重有效地传递给铝合金立柱。玻璃安装到位后，因为需要后续安装外侧铝合金立柱，因此为防止玻璃脱落，在每块玻璃上增加了 4 个铝合金防脱块，即可作为临时固定措施又可确保玻璃安装过程及安装完成后的安全(图 5)。

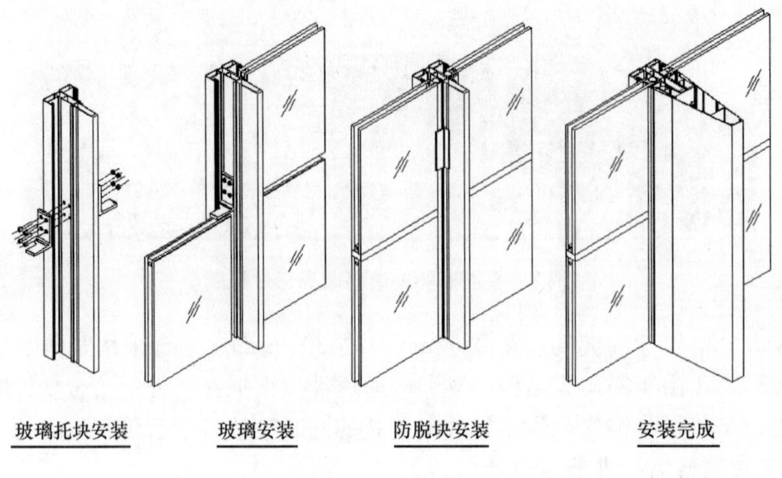

图 5　组装图

2.2　玻璃四点不共面问题的研究与解决

本工程倾斜立面为双曲面(图 6)，由模型分析可知相邻的两根立柱不在同一平面内，使得单块玻璃存在四点不共面的问题，每块玻璃因为两侧立柱之间存在空间夹角并且角度均不相同，所以对每块玻璃而言有着不同程度的翘曲。立面幕墙一共有 4609 块玻璃，如果用人工统计将花费巨大时间和精力，因此深化设计之初通过运用 BIM 参数化软件对三维模型进行分析，分析结果显示单块玻璃翘角最大值为 26mm(图 7)。

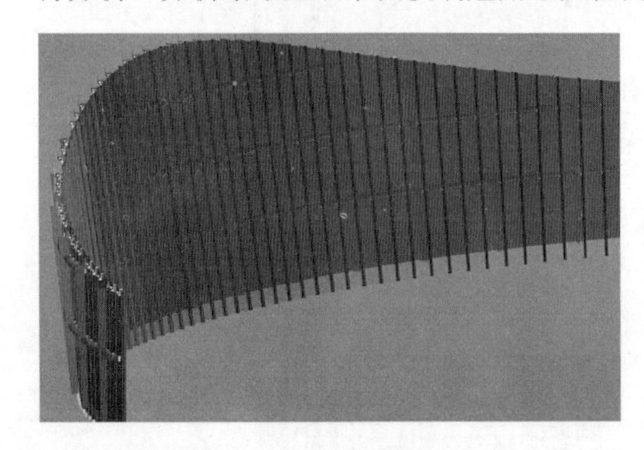

图 6　倾斜立面

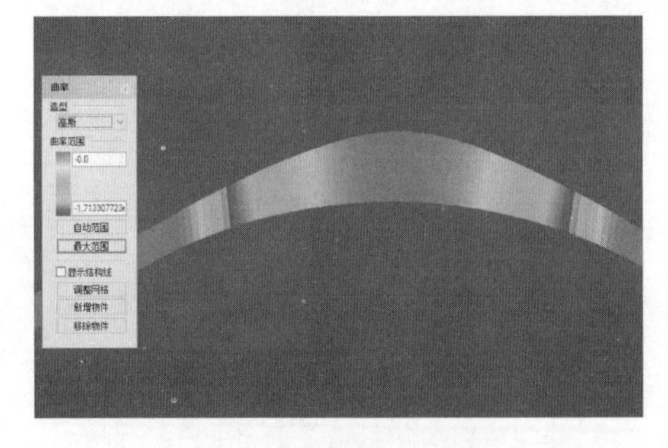

图 7　玻璃翘曲数据分析

经过 Ansys 软件对玻璃进行建模分析计算，尺寸 2250mm×3000mm 的 12＋12A＋10＋1.52PVB＋10 钢化夹胶玻璃，在三个角点固定的条件下，对另 1 角点施加一定的垂直荷载，可消除该角点在玻璃面法线方向变形(即翘角)(图 8)。

鉴于机场项目的重要性，为确保设计方案的可行，理论计算的同时，还开展了相关模拟试验：选用钢管框架模拟铝合金龙骨，用同等配置的玻璃做了玻璃压弯试验，试验结果与理论计算的结构基本一致，玻璃翘角可以通过施加外力的方法解决，并且靠一个人单手的力量就可以轻松完成。这一实验结果也证明用直立柱与平板玻璃拼接模拟空间变化曲面的方案可行。

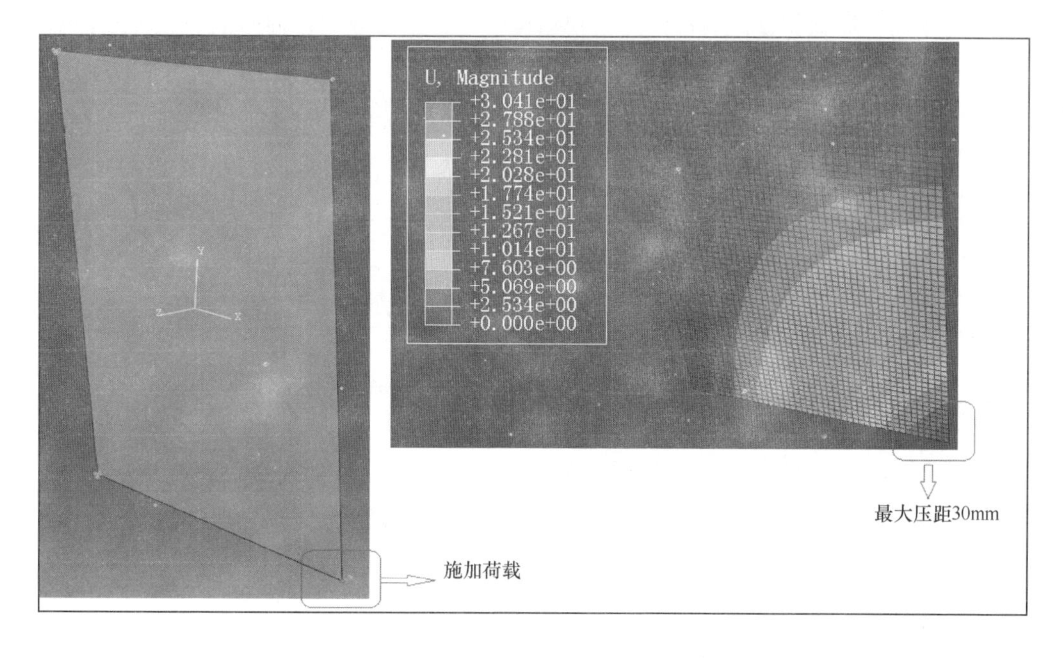

图 8　玻璃翘曲计算分析

2.3　大跨度铝合金立柱安装变形的研究与解决

立面幕墙标准跨度为 6000mm，铝立柱与垂直面的最大倾斜角度为 9.8°。倾斜面幕墙铝立柱在 0°到 9.8°之间渐变的向室内侧倾斜。幕墙的安装顺序为先安装内侧铝立柱，然后安装玻璃，再安装外侧铝立柱。按照建筑师对建筑效果以及遮阳功能的要求，竖向铝合金龙骨被设计成内侧尺寸小、外侧尺寸大的特点，当玻璃装至内侧立柱上后，玻璃自重产生的重力在垂直于立柱方向的分力会使内侧铝立柱产生变形。以标准跨度 6m 为例，跨中变形量为 10mm。

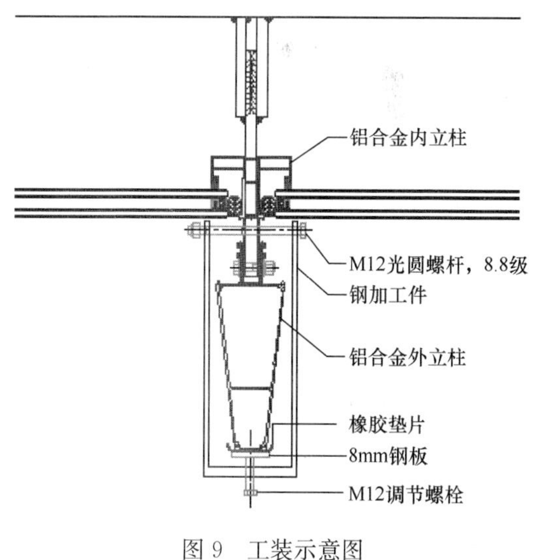

图 9　工装示意图

内侧铝立柱的变形会带来外侧立柱安装的困难，具体影响主要是内外侧立柱孔位不能自然对正，无法安装螺栓。为解决这一问题，采取如下措施：玻璃安装完成后，用自制工装件(图 9)，通过调节外侧 M12 螺栓对外侧立柱施加作用力，用刚度较大的外侧铝立柱将内侧铝立柱校直，再安装间距 300mm 布置不锈钢螺栓，螺栓安装完成后卸载，完成外侧立柱的安装。

2.4　现场放线方法的研究和解决

主体钢结构移交后工作面条件十分有限，而且施工现场没有其他可以利用的辅助结构。因此很难通过全站仪测点、然后做标记的方法进行精准的打点放线。经过多次研究讨论，最终采用“圆弧两点连线，中垂线取拱高”的方法进行放线。具体方法是：(1)取相邻轴线位置铝立柱控制线同一标高的点，两点连线，根据模型中理论尺寸当作连线的中垂线确定圆弧拱高，中垂线的端点即为铝立柱控制点。利用圆弧与变化曲面的偏差值对铝立柱的方向进行修正(图 10、图 11)。然后将铝立柱落位，点焊固定。立柱安装完成后用全站仪对复测点进行检查，结合拉尺校核相邻铝立柱之间的净空。

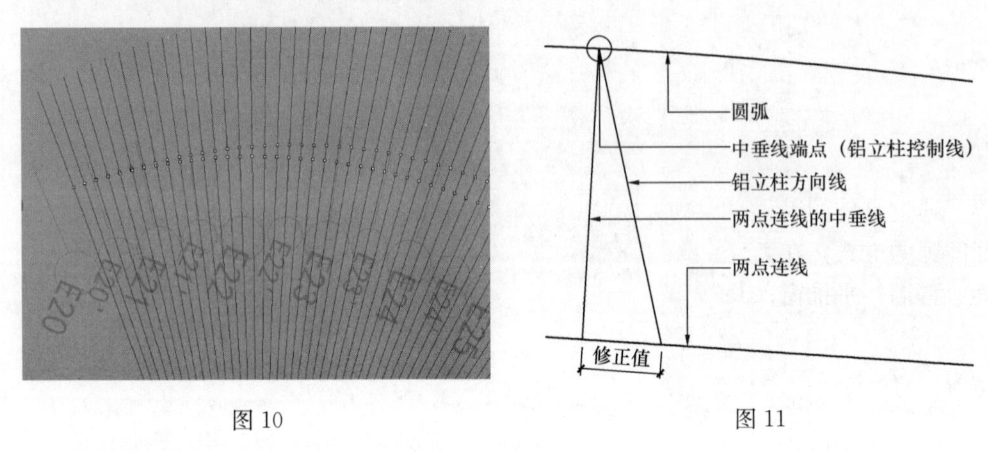

图 10　　图 11

2.5　局部采用新材料

施工过程中发现，当玻璃自重较大时普通的橡胶垫片无法承受玻璃与玻璃托板之间相互挤压产生的荷载，垫片几乎完全破坏。所以及时更换邵氏硬度为 90°的 TPE 材质垫块。TPE 是介于传统硫化橡胶与树脂之间的一种新型高分子材料，不仅可以取代部分传统硫化橡胶，还能使塑料得到良好的改性。TPE 材料比较普通橡胶材料的优点在于既具有普通橡胶材料的弹性、回复性、强韧性与耐候性，又能以塑料加工方式加工成型。而且加工成本低，节省能源，易于回收，对环境无污染，单位体积耗用原料少。针对幕墙工程具有的优势在于(1)材料有宽泛的硬度调整范围；(2)不渗油，不会出现污染幕墙的情况；(3)提高了与其他建筑材料的相容性。因此 TPE 材料是代替 PVC 及硫化橡胶的重要材料。

3　结语

北京新机场旅客航站楼及综合换乘中心工程立面幕墙存在一定的技术复杂性，设计施工中采用了多项新工艺、新材料。对无横梁体系、空间变化曲面玻璃幕墙的设计与施工以及幕墙新材料的使用等课题进行了比较深入的探索与研究。在运用已有成熟技术的基础上，对传统设计理念和施工方法进行创新与改造，以便能够更有针对性的为北京新机场幕墙工程的建设服务。探索于装配式幕墙的潮流中，秉承精益求精的工匠精神，力求为中国打造世界一流的国际新航标。

圆弧平推窗在幕墙工程中的实现

王　军
上海和甲幕墙设计咨询有限公司　上海　200333

摘　要　通过具体的工程实例，阐述圆弧平推窗实现的难点，并介绍如何通过调整窗框与窗扇之间间隙的方式，在工程中实现圆弧平推窗。
关键词　幕墙；平推窗；圆弧

Abstract　By real façade project，explain the difficulty of the design of arc parallel opening windows，and then introduce how to realize them by widen the distance between the window frames and sashes.
Keywords　façade；parallel opening window；arc

玻璃幕墙将建筑美学、建筑功能、建筑结构等因素有机地结合起来，兼具建筑外围护功能及装饰功能，且具有自重小的特点，可在一定程度上降低建造成本。玻璃幕墙从二十世纪八十年代开始进入中国，得到广泛应用，并迅速发展，形成建设高潮。经历了三十几年的历程，目前在中国仍然是一种主流的建筑形式。

玻璃幕墙一大优势是固定扇和可开启扇可以一体化设计，在一种系统中同时实现传统建筑围护体系的墙体和窗的功能。

玻璃幕墙开启窗形式丰富，根据外视效果和功能的需要，可以设计为上悬窗、下悬窗、平开窗、兼具上悬/下悬和平开功能的窗和平推窗等，其中上悬窗因成本相对较低且关闭后与固定幕墙形成一体化效果而应用最广泛。建筑幕墙设置开启扇，一般是为了满足自然通风和/或消防排烟两种功能，而无论是自然通风还是消防排烟，都有最小通风面积的要求。上悬窗成本相对较低，但因开启角度、开启尺寸的限制，因此单扇有效通风面积很小。按照规范要求，上悬窗开启角度不大于30°且开启尺寸不大于30cm，因此，无论上悬窗窗高度做多大，计量有效通风面积不大于开启扇宽度×30cm。外开下悬窗可以开启到70°，即可以按开启扇宽度×开启扇高度计量有效通风面积，相同窗洞大小，可计量有效通风面积大大增加，因此在消防排烟窗设计中也得到广泛应用。但因为随着外开下悬窗开启扇高度增加，对窗型材、窗五金和窗开启机构(电动/气动开窗器)要求大幅增加，从而也导致了成本的大幅度增加，经济性较差。

在消防排烟窗设计中，相对悬窗，平推窗的优势得到了极大的体现。因为其关闭状态与固定幕墙形成一体化效果，开启状态也能够保持立面效果比较整齐，并且利于采光、通风，特别是因为开启时四周都有间隙，利于消防排烟，可按开启扇宽度×开启扇高度全面积计量有效排烟面积。而且，因为平推窗推出尺寸不大，四周都可设置窗滑动铰链，对窗型材、窗五金和窗开启机构要求相对较低，成本也较下悬窗低很多。因此，在幕墙工程中，平推窗得到了越来越多的应用。

平推窗在窗扇四周安装与窗框连接的平推铰链，平推铰链在开启、关闭运动轨迹是平行于其安装平面的，所以严格说它们的名字叫平行铰链(Parallel Opening hinges)。

只要平开窗扇是平面的，不论它们是标准的矩形，还是不规则的多边形，只要平推铰链的安装面都垂直于同一平面，就能保证所有平行铰链的运动轨迹是相互平行的，就能保证窗能够正常启闭。(图 1)

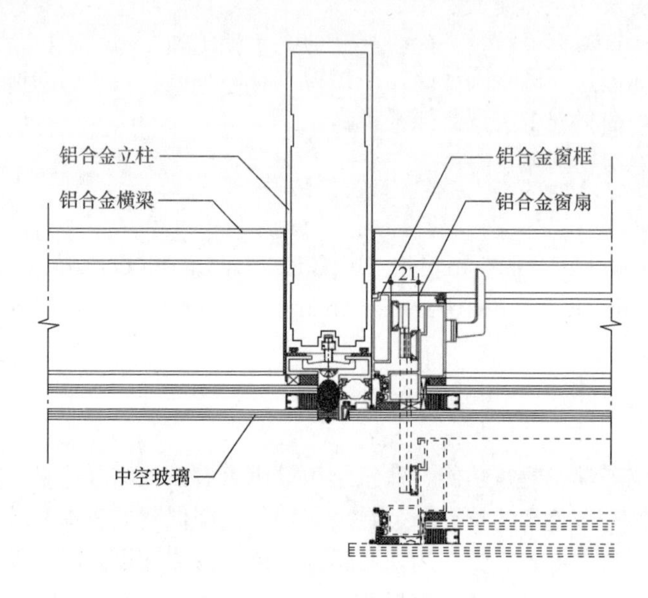

图 1

然而，当平推窗扇要求是弧形时，常规的平推窗设计就难以满足要求。

以图 2 凸弧窗为例，如按照常规设计，铰链安装面与立柱侧面平行，因两个立柱之间存在一个夹角，则左右铰链间必然存在一个夹角，关闭状态时铰链间距为 $L1$，推出时，两侧

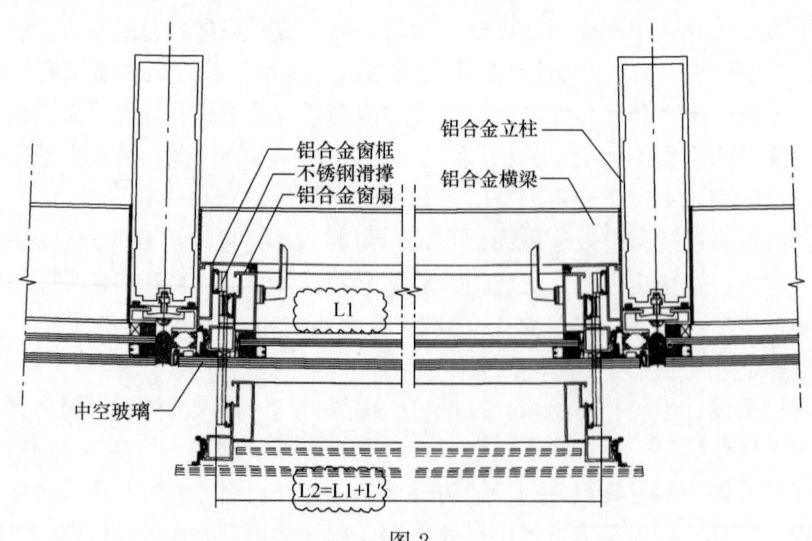

图 2

铰链沿各自安装平面方向移动，理论上需要达到大于 $L1$ 的宽度 $L2$ 才能保持其正常状态。在推出距离一定时，$L1$ 和 $L2$ 的差值 L'，受圆弧窗半径和分格宽度影响。

凹弧窗窗扇推出时，理论上需要达到小于 $L1$ 的宽度 $L2$ 才能保持其正常状态。

推而广之，只要是曲面幕墙，无论是用曲面玻璃来实现，还是用折线幕墙来近似拟合曲面，也不论是外凸曲面，还是内凹曲面，只要平推窗推出方向与幕墙立柱中心面不平行，就会存在上述问题。

以江苏昆山某幕墙工程为例，该建筑为大型公共建筑，因消防排烟需要，需设置大面积开启扇。如按上悬窗设计，为保证排烟面积，几乎沿建筑平面一周均需要设置为开启扇。而外开下悬窗成本高，且需要设置很长的推杆装置，影响美观。经综合评估，最后确定设置平推窗。该项目建筑外形由许多凹凸圆弧面组成，因此平推窗主要都是圆弧窗，既有凸弧，又有凹弧，而且分格宽度、圆弧半径种类也较多，下表对其进行了基本的统计分析(分格高度对本文讨论的影响较小，在此不做分析)，其中弧长变化计算基于平推窗完全开启时外推100mm 的假定。

表 1　圆弧平推窗窗弦长变化统计

序号	半径(mm)	弧长(mm)	凹弧/凸弧	对应角度(°)	弦长变化(mm)
1	5715	1500	凹弧	15.04	26.40
2	6140	1500	凹弧	14.00	24.55
3	20140	1500	凹弧	4.27	7.45
4	41450	1500	凹弧	2.07	3.62
5	48250	1500	凹弧	1.78	3.11
6	60350	1500	凹弧	1.42	2.49
7	64050	1500	凹弧	1.34	2.34
8	11300	1500	凸弧	7.61	13.29
9	11950	1500	凸弧	7.19	12.57
10	15000	1500	凸弧	5.73	10.01
11	18920	1500	凸弧	4.54	7.93
12	21650	1500	凸弧	3.97	6.93
13	30980	1500	凸弧	2.77	4.84
14	31340	1500	凸弧	2.74	4.79
15	37690	1500	凸弧	2.28	3.98
16	37950	1500	凸弧	2.26	3.95

续表

序号	半径(mm)	弧长(mm)	凹弧/凸弧	对应角度(°)	弦长变化(mm)
17	43300	1500	凸弧	1.98	3.46
18	43690	1500	凸弧	1.97	3.43
19	53750	1500	凸弧	1.60	2.79
20	58075	1500	凸弧	1.48	2.58

显然，因为有些L'的数值较大，不能简单的通过铰链的变形来适应。又因为半径、角度较多，也不大可能通过设置多种角度的幕墙立柱模具来实现，毕竟工程设计中，成本控制是一个很重要的因素，而模具越多，生产成本越高。而且，型材多样化也会增加加工和施工的管理成本。

那么，我们需要通过比较巧妙的设计，通过较少的特殊模具，实现本工程中多种圆弧半径、分格宽度的凹弧、凸弧平推窗。

如前所述，我们需要解决的问题是：如何设计，能够保证在使用统一的窗框、窗扇的型材的前提下，在不同弯弧半径、不同分格宽度的凸弧、凹弧上，都能保证平推铰链安装平面垂直于同一平面，使这些铰链的运动轨迹相互平行，从而保证平推窗的正常启闭。

问题进一步转化为如何调整窗框与窗扇之间的间距，来适应角度的变化，以保证在不同的圆弧半径、分格宽度的凹弧、凸弧条件下，平推窗左右侧铰链都能保证平行安装。

同时，因为平推窗铰链安装面不再平行于窗型材，则平推窗铰链安装面和窗型材之间会产生一个楔形间隙，这个间隙和平推窗对应圆弧半径、角度相关。

为填补窗铰链和窗型材间的楔形间隙，必须增加辅助型材(调节垫块)。调节垫块尺寸一方面要尽量小，以保证经济性，但又不能太薄，因为一方面它需要具有足够的强度以保证铰链与窗框/窗扇能够可靠连接，另一方面它应具有可加工性(对应不同的弯弧半径、不同分格宽度的凸弧、凹弧，平行窗铰链与窗框/窗扇间的楔形间隙会发生变化，因此调节垫块需要根据角度做适当的切削加工)。

调节垫块的厚度设计应该满足两个条件：一是原始尺寸能够满足最大尺寸间隙的需要；二是在最小间隙尺寸时，调节垫块的厚度能满足构造与受力的要求。

窗框与窗扇之间的间距，需要满足同时安装平推窗铰链和调节垫块。

窗框与窗扇间间隙大小，影响到窗框的宽度尺寸，从而影响视觉效果。这个宽度，建筑师希望尽量做得比较小。

正常(平面)平推窗铰链安装空间，也就是窗框与窗扇间间隙为21mm。通过计算机模拟不同半径、不同角度的凹/凸平推窗，确定在该间隙扩大至27mm时，可以保证本项目所有的不同半径、分格宽度的凹弧窗、凸弧窗铰链都有足够的空间安装，同时又足够的间隙安装调节垫块。

凸弧安装如图3所示。

凹弧安装如图4所示。

在窗角度变化的过程中，平行窗铰链与窗框/窗扇间的角度不断变化，对于凹弧和凸弧

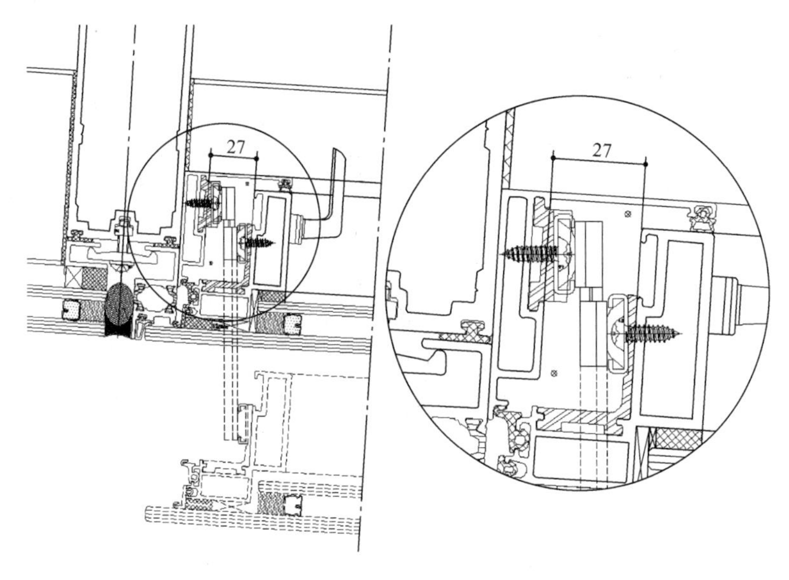

图 3

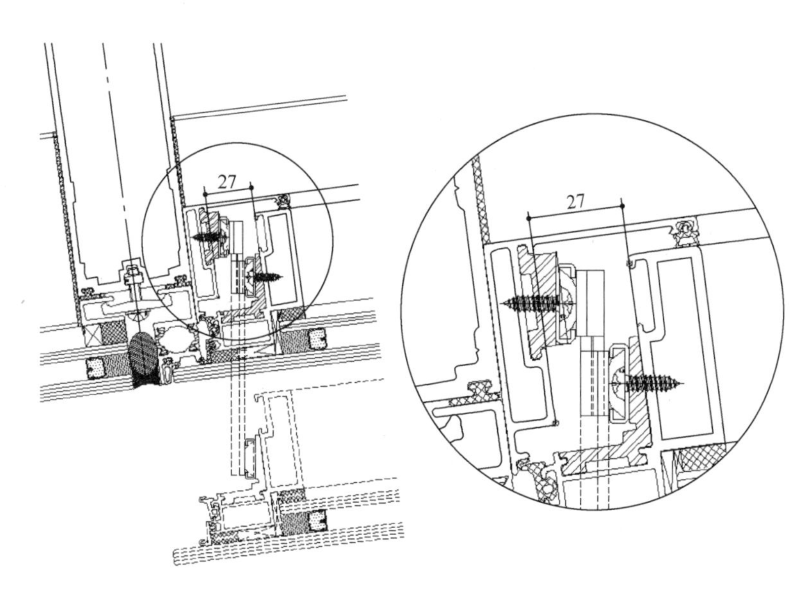

图 4

的过渡点，是正常（平面）平推窗，只不过此时铰链安装空间不是普通的 21mm，而是 27mm，平行窗铰链与窗框/窗扇间的间隙变成均匀的尺寸，如图 5 所示。

圆弧窗上下横是平行的，窗框和窗扇间的间隙也始终是不变的。但为了保证观感和型材的一致性，上下窗框窗扇间的间隙也一同扩大到 27mm，铰链安装空间为 21mm，因此上下两侧也需要加垫块，如图 6 所示。

平推窗设计涉及的方面较多，如窗框、窗扇型材截面、胶条断面、型材连接构造、平推铰链选型、加工组装等，不是本文讨论的重点，不在此赘述。

本圆弧平推窗方案，已经经过工程实践的检验，得到了很好的验证。

推而广之，通过调整窗扇、窗框间隙，保证铰链安装满足运动轨迹要求的设计思路不限

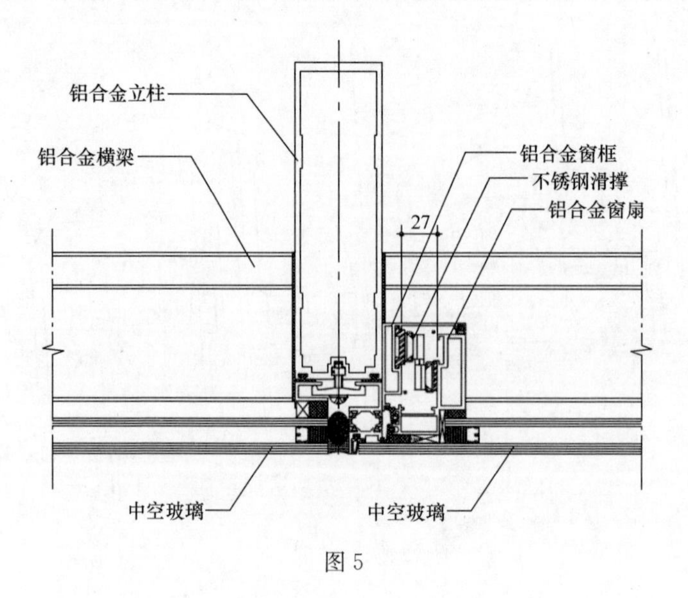

图5

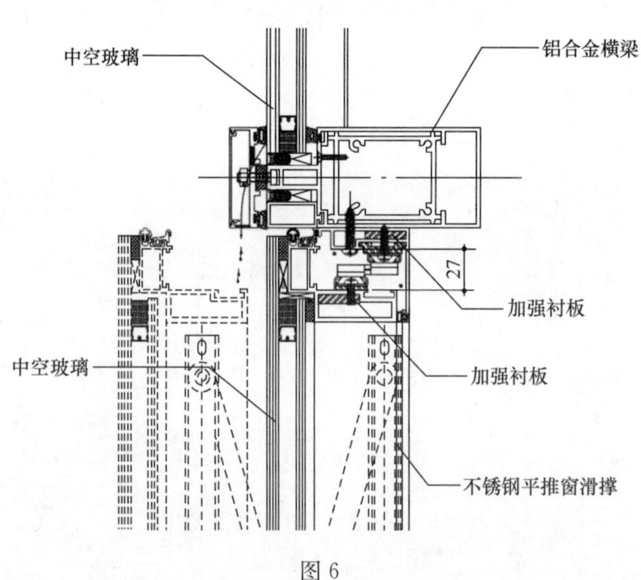

图6

于圆弧平推窗，它可以应用于任何曲面幕墙上的开启窗，无论是曲面幕墙用曲面玻璃来实现，还是用折线幕墙来近似拟合，也不论是外凸曲面，还是内凹曲面，同时也不限于平推窗。

参考文献

[1] JGJ 102—2003《玻璃幕墙工程技术规范》.
[2] GB/T 21086—2007《建筑幕墙》.
[3] GB 50429—2007《铝合金结构设计规范》.
[4] GB 5237.1—2008《铝合金建筑型材 第1部分：基材》.
[5] GB 5237.2—2008《铝合金建筑型材 第2部分：阳极氧化型材》.
[6] GB 5237.5—2008《铝合金建筑型材 第5部分：氟碳漆喷涂型材》.

[7] QB/T 3888—1999《铝合金窗不锈钢滑撑》.
[8] JG/T 127—2007《建筑门窗五金件 滑撑》.

作者简介

王军(Wang Jun)，男，1974 年 9 月生，工程师，硕士，研究方向：幕墙设计；工作单位：上海和甲幕墙设计咨询有限公司(Shanghai DHD Curtain Wall Design & Consulting Co.，Ltd.)；地址：上海市金沙江路 1999 号 1209 室；邮编：200333；联系电话：13918253135；E-mail：wangjun031011@aliyun.com。

参数化建模在幕墙设计施工中的应用

庞德强　毛伙南

中山盛兴股份有限公司　广东中山　528412

摘　要　本文结合工程实例，介绍在复杂造型幕墙设计中，利用 Rhinoceros 和 Grasshopper 组成的设计平台进行参数化建模的过程，极大地提高了幕墙设计和施工下单的效率。

关键词　参数化建模；参数化设计；幕墙设计；幕墙施工

0　引言

参数化建模技术在辅助建筑设计上的应用越来越广泛，其发展时间短暂，发展速度却令人叹为观止。目前，在建或已建成的形态各异的建筑中，或多或少都有参数化软件的设计辅助。在各种常用的参数化辅助设计软件当中，Rhinoceros 和 Grasshopper 组成的设计平台是目前使用最为广泛、最为流行的一套设计平台，这主要得益于 Rhinoceros 建模软件强大的造型能力和 Grasshopper 独特的可视化编程建模方式

1　项目概况

本项目为我司在新加坡承接的一个海外重点项目，其局部外形像一个船体（图 1～图 4），幕墙面积 10000m ^{2}。由于立面造型复杂，特别是局部为船体造型，加上土建施工方没有严格按图施工，土建结构施工误差较大，必须从幕墙设计安装上予以纠正。本案就是针对该土建局部误差，用参数化建模来解决幕墙设计施工中的问题，优化建筑的立面效果。

图 1　项目局部效果图

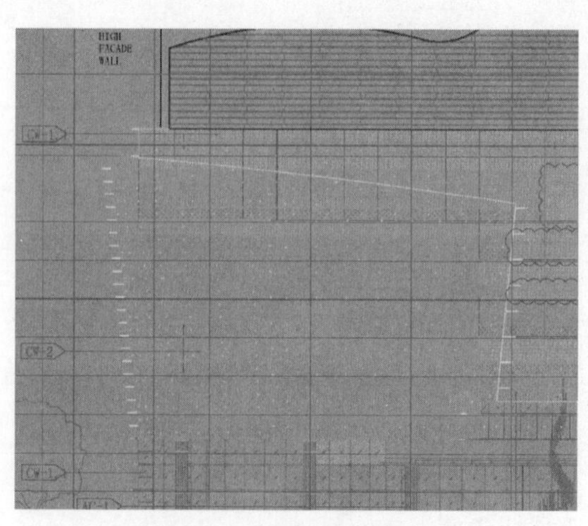

图 2　项目局部立面图

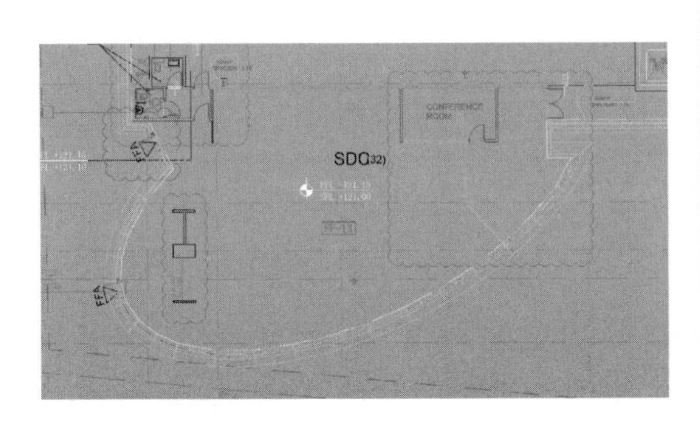

图 3　项目局部平面图

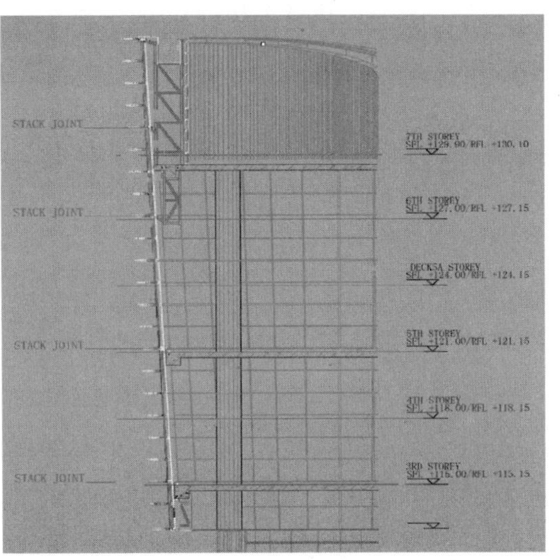

图 4　项目局部剖面图

2　三维空间建模

作为幕墙设计及施工单位，要把建筑师的意图和想法实现到项目中，必须完善幕墙施工图。但通过图纸，我们很难在二维的平面上看出该造型的几何模型，也无法准确定位及放线。因此，必须进行三维空间建模。我们用 Rhinoceros 的平台对设计院的图纸进行校对。

2.1　轮廓处理

将每层的平面图纸导入到 Rhinoceros 中（图 5），对每层的轮廓线进行描绘。通过对比分析，最终确定以 8 层的平面轮廓为标准进行轮廓处理（图 6）。

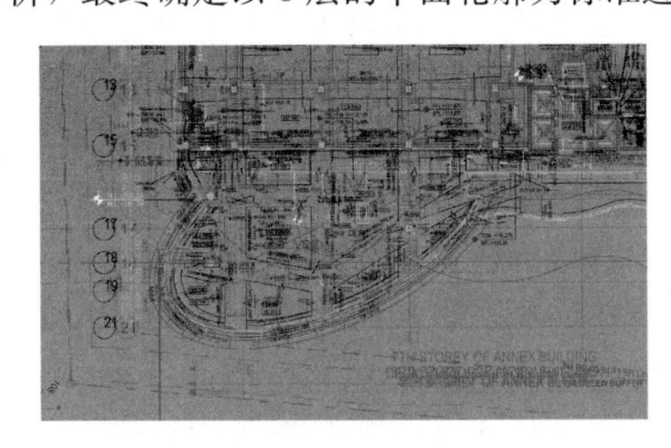

图 5　导入的各层平面图

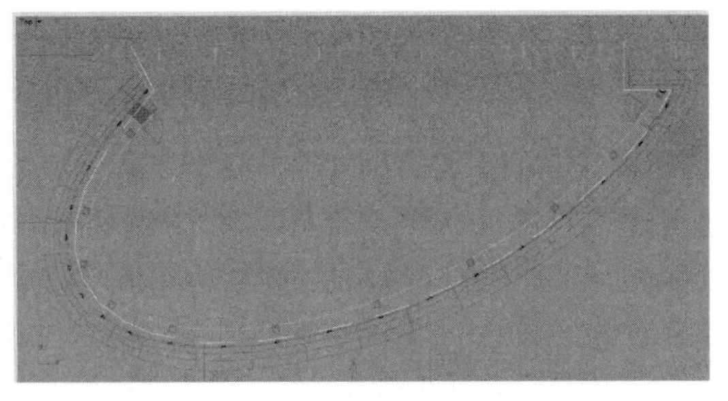

图 6　8 层平面图

2.2　造型分析

根据甲方要求，幕墙的剖面斜率要保持一致的 3.5°倾角；同时，还要满足建筑红线的规划要求（图 7）。另外，根据目前工地现场已经完成的 4 层结构面实测数据，施工的实际偏差还不小。而此刻，工地为了赶工期，正在忙着搭建第 5 层的脚手架。时间紧迫，必须在搭建 5 层结构模板之前，把幕墙的模型给定下来。

但是设计院提供的图纸不完整且有矛盾，而且项目赶工时间仓促，给幕墙的设计施工带来了困难。通过对图纸的研究，我们对该造型进行了分析，确定为倒椭圆台造型，对于这种非线性的造型，通常的二维 CAD 的表达方式是难以表达出来的。

为了便于加工组装及施工，板块规格必须尽可能少，我们决定将板块做成等腰梯形。但是，要达到等腰梯形的要求，且每个板块夹角大小一样，那这个弧段必须是圆弧。根据这个思路，最终把椭圆造型分解成 3 部分：大弧段部分由大圆弧去拟合，小圆弧段由小圆弧去拟合，它们的连接部分再用圆弧段去拟合，即整个椭圆造型由 3 个圆弧构成。图 8 为拟合的三段弧线段。

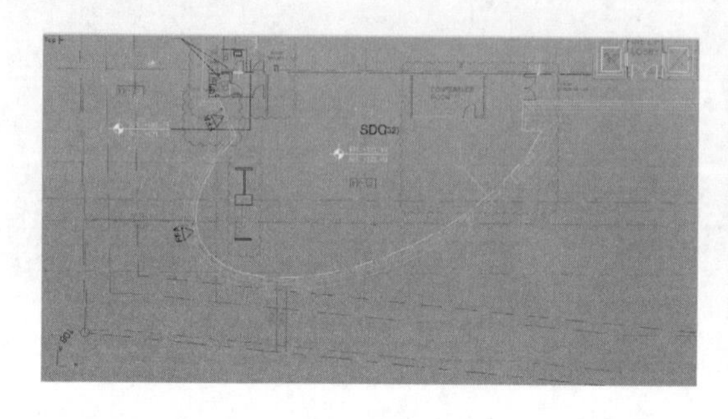

图 7　规划红线图

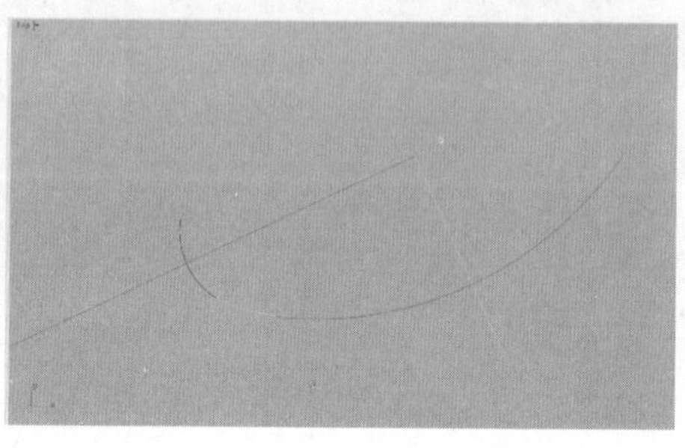

图 8　拟合的三段弧线段

2.3　建模

2.3.1　外表皮构建

（1）利用图 8 的 3 条线段进行模型构建，这些都是在参数化建模的环境下完成的(图 9)。

（2）3 条轮廓线进行偏移，定向移动，再放样生成表皮（图 10)。

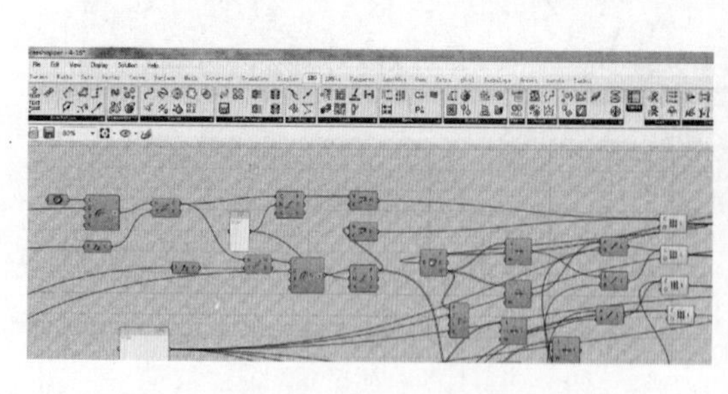

图 9　GH 构建表皮的逻辑关系图

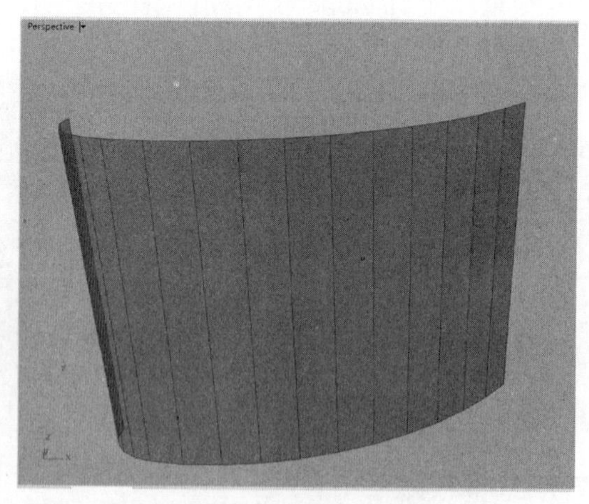

图 10　生成的表皮造型

（3）对生成的表皮进行检验，检查其与之前的结果有没有碰撞（图 11)。

（4）通过对偏移尺寸的控制，将表皮的最外边控制在建筑红线之内（图 12)。将外围的轮廓线往里偏移 450mm。

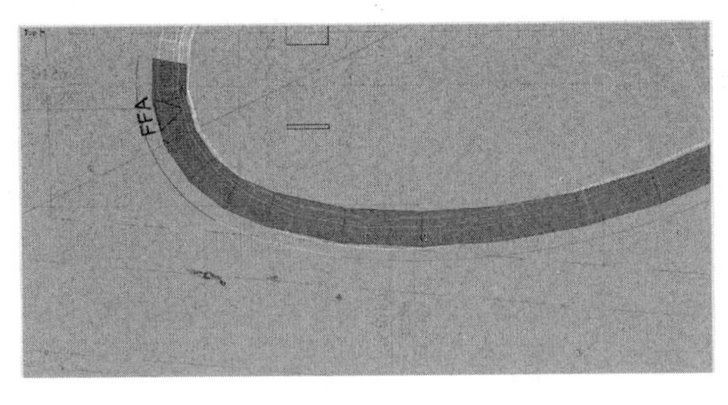

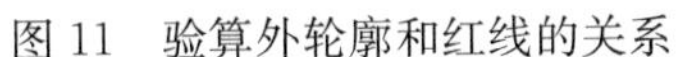
图 11　验算外轮廓和红线的关系

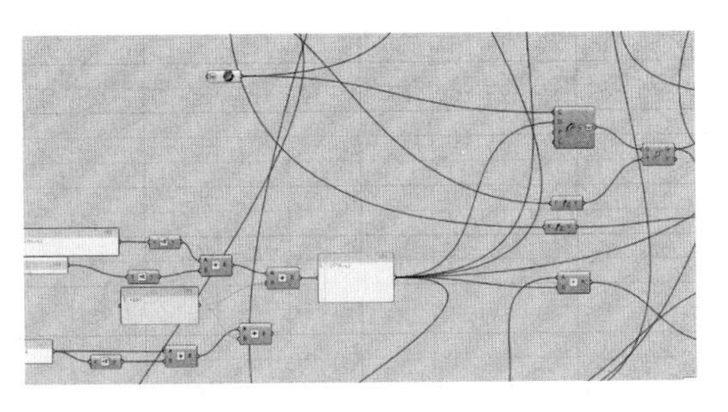
图 12　在 GH 中调整尺寸

2.3.2　碰撞检查

将外表皮建完之后，下一步工作是检测表皮和结构之间会不会碰撞。

（1）重新抽取每层的结构轮廓线（图 13），具体的位置对应每层的标高。由于设计院图纸的原因，原设计的结构有误差，使得幕墙超出了建筑红线，必须重新根据红线来定义结构。因此，重新抽取的结构线就是实际施工的结构线。

（2）抽取完结构线之后，对幕墙的表皮进行划分。根据节点的尺寸进行玻璃板块的定位，并根据定位线，提取到 GH 插件中（图 14、图 15）。

（3）通过表皮的分割，得到了净玻璃板块（图 16）。这些的工作也全是在参数化的平台中完成的。

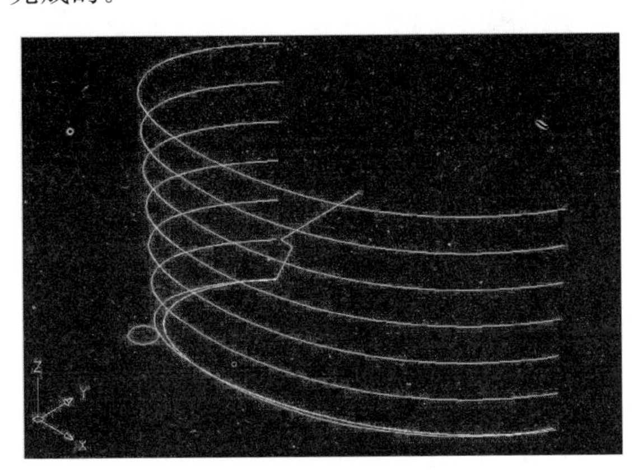
图 13　楼层的各层结构轮廓线

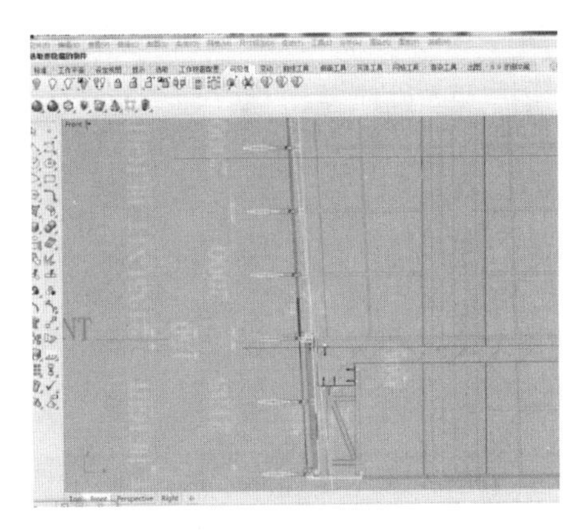
图 14　玻璃剖面图

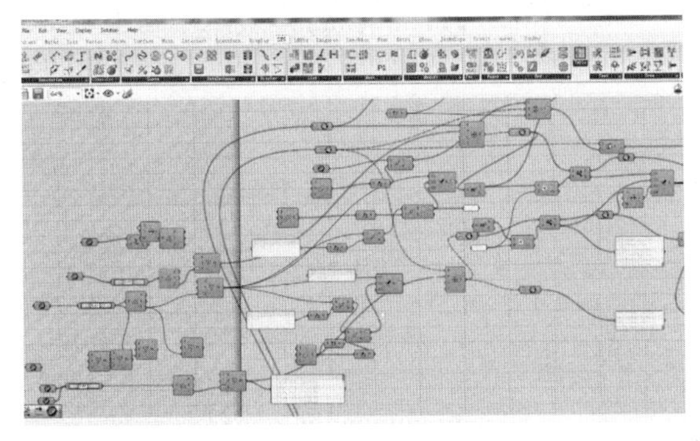
图 15　GH 中对玻璃进行分割

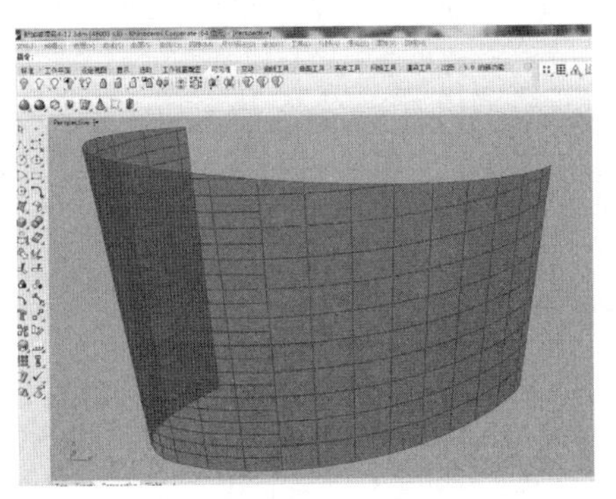
图 16　玻璃板块分格透视图

2.4 施工下单

(1) 为了方便材料下单，需要对板块进行编号，对三维空间的板块进行摊平（图17、图18）。

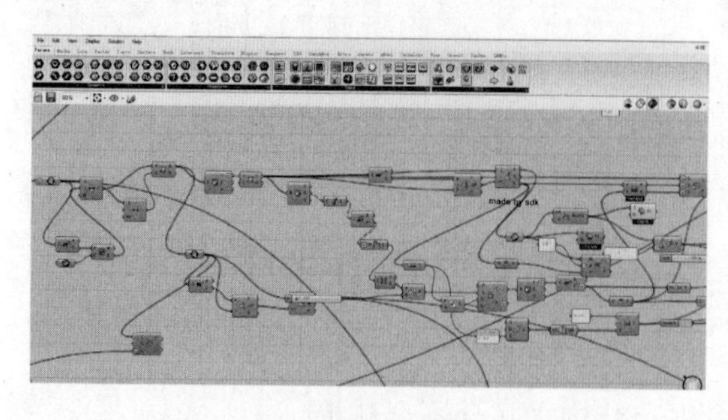

图17 GH中对板块进行摊平的逻辑关系

(2) 由于大部分的板块是相同的，为了减少工作量，需要把相同的板块进行分类。在分类之前，首先给板块进行编号（图19～图21）。

(3) 最终，我们得到了不同的板块。提取每个板块的编号、尺寸、对角线和角度等信息（图22、图23），生成数据表格（图24、图25）。

(4) 把逻辑关系通过Grasshopper表达清楚之后，其后续工作基本都是系统自动生成，可以批量下单，大大节省了设计者的时间。

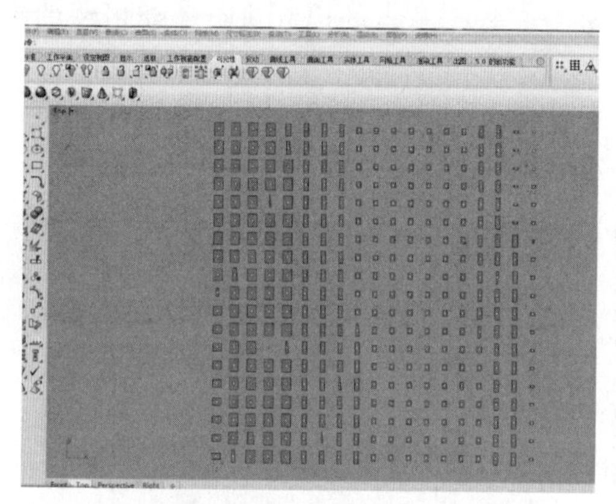

图18 摊平的玻璃板块

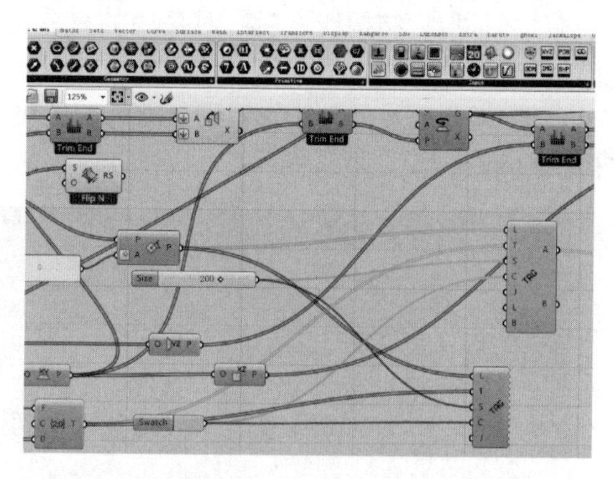

图19 GH中对板块进行编号的逻辑关系

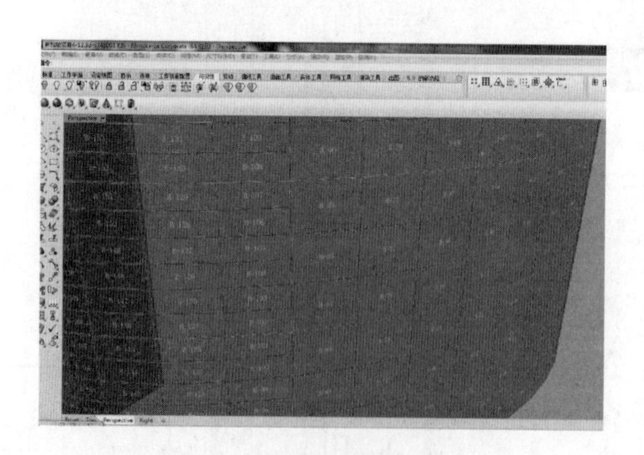

图20 带编号的玻璃板块

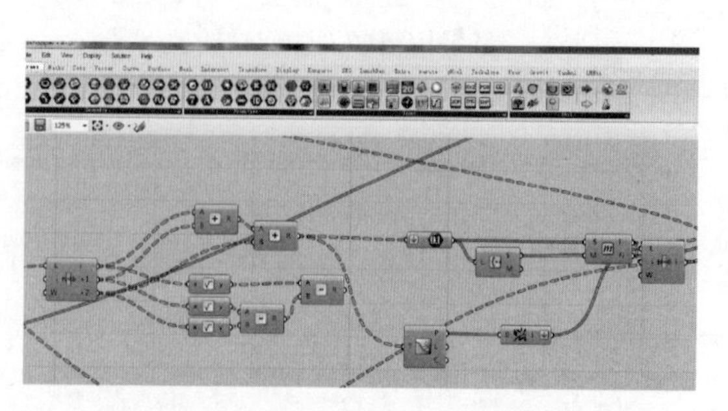

图21 GH中对板块进行归类的逻辑图

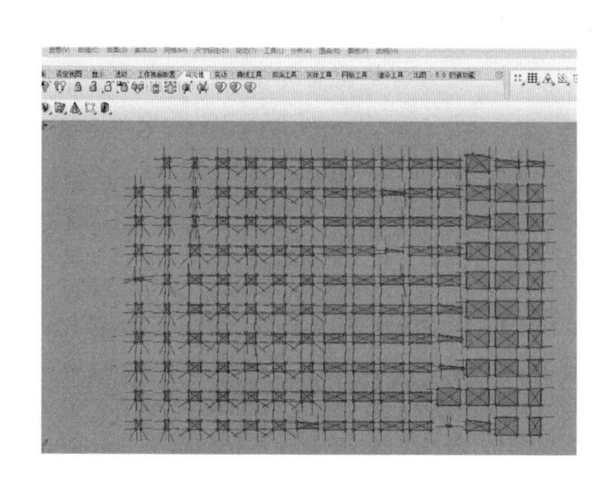

图 22　带有编号、尺寸、对角线、角度的板块

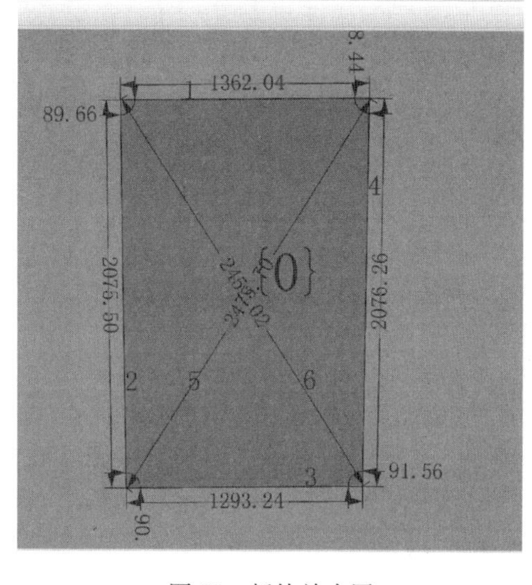

图 23　板块放大图

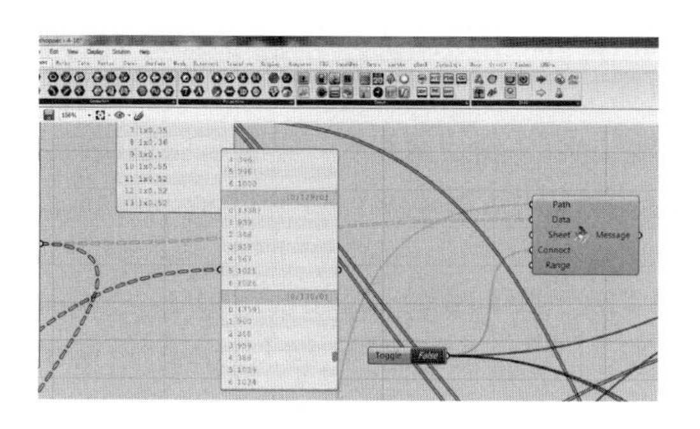

图 24　GH 中输出表格的逻辑图

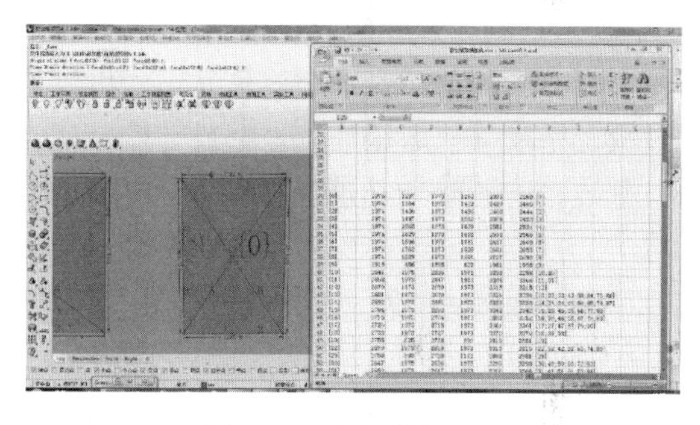

图 25　生成的数据表格

3　结语

回顾整个建模过程，需要手工完成的工作是导入平、立、剖面和节点大样图。在确定轮廓线之后，其他的步骤均可以交由 Grasshopper 插件来完成，通过编写逻辑关系，实现参数化的建模，极大地提高了幕墙设计和施工下单的效率，特别适用于空间造型比较复杂的幕墙。

作者简介

庞德强（Pang Deqiang），男，1977 年 10 月生，本科，工程师，BIM 研究所所长。毛伙南（Mao Huonan），男，1975 年 9 月生，本科，教授级高工，总工程师。

浦东机场卫星厅幕墙工程关键技术介绍

徐　欣

深圳市三鑫科技发展有限公司上海分公司　上海　002163

摘　要　本文对浦东机场卫星厅大悬挑大分格玻璃幕墙设计进行了详细介绍，对关键技术进行了分析，并提出了切合实际的设计方案、施工措施和解决办法。

关键词　大悬挑大分格幕墙悬臂支撑板；钢铸件气动窗

1　工程概况

浦东机场卫星厅是浦东机场三期扩建的主体工程，位于T1、T2航站楼南侧，距离航站楼1.5～1.7km，总建筑面积62.2万平方米，其规模比T2航站楼48.55万平方米还大近14万平方米，工程总投资约206亿元，为世界最大单体卫星厅。作为航站楼服务功能的延伸，通过捷运系统与航站楼连接，形成“航站楼＋卫星厅”一体化运营模式，承担了旅客出发候机、到达、中转服务功能。卫星厅与T1、T2航站楼共同运行，年旅客吞吐量为8000万人次。

浦东机场卫星厅为6层布局，地上5层，地下1层。自下而上为捷运站台层（－7.5m）、中转层（0m）、国际到达层（4.2m）、国内出发到达混流层（8.9m）、国际出发层（12.8m）。卫星厅上端还设有贵宾室，可将机场全景尽收眼底。卫星厅整体呈三个台阶，逐层收缩，一、二台阶屋面为混凝土屋面，三台阶屋面为钢结构金属屋面，卫星厅幕墙总面积约90000m^2。

浦东机场卫星厅主要幕墙系统如下：

系统一——底层全明框玻璃幕墙系统，位于0～4m标高；

系统二——带大小遮阳板的全明框玻璃幕墙系统，位于4m标高至一层屋面以下；

系统三——铝包钢全明框玻璃幕墙系统，位于一层屋面以上二层屋面以下；

系统四——屋面全明框玻璃幕墙系统，位于二层屋面以上三层屋面以下；

系统五——蜂窝铝板幕墙系统，位于一层、二层、三层屋面檐口及吊顶；

系统六——玻璃天窗幕墙系统，位于一层屋面以上；

系统七——屋面玻璃隔断及栏杆幕墙系统，位于一层屋面以上；

系统八——室外楼梯幕墙系统，位于卫星厅外围0m标高；

系统九——防火玻璃幕墙系统位于系统二、三、四中；

系统十——远机位雨棚及门厅幕墙系统，位于 0～4m 标高。

本项目基本设计参数如下：

基本风压：0.55kN/m^2；

雪荷载取值：0.20kN/m^2；

地震设防烈度：7 度；

地震动峰值加速度：0.10g；

地面粗糙度：A 类。

本项目还进行了风洞试验，提供了风洞实验报告。

2 幕墙工程关键技术介绍

2.1 大分格大悬挑明框幕墙转接系统

浦东机场主立面 4m 标高以上为大分格大悬挑竖向装饰条的明框玻璃幕墙，玻璃分格为 3600mm×1200mm，竖向装饰条宽度 450mm，悬挑出玻璃面 650mm。作为大型机场航站楼，立面要求通透流畅，构件要求轻盈简洁。浦东机场幕墙主立面最大高度 15.5m，标准结构楼层高度 8.9m，结构柱柱距 18m。如何在大空间大跨度中实现幕墙构件的简洁轻盈是本项目的重点。本项目通过二层结构体系实现构件的简洁轻盈：一是内层钢结构支撑体系，二是外层幕墙铝结构体系。

钢结构支撑系统：本项目水平基本模数 3.6m，结构柱柱距 18m，在结构柱两侧 3.6m 处设置钢结构抗风柱，抗风柱间设置横向钢梁，钢梁跨度 7.2m 和 10.8m，钢梁中部 3.6m 模数处设置钢拉杆，减小钢横梁因幕墙自重造成的挠度。见下图：

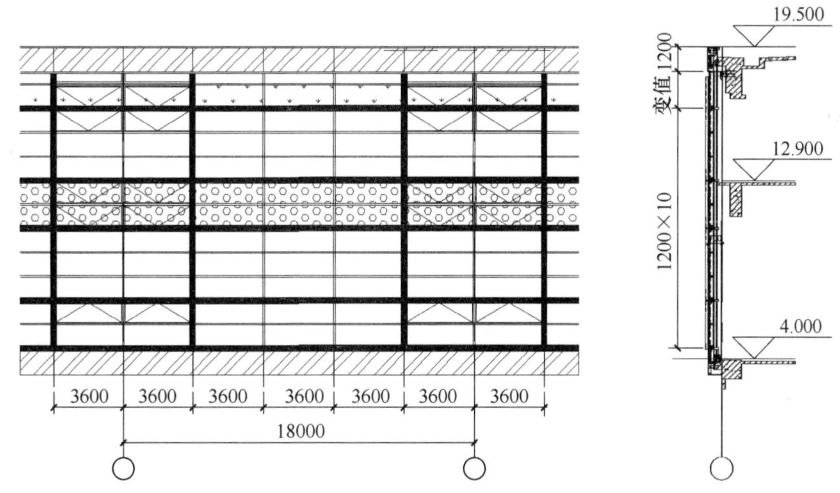

幕墙铝结构系统：本项目通过内层钢结构体系提供了幕墙 2.4m 或 3.6m 的正常跨度的支撑结构，有效控制了幕墙铝立柱的截面尺寸。立面高度方向基本模数为 1.2m，由此形成了 3.6m×1.2m 基本模数的网格立面。本项目幕墙的特点在于一是竖向有悬挑 650mm 的大装饰条，二是水平分格达 3.6m，三是装饰条支撑板与幕墙转接一体化，且都位于幕墙十字分缝处，整个系统最大的难度在于要在十字分缝的一个点上实现装饰条及幕墙荷载的传递，立柱的进出调节，横竖构件的连接，并且所有构造隐蔽，构件尽可能精致小巧。

下图是本项目标准横竖剖节点：

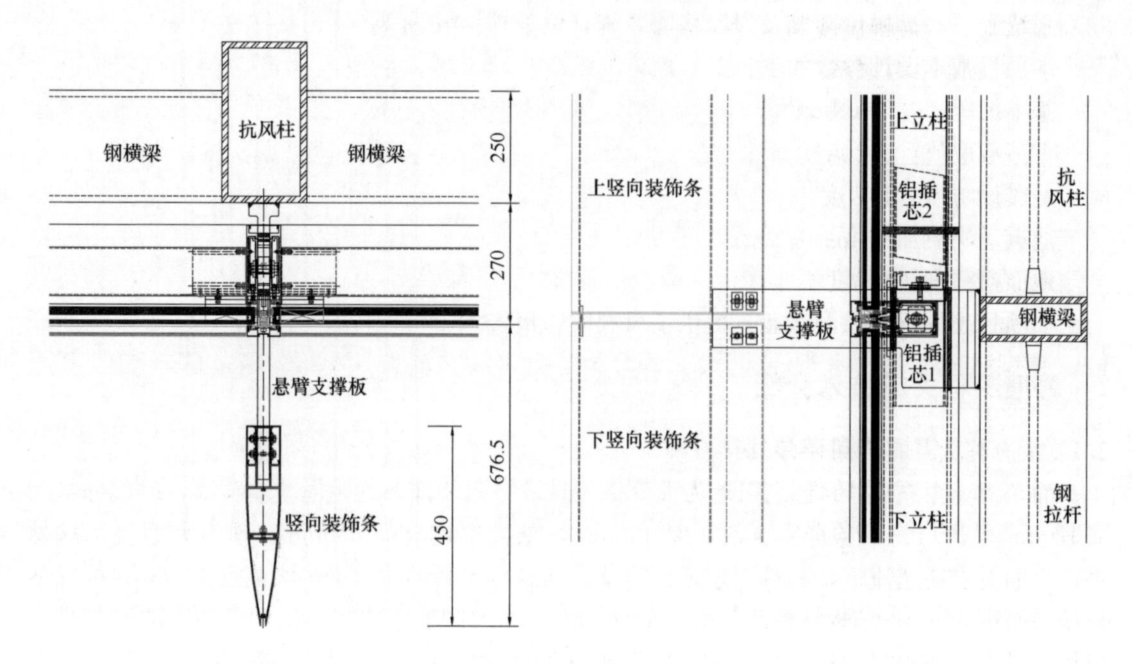

为此特别设计了一套钢铸件全明框框架幕墙系统。本项目转接系统较为复杂特别，即是为了适应该幕墙以上特点。转接系统由悬臂支撑板、十字钢铸件和铝插芯组成。

悬臂支撑板：悬臂支撑板材质为 Q345B，前端连接竖向装饰条，承受装饰条的各种荷载，尤其是侧向风荷载。由侧向风荷载产生的悬臂支撑板根部荷载较大，因此悬臂支撑板设计为变截面形式，减小根部应力。悬臂支撑板尾端设计为 T 形，增大尾端与主体抗风柱的焊缝长度，避免与抗风柱等强焊接。

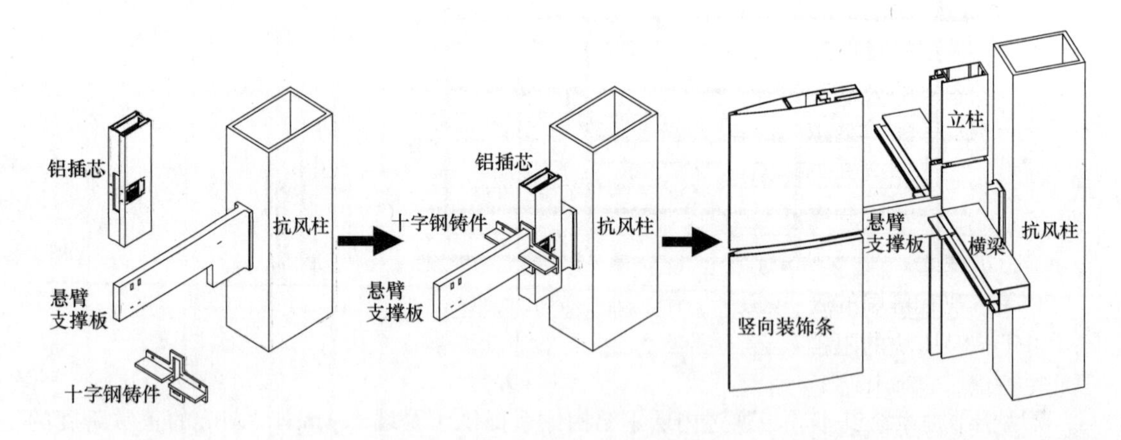

十字钢铸件：十字钢铸件套接在悬臂支撑板上，幕墙立柱通过十字钢铸件中间的 4 个螺栓吊挂在十字钢铸件上，十字钢铸件的另一个重要作用是承受玻璃的全部自重荷载，这样横梁不承受玻璃自重，减小了横梁截面，使得构件精致小巧。十字钢铸件套接在悬臂支撑板上，没有与之焊接，一是铸件与悬臂支撑板是两种材质，铸件本身焊接性能也不好，二是本幕墙杆件设计尽量精致小巧，各种构造设计极为紧凑，十字钢铸件与悬臂支撑板的接触面上无法形成足够的焊缝高度和长度。三是为了现场的安全施工，便于质量控制，系统设计时尽

量减少焊接，仅在悬臂支撑板尾端采用了焊接作业。

十字钢铸件为本系统关键组件，形状复杂，精度要求较高，因此采用蜡模精密铸造工艺制作。为保证钢铸件的性能和质量，钢铸件材质选用 ZG270-500，化学成分和力学性能符合《一般工程用铸造碳钢件》GB/T 11352—2009 中规定要求。钢铸件表面本色喷砂除锈，粗糙度不大于 Ra12.5 级，清洁度不小于 Sa2 级，底漆环氧富锌底漆处理，干膜厚度不小于 80μm；中间漆处理：环氧云铁中间漆，干膜厚度不小于 100μm；面漆：常温氟碳漆，干膜厚度不小于 40μm。钢铸件需进行无损探伤，超声波探伤的质量等级符合：《钢锻件超声检测方法》GB/T 6402—2008 中 2 级的规定，磁粉碳伤质量等级符合《重型机械通用技术条件　第 15 部分：锻钢件无损探伤》JB/T 5000.15—2007 中Ⅱ级的规定。

铝插芯：铝插芯同样套接在悬臂支撑板上，铝插芯通过 4 颗螺栓与十字钢铸件相连，立柱荷载通过十字钢铸件传递给铝插芯，再由铝插芯通过一个螺栓传递到悬臂支撑板上，其作用就是传递立柱荷载，实现立柱的前后调节。连接立柱的 4 颗螺栓并非是在立柱上攻丝连接，铝型材攻丝的螺纹质量难以保证，为了结构的安全可靠，本系统在铝插芯中设计了螺母槽口，螺栓通过螺母进行连接。本系统不在铝型材上攻丝，所有传力路径上均无铝制螺纹。

此转接系统特为本工程特点专门设计，较为完美地实现了建筑师要求的美学要求。同时需要指出的是本转接系统舍弃了传统幕墙转接系统的三维调节功能，仅保留了进出方向一个维度的调节。配合本项目 BIM 三维建模、3D 扫描、跟踪测量、大数据核模等先进施工工艺的使用，使得转接系统的安装更为迅捷、准确。目前本项目已完成 70%的转接系统安装，验证了此系统的合理性和安全性。

目前本幕墙转接系统已申请专利。

2.2　防水构造设计及连续打胶装置

作为超大型机场航站楼，幕墙的水密性能是其基本的性能，也是需要确保的性能。幕墙漏水会造成恶劣的公众影响和巨大的经济损失。本系统为传统的全明框框架幕墙，为实现更加可靠的防水性能，采用了内打胶的水密系统方式，也就是在玻璃面材和与横梁、立柱等构件间打胶，形成完整的水密线，外面再安装明框线条。此种方式打胶部位在明框内侧，方便构造合理的胶缝宽度和深度，避免胶层外露，减少了外界环境对胶缝的影响，因此可以达到更好的防水性能。

然而，现有幕墙的施工方法为打胶前在幕墙上面板的四周固定临时压块，然后打密封胶，由于临时压块的阻挡，在临时压块遮盖面板的部分位置无法打上密封胶，只能在第一次密封胶固化后，移开临时压块，然后再补上此处的密封胶，形成完整密封线。此种施工方法缺点有：一是须要两次打胶，大大降低了施工效率；二是第二次补胶容易缺失，或因打胶缺陷造成漏水，严重影响进度和防水性能。

有鉴于此，本项目设计了一套连续打胶装置。该装置呈开口框状构造，有两个高脚固定臂，通过一个穿过连接臂的 T 型螺杆固定在横梁或立柱上，连接臂高于玻璃一定高度，可以允许打胶胶嘴通过该装置，这样就可以在不移除打胶装置的情况下给打胶装置下方的胶缝打胶。实现了明框幕墙的一次性连续打胶，施工效率高，避免了二次打胶，提高了水密性能。

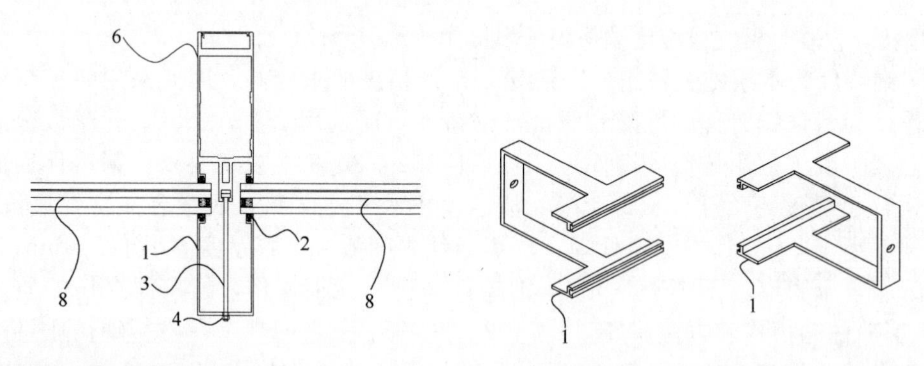

目前本装置已申请专利。

2.3 超大超重气动开启窗设计

根据机场消防安全的要求，本工程立面上设有 1400 多樘消防排烟窗，排烟窗分格 3600 ×1200，玻璃配置与立面玻璃相同，为 8Low-E＋12A＋8＋1.52PVB＋8mm 超白夹胶钢化中空玻璃，单扇质量约 265kg，最大开启角度 70°，开启机构为气动开启。

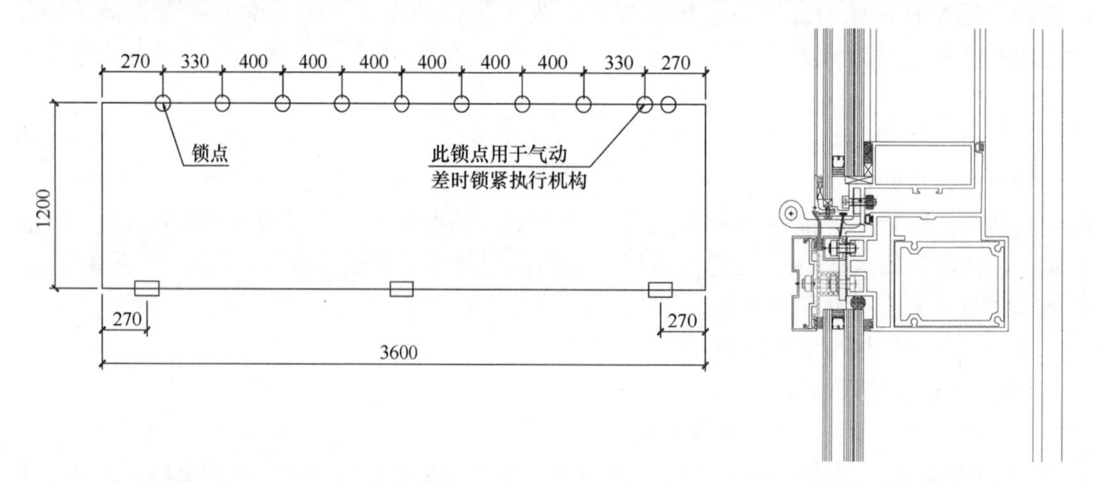

在尺寸超大、超重的情况下要求开启角度达到 70°，窗扇在大角度长行程情况下，会因窗扇前端的重力影响，发生下垂，从而导致窗扇无法关紧，关严。本工程窗扇、窗框、窗扇组角均进行了加强设计，采用四道胶条密封，经计算多点锁采用 8 点锁，确保窗扇关闭紧密，气密水密达到要求。本工程窗扇采用铝合金合页设计，并设计了高度调节机构，保证窗户配合良好。

本项目采用气动窗设计，气动开启控制系统由气动开窗机、压缩机、储气罐、控制柜和连接铜管组成。本项目幕墙立柱特别为连接铜管设计了安装槽，连接铜管隐藏在立柱中，不影响外观。气动系统的控制是由消防信号（24V 直流常闭火警信号，由 2 根 1.5mm^2 的防火电线连接排烟窗控制柜中的控制阀与消控中心）发出指令到排烟窗区域控制箱，控制箱发出指令输送气源打开排烟窗。气动排烟窗具备在系统失电等紧急情况下都能正常工作的防失效保护功能，储气罐有足够的气压保证系统开启关闭 3 次。

气动控制自动排烟窗简单的空压供应系统成本低，少维修，在火灾紧急情况下运行可靠安全，具备 10 年以上免维护的品质。空压供应系统能克服由于设备使用年限的增加而使开启阻力变大。即使阻力变大，气动控制模块的反推力也随之增加。气动控制系统用于消防排烟更稳定和安全。

3 结语

浦东机场卫星厅立面简洁大气，简单中追求极致，极致大小的分格尺寸，极致大小的竖向装饰条，极致纤细的截面设计，极致紧凑的构造设计，由此也带来了设计上的挑战性。设计过程中不断提出新方案，通过对多种方案的反复比较分析，不断进化，最终形成以上方案，较为完美地实现了建筑的美学要求，达到了安全可靠的性能要求。

参考文献

[1] 郭军．三种提高铝材螺纹联接强度方法的比较及应用[J]. 电子机械工程．2002，18（5）：32-34.
[2] 杨诚超．机场航站楼钢结构框架式玻璃幕墙系统安装的难点分析[J]. 门窗．2013（6）.

超低能耗绿色建筑铝合金门窗解决方案

李 进 刘 军

泰诺风保泰(苏州)隔热材料有限公司 北京 100037

摘 要 分析了影响铝合金型材热工性能的因素，介绍了暖边间隔条的性能及其作用，阐明了超低能耗绿色建筑应用技术导则中对外窗的节能要求及其对应解决方案。

关键词 超低能耗绿色建筑；被动房；铝合金型材热工性能；传热系数；热工计算

1 前言

被动式房屋(Passive House)是欧洲倡导的一种新型节能建筑，在欧洲尤其是德国发展的较为迅速，这正是得益于德国政府重视节能。德国的门窗节能规范要求高，目前北京执行的75%节能标准规定为整窗 U_w 值小于2.0 W/(m^2·K)，落后德国整整20年。在中国大力推行建筑节能工作的时候，“被动房”成为一个很总要的平台。被动房的研发和推广对我国建筑节能政策的推进和门窗节能技术的提升有着非常重要的意义。

2 铝合金型材热工性能研究

2.1 隔热条宽度对型材热工性能影响

笔者采取不同隔热条截面宽度的隔热铝合金型材，隔热条截面高度取为14.8mm、18.6mm、24mm、30.0mm、34mm、35.3.0mm、41.0mm、44mm、50mm、54mm、和64mm，热工性能计算结果见表1、表2：

表1 常见隔热条宽度对型材热工性能影响

隔热条宽度	14.8	18.6	24	30	34	35.3	41	54	64
型材 U_f	3.28	3.04	2.64	2.32	2.03	1.95	1.62	1.04	0.79

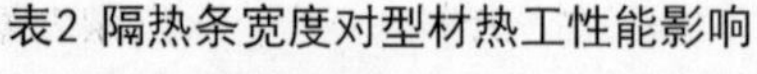

表2 隔热条宽度对型材热工性能影响

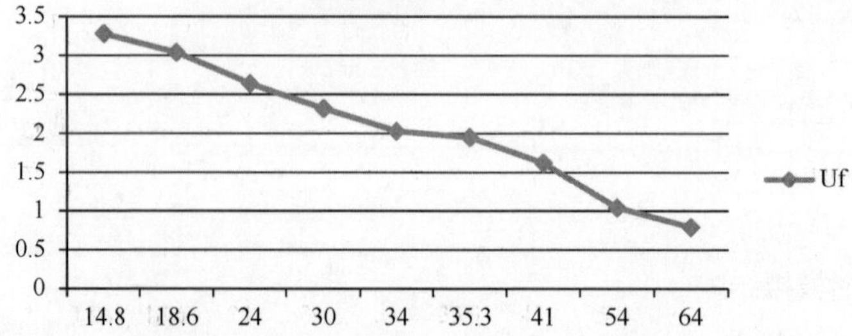

从表2中可以看出，隔热条截面高度从14.8mm增加至24.0mm时，型材节点的传热系数从3.28W/(m^2·K)降低至2.64W/(m^2·K)，降低幅度为0.64W/(m^2·K)；若按框窗

比 30%计算，整窗的传热系数可降低约 0.2W/(m^2·K)。因此，增加隔热条截面宽度可改有效善铝合金窗节能效果。

同时结合表 3 的折线图中可以看出：做近似计算，隔热条截面宽度每增加 5mm，隔热条对型材传热系数降低的贡献大约为 0.3W/(m^2·K)，对整窗传热系数降低的贡献大约为 0.1W/(m^2·K)。

2.2 框扇多道密封对框扇节点热工性能影响研究

笔者对比了双道密封和三道密封的热工结果，对比结果如图 1 所示。

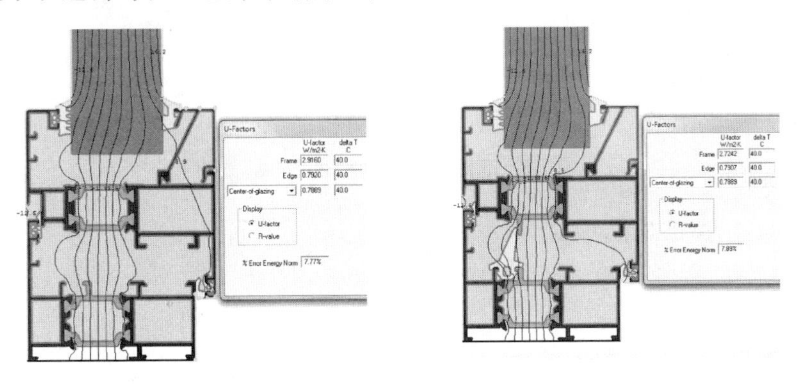

图 1 框扇多道密封对框扇节点热工性能影响研究

采用三道密封时，即框扇空腔内部多了鸭嘴胶条，而扇下侧隔热条设计为 T 形从上图可以看出，使用双道密封时模拟计算结果为 2.923W/(m^2·K)；使用三道密封时模拟结果为 2.729W/(m^2·K)，降低幅度 0.194W/(m^2·K)。经热工计算，整窗传热系数降低约 0.058W/(m^2·K)。

2.3 框玻胶条形式对型材热工性能影响

笔者对比了普通胶条和长尾胶条的热工结果，对比结果如图 2 所示。

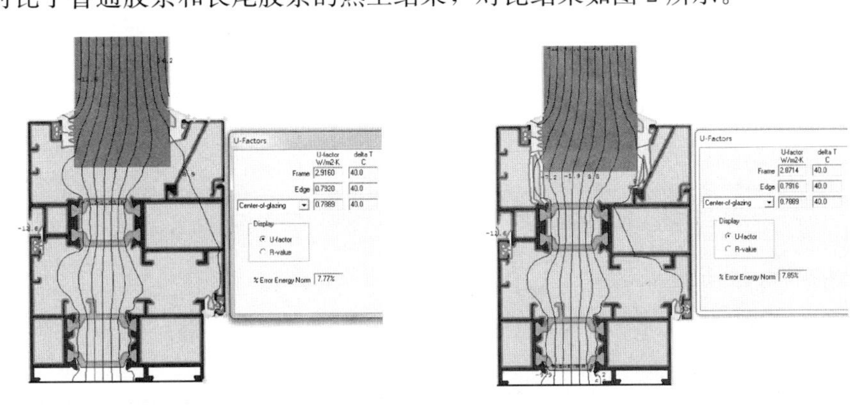

图 2 框玻胶条形式对型材热工性能影响

使用普通胶条时模拟结果为 2.923W/(m^2·K)；使用长尾胶条时模拟结果为 2.877W/(m^2·K)，降低幅度 0.046W/(m^2·K)。经热工计算，整窗传热系数降低约 0.014W/m^2·K。

2.4 泡沫填充对型材热工性能影响

笔者对比了未填充泡沫和填充泡沫的热工结果，对比结果如图 3 所示。

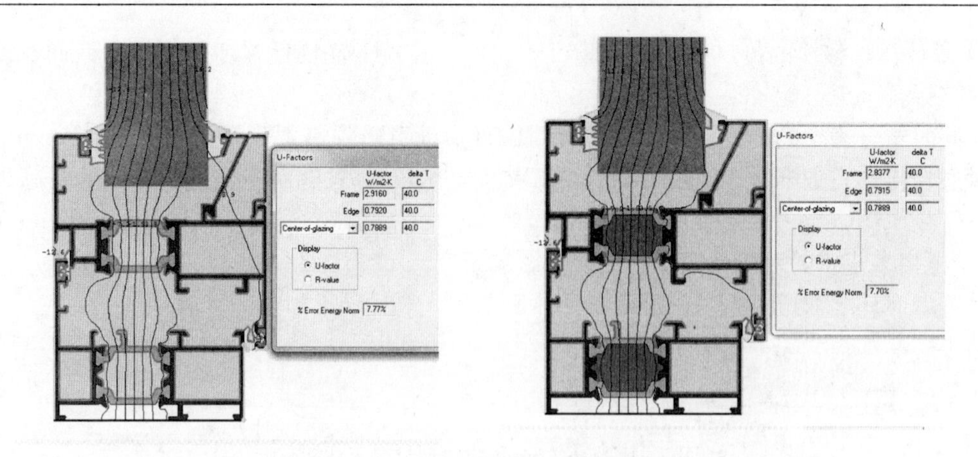

图 3　泡沫填充对型材热工性能影响

未使用泡沫填充时模拟结果为 2.923W/(m² · K)，使用泡沫填充时模拟结果为 2.843W/(m² · K)，降低幅度 0.08W/(m² · K)。经热工计算，整窗传热系数降低约 0.024W/(m² · K)。

2.5　玻璃垫块对型材热工性能影响

笔者对比了未填充泡沫和填充泡沫的热工结果，对比结果如图 4 所示。

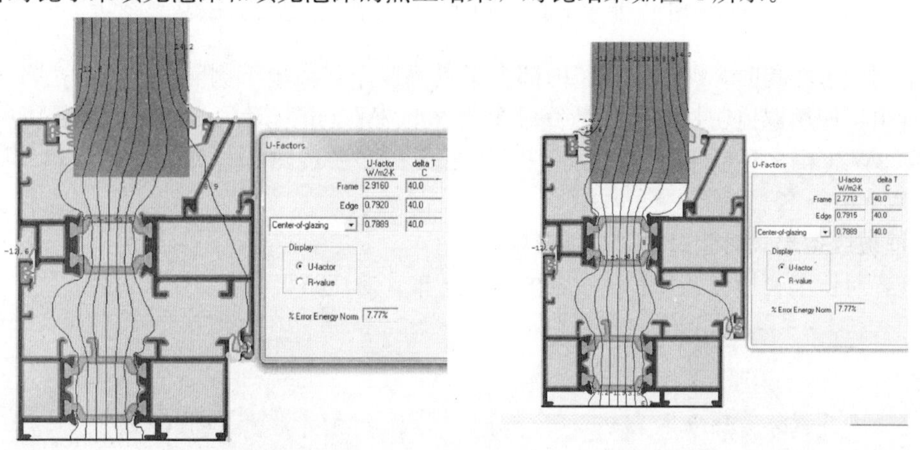

图 4　玻璃垫块对型材热工性能影响

未使用玻璃垫块时模拟结果为 2.923W/(m² · K)，使用玻璃垫块时模拟结果为 2.777W/(m² · K)，降低幅度 0.146W/(m² · K)。经热工计算，整窗传热系数降低约 0.044W/(m² · K)。

2.6　隔热条 Low-E 膜对型材热工性能影响

笔者对比了未使用 Low-E 隔热条和使用 Low-E 隔热条的热工结果，对比结果如图 5 所示。

未使用隔热条 Low-E 膜时模拟结果为 2.923W/(m² · K)，使用隔热条 Low-E 膜时模拟结果为 2.795W/(m² · K)，降低幅度 0.128W/(m² · K)。经热工计算，整窗传热系数降低约 0.038W/(m² · K)。

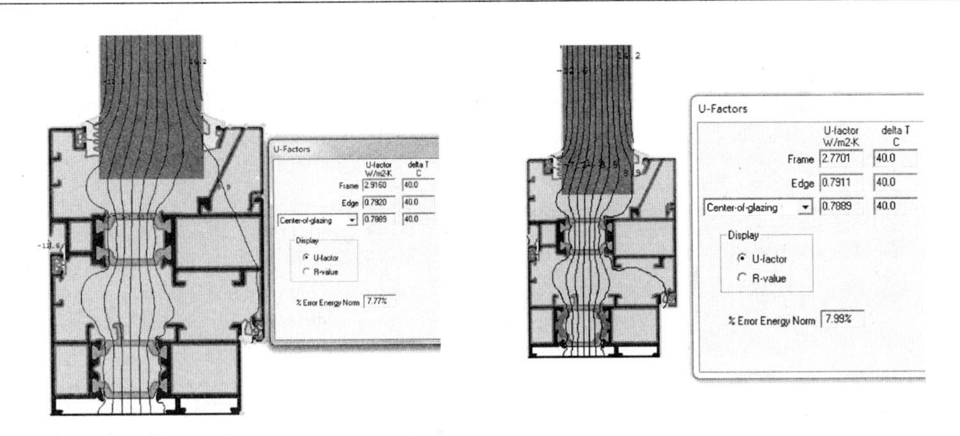

图 5　隔热条 Low-E 膜对型材热工性能影响

2.7　综合方案对型材热工性能影响

最后，笔者对比了初始方案和使用上述所有优化方案的热工结果，对比结果如图 6 所示。

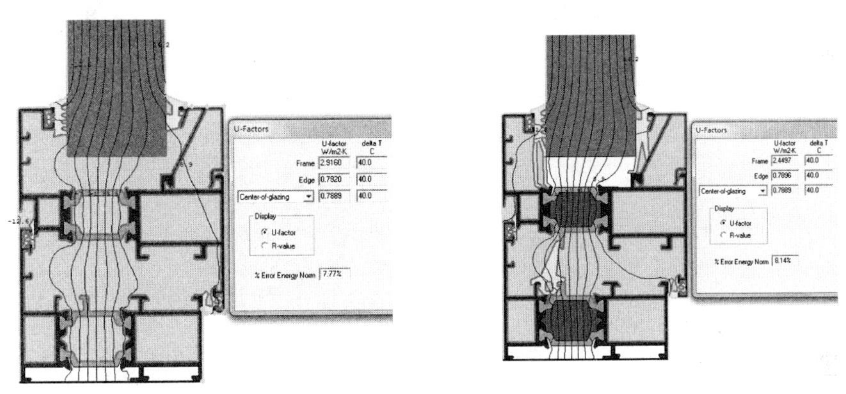

图 6　综合方案对型材热工性能影响

综合上述，使用 24mm 隔热条的隔热复合型材 Uf 值模拟结果为 2.923W/(m^2·K)，使用上述 5 中优化方案后时模拟结果为 2.451W/(m^2·K)，降低幅度 0.472W/(m^2·K)。经热工计算，整窗传热系数降低约 0.142W/(m^2·K)。

3　暖边热工性能影响

与铝间隔条相比，能有效改善中空玻璃边部导热性的间隔条就是暖边间隔条。暖边间隔条大多使用导热系数较低的材料替代传统铝条，有效降低玻璃边部的热量流失和提升玻璃边部内表面温度，提高居住舒适度。

依照 JGJ/T 151—2008，整樘窗的传热系数计算公式为：

$$U_t = \frac{\Sigma A_f \cdot U_f + \Sigma A_g \cdot U_g + \Sigma l_\psi \cdot \psi}{A_f + A_g}$$

式中　U_t——整樘窗的传系数，W/(m^2·K)；

A_g——窗玻璃(或者其他镶嵌板)面积，m^2；

A_f——窗框面积，m^2；

A_t——窗面积，m^2；

l_ψ——玻璃区域(或者其他镶嵌板区域)的边缘长度，m；

U_g——窗玻璃(或者其他镶嵌板)的传热系数，$W/(m^2 \cdot K)$；

U_f——窗框的传热系数，$W/(m^2 \cdot K)$；

ψ——窗框和窗玻璃(或者其他镶嵌板)之间的线传热系数，$W/(m^2 \cdot K)$。

根据上述公式我们可以发现：使用传统铝边和使用暖边间隔条对于整窗热工性能的差异为 $\Delta U_w = \frac{l_\psi \cdot \nabla\psi}{A_f + A_g}$。影响的主要因素是铝边间隔条和暖边间隔条的线传热系数之差 $\triangledown\psi$ 和 $\frac{l_\psi}{A_f + A_g}$ 比值的乘积。其中“$\triangledown\psi$”是需要热工模拟计算得出，“$\frac{l_\psi}{A_f + A_g}$”则和窗型、分割有关。笔者整理了 5 种常见窗型，对比结果见表 3。

表 3　暖边改善整窗 U 值

窗型					
尺寸 (mm)	A 1230×1480	B 1500×1500	C 1500×1500	D 1500×1500	E 1500×1500
间隔条长度 (m)	4.7	7.9	9.5	9.7	10.5
暖边改善 U 值 [$W/(m^2 \cdot K)$]	0.105	0.141	0.168	0.172	0.187

根据表 4 可以得出，常见窗型使用暖边间隔条后，整窗传热系数可以改善(降低)0.14～0.18$W/(m^2 \cdot K)$，同时可以有效地提升外窗内表面(包括玻璃边缘)温度。笔者分别使用铝间隔条和暖边间隔条模拟同一个节点，比较温度曲线差异，结果如图 7 所示。

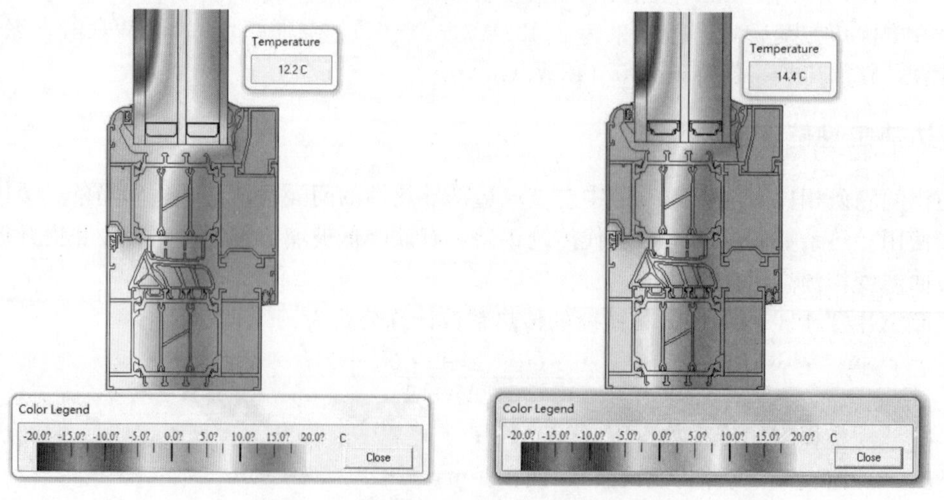

图 7　铝条和暖边条外窗内表面温度对比

根据《被动式超低能耗技术导则》第30条可知：被动式超低能耗外窗为防止结露，外窗内表面温度(包括玻璃边缘)不应低于13℃，且平均大于17度。上图使用铝边间隔条的节点内表面温度为12.2℃，小于13℃，未能达到被动式超低能耗用窗的要求；而使用暖边间隔条的节点内表面温度为14.4℃，大于13℃，符合被动式超低能耗用窗的要求。

综上可知，使用暖边间隔条可以较大程度改善整窗的传热系数；并且可以提升外窗内表面温度，使用暖边间隔条的内表面温度比使用铝边间隔条的内表面温度高出2.2℃，可以有效降低玻璃边缘结露的可能性，提升了居住的舒适性。可以有效降低玻璃边缘结露的可能性，提升了居住的舒适性；可以更好迎合四步节能的趋势，并且满足被动式用窗的相关指标要求。

4 超低能耗绿色建筑铝合金门窗解决方案

30. 外窗性能基本要求：

(1)外窗保温和遮阳性能应符合下列要求：

——不同气候区外窗传热系数(*k*)和太阳得热系数(SHGC)可参考表4选取：

表4 外窗传热系数(*k*)和太阳得热系数(SHGC)参考值

外窗	单位	严寒地区	寒冷地区	夏热冬冷地区	夏热冬暖地区	温和地区
k	W/(m²·K)	0.70—1.20	0.80—1.50	1.0—2.0	1.0—2.0	≤2.0
SHGC	—	冬季≥0.50 夏季≤0.30	冬季≥0.45 夏季≤0.30	冬季≥0.40 夏季≤0.15	冬季≥0.35 夏季≤0.15	冬季≥0.40 夏季≤0.30

——为防止结露，外窗内表面(包括玻璃边缘)温度不应低于13℃；在设计条件下，外窗内表面平均温度宜高于17℃，保证室内靠近外窗区域的舒适度；

图8 超低能耗绿色建筑门窗性能基本要求

根据《被动式超低能耗绿色建筑应用技术导则》中的相关规定，对不同气候区外窗的传热系数有着严苛的规定。从图中我们可以看出，外窗的传热系数值为0.8W/(m²·K)、1.2W/(m²·K)、1.5W/(m²·K)和2.0W/(m²··K)这4个值是非常重要的“分水岭”。笔者针对不同气候区设计了不同的铝合金门窗配置的解决方案：

常见配置门窗整窗U值简易查询表

泰诺风 李进

玻璃配置	Ug		线传	Uf	60	65	70	75	75	80	95	110
				隔热条宽	18.6	24	30	34	35.3	41	54	64
				Uf	3.04	2.64	2.32	2.03	1.95	1.62	1.04	0.79
5+12a+5+12a+5	1.77	中空玻璃	线传系数 0.036	右侧为整窗Uw值	2.31	2.14	2.07	2.00	1.99			
5+12a+5low-e	1.72				2.28	2.11	2.03	1.97	1.95			
5+12ar+5+12ar+5	1.64				2.23	2.04	1.97	1.92	1.88			
5+12ar+5low-e	1.55				2.16	1.97	1.90	1.85	1.79	1.75		
5+12ar+5low-e	1.46				2.10	1.90	1.83	1.79	1.76	1.69		
5+12ar+5low-e	1.34				2.02	1.81	1.80	1.71	1.68	1.61		
5+12a+5+12a+5low-e	1.28				1.98	1.77	1.70	1.67	1.64	1.57		
5+12a+5+12a+5low-e	1.23							1.63	1.60	1.50	1.28	1.17
5+12ar+5+12ar+5low-e	1.09							1.54	1.50	1.44	1.21	1.09
5+12ar+5+12ar+5low-e	1.03							1.49	1.46	1.40	1.18	1.06
5lowe+12a+5+12a+5low-e	0.96							1.45	1.42	1.36	1.14	1.02
5low-e+12ar+5+12ar+5low-e	0.89							1.40	1.37	1.31	1.10	0.99
5low-e+12ar+5+12ar+5low-e	0.76							1.31	1.28	1.20	1.03	0.92
5low-e+12ar+5+12ar+5low-e	0.70							1.21	1.18	1.11	0.92	0.79
5+12a+5+V+5low-e	0.60	真空玻璃	线传系数 0.023	右侧为整窗Uw值				1.14	1.12	1.05	0.87	0.76
5+V+5low-e+16Ar+5low-e	0.50							1.07	1.05	0.98	0.82	0.69
5+V+5low-e+16Ar+5+V+5low-e	0.30							0.94	0.91	0.85	0.72	0.59

图9 超低能耗绿色建筑铝合金门窗解决方案

5 结论

(1)整窗U值小于0.8W/(m^2·K)的外窗传热系数配置需要使用54mm以上的隔热条，并且64mm隔热条的解决方案已经应用在很多德国被动房门窗的认证中。

(2)整窗U值小于1.0W/(m^2·K)的外窗传热系数配置需要使用41mm以上的隔热条，同时需要配合真空玻璃，或者使用54mm隔热条，并配合高性能的中空玻璃。

(3)整窗U值小于1.2W/(m^2·K)的外窗传热系数配置需要使用34mm以上的隔热条，同时需要配合极高性能的中空玻璃或使用真空玻璃。

(4)整窗U值小于1.5W/(m^2·K)的外窗传热系数配置也需要使用34mm以上的隔热条，同时配合较高性能的中空玻璃。

(5)整窗U值小于2.0W/(m^2·K)的外窗传热系数配置需要使用24mm以上的隔热条，同时配合较高性能的中空玻璃。

6 结语

目前我国的节能建筑发展蒸蒸日上，但在技术标准和产品性能方面和被动房还存在很大差距，随着被动式超低能耗绿色建筑在中国的迅速普及和大力推广，满足相关性能的外窗研发和推广也势在必行。伴随着国内陆续出现的铝合金门窗获取PHI被动房认证，铝合金门窗无法满足被动式超低能耗绿色建筑节能要求的言论也被打破，开创了节能建筑事业的新篇章。

不透明部分的线传热系数与门窗节能等级的关系

李　进　刘　军

泰诺风保泰(苏州)隔热材料有限公司　北京　100037

摘　要　分析了德国被动研究所的节能性能分级体系和气候区划分规则，介绍了ψ_{opaque}值的计算方法和PHI节能的分级原理，阐明了不透明部分的线传热系数与门窗节能等级的关系。

关键词　被动式铝合金窗；被动房；不透明部分的线传热系数；门窗节能等级；热工计算

Abstract　Analysis of the passive energy-saving performance of grading system and climate zones division rules, introduces the Linear heat transfer coefficient of opaque calculation method and PHI classification principle of energy conservation. And clarify The relationship between the Linear heat transfer coefficient of opaque and the Windows energy saving level.

Keywords　passive aluminium alloy window ; passive house; ψ_{opaque}; windows energy saving level; the thermal calculation

1　引言

被动式房屋(Passive House)是欧洲倡导的一种新型节能建筑，在欧洲尤其是德国发展的较为迅速，这正是得益于德国政府重视节能。德国的门窗节能规范要求高，目前北京执行的75%节能标准规定为整窗U_w值小于2.0 W/(m^2·K)，落后德国整整20年。在中国大力推行建筑节能工作的时候，“被动房”成为一个很总要的平台。被动房的研发和推广对我国建筑节能政策的推进和门窗节能技术的提升有着非常重要的意义。

2　被动房用窗标准

我国还没有全国或气候区性的被动房门窗标准可以执行，仅有河北省制定了被动房地方标准。而我国有严寒、寒冷、夏热冬冷、夏热冬暖、温和5个气候区域，每个气候区的温度、湿度、风速、日照等因素存在较大差异。被动窗的标准应因地制宜，参考现行的中国节能设计标准，进行分区域制定。笔者研究了德国被动房研究所给出的气候分区，PHI主要把中国分成了三大气候区：

严寒地区：黑龙江、吉林、内蒙古、宁夏、青海；

寒冷地区：北京、天津、辽宁、河北、山西、陕西、甘肃、新疆、西藏；

温暖地区：山东、河南、江苏、安徽、浙江、江西、湖南、湖北、四川、贵州、广西。

对应的气候区整樘窗的传热系数U_w值、安装后U值和玻璃的U_g值要求见表1。

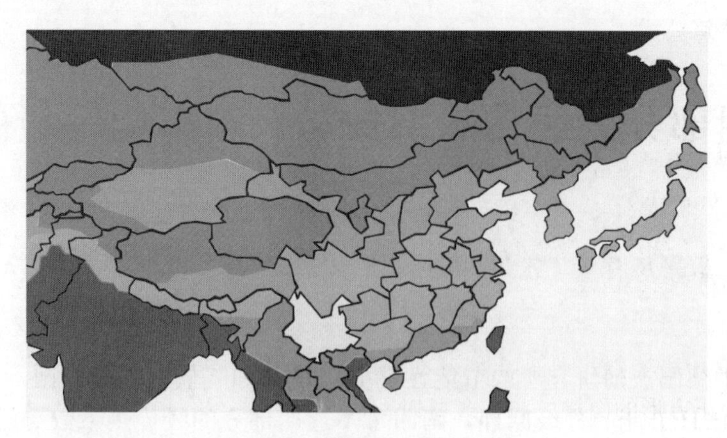

图 1　被动房的气候分区

注：图片来自德国被动方研究所(PHI)

表 1　被动房性能要求

	U_w	$U_{w,installed}$	U_g
Cold	0.6	0.65	0.52
Cool，temperate	0.8	0.85	0.7
Warm，temperate	1.0	1.05	0.9

3　不透明部分线传热系数

德国被动房研究所提出了一个新的概念："ψ_{opaque}"值—不透明部分的线传热系数，计算公式为：$\psi_{opaque}=\psi_g+U_f\cdot A_f/L_g$

表 2　PHI 节能等级划分标准

ψ_{opaque}		Passive House efficiency class	Description	
≤0.065W/(m·K)		phA+	Very advanced component	$\psi_{opak}=\psi_g+\frac{U_f\cdot A_f}{l_g}$
≤0.110W/(m·K)		phA	Advanced component	
≤0.155W/(m·K)		phB	Basic component	
≤0.200W/(m·K)		phC	Certifiable component	

整窗 U_w 值达标的被动窗是依据通过不透明部分的热量流失进行评级的，其性能等级的影响因素有型材的 U_f 值、型材可视面积 A_f、玻璃边部的线传热系数 ψ_g 和玻璃边部周长 L_g。根据 PHI 的节能评级标准，当 ψ_{opaque}≤0.065W/(m·K)时，节能等级评定为 phA+；当 ψ_{opaque}≤0.110W/(m·K)时，节能等级评定为 phA；当 ψ_{opaque}≤0.155W/(m·K)时，节能等级评定为 phB；当 ψ_{opaque}≤0.200W/(m·K)时，节能等级评定为 phC。

3.1 ψ_{opaque}的计算公式

针对“$\psi_{opaque}=\psi_g+U_f\cdot A_f/L_g$”，笔者对“$\psi_{opaque}$”值的计算公式展开了深入研究：

首先，对“$U_f\cdot A_f/L_g$”这三个数值运算后的物理意义进行分析。“$U_f\cdot A_f/L_g$”运算得到的物理单位是 W/(m·K)，和玻璃边部间隔条的线传热系数“ψ_g”一致。并且“ψ_{opaque}”值的物理单位也是 W/(m·K)，所以“ψ_{opaque}”值也是“线传热系数”的一种。

其次，对“$U_f\cdot A_f/L_g$”进行建模：取一个 PHI 标准被动窗的单开启节点(1230mm×1480mm)，假设隔热复合型材的可视面高度为 a，如图 2 所示。根据建模可以发现，针对一个单开启节点，可视面积 A_f 的值，等于 4 个矩形面积和 4 个正方形的面积之和，既可以写成“$A_f=L_g\cdot a+4\times a^2$”也就是“$A_f=a\cdot(L_g+4\times a)$”。那么只考虑和玻璃边部间隔条相接处的部分，“$A_f/L_g$”的值就是节点的可视面高度 a。

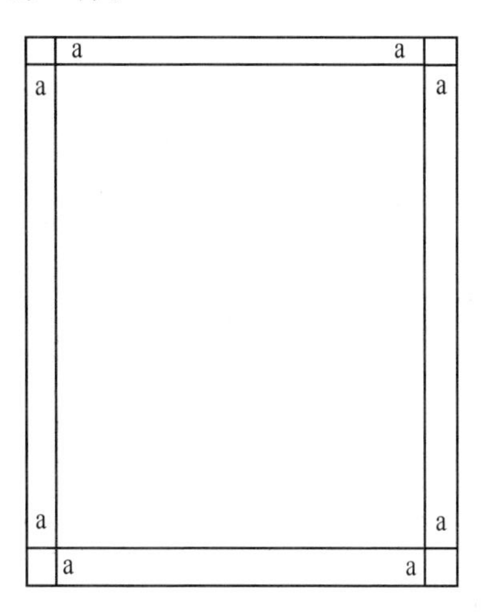

图 2 PHI 标准被动窗的单开启节点

最后，“$U_f\cdot A_f/L_g$”的物理意义也就可以理解为隔热复合型材的线传热系数，那么“$\psi_{opaque}=\psi_g+U_f\cdot A_f/L_g$”的物理意义也就可以理解为玻璃边部间隔条和隔热复合型材的组合而成的“不透明部分”的线传热系数。

德国被动房研究所采用“ψ_{opaque}”值来衡量节能等级，目的是考量通过不透明部分的热量流失。所以当“U_g”值被限定时，如何有效地降低“ψ_g”和“U_f”值就是在被动房门窗设计时需要考虑的两大核心指标，它们将会直接影响到被动窗的节能效果。

3.2 门窗节能等级划分

从表 1 中德国被动房节能等级的划分标准可以看出，从 PHA+等级到 PHC 等级的评级数值是一个等差数列，等差数列的公差为 0.045。对此笔者提出了一个猜想：

德国被动房研究所针对被动窗的节能等级有 phA+、phA、phB 和 phC 的评级。那么对于在规定气候区达不到整窗 U 值标准要的(比如 0.8W/m^2·K)的普通节能门窗，是否可以尝试沿用被动房的节能评级体系？

既整窗 U_w 值满足节能要求的门窗，是否可以使用“ψ_{opaque}”值来进行节能等级的划分？既存在 phD、phE、phF、phG 等节能等级？

首先，通过计算得可得到 phD、phE、phF、phG 的相关数值，具体数据见表 3。

表 3 节能等级划分

ψ_{opaque}	节能等级	ψ_{opaque}	节能等级
≤0.065W/(m·K)	phA+	≤0.245W/(m·K)	phD
≤0.110W/(m·K)	phA	≤0.290W/(m·K)	phE
≤0.155W/(m·K)	phB	≤0.335W/(m·K)	phF
≤0.200W/(m·K)	phC	≤0.380W/(m·K)	phG

然后，笔者以整窗 U 值达到 2.0W/m² · K 为例，计算了从 55 系列到 109 系列(隔热条尺寸从 14.8mm 到 64mm)的 10 种配置(表 4)

表 4　整窗 U 值 2.0W/m² · K 配置表

序号	系列	隔热条	b_f	U_f	U_g	L_g	U_w	ψ_{opaque}	节能等级
	mm	mm	mm	W/m² · K	W/m² · K	m	W/m² · K	W/m. K	
1	55	14.8	90	3.51	1.34	4.70	1.99	0.380	phG
2	60	18.6	90	3.20	1.45	4.70	1.99	0.350	phG
3	60	20	90	2.94	1.45	4.70	1.94	0.325	phF
4	64	24	90	2.58	1.64	4.70	1.98	0.290	phE
5	69	30	90	2.34	1.75	4.70	2.00	0.267	phE
6	74	34	90	2.03	1.77	4.70	1.94	0.237	phD
7	79	41	109	1.69	2.00	4.55	1.95	0.242	phD
8	94	54	109	1.16	2.20	4.55	1.98	0.179	phC
9	109	59	135	0.98	2.30	4.55	2.00	0.182	phC
10	99	64	98	1.06	2.35	4.62	1.98	0.154	phB

但是，考虑到 PHI 在计算整窗 U_w 值时，还对门窗所在气候对应的 U_g 值有限制。笔者同样对整窗 U 值 1.0～2.0W/m²K 之间配置进行了延伸计算，近似获得得到表 5 数据。

表 5　整窗 U_w 值和 U_g 值的关系

节能要求	U_w	$U_{w,installed}$	U_g
1	0.4	0.45	0.35
2	0.6	0.65	0.53
3	0.8	0.85	0.70
4	1.0	1.05	0.88
5	1.2	1.25	1.05
6	1.4	1.45	1.23
7	1.6	1.65	1.40
8	1.8	1.85	1.58
9	2.0	2.05	1.75

从表 5 中可以看出，整窗 U_w 值为 2.0W/m²K 的配置时，U_g 值大约为 1.75W/m²K。从表 4 可以看出序号 5 至序号 10 的配置复合要求。既当 U_f 值小于 2.35W/m² · K 时(约使用 30mm 或以上隔热条)可满足节能要求，且可达到“phE”级别。

从表 5 中可以看出，整窗 U_w 值为 1.8W/m²K 的配置时，U_g 值大约为 1.58W/m²K。从表 6 可以看出序号 6 至序号 10 的配置复合要求。既当 U_f 值小于 2.00W/m² · K 时(约使用 34mm 或以上隔热条)可满足节能要求，且可达到“phD”级别。

表 6　整窗 U 值 1.8W/m²K 配置表

序号	系列	隔热条	b_f	U_f^{CEN}	U_g	L_g	U_w	ψ_{opaque}	节能等级
	mm	mm	mm	W/m²K	W/m²K	m	W/m²K	W/m·K	
1	55	14.8	90	3.51	1.09	4.70	1.80	0.380	phG
2	60	18.6	90	3.20	1.23	4.70	1.80	0.350	phG
3	60	20	90	2.94	1.23	4.70	1.76	0.325	phF
4	64	24	90	2.58	1.34	4.70	1.77	0.290	phE
5	69	30	90	2.34	1.46	4.70	1.78	0.267	phE
6	74	34	90	2.00	1.58	4.70	1.79	0.237	phD
7	79	41	109	1.69	1.64	4.55	1.73	0.242	phD
8	94	54	109	1.16	1.90	4.55	1.78	0.179	phC
9	109	59	135	0.98	2.10	4.55	1.79	0.182	phC
10	99	64	98	1.06	2.05	4.62	1.79	0.154	phB

由于篇幅的限制，对于整窗 U 值 1.8W/m²K 以下的配置不再进行罗列展示。针对铝合金整窗 U 值 0.8～2.0W/m²K 的配置所对应的节能等级笔者总结了以下配置参考：

(1)使用大于等于 64mm 的隔热条可以达到 phB 级别。

(2)使用 54mm 至 59mm 的隔热条可以达到 PhC 级别。

(3)使用 34mm 至 41mm 的隔热条可以达到 phD 级别。

(4)使用 24mm 至 30mm 的隔热条可以达到 phE 级别。

(5)使用 20mm 左右的隔热条可以达到 phF 级别。

(6)使用 14.8mm 至 18.6mm 的隔热条可以达到 phG 级别。

4　结语

目前我国的节能建筑的发展蒸蒸日上，但是在技术标准和产品性能等方面仍落后很多。甚至在设计时仅仅只需考虑“整窗 U_w 值”满足建筑节能要求即可，对于门窗具体的节能效果并不知晓，忽视了大量的边部热量流失，造成了节能门窗“不节能”的后果。德国被动房研究所提出的门窗的不透明部分线传热系数计算，不仅给出了具体评估门窗节能效果的方法，而且为高节能门窗提供了新的设计思路。

运用《民用建筑热工设计规范》在幕墙节能设计中的几点体会

黄庆文　陈劲斌
金刚幕墙集团有限公司　广东广州　510650

摘　要　保温隔热性能是指幕墙两侧存在空气温差条件下，幕墙阻抗从高温一侧传向低温一侧传热的能力，幕墙的保温性能应通过控制总热阻值和选取相应的材料来解决；幕墙的隔热性能则应通过减少传进室内的热量和降低围护结构的内表面温度来解决。

关键词　保温；隔热；热传递；辐射热

Abstract　Thermal insulation performance refers to air temperature conditions exist on both sides of the curtain wall, curtain wall impedance from high temperature to low temperature side heat transfer ability on one side, the insulation performance of curtain wall should be through and select appropriate materials to solve the total thermal resistance control; thermal insulation curtain wall should be solved by reducing transmission into the indoor heat and reduce the internal surface temperature envelope.

Keywords　heat preservation; heat insulation; heat transfer; radiant heat

1　引言

节能已经成为世界发展的一个重要课题，社会对建筑节能的意识也在逐渐增强。建筑节能相当部分是围护结构的节能，而幕墙是现代建筑围护结构的一个重要组成部分，幕墙以其结构新颖、美观及多功能赢得大家的喜爱，但如果不能很好地解决幕墙的能耗问题，势必会影响幕墙的使用发展。因此，我们着重探讨幕墙的节能设计及新版《民用建筑热工设计规范》在幕墙节能设计中的指导作用。

2　幕墙的节能设计内容

幕墙的节能设计，顾名思义，就是要减少幕墙的所带来的建筑能耗。建筑通过外围护结构（包含幕墙）与外界联系，因此，幕墙的传热和隔热效果对整体建筑的能耗有较大的影响作用。

幕墙的节能设计是通过分析热原理的不同内容对可能会导致幕墙能耗高的原因进行判定，并以这一结果为基础来制定出有效的处理措施，最终能够提高建筑整体设计的科学性与可靠性。

幕墙节能设计需要遵循热耗能原理、热传递原理、隔热原理。

3 《民用建筑热工设计规范》在幕墙节能设计中的运用

3.1 保温及隔热性能设计

保温隔热性能是指幕墙两侧存在空气温差条件下，幕墙阻抗从高温一侧传向低温一侧传热的能力，不包括从缝隙中渗透空气的传热。

幕墙的保温性能应通过控制总热阻值和选取相应的材料来解决。为了减少热损失，可以从以下三个方面进行改善：第一是改善采光窗玻璃的保温隔热性能，尽量选用中空玻璃，并减少开启扇；第二是对非采光部分采用隔热效果好的材料作后衬墙（如浮石、轻混凝土）或设置保温芯材；第三是做密闭处理和减少透风。

幕墙的隔热性能则应通过减少传进室内的热量和降低围护结构的内表面温度来解决，因而要合理地选择外围护结构的材料和构造形式，选用遮阳型的透光材料和设置外遮阳是减少太阳辐射热进入室内的十分有效措施。

3.2 透明（玻璃）幕墙、采光顶的节能设计要点

3.2.1 保温设计

根据《民用建筑热工设计规范》（GB 50176—2016），并按建筑所处的热工分区选取传热系数。再依据热工要求选用幕墙玻璃材料、幕墙龙骨及做好周边缝隙密封。

考虑玻璃幕墙使用的适应性和最大限度地减少能耗，对于玻璃幕墙而言，由于玻璃的面积占外立面的85%以上，参加热交换的面积很大，能耗相对也多，其玻璃材料是节省能源的关键。中空玻璃的保温性能远远优于单片玻璃，单片普通玻璃传热系数在5.5W /（m^2 · K）～ 5.8W/（m^2 · K），单片LOW－E玻璃可达到3.5W/（m^2 · K）左右，以12mm气体层为例，普通中空玻璃可以达到2.8W/（m^2 · K）左右，Low－E中空玻 璃可以达到1.8W /（m^2 · K）左右，充氩气的中空玻璃可以达到1.4W/（m^2 · K）左右，三 层双中空的Low－E中空玻璃可以达到1.0W/（m^2 · K）～1.4W/（m^2 · K），真空玻璃更是可以降低到0.4W/（m^2 · K）～0. 6W/（m^2 · K），对于保温要求较高的建筑，所使用的门窗、玻璃幕墙、采光顶应当考虑气候区、建筑热工设计等综合要求，选择合适的玻璃系统，以提高整体的保温性能。

玻璃板块分格的缝隙对玻璃幕墙的保温隔热性能有很大影响，特别是明框幕墙。传统明框幕墙室内外铝型材之间没有其他隔热材料间隔，而隔热断桥铝型材在室内外铝型材之间有一道隔热保温性能非常好的隔热体，做了断热处理之后，框的传热系数基本可做到4.0 W/(m^2 · K)、5.0(m^2 · K) 。对于严寒地区应加强保温，幕墙应使用断热构造或断热铝合金型材，进一步提高幕墙系统的保温性能，同时减少型材处的结露问题。隐框幕墙对铝型材没有严格的保温隔热要求。

门窗、玻璃幕墙周边与墙体或其他围护结构连接处，如果不做特殊处理，易形成热桥，对于严寒地区、寒冷地区、夏热冬冷地区、温和地区来说，冬季就会造成结露，因此要求对这特殊部位采用保温、密封构造，特别是一定要采用防潮型保温材料，如果是不防潮的保温材料在冬季就会吸收了凝结水变得潮湿，降低保温效果。这些构造的缝隙必须采用密封材料或密封胶密封，杜绝外界的雨水、冷凝水等影响。

如工程项目A幕墙采用了6＋1.52PVB＋6(Low-E)＋12A＋6中空玻璃，并采用铝合金断热型材，幕墙透明部分传热系数为2.016W/(m^2 · K)；幕墙层间部位增加背衬保温棉(与

玻璃面板间隔大于 50mm)，则层间非透明部分的传热系数为 0.264W/(m^2·K)，透明部分和非透明部分的面积比为 2∶1，则该幕墙的综合传热系数为 1.432W/(m^2·K)，符合整体建筑热工设计要求。

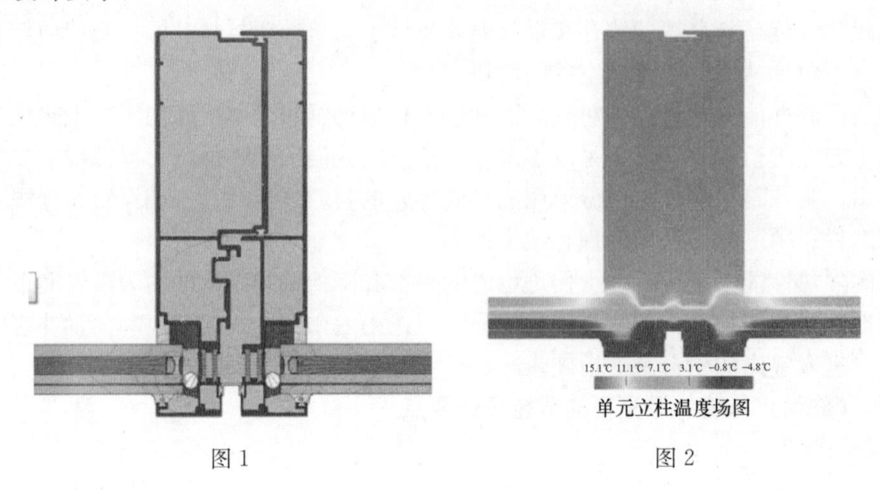

图 1　　　　图 2

3.2.2　隔热设计

建筑热工设计主要任务之一，是要采取措施提高外围护结构防热能力。对屋面、外墙（特别是西墙）要进行隔热处理，应达到防热所要求的热工指标，减少传进室内的热量和降低围护结构的内表面温度，因而要合理地选择外围护结构的材料和构造形式。最理想的是白天隔热好而夜间散热又快的构造形式。自然通风是排除房间余热，改善室内热环境的主要途径之一。要合理设计围护结构的热工参数，要有利于房间的通风散热。

根据《民用建筑热工设计规范》（GB 50176—2016），并按建筑所处的热工分区选取得热系数。合理地选择外围护结构的材料（如玻璃的遮阳系数）和构造形式（设置遮阳装置）是满足相关得热系数的主要措施。

在夏热冬暖地区，隔热是建筑围护结构节能的主要问题。玻璃幕墙的隔热性能主要是针对辐射、传导与对流。在谈及反射玻璃时，人们往往只强调它的辐射性能。固然，辐射是上面各种方式中最主要的部分，可占全部热量的 2/3 左右，空调的主要负荷也来源于太阳辐射，因此，应有效阻挡太阳辐射。但在实际使用中，如幕墙在持久的曝晒下，反射玻璃由于散热较其他玻璃慢，尽管它的反射能力大，但热量的累积使它不可避免地成为一个新热源，所以，玻璃幕墙对太阳能的透射能力是值得关注的问题。温差传热、空气流动热交换也是夏季围护结构节能应考虑的问题，这两个方面的传热均是由室内外温差造成的，不同的是前者是通过传热，后者是通过室内外空气渗透。在进行幕墙热工设计时，必须对其进行具体分析和研究，如：幕墙外表面与周围空气和外界环境间的对流换热、幕墙内表面与室内空气和室内环境间的换热、幕墙和金属框格的传热、通过玻璃的镀膜层减少的辐射换热等。

保温性能好的玻璃未必遮阳性能就优良。比如普通的透光中空玻璃，其传热系数可以达到 2.8W/(m^2·K)左右，遮阳系数值也较高；单片绿色玻璃传热系数高达 5.7W/(m^2·K)，但是其遮阳系数值较透明中空玻璃大幅降低 。对于夏季，透光围护结构的隔热以遮阳隔热为主，因此从玻璃遮阳隔热的角度来看，着色玻璃、遮阳型单片 Low-E 玻璃、着色中空玻璃、热反射中空玻璃、遮阳型 Low-E 中空玻璃更加合适，建议不要使用普通的透光中空玻璃。

建筑遮阳的目的在于防止直射阳光透过玻璃进入室内，减少阳光过分照射加热建筑室内，是门窗隔热的主要措施由于太阳的高度角和方位角不同，投射到建筑物水平面、西向、东向、南向和北向立面的太阳辐射强度各不相同。夏季，太阳辐射强度随朝向不同有较大差别一般 以水平面最高，东、西向次之，南向较低，北向最低但我国幅员辽阔，有部分地区处于北回 归线以南，该部分地区夏季北向也会有较大的太阳辐射，也该予以一定的关注。为此，建筑遮阳设计、选择的优先顺序应根据投射的太阳辐射强度确定，所以设计应进行夏季太阳直射轨迹分析。

窗户是建筑围护结构中热工性能最薄弱的构件。透过窗户进入室内的太阳辐射热，构成夏季室内空调的主要负荷。建筑各立面朝向中，东、西向易受太阳直射，因此东、西向建筑外墙和外窗（透光幕墙）设置外遮阳，是减少太阳辐射热进入室内的十分有效措施。外遮阳形式多种多样，如结合建筑外廊、阳台、挑檐遮阳，外窗设置固定遮阳或活动遮阳等。随着建筑节能的发展，遮阳的形式和品种越来越多，各地可结合当地条件加以灵活采用。遮阳不仅要考虑降低空调负荷，改善室内的热舒适性，减少太阳直射；同时也需要考虑非空调时间的采光以及冬季的阳光照射需求。

图 3　项目 B 遮阳

房间的天窗和采光顶位于太阳辐射最大的朝向，应采取活动式遮阳即满足采光需要也防止室内过热，但即便是设置了遮阳的天窗或采光顶，在外侧半球空间的散射辐射和内侧集聚的高温空气作用下，天窗或采光顶构件的温度高于室内表面温度对室内产生热辐射，所以应采取设置通风装置或开设天窗等措施排除天窗顶部的热空气，设置淋水、喷雾装置降低天窗和采光顶的温度，意见爱你各地天窗或采光顶表面对室内环境的热辐射作用。

工程项目 B 幕墙玻璃幕墙面板遮阳系数为 0.3，增加了竖向悬挑线条（既作为遮阳构件，同时丰富立面造型）后，遮阳系数降为 0.27，满足了建筑热工设计要求。

3.3　非透明（铝板、石材、人造板材）幕墙的节能设计要点

3.3.1　保温设计

非透光部分的幕墙，在设计时是作为墙体来要求其热工性能，因此使用高效保温材料，技术易实现，成本也低，并且能达到很好的保温效果，提高建筑的整体热工性能。幕墙与主体结构之间的 连接部位、跨越室内外的金属构件是幕墙传热的薄弱部位，应进行保温处理，不要形成热桥，导致冬季结露。

幕墙行业常用的保温隔热材料有以下几种：保温岩棉、聚氨酯、纤维板、挤塑泡沫保温隔热材料等，其中挤塑泡沫保温隔热材料性能最佳，它的导热系数仅为 0.0289W/m^2 · K。

3.3.2　隔热设计

在玻璃幕墙、石材幕墙、金属板幕墙等各种幕墙构造背后添加保温材料之后，都属于非透光幕墙，在计算时都是当做墙体进行热工计算如果背后添加的保温材料的热阻不小于 1.0（m^2 · K），再考虑幕墙本身的热阻，也就是基本保证此非透光幕墙构造的传热系数不大于

0.7W/(m^2 · K)，基本能满足隔热要求。如果室内侧还有实体墙，隔热效果就更好了。

4 结语

在建筑幕墙设计中，要做到灵活运用各种构造处理，材料选用以符合《民用建筑热工设计规范》的要求，适应各种热工分区对建筑幕墙的不同系数选取，需要我们深刻体会规定的概念及原因，熟悉各种设计技巧，才能满足建筑师对幕墙设计提出的日益丰富的要求。

参考文献

[1] 《民用建筑热工设计规范》GB 50176—2016.
[2] 《公共建筑节能设计标准》GB 50189—2015.
[3] 涂逢祥，段恺. 中国建筑遮阳技术. 北京中建建筑科学研究院有限公司.

作者简介

黄庆文（Huang Qingwen），男，1968 年 9 月生，职称，研究方向：教授级高工，幕墙设计及施工技术，工作单位：金刚幕墙集团有限公司副董事长；地址：广州市天河区元岗路 616 号 A7 栋；邮编：510650；联系电话：13902731963；E-mail：sthqw@vip.163.com。

陈劲斌（Chen Jinbin），男，1967 年 4 月生，职称，研究方向：高级工程师，幕墙设计及施工技术，工作单位：金刚幕墙集团有限公司总工办主任；地址：广州市天河区元岗路 616 号 A7 栋；邮编：510650 联系电话：13502955456；E-mail：number.1@.126.com.

ANSYS 在幕墙中的应用

计国庆　杨加喜　陈国栋
北京西飞世纪门窗幕墙工程有限责任公司　北京　102600

摘　要　本文介绍了 ANSYS 在幕墙面板、龙骨以及构件计算上的应用，填补了常规软件无法模拟的边界条件、荷载分配等问题，使结构设计达到最优化从而降低了工程成本。
关键词　ANSYS；幕墙

0　引言

ANSYS 是大型的有限元处理软件，具有功能完备的前后处理功能，强大的图形处理能力，在核工业、铁道、石油化工、航空航天、机械制造、能源、汽车交通、国防军工、电子、土木工程、造船、生物医学、轻工、地矿、水利、日用家电等领域有着广泛的应用。ANSYS 功能强大，操作简单方便，现在已成为国际最流行的有限元分析软件，也广泛应用于建筑领域，受结构师的青睐。

本文主要论述 Ansys 在建筑幕墙计算中的应用。

ANSYS 程序提供了高质量的对 CAD 模型进行网格划分的功能。与普通结构计算软件相比，ANSYS 不仅可以达到普通计算标准，通过网格划分功能对复杂模型进行有限元网格划分，能够使误差低于用户定义的值，从而使计算的精度超出普通结构软件的精度。

本案例针对的是 ANSYS 在幕墙板块、型材及连接件在幕墙中的应用。

1　异形穿孔铝板的计算

1. 本案例铝板为 3mm 异形穿孔铝板，板块尺寸 1180×2640×（0～450），强度计算荷载值 $q=1.4wk+0.5\times1.3qEAk=0.001442$MPa

挠度计算荷载 $qk=wk+0.5qEAk=0.001032$MPa

模型采用 SHELL181 单元建立面板，边界条件上下边简支，左右两侧采用点支承。模型如下图所示。

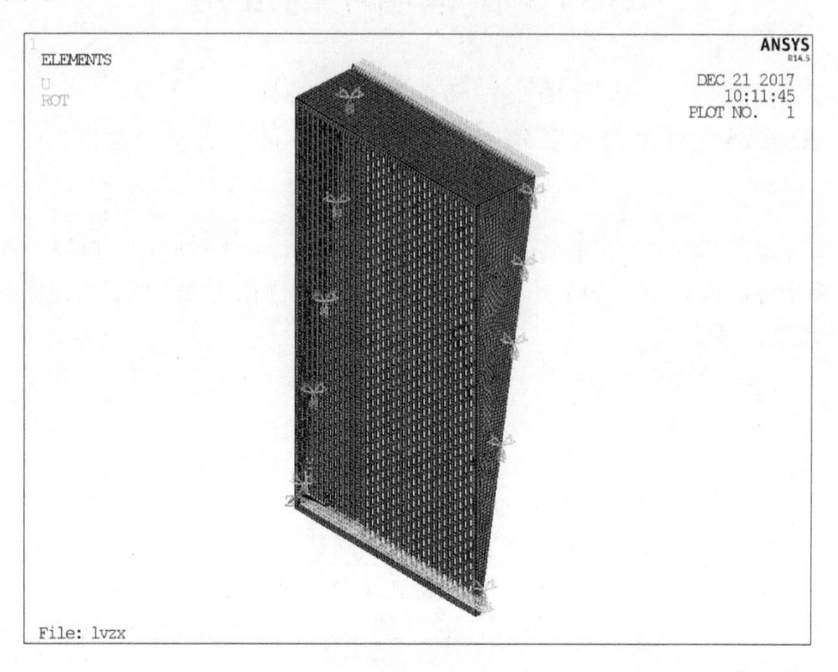

2. 求解结果

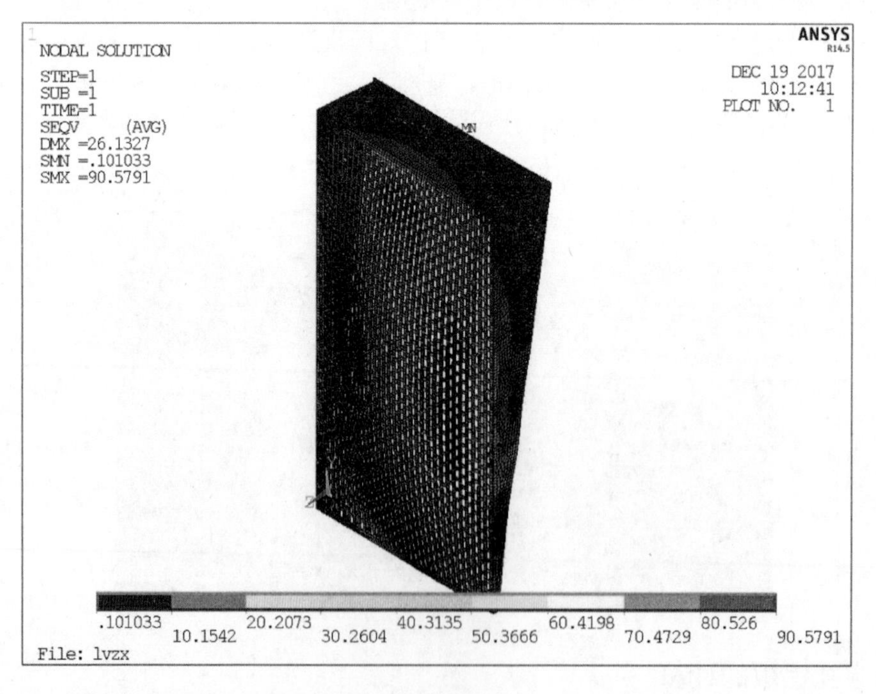

铝板应力云图：最大应力 90.58MPa<97 MPa

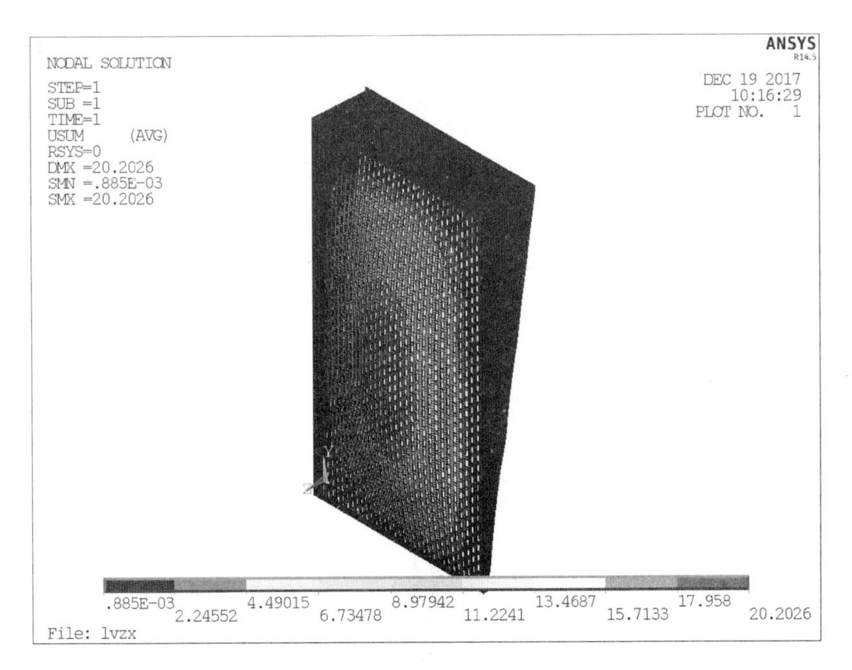

铝板挠度云图：最大挠度 20.2mm<1390/60=23.2mm

2 铝合金龙骨计算

1. 龙骨跨度 3600mm，上下端简支，计算强度荷载值 $q=qw+0.5qE=2.814\text{N/mm}$，挠度计算荷载值 $q=qw=2.7514\text{N/mm}$，计算模型采用 BEAM188 单元建立铝合金龙骨，型材截面及参数如下图所示。

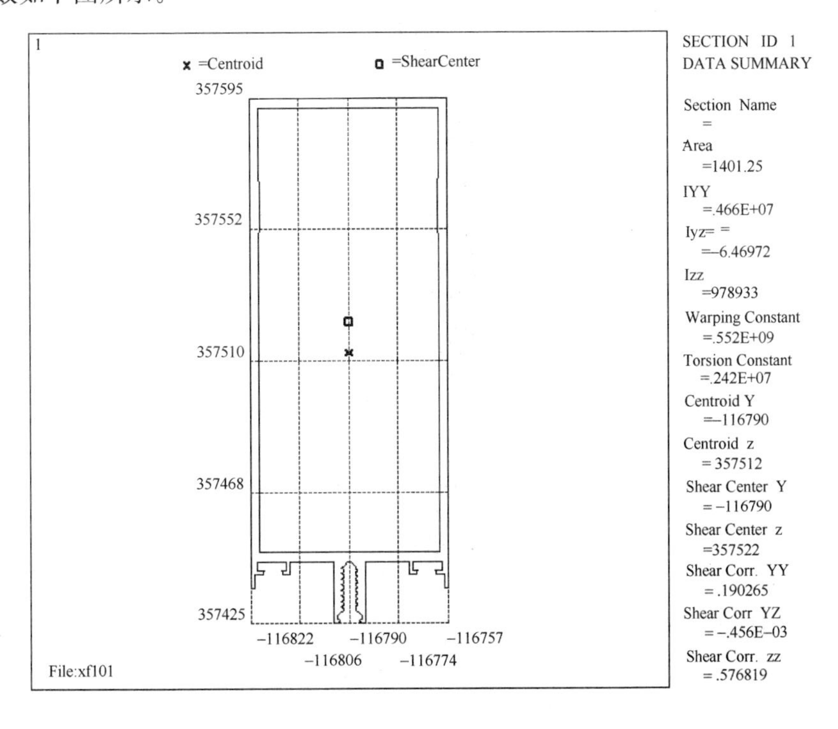

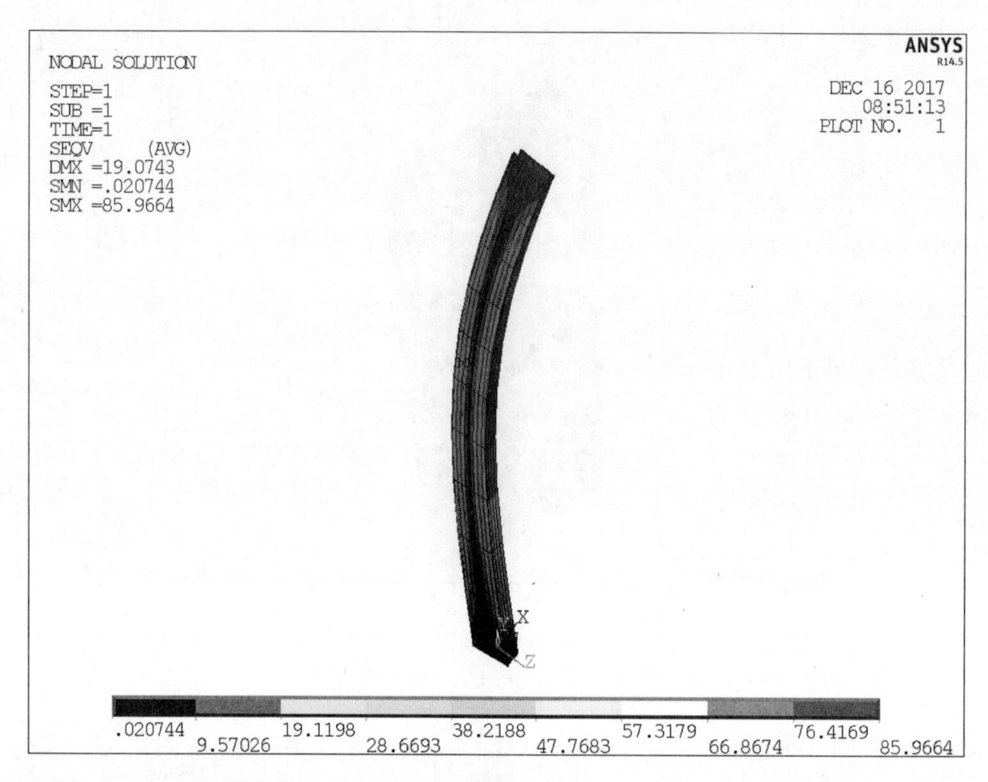

型材应力云图：最大应力 85.9MPa<90MPa

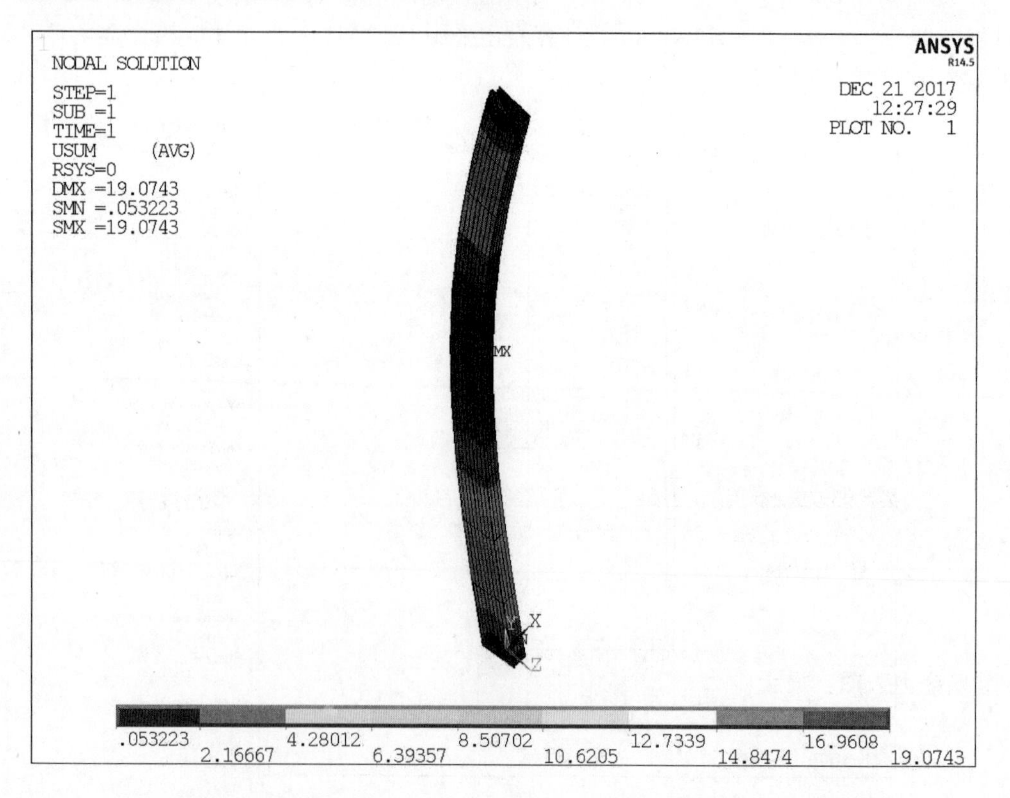

型材挠度云图：最大挠度 19.07mm<23mm

用其他计算方法输入相同荷载进行计算：

计算强度 $N/An+Mx/Wnx=\ =86.9$MPa

型材挠度 $df=5qkL4/384EIx=19.88$mm，

通过计算对比，ANSYS 计算与简化计算模式计算结果基本一致，

ANSYS 计算云图数据更加精准并能直观的呈现构件受力情况。

3 玻璃板块的计算

1. 本案例玻璃采用 15mm 单层钢化玻璃，分格尺寸为 1965×3960mm，

强度计算荷载值 $q=1.4wk+0.5\times1.3qEAk=0.0022$MPa

挠度计算荷载值 $qk=wk+0.5qEAk=0.00182$MPa，约束条件为非四边框简支及点支撑，边界条件为上下、左边简支，右边采两点支承。采用 SHELL181 单元建立玻璃面板。

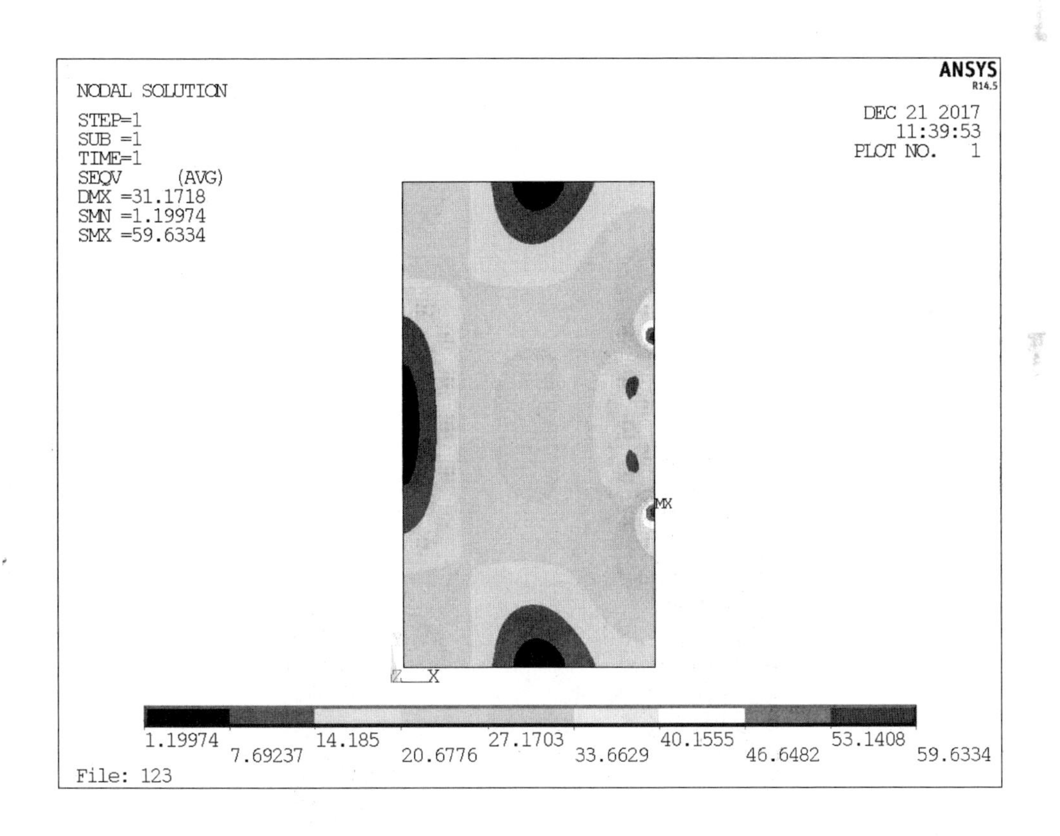

玻璃应力云图：最大应力 59.6MPa<84 MPa

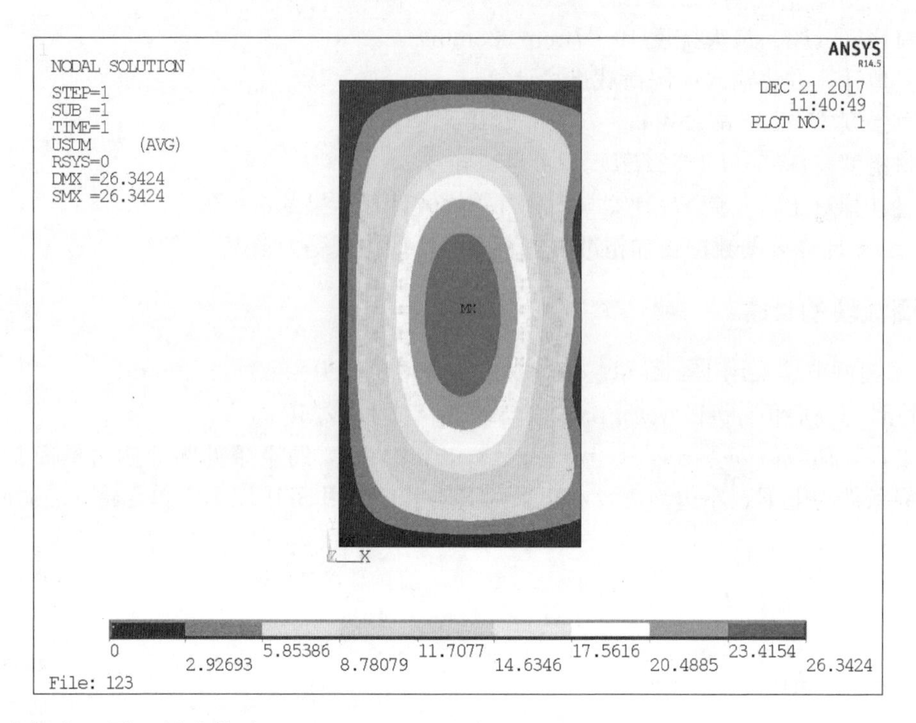

玻璃挠度云图：最大挠度 26.34mm<1965/60＝32.7mm。

4 连接件的计算

1. 构件采用 125×80×8mm 钢连接件，计算荷载值经过折算施加在孔壁上 计算荷载值 $q_{水平}$＝62.0MPa，$q_{垂直}$＝15.8MPa 采用 SOLID185 单元建立实体面板。

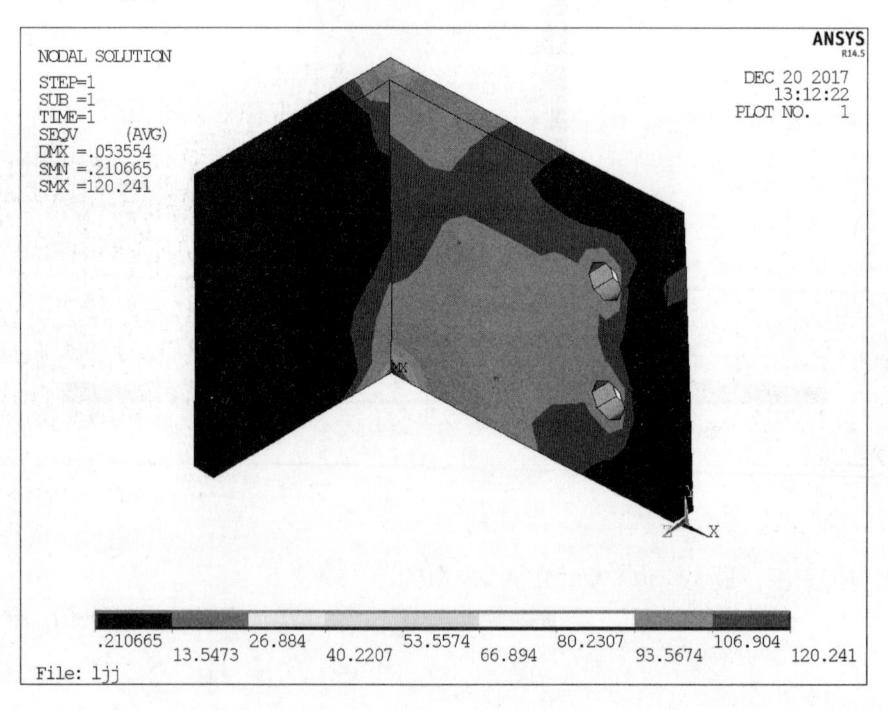

应力云图：最大应力 120.24MPa<160MPa

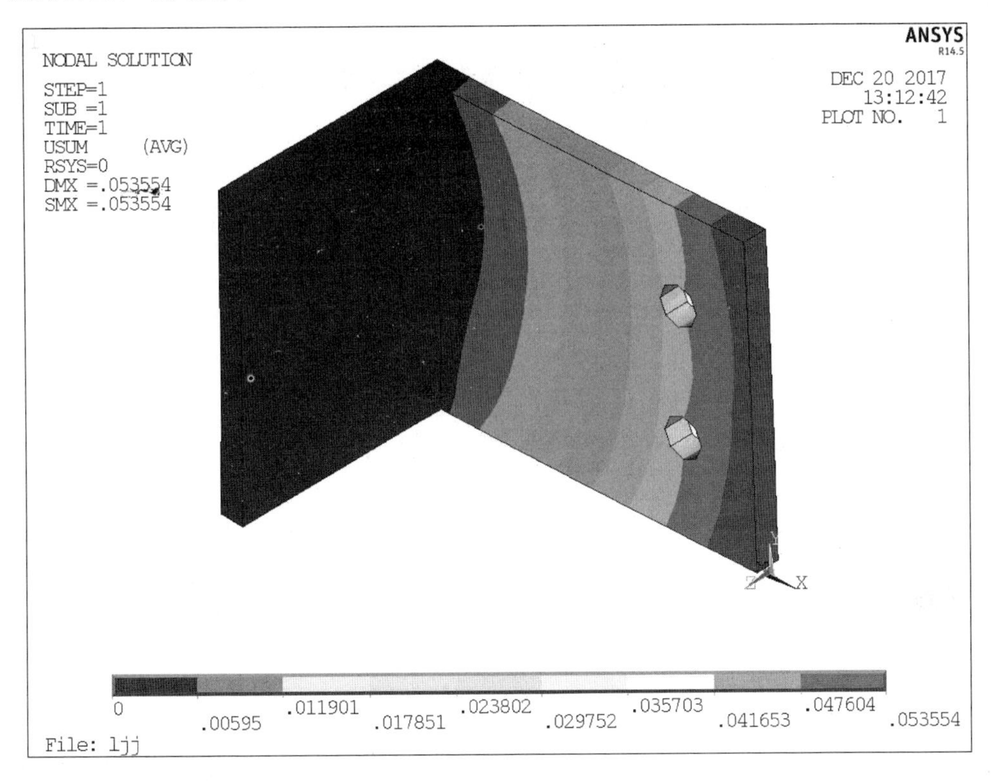

挠度云图

5 结语

通过以上云图数据分析：幕墙面板单元采用 SHELL181 单元，龙骨采用 BEAM188 单元，构件采用 SOLID185 单元来进行模拟计算可以满足结构受力要求，可以更直观地显示各部位的受力情况，为设计师在结构设计的合理性上给予了极大的帮助，希望以此例为基础，为各类异形幕墙的面板龙骨及构件进行工程验算，既能保证工程的安全，又能节约造价成本。

参考文献

[1] 《金属与石材幕墙工程技术规范》JGJ 102—2003.
[2] 《玻璃幕墙工程技术规范》JGJ 133—2001.
[3] 《建筑玻璃应用技术规范》JGJ 113—2015.

浅谈幕墙开启窗的设计规程

刘晓烽　闭思廉
深圳中航幕墙工程有限公司　广东深圳　518109

摘　要　本文探讨了在加大建筑幕墙安全管理的背景下，该如何破解幕墙开启窗安全事故频发的困局。并提出尝试从幕墙开启窗的构造、使用功能等方面着手分析，通过编制合理的设计规程，来保证幕墙开启窗设计满足其构造及结构安全需求。

关键词　幕墙安全管理；开启窗；安全系数；设计规程

0　引言

2016年台风“海马”来袭前，几个同事受命在厂区进行防台风前的安全检查。当查到办公楼幕墙开启窗的锁闭情况时，发现有好几个窗扇出了问题，不仅锁闭不了，甚至有个窗扇都不能正常闭合。一使劲，居然搞坏了一侧的不锈钢撑挡！

也是这次台风，造成深圳市某大厦多个开启窗扇出现损坏脱落。由于该项目位于闹市区，所以一时造成了很坏的社会影响。事后经多方联合调查，发现开启扇损坏脱落的主要原因是因为开启扇尺寸太大，施工单位虽然依据所计算的风荷载和自重选用了对应的窗用五金件，但因为多种原因造成其承载能力并不能满足实际要求。最后这个项目付出了很大代价，专门委托五金厂家研发订制了一批加强型的专用配件，并进行全部更换才算较为彻底地解决了问题。

再往前两年，深圳某个超高层建筑掉了个幕墙开启扇，找我们去诊断评估，结果发现挂钩式开启扇两侧定位撑挡不同步情况相当普遍，甚至有的已经损坏。对此，施工单位一脸无辜，把责任完全推给不懂得操作的使用者。

这几个案例对于幕墙行业的从业者来说都不算是很特别，算是比较常见的情况。要说经验教训，应该是非常深刻；应对办法、解决措施也已是相当成熟。但为什么幕墙开启扇总是一而再、再而三地出问题呢？

1　从深圳的“43号文”谈起

2016年深圳住建局下发了《关于加强建筑幕墙安全管理的通知》（简称43号文），据说是受到了几起社会影响力较大的幕墙安全事故影响而紧急出台的。这个文件在建设部38号文的基础上又增加了更严格的措施，贯彻执行非常坚决。

上海市的地方标准则更进一步，已经具体到将幕墙开启扇尺寸限制在 1.8m^2 以内。即将发布的新版幕墙规范也对幕墙开启扇的面积做出了限制。2016 年底，中装协下发了一份文件中也有具体的规定：开启扇尺寸不宜大于 1.5m^2，严禁大于 2m^2。

作为一个幕墙人，对政府及行业主管单位加强幕墙安全管理的态度无疑是支持的，但对某些的具体内容感觉还需要斟酌：比如限定幕墙开启窗的面积，似乎是行之有效的好方法。但对于建筑设计师来说，恐怕就难以接受了。

举例来说：目前常规玻璃幕墙的横向分格模数大体在 1.3～1.5m 之间，如果限定 2m^2 的开启扇面积，窗的竖向分格高度就不能超过 1.5～1.3m。按照这个计算结果，大多数幕墙都做不到开启玻璃与相邻固定玻璃一样大的外观效果，这对建筑师来说，绝对不是一个满意的结果。

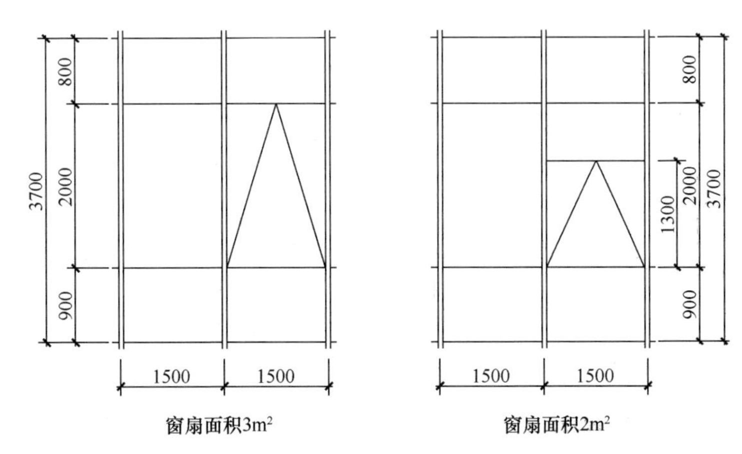

窗扇面积3m^2　　窗扇面积2m^2

深圳的 43 号文和相关标准和规范的出台，其实都反映出整个社会对幕墙安全性问题的一种焦虑心态。这迫使我们开始对之前司空见惯的问题引起足够的重视：同样一种设计方法，固定部分不出问题，但开启部分出问题。这说明现有的开启部分设计方式存在缺陷：要么是考虑的内容不全面，要么是给定的安全系数实际不足。所以需要从设计理论或设计规程上想办法，至少这是一种积极的态度。

2　开启窗是特殊的幕墙部件

为什么说幕墙开启窗的设计不能套用现有的幕墙设计要求呢？是因为开启窗是一种特殊的幕墙部件：在幕墙系统中，只有它是活动部件，而其他的都是静止构件。活动部件至少包括了两种静止工作状态和一种运动工作状态，同时开启窗还涵盖了最多数量的功能需求和最复杂的人机关系需求，这是其特殊的根本原因。

2.1　开启窗的静止状态

开启窗在开启和闭合工作状态下的时候，承载情况及工作需求的差异是比较大的，理论上来说应当分别对待。但查过很多资料，发现对幕墙窗的开启状态进行分析内容几乎是空白：

首先，首先是开启状态下窗体的力学模型发生改变（锁点失效），在负风压组合的工况中，甚至连五金配件的承载状态都与其设计承载状态有很大的不同。以滑撑连接固定的窗扇为例，其在打开状态下滑撑仅相当一个滑动铰接的支点。当窗扇开启到最大限位角度时，滑撑与撑挡共同作用，形成了带有悬伸段的四点支撑板的力学模型。

与我们常识相反的是，在这种新的力学模型中撑挡成了受力最大的五金件（撑挡外侧有窗扇悬伸段）。而事实上在配件选用时主要关注的是滑撑的承载能力，对于撑档总将其作为开启穿窗的辅助定位配件来看待，更别提进行结构校核计算。所以很多窗扇在开启状态下被风吹落，都是从撑挡破坏开始的。

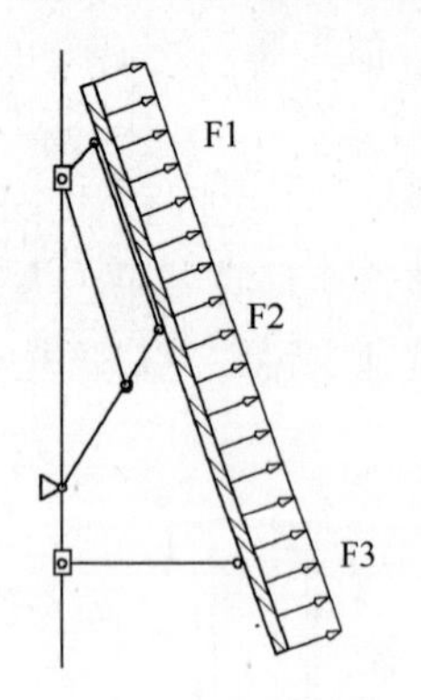

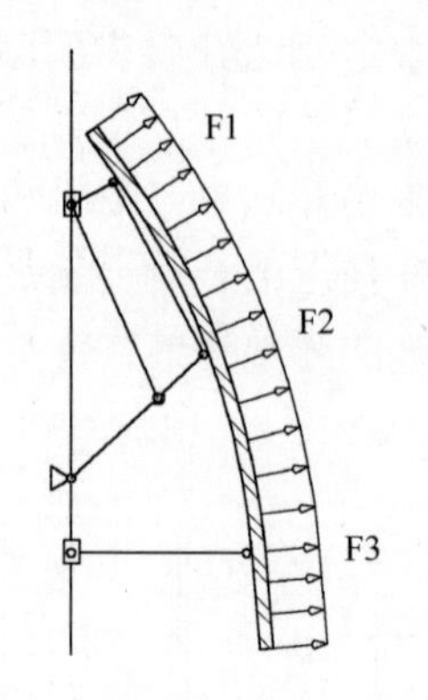

左图说明：
由于4连杆滑撑的工作特性可知，打开状态下窗扇的F2点近似为自由端，几乎不承载，窗扇为四点支撑状态。结果此时撑挡是承载力最大的构件！

其次，开启扇在开启状态下时需要校核的内容及标准也需要分析，特别是安全系数该如何取值？因为开启扇是活动部件，所以其连接构造要承受交变的冲击荷载。其失效形式恐怕已不是简单的弯曲破坏或是剪切破坏，有无可能是松动、失稳、疲劳等更为复杂的破坏形式？

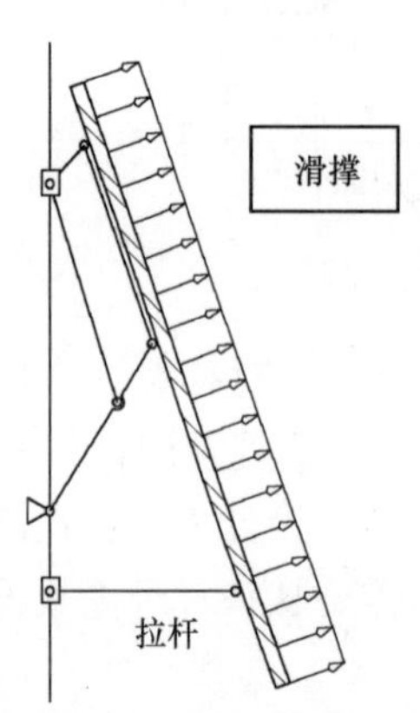

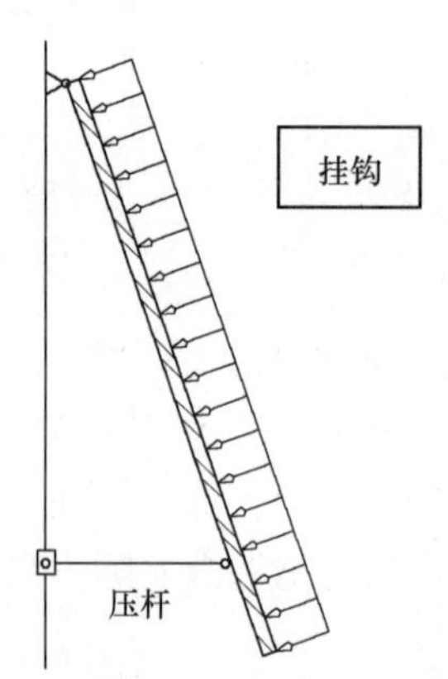

左图说明：
在正负两种风压作用下时，不同的五金件表现截然不同。此时的失效形式恐怕已不完全是简单的弯曲破坏或是剪切破坏，还会伴随松动、失稳、疲劳等更为复杂的破坏形式。

2.2 开启窗的运动状态

开启窗的运动工作状态则是一个更为复杂的内容：首先需要进行开启轨迹的分析与框扇碰撞检查。开启窗开启过程中扇、框发生不严重干涉时，窗也能勉强打开。但这类干涉反复发生，有关连接构件就会因频繁承受较大的荷载造成损坏。

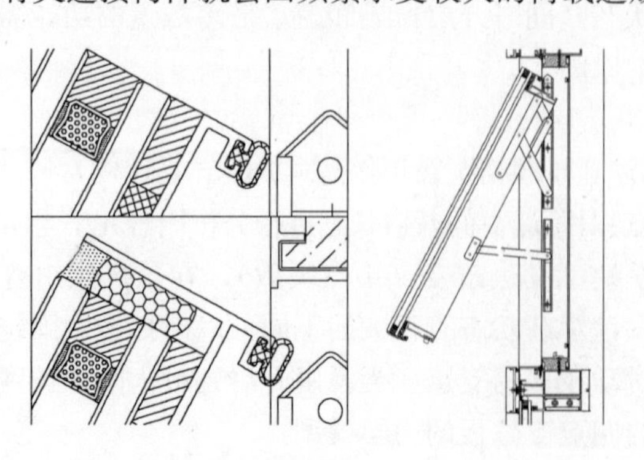

左上图说明：
窗扇运动轨迹不与窗框发生干涉；

左下图说明：
窗扇运动轨迹与窗框发生轻微干涉；

下图说明：
滑撑的运动轨迹模拟

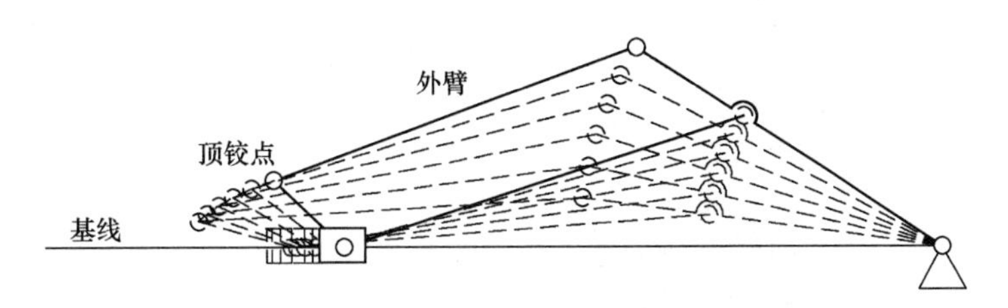

其次，是有关构件的可靠性分析。比如，挂钩式开启扇的防脱落构造。附图的两个防脱构造中，图 1 的构造看似有用，计算也能算过。但在使用过程中仍可能会出问题。原因是构件的刚度不足，固定螺丝在冲击荷载的反复作用下仍可能会松动，导致防脱落构造失效；而图 2 的构造中，防脱落构件镶嵌在槽内，即便螺钉脱落也不会滑出，显然可靠很多。

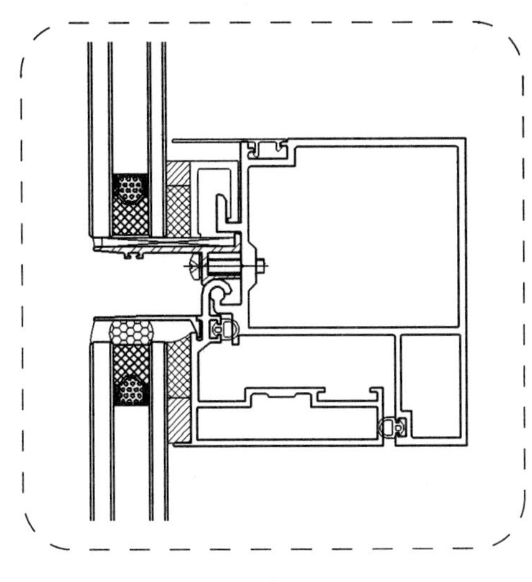

图 1

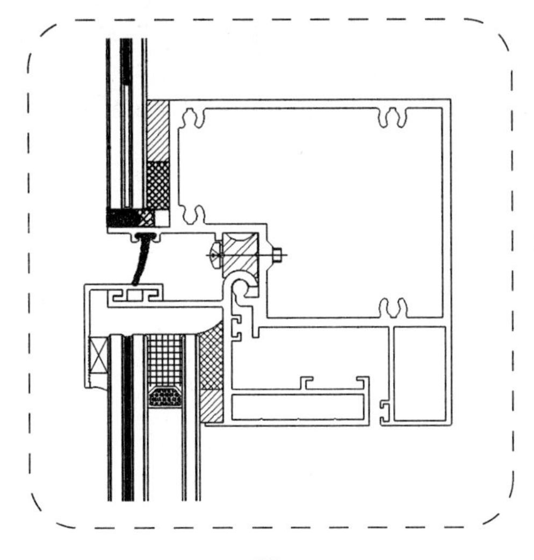

图 2

图 3 所示的穿轴式的连接构造相对来说可靠性更高一些。只要做好轴向的限位，理论上是不会出现开启扇脱落的情况。但是在实际使用过程中，有时也会有断轴的情况发生。除了有关荷载取值不足外（未考虑动力系数），窗框（含横梁）承载时产生的挠度也是一个重要的诱因。因为这会导致多于两个以上的销轴不发挥作用，所以在计算时只应考虑两端销轴受力，并且考虑到金属疲劳问题，还应在构造上多采取一些减少应力集中的工艺措施。

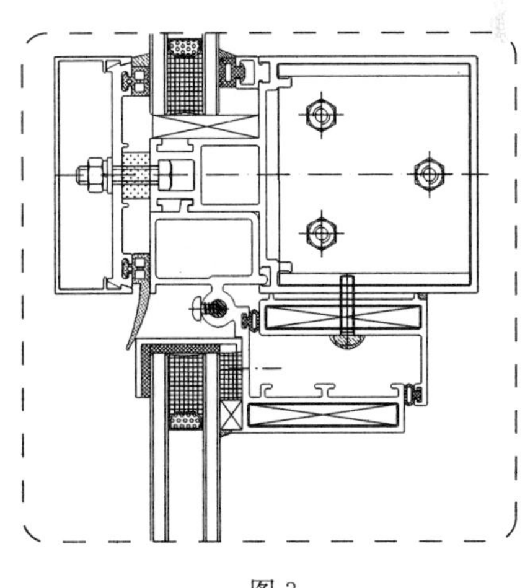

图 3

同样的情况，也可能出现在滑撑的连接构造上。好的设计会将滑撑嵌在一个宽度匹配的槽口之中，依靠构造措施承受滑撑传递给窗框的主要荷载，滑撑上的固定螺钉则负责将其固定在槽口内。但图省事的做法很可能采取完全依赖几个螺丝的固定，长期工作后五金件很快被损坏。

另外，通常不锈钢滑撑上设有一个承受长期重力荷载的圆孔（其他孔为长孔）。理论上其承受的剪切力有限（窗扇的自重），采用拉钉就能满足要求。但实际上由于该处频繁承受冲击荷载，定位拉钉被剪断的比比皆是。当这个定位拉钉失效后，窗扇就会掉角，影响正常开启。如果暴力操作，很可能造成更大的损坏甚至是事故，这也是可靠度不足的一个表现。

所以在上海地方标准中，就规定了在开启窗的螺钉连接部位需要局部加大壁厚或是采用背衬钢丝母板进行连接加固，这些做法都是提高连接可靠性的有效措施。

第三，是开启窗的人机关系设计。比如开启窗的启闭力设计就需要按照使用者的正常臂力设计。如果窗扇开启所需的力过大，超出人的正常臂力水准，就需要通过设置类似下图的省力的机构或助力装置，以便于开启窗的正常使用。

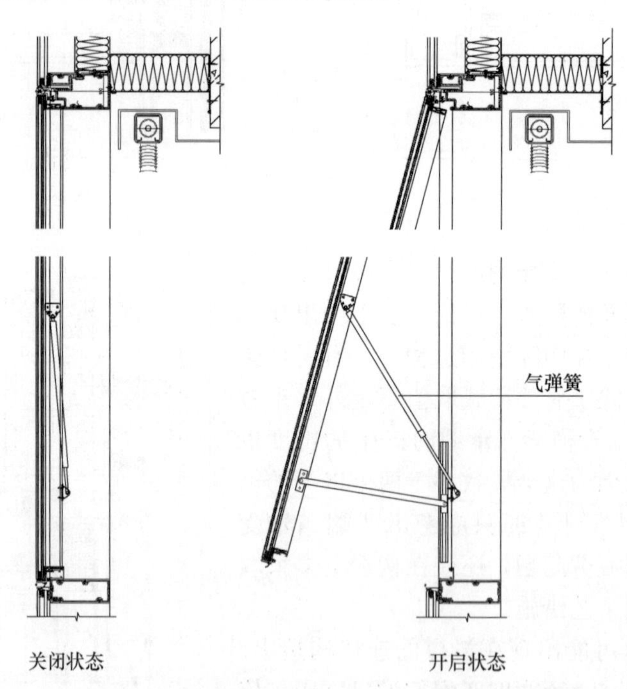

仅是做了简单的分析，就可以清楚地发现传统的幕墙设计很难全面覆盖到开启窗的种种特殊情况。从本质上讲，是不完善的设计规程导致了幕墙开启窗成为了影响幕墙安全的高危部件。所以解决幕墙开启窗的安全问题，最积极的方法不是限制开启面积之类的硬性规定，而是制定正确的设计规程，真正从根子上解决幕墙开启窗的安全问题。

3 漫谈幕墙开启窗的设计规程

幕墙开启窗的设计规程应围绕其三种标准工作形态来展开的，主要可以分成“功能性”与“结构性”两个部分的内容分别进行设计：

3.1 开启窗的功能性设计

开启窗的功能性设计主要是描述开启窗的启闭过程及相关的影响和作用。简单来说，大致包含下面的内容：

（1）启闭轨迹设计

启闭轨迹设计主要是描述开启窗活动构件的运行轨迹及起止位置。通过这些参数来确定幕墙活动构件是否会在运动过程中发生碰撞或干涉、其起止位置是否能够满足安装工艺需求或使用功能需求、达到平面内变形级别时窗扇是否还能正常启闭等。

（2）启闭力设计

开启扇启闭力可以通过其质量、启闭位置、开启五金配件的摩擦力等参数计算出来。而根据人机关系原理，根据幕墙开启窗的室内安装高度可以确定操作人员启闭操作时的标准臂力值。如启闭力超过操作人员的标准臂力值，则需要改变开启方式或使用额外的传动装置。

（3）安全防护设计

幕墙开启窗在三种工作形态下均应对可能出现的非正常状态进行分析，并依据幕墙开启窗非正常状态出现的概率和由此造成的影响来确定是够需要采取针对性的安全防护措施。比如有的窗扇刚度不足，就需要在框扇交合的对应位置安装一组楔形定位块，还有前面提到的挂钩式构造的防脱落装置等，都是针对性的安全防护设计。

（4）可维护设计

开启窗的活动构件均应可以拆换或维护。这一条看似简单，但实际上经常出问题。比较常见的情况是开启扇受到外侧装饰带或遮阳装置的限制，开启角度有限，根本就不能拆换滑撑等五金配件，给使用维护带来巨大麻烦。

3.2 开启窗的结构性设计

（1）开启状态下的荷载取值及结构计算

幕墙开启窗在开启状态下风荷载取值没有明确的规定，但仍可以参照荷载规范中的檐口等突出构件来取值。考虑到窗扇在极端天气下依然存在被开启或忘记锁闭的概率，并且其一旦脱落会导致严重的安全问题，所以需要从严控制。建议在风荷载标准值作用下，打开的开启扇不得出现连接失效脱落以及不得出现不可恢复的变形、破损及影响正常开启功能的变化。

由于开启窗的工作特性，对打开的开启扇可不做挠度方面的限定。幕墙开启窗在风荷载作用下突然启闭所产生的冲击荷载也不做计算，这主要是因为不同的开启配件间的阻尼差异很大，没办法保证计算结果的精确性。但可以要求通过实物实验来测试窗体连接的可靠度。

（2）框扇构件的结构校核

由于开启窗的密封功能需求，决定了其挠度值要更为严格。通常框、扇间密封胶条的设计压缩量约 2mm，扣除组各种误差，有效值还会更少。所以幕墙开启扇闭合状态下的挠度变形量最好不大于 2mm，如果按照锁点间距 300～500mm 计算，其构件允许挠度值宜控制在 1/250 之内。

(3) 连接构件的结构校核

由于幕墙开启窗所承受的冲击荷载难以确定，所以仍可按开启窗的开启和锁闭两种状态下进行静载的受力分析计算（注意，开启状态下只有风撑、折页和撑挡等开启配件参与承载），但建议增加1.4的动力系数以确保连接点安全可靠。

4 结语

无论是JGJ 102还是GB/T 21086中对幕墙开启窗的设计要求都没有专门的规定。而幕墙开启窗又是如此重要，总要有解决的办法。这篇文章完全是有感而发，希望引起大家对幕墙开启窗设计困局的关注，从而推动将幕墙开启窗的设计规程纳入到有关的规范和标准中去。

福州海峡国际会展中心会议中心玻璃幕墙设计

刘长龙
江苏合发集团有限责任公司　江苏丹阳　210005

摘　要　本文介绍了福州海峡国际会展中心框格式玻璃幕墙结构设计，分析了幕墙结构与主体结构的关系，论述了框格式璃幕墙这种新的幕墙型式。

关键词　框格式幕墙；幕墙结构；结构设计

1　工程概况

福州海峡国际会展中心位于福州市仓山区城门镇浦下洲，总用地面积：668949m^2，设计用地面积 461715m^2，建筑面积 386，420m^2，包括展览中心（H1、H2）和会议中心（C1）两部分（图 1）。展览中心结构形式为钢筋混凝土框架结构及钢结构，地上 3 层，地下 1 层，建筑高度 24m；会议中心结构形式为钢筋混凝土框架剪力墙结构及钢结构，地上 4 层，地下 1 层，建筑高度 38m（图 2）。建成后将举办国际大型会议、福建省政治协商会议、福建省人民代表大会、综合型大型展览。工程主体主要包括两个 40，000m^2 的大展厅，一个 2000 人会议厅及一个 2000 人宴会厅以及一定数量的中小型会议室、洽谈室，大型公共餐厅等，地下包括大型停车场及大型超市。

图 1　福州海峡国际会展中心鸟瞰效果

图 2　会议中心立面效果

2 幕墙工程概况

福州海峡国际会展中心幕墙面积约为 90000m²，由于特有的建筑造型，给幕墙的设计、施工提出了新的挑战。会议中心幕墙形式共分为四个系统：

氟碳喷涂铝合金隐框框架式玻璃幕墙（W-C1），位于会议部分的南北外立面大面及东西立面的局部区域，幕墙分格约 3000（横向）×2000（竖向）mm，玻璃采用 8＋1.52PVB＋8＋12A＋10 钢化夹胶中空 Low-E 玻璃，夹胶玻璃位于室外侧，Low-E 膜位于外片玻璃的内表面，加隔热积水中间膜。幕墙标高从 0.000m～23.000m；

点式玻璃雨篷（W-C2），位于会议部分的南北外立面区域，玻璃分格约 3000×2000mm，玻璃采用 12＋1.52PVB＋12 钢化夹胶玻璃，雨篷标高 8.000m；

氟碳喷涂铝合金隐框框架式玻璃幕墙（W-C3），位于会议部分的四层立面位置，幕墙分格约 3000（横向）×1000（竖向）mm，玻璃采用 6＋12A＋6 钢化中空 Low-E 玻璃，幕墙标高从 23.00m～26.50m；

氟碳喷涂铝合金单层铝板幕墙（W-C4），位于会议部分东、西立面位置（除去南北两侧内部连廊的宽度），幕墙分格约 3000（横向）×2000（竖向）mm，标高从 9.00～23.00m；

铝合金隐框玻璃采光顶系统（R-C2），玻璃分格约 2000×1000mm，玻璃采用 8＋1.52PVB＋8＋12A＋10 钢化夹胶中空 Low-E 玻璃位于会议部分穹顶屋面的透明部分。

在会议中心幕墙工程中，由于点式玻璃雨棚（W-C2）、四层立面位置隐框玻璃幕墙（W-C3）和东、西立面位置的铝板幕墙（W-C4）结构及构造形式在国内相对来说技术较为成熟，本文只对南北外立面隐框玻璃幕墙（W-C1）和采光顶系统（R-C2）做重点阐述。

3 幕墙系统的设计

3.1 幕墙设计的基本技术参数

福州地区基本风压：0.70kN/m²（50 年）；

抗震设防烈度：7 度；

设计基本地震加速度：0.1g；

地面粗糙度类别：A 类；

温差：±80℃；

材料的泊松比：玻璃 $\nu=0.2$，铝合金＝0.33，钢及不锈钢＝0.3；

材料的线膨胀系数值：玻璃 $\alpha=0.80\times10^{-5}\sim1.00\times10^{-5}$，铝合金 $\alpha=2.35\times10^{-5}$，钢材 $\alpha=1.5\times10^{-5}$。

3.2 南北外立面隐框玻璃幕墙（W-C1）

3.2.1 幕墙结构体系设计

会议中心南北立面隐框玻璃幕墙为大跨度玻璃幕墙系统，幕墙结构支撑体系利用主体建筑沿轴线每 9m 的钢管混凝土柱作为主要支撑结构，在玻璃幕墙水平分格缝后设置铝包钢的横梁，作为幕墙水平荷载的支撑体系，将水平荷载传递给钢管混凝土柱。钢管混凝土柱 9m 间在竖向玻璃分格缝后设置 $\phi14$ 钢索，来承受幕墙的自重，竖向 $\phi14$ 钢索上部与混凝土梁连接，下部与近地面钢横梁连接，与地面断开，避免钢索在水平荷载作用下产生拉力，对主体结构产生不利影响（图 3）。

3.2.2 幕墙结构体系荷载的传递

钢管混凝土柱位置处幕墙系统左右二分之一水平玻璃及钢、铝构件的自重等竖向荷载由钢横梁通过转接件传递给主体结构；竖向钢索位置处幕墙系统左右二分之一水平玻璃及钢、铝构件的自重等竖向荷载通过20mm 厚钢托板由钢索紧固件传递给竖向钢索，最终传递给主体结构顶部混凝土梁；幕墙水平荷载通过面板玻璃由钢横梁传递给主体结构。

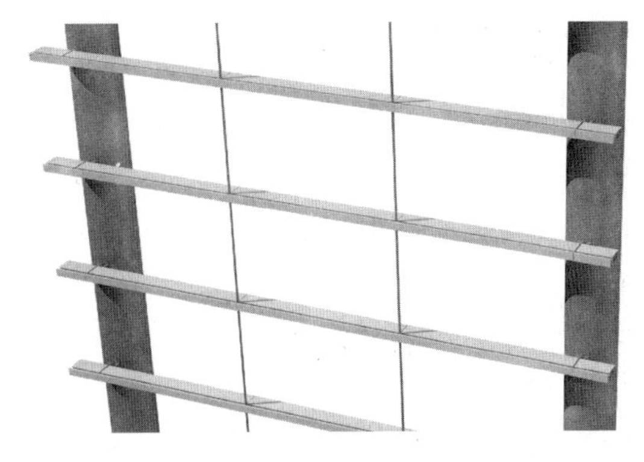

图 3　W-C1 幕墙系统结构体系局部示意

3.2.3 柱间节点构造设计

9 米钢管混凝土柱间幕墙标准节点及拆分构造如图 4，为竖隐横明幕墙形式。

为保证幕墙结构的安全性，9m 横梁采用分段拼焊的钢通是稳妥的选择，同时由于建筑内视效果的需要，用于承担幕墙自重的 $\phi14$ 钢索隐于玻璃竖向分格缝间，外扣胶条，胶条的变形要能够适应面板玻璃短边变形要求。钢通横梁外扣铝合金装饰盖板，由于钢通截面较大，装饰盖板采用了分段微缝拼接的方法。钢通横梁外焊接 20mm 厚钢托板，钢托板下采用钢索紧固件夹紧钢索，依据二者间的摩擦力来承担上片幕墙玻璃及横梁自重。钢横梁外侧通长铝合金型材，玻璃坐落其上，外口铝合金型材装饰扣板，受力模型为两边简支受力。

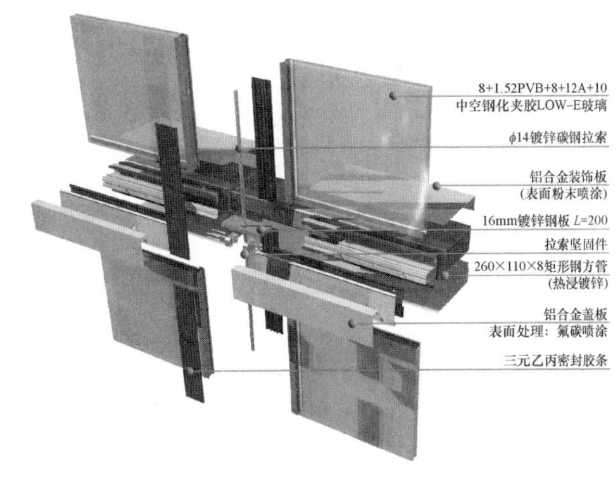

图 4　柱间幕墙标准节点示意图

在施工中，设计要求钢索不需要施加预应力，只施加 200～500kg 拉直即可。施工中要采用内六角扭矩扳手将 4 根不锈钢螺栓拧紧，扭矩扳手的扭矩值的设定按下式进行计算：

$$M=k\times d\times p$$

式中：d——高强螺栓公称直径；对于拉杆，D 是拉杆端部螺纹公称直径；

p——螺栓轴力，$p=G/u$；

M——施加在高强螺母上的扭矩；对于拉杆，M 是施加在扭力扳手上的扭矩。

3.2.4 柱上节点构造设计

9m 钢管混凝土柱上幕墙标准节点及拆分构造如图 5 所示，同样为竖隐横明幕墙形式。

钢管混凝土柱外侧取消了 $\phi 14$ 钢索，采用钢转接件直接将钢横梁与钢管混凝土柱连接，用钢连接件将幕墙及结构自重和水平荷载传递给主体结构。钢横梁与钢管混凝土柱的连接设计采用了一端焊接，一端钢插芯的构造措施，来适应温度及主体结构变形对幕墙结构的影响。

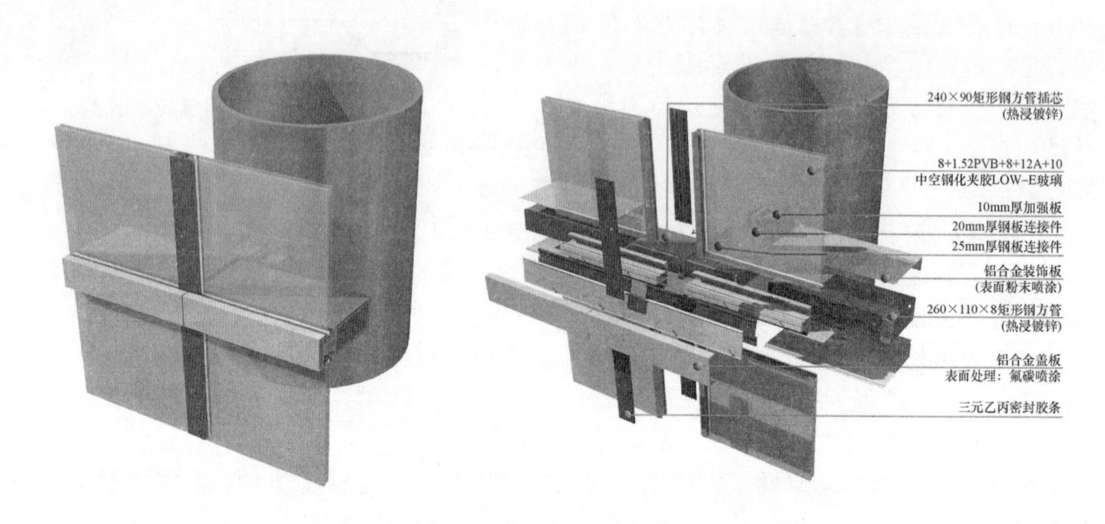

图 5 柱上幕墙标准节点示意图

3.3 采光顶系统（R-C2）

会议中心采光顶系统（R-C2）位于会议中心屋面钢结构上（图 6），依托于主体屋面钢结构上，为四边简支受力模型，室内侧设置电动遮阳卷帘。在确保采光顶幕墙系统结构总体安全的前提下，重点考虑的是防水构造的设计。依据现行国家及行业标准，采光顶幕墙系统玻璃面板强度取值为 $42N/mm^2$，为幕墙立面面板强度的二分之一。

会议中心的屋面玻璃采光顶系统防水设计遵循“疏、堵、排”三者相结合的处理原则。疏，即利用现有建筑造型，将玻璃采光顶范围内的雨水疏导入周边主体屋面排水槽内；堵，即采用打胶密封的构造，将防水处理做实；排，如果万一打胶密封个别局部地方出现雨水渗漏，利用室内导流水槽将雨水有组织排出。考虑到福州为暴雨及台风多发地区，在设计时增大了导流水槽的尺寸，加大排水总的流量，做到二次防水的导水槽在平面上顺畅贯通，排泄积水，排水槽的做法和平面图上排水槽的排水流向明确，使之连接贯通，排水可靠；同时有足够的调节量，现场施工方便快捷。

图 6 采光顶系统内视效果示意

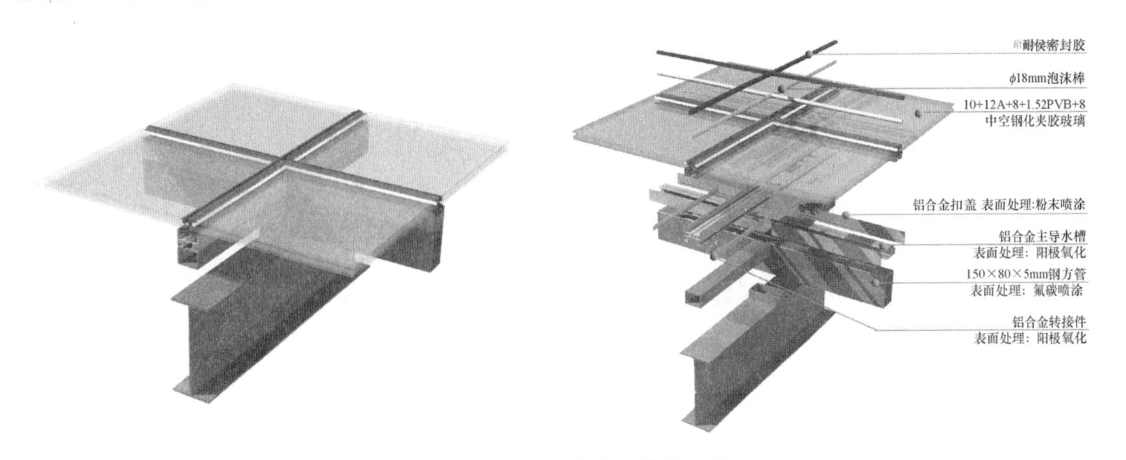

图7　采光顶系统节点效果示意

4　幕墙结构静力计算分析

4.1　幕墙结构的强度与变形

依据国家及行业标准和风洞实验报告的数据，经采用ANSYS计算软件对幕墙玻璃及结构体系进行空间有限元分析，南北立面幕墙及采光顶玻璃及杆件的强度与变形见下表。

构件＼部位	玻璃（立面）			玻璃（采光顶）			9m钢梁（立面）		钢龙骨（采光顶）	
	强度 N/mm²		刚度 mm（短边）	强度 N/mm²		刚度 mm（长边）	强度 N/mm²	刚度 mm	强度 N/mm²	刚度 mm
	内片	外片		内片	外片					
数值	38.1	47.2	21.8	25.4	28.6	13.2	184.9	29.5	41.6	<1/250

4.2　温度变化对幕墙结构的影响

会议中心南北立面幕墙虽然采用了钢横梁＋钢索作为幕墙支撑结构，但由于钢横梁与主体钢结构连接及钢索与钢横梁连接均采用了腰形长孔或插芯的构造措施，使幕墙钢结构在温差作用下可自由变形，温差作用对本结构形式影响不明显。经计算温差对本结构的杆件应力影响及其微弱，可忽略不计。

5　幕墙性能设计

（1）幕墙风压变形性能：系指建筑幕墙在与其相垂直的风压作用下，保持正常性能不发生任何损坏的能力，具体为保证幕墙的强度与刚度。其衡量指标为风荷载标准值。会议中心风荷载标准值W_O在3.0kN/m²和3.5kN/m²之间，风压变形性能5级；

（2）幕墙空气渗透性能：系指在风压作用下，其开启部分为关闭状况的幕墙透过空气的性能。福州属于夏热冬暖地区，设计要求本幕墙工程的空气渗透性能在10Pa的内外压力差下，固定部分空气渗透性能4级，幕墙开启部分气密性能分级为4级；

（3）幕墙雨水渗漏性能：系指在风雨同时作用下，幕墙防止雨水渗漏的能力。$P=1.56$kPa，依据雨水渗漏性能4级；

（4）幕墙平面内变形性能：系指表征幕墙全部构造在建筑物层间变位强制幕墙变形后应

予以保持的性能。本工程主体结构为钢结构，幕墙的平面能变形性能按结构弹性层间位移角限值的三倍取值，故幕墙体系的平面内变形性能为 5 级；

(5) 幕墙保温性能：系指在幕墙两侧存在空气温度差条件下，幕墙阻抗从高温一侧向低温一侧传热的能力。根据针对本工程的热工计算，非透明幕墙保温性能为 8 级，透明幕墙保温性能为 5 级；

(6) 幕墙隔声性能：本幕墙工程玻璃幕墙选用玻璃 $R_w \leqslant 30dB$，铝合金型材搭接及拼装处，钢转接件与铝合金构件连接处均设置释放约束空间，避免了因温度变化引起的构件热胀冷缩带来的噪声，本工程隔声性能分别为 3 级，

6 结语

根据设计及理论计算分析，福州海峡国际会展中心会议中心采用的玻璃幕墙，在结构上是安全，其幕墙各项性能指标满足幕墙使用及功能要求。

超高层大跨度建筑幕墙分析
——上海东亚银行金融大厦之空中花园

周　慧

上海杰思工程实业有限公司　上海　200020

摘　要　上海东亚银行金融大厦的空中花园，采用了大跨度的“预应力拉索＋小钢梁”的结构体系作为外立面单元式玻璃幕墙的支承体系，规避了在超高层建筑上单独使用预应力张拉支承体系存在的安全风险，又大幅度地降低了幕墙支承结构的构件尺寸，最终实现了幕墙的建筑外观与结构安全之间圆满结合。

关键词　预应力体系；单元幕墙

1　引言

上海东亚银行金融大厦，原名上海高宝金融大厦，所在地位于浦东新区银城西路与花园石桥路的拐角处，即陆家嘴金融中心 X3－1 地块，建筑物外立面采用玻璃幕墙，总高度 198m，标准层平面近似为“H”形，东西两侧为办公用房，东侧 32 层，西侧 40 层，中间部分主要为通道、楼梯、电梯间及设备间。（图 1）

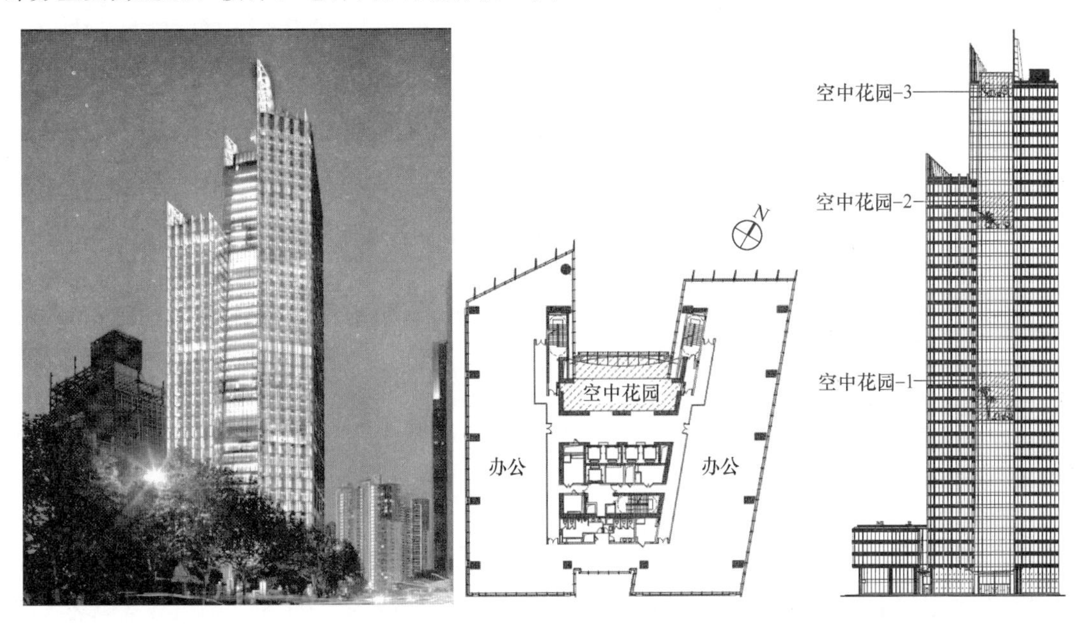

图 1　上海东亚银行金融大厦

大楼在中间部位开辟了三处跨层的空中花园，分别位于：

	空中花园	层数	标高	立面上下跨度	立面水平跨度
1	第一避难层 至 17 层	共 4 层	60.900m～77.700m	16.8m	约 14.9m
2	第二避难层 至 31 层	共 3 层	128.100m～140.700m	12.6m	约 14.2m
3	40 层 至 屋面层	共 2 层	174.300m～183.700m	9.4m	约 13.7m

本工程外立面形式较为规整，采用单元式玻璃幕墙系统。空中花园区域为跨层的共享空间，单元幕墙板块不能直接安装在中间楼层的土建结构之上，需要专门设计出大跨度的支承体系，在满足建筑效果要求的同时，又能为超高层的单元玻璃幕墙提供结构支承。

2 设计条件

三处空中花园建筑形式类似，我们以位于第一避难层至 17 层的“空中花园－1”为例进行分析。

该处空中花园的幕墙面为一内倾的斜面，倾斜角度 3.9°，结构洞口尺寸为 16.9m×15.8m（宽×高），是三处空中花园中最大的洞口，洞口上边与下边均为钢结构梁与楼板结构，左右两侧有主体结构混凝土框架梁。

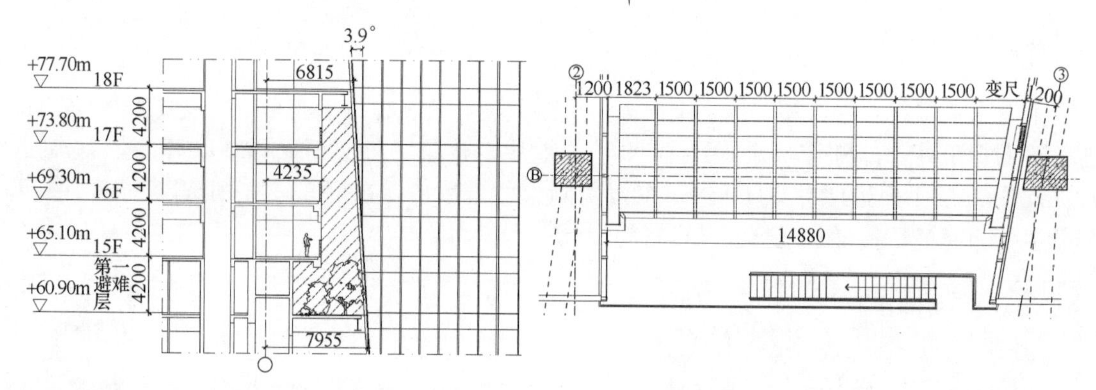

图 2　空中花园-1

空中花园的建筑外立面要求与标准楼层外观一致，包括玻璃种类、幕墙分格、细部外观等均不可出现变化。室内部分由于共享空间的进出尺寸十分有限，建筑要求幕墙应尽量弱化自身支承体系的视觉尺寸，且不可有构件与 15F、16F、17F 的边部结构进行连接，从而使空中花园在视觉上尽可能通透。

同时，由于此大跨度幕墙的高度较高，且为内倾斜面，相比一般的竖直立面幕墙而言，设计中对抗风压性能、防雨水渗漏性能、平面内变形性能、防松脱构造等方面，提出了更高的要求。

3 方案选型

空中花园的内倾玻璃幕墙，因其位于本项目的高层区域，且四周与其相接的幕墙均为单元式玻璃幕墙系统，在建筑外立面外观一致的条件下，如在此处采用框架式玻璃幕墙系统，不但框架系统自身在内倾条件下的防雨水渗漏性能较弱，还需要在洞口四周增设与周边单元式幕墙系统之间的交接构造，从而使此区域的雨水渗漏风险大大增加；同时，由于框架式玻璃幕墙是在现场完成幕墙零件的组装和施工，增大了超高层建筑幕墙的施工难度和安全风险，并且在此区域容易导致其他大面积单元幕墙整体施工进度的瓶颈。综合权衡之下，我们选择了与周边幕墙一致的单元式玻璃幕墙系统作为空中花园外立面幕墙形式的首选。

在确立外立面幕墙系统形式之后，设计的重点就是如何对幕墙的支承体系进行选型，由于支承体系不能与中间楼层结构进行连接，只能选择使用大跨度的结构形式进行支承，可有如下三种选型方向：

1. 选型方向一：钢立柱＋次钢梁体系

以钢立柱为主受力构件，考虑到玻璃幕墙水平分格尺寸较小（1500mm），钢立柱按每3个分格（4500mm）设置，每层设置横向钢梁，玻璃幕墙单元板块安装于钢梁之上。

2. 选型方向二：钢桁架＋次钢梁体系：

以竖向钢桁架为主受力构件，钢桁架按每3个分格（4500mm）设置，每层设置横向钢梁，玻璃幕墙单元板块安装于钢梁之上。

3. 选型方向三：钢梁＋吊索体系：

以横向钢梁为主受力构件，玻璃幕墙单元板块安装于钢梁之上，并按每3个分格（4500mm）设置竖向承重吊索，以解决钢梁稳定性及竖向荷载下的挠度问题。

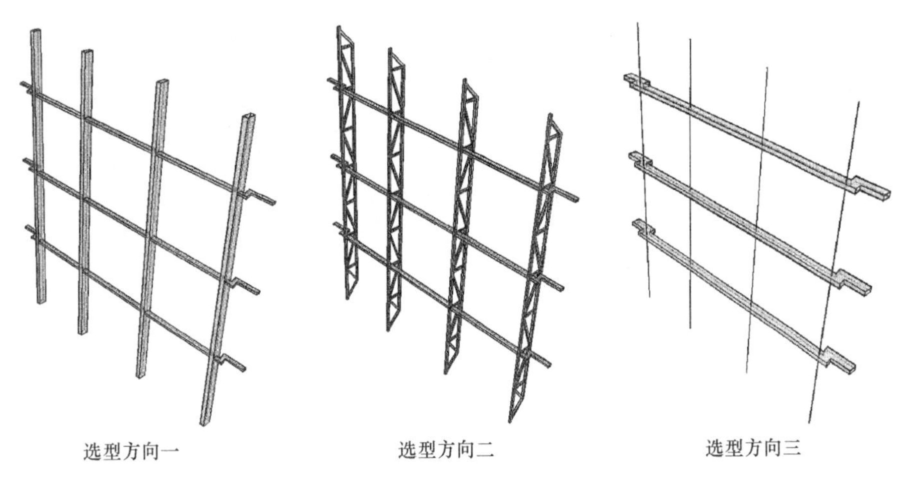

选型方向一　　选型方向二　　选型方向三

图3

上述三种支承方案选型，各有优劣，对比如下：

选型	建筑外观	受力状态	方案选择
方向一	钢立柱截面尺寸约450×225，竖向线条视觉过于粗壮，影响室内观感	洞口上部主体结构H型钢梁弱轴方向承担钢立柱水平推力，受力状态不好	放弃
方向二	钢桁架高度约900，占用室内有限空间，且影响室内观感	洞口上部主体结构H型钢梁弱轴方向承担钢桁架水平推力，受力状态不好	放弃
方向三	无钢立柱。 钢横梁截面尺寸约500×250，横向线条视觉过于粗壮，影响室内观感	洞口左右两侧主体结构混凝土框架梁承担钢横梁水平推力，受力状态较好	优选方向

综上比选，采用横向构件作为幕墙支承体系是优选方向，但由于钢横梁的尺寸偏大，影响室内观感，我们将如何减小钢横梁的尺寸，同时又不影响室内建筑效果，作为设计优化的重点，同时，考虑到洞口上下边部结构承载能力较弱，我们最终选择了在钢横梁后侧增设水平的鱼腹形预应力拉索系统，作为幕墙的主受力支承构件，同时减小钢横梁截面尺寸，以满足建筑效果的要求。

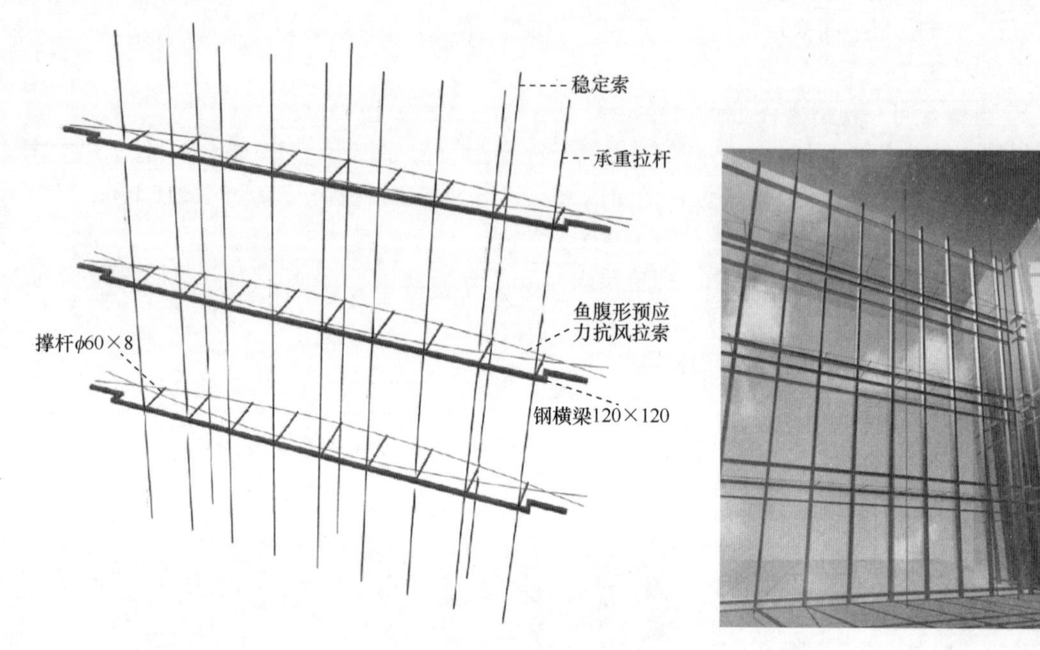

图4　水平鱼腹形预应力拉索系统

4　结构设计

作为在超高层建筑中对单元幕墙板块提供支承的大跨度、大挠度预应力体系，除了需要考虑常规预应力拉索体系的张拉控制、稳定性、温度变形、应力蠕变等各方面的因素之外，同时还需要考虑幕墙平面内变形性能要求，以及大挠度预应力体系对单元板块之间对插构造的影响所引发的安全隐患。

4.1　幕墙结构形式

由于铝合金型材材料长度规格限制，结合建筑层高，幕墙单元板块高度只能按层高4.2m设计，单元板块由工厂制作完成，通过连接件固定安装在钢横梁上。

钢横梁采用120×120×8方钢管制作，分别安装于15F、16F、17F，钢横梁在对应幕墙分格的位置设置承重拉杆，间隔1500mm布置，此钢横梁一承重拉杆共同形成一个紧贴于幕墙面之后并与之平行的内倾斜面。

每道钢横梁的后部，均设置一道水平的鱼腹形预应力抗风拉索（下简称鱼腹拉索）进行支承，鱼腹拉索跨度16.756m，弦高1.12m。由于幕墙立面为内倾斜面，鱼腹拉索亦设计为与幕墙立面垂直的方向上，采用ϕ60×8撑杆与钢横梁连接。

鱼腹拉索的后弦的撑杆节点上，间隔4500mm左右设置了3道竖向稳定索。

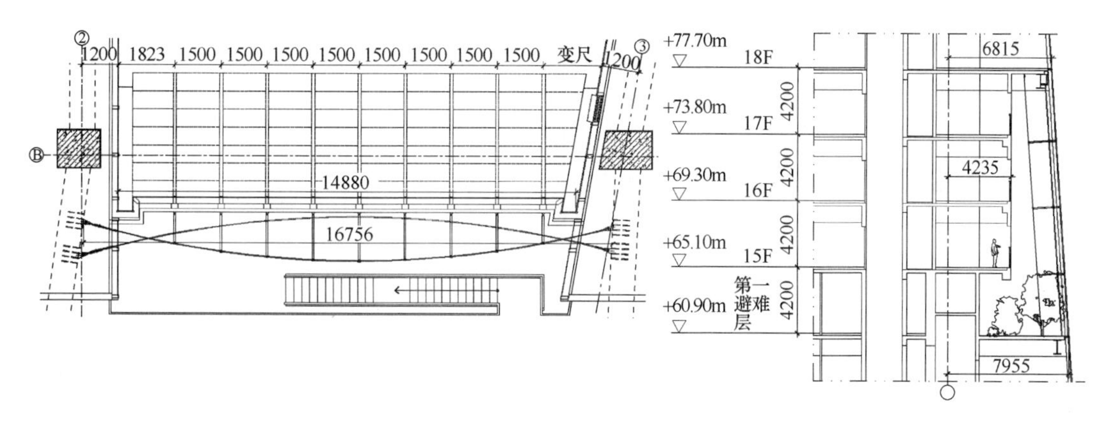

图5

4.2 鱼腹形预应力拉索体系设计

水平的鱼腹形预应力拉索体系，是一套大挠度体系，作为空中花园大跨度单元玻璃幕墙的主受力支承系统，幕墙的所有荷载，均由此体系承担。幕墙的荷载主要包括竖直重力荷载、垂直于幕墙表面的风荷载、水平地震荷载，以及温度应力。由于幕墙立面为内倾斜面，竖直重力荷载和水平地震荷载均需按幕墙表面垂直方向和平行方向进行分解后进行计算。

首先，设计将考虑除温度应力之外的荷载作用：

（1）鱼腹拉索：主要承担垂直于幕墙表面的荷载，包括自重荷载垂直于幕墙面的分量、风荷载、地震荷载垂直于幕墙面的分量。

（2）承重拉杆：主要承担平行于幕墙表面向下的荷载，包括自重荷载平行于幕墙面的分量、地震荷载平行于幕墙面的分量。

（3）稳定索：主要为精准地固定鱼腹拉索的空中位置，保持其在受力状态下的空中姿态，同时保证鱼腹拉索的稳定性。

其次，作为对外围护结构提供支承的预应力拉索体系，除需满足强度、挠度指标、稳定性设计要求之外，还应考虑温度应力的影响。在最不利工况下，即最不利温度条件下的极限受力状态中，所有拉索、拉杆均不应出现松弛。按照上海地区气候条件和大楼的实际使用情况，室内温差按 40℃计，最不利工况下的拉索、拉杆的残余拉力设定为不低于 2.0～5.0kN。

最后，设计还应考虑在长期使用条件下，预应力体系的应力蠕变所带来的预应力损失量，此部分按初始预应力的 10%取值，并加入到初始应力中。

经过多次权衡协调分析，并考虑尽量降低预应力体系的初始预应力，以利于降低对主体结构的支座反力，鱼腹拉索的设计采用了较大的弦高来控制预应力，通过有限元软件（非线性）进行验算，得到应力云图与挠度云图如下，可以看出，鱼腹拉索的强度储备较大，但挠度已达 69.13mm（挠度许可值 83.78mm），该预应力体系属于挠度控制。

至此，我们选定了鱼腹拉索的规格为 ϕ30mm 不锈钢索，承重拉杆的规格为 ϕ16mm 不锈钢杆，稳定索的规格为 ϕ16mm 不锈钢索；鱼腹拉索的预应力值设定为 173kN。

4.3 钢横梁设计

空中花园的鱼腹形预应力拉索体系，是一套非线性的大挠度系统，而单元式玻璃幕墙系统板块之间的对插构造，也使单元板块在幕墙平面内有着一定范围内自由伸缩活动的能力，

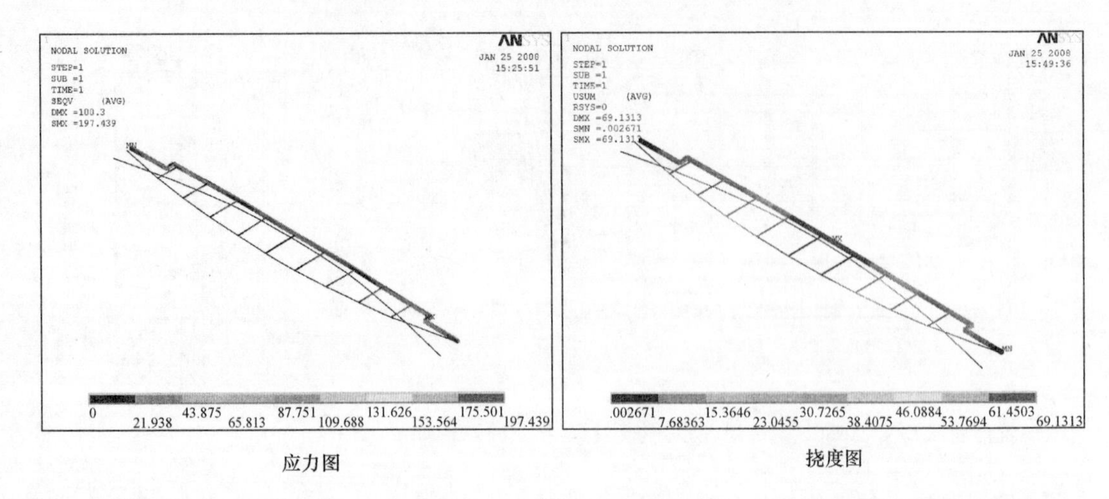

应力图　　挠度图

图6

这两种系统叠加在一起时，一方面可以更好地适应主体结构的各种变形需求，形成一套柔性体系，但另一方面，却可能带来额外的安全隐患。

钢横梁的设置，主要目的便是为了消除这种安全隐患，同时方便单元板块的安装。

通过钢横梁，我们将同一楼层的单元板块利用专用连接件安装在同一个钢横梁上，并用螺栓进行锁定。这样做的好处，是可以防止板块脱落，另外，对每块单元板块的左挂件进行左右限位，防止了同层单元板块之间的左右自由窜动，从而避免了同层相邻单元板块之间的对插构造因板块的自由窜动而导致脱出，同时，仍可利用此对插构造释放温度变形。

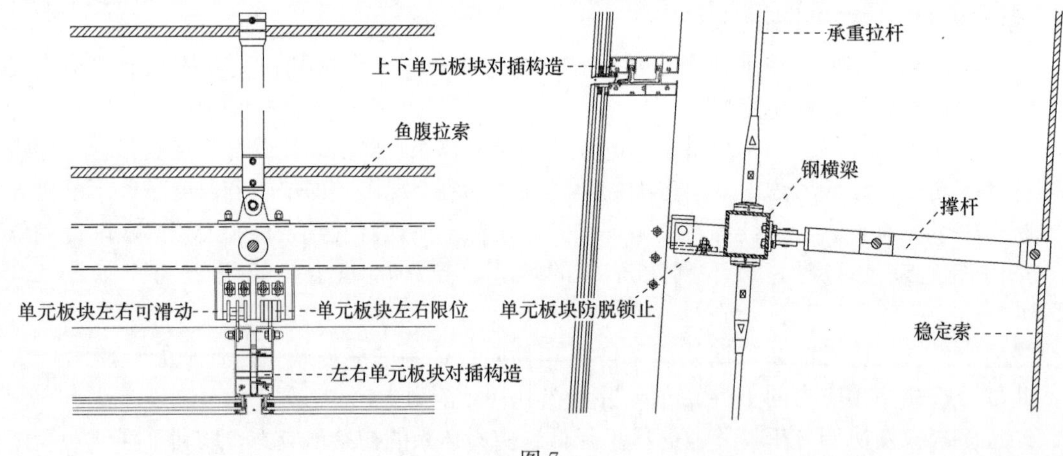

图7

钢横梁上对应每个幕墙分格，设置了承重拉杆，一方面可以直接将单元板块的竖向荷载通过承重拉杆直接传递至主体结构，另一方面承重拉杆也在竖直方向上对钢横梁形成了约束，可防止钢梁出现竖向变形过大，从而导致上下楼层单元板块之间的对插构造脱出，进而引发安全事故。承重拉杆的设置，并不会影响上下楼层单元板块之间的横向自由滑动能力，可满足建筑幕墙的平面内变形性能要求。

5 结语

超高层建筑在局部部位设计共享空间的项目日益增多，超高层幕墙多采用单元式幕墙系统，而共享空间又需要大跨度、通透性好的幕墙体系。上海东亚银行金融大厦的空中花园所使用的大跨度“预应力拉索＋小钢梁”的结构支承体系，在满足各种结构荷载和变形需求的前提下，形成了一套较为完善的“柔性”体系，可满足建筑效果和幕墙各项性能要求，同时也规避了的安全隐患，对今后类似的工程项目有着重要的借鉴意义。

参考文献

［1］《建筑幕墙》GB/T 21086—2007. 北京：中国标准出版社，2008.
［2］《玻璃幕墙工程技术规范》JGJ—2003. 北京：中国建筑工业出版社，2003.
［3］《建筑结构荷载规范(2006 年版)幕墙》GB 50009—2001. 北京：中国建筑工业出版社，2006.

作者简介

周慧（Zhou Hui）男，1975 年 3 月生，主要从事建筑幕墙设计及技术管理相关工作，现任上海杰思工程实业有限公司设计部经理。

常州大剧院倾斜式竖向单拉索点支式幕墙设计与施工

刘长龙　洪　源　晁晓刚

江苏合发集团有限责任公司　江苏丹阳　210005

摘　要　本文介绍了常州大剧院单层单向拉索幕墙的结构设计，分析了倾斜式单索结构的受力特点，采用了非线性有限元计算方法，分析了幕墙结构体系与主体结构的关系，并提出了合理的构造措施。

关键词　幕墙结构；单索结构；单索幕墙

1　工程概况

常州大剧院工程位于江苏省常州市新北区黄山路、城北干道交叉口西北角，东侧隔黄山路与市体育中心、会展中心相望，西侧与市博物馆和规划展示馆遥相呼应，北侧是广场大道，与市民广场融为一体，包括1500座左右的大剧场、423座的多功能小剧场、4个大小不同的电影厅，总用地面积约为5.244公顷，总建筑面积约4.30万平方米，地下1层，地上4层，框架结构，建筑总高度34.800米（图1）。整个建筑外观造型独特，由于是绿色玻璃幕墙加上动感的设计，远远望去，如同一个流淌着的音符。

图1　建成后的常州大剧院工程

2　幕墙专业工程概况

常州大剧院建筑幕墙工程幕墙面积约为43000m^3，按幕墙形式区分主要为陶土板幕墙系统、倾斜式不锈钢单向索承玻璃幕墙系统、隐框玻璃采光穹顶幕墙系统、全玻幕墙系统、钛合金蜂窝铝板幕墙系统、肋点式玻璃幕墙系统、隐框窗玻璃幕墙系统、椭圆形单层铝板屋面幕墙系统、蜂窝铝板挑檐幕墙系统、点式玻璃雨篷系统等（图2）。

常州大剧院建筑幕墙工程按建筑部位来区分，分为立面幕墙及玻璃和金属屋面及装饰格栅两部分。立面幕墙在二层以上为内外两层，内外层幕墙间距约为2300mm（底部）和3750mm（顶部）。外层幕墙主要为倾斜式不锈钢单向（竖向）索承玻璃幕墙，菱形夹具形式，玻璃缝间开敞式构造，幕墙面积约为 7300m^2，内层幕墙主要为陶土板幕墙及隐框玻璃窗幕墙和超长吊挂全玻璃幕墙形式；屋面主要包括球形隐框玻璃采光穹顶幕墙、钛合金蜂窝铝板及铝单板金属屋面、铝合金金属装饰格栅等。

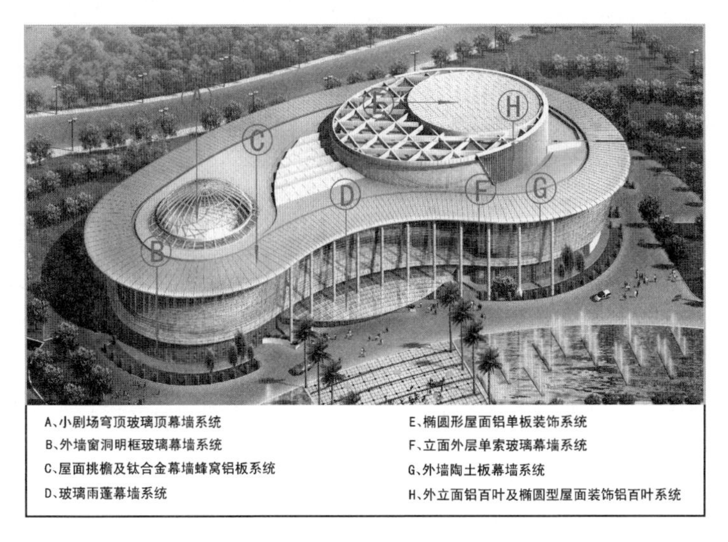

图 2　常州大剧院幕墙形式区分示意图

3　不锈钢单向拉索幕墙设计

常州大剧院建筑总平面由四段不同半径的圆弧组成，在圆心点固定的基础上，不同的建筑标高位置其半径亦有所不同（图 3），随建筑标高的增加其半径也随之增加。由于建筑立面造型及建筑艺术效果表现的需要，外维护采用了单层单向（竖向）不锈钢拉索幕墙，建筑造型决定了其外倾斜式的构造特点。

3.1　总体设计

单层索网玻璃幕墙位于大剧院建筑标高 5.3m 以上，建筑标高 19.300m 以下，与地面夹角为 83°，幕墙高度为 14m，竖向共五块玻璃分格，水平向在每个箱型断面钢柱间共六块玻璃分格。玻璃最大分格尺寸为 2821mm×1453mm，配置为 10＋1.52PVB＋10 钢化夹胶玻璃；拉索直径 ϕ22.5mm，采用 1×61 不锈钢铰线，仅在玻璃竖向分格缝处设置，不设置水平受力索。为建筑表现形式需要，在从下至上第 2、4 块玻璃上各设置五根 ϕ10mm 水平五线谱装饰性拉索，悬挂动感音符标识，不参与结构作用。单层索网幕墙面板玻璃顶部及底部与混凝土结构梁之间设置铝合金格栅通风装置，作为内、外层幕墙的进风口和出风口。

3.2　设计及计算参数的取值

基本风压：W_0＝0.40kN/m^2（江苏常州地区，50 年一遇）；

地面粗糙度：B 类；

地震基本烈度为 7 度，近震考虑；

玻璃配置为钢化夹胶玻璃，10＋1.52PVB＋10，密度为 25.6kN/m^3，弹性模量 E＝0.72×10^5N/mm^2；

拉索采用 ϕ22.5 不锈钢拉索，规格 1×61，弹性模量 E＝1.3×10^5N/mm^2，破断强度为 340.66KN（单根不锈钢丝最小破断力 F_y＝1320MPa）；

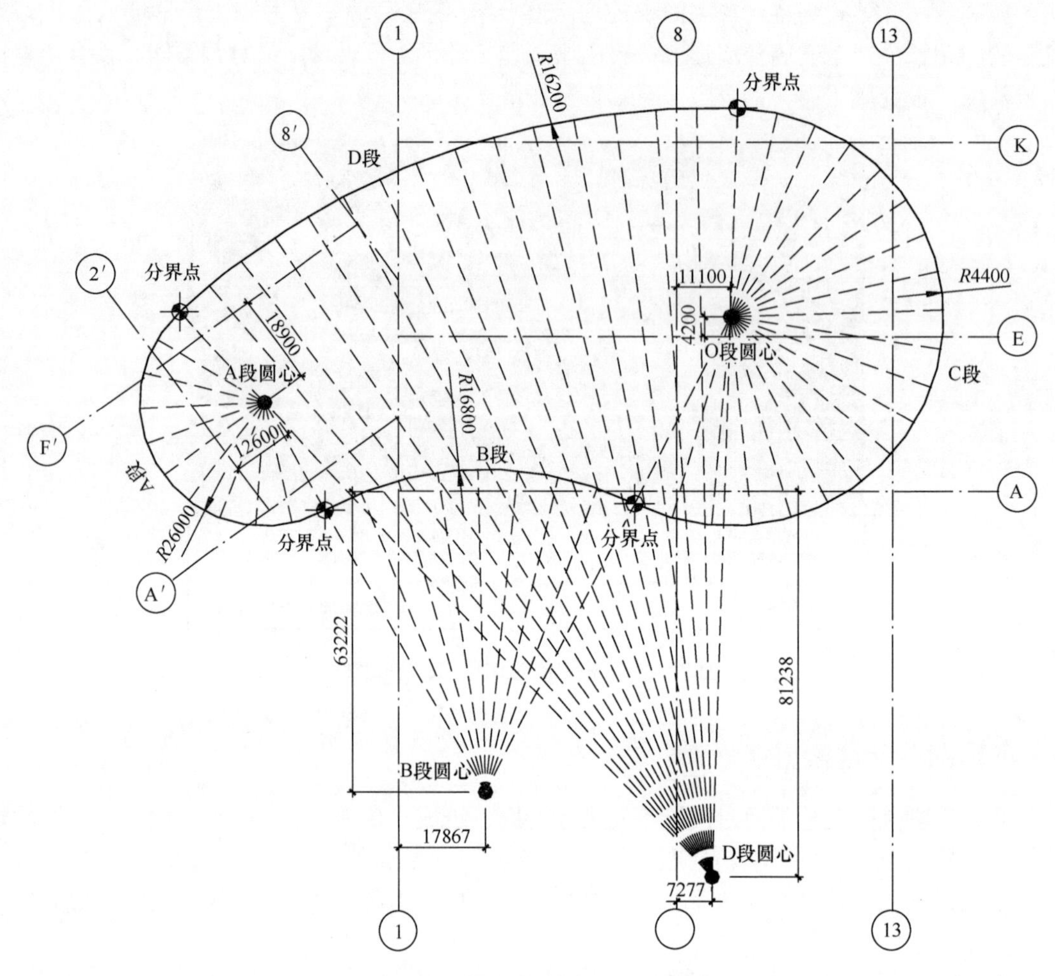

图3 单索幕墙底部建筑平面示意图

温差：单拉索幕墙结构设计温差－20℃～60℃；单拉索幕墙玻璃表面设计温差－20℃～60℃。

3.3 材料选用

玻璃：采用钢化夹胶玻璃，昆山台玻集团公司产品；

铝单板：3mm厚氟碳喷涂铝单板，铝合金材质3003H24，采用江苏合发集团“高格”牌产品；

玻璃胶：透明，杭州之江公司“金鼠牌”中性密封胶；

点式幕墙配件：所有不锈钢拉索、菱形夹具、驳接系统等材质SUS316，深圳坚朗公司产品。

3.4 整体结构体系设计

由于主体土建结构承受不了单索的拉力，在整个主体土建结构周围采用了箱型断面的框格式钢结构，框格式结构与主体土建结构的连接采用铰接，使其能将水平荷载传递给主体土建结构，自身重量由主体土建结构承担。竖向单拉索顶、底部直接作用在框格式结构上下箱型断面的钢梁上，拉索拉力由框格式结构自身承担，不传递给主体结构（图4）。

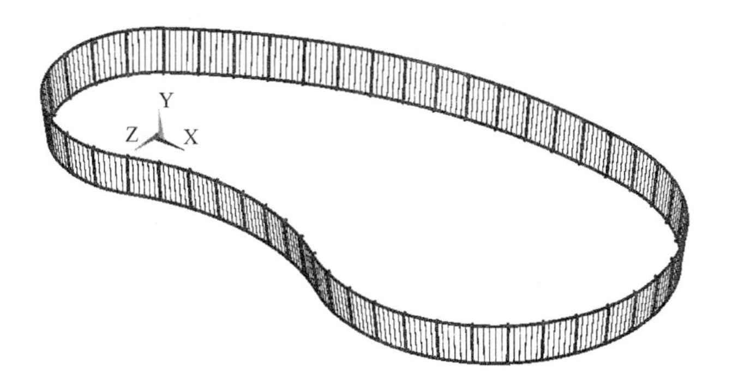

图 4　单拉索幕墙结构支撑体系布置图

框格式钢结构均采用箱型断面，顶、底部箱型钢梁断面尺寸为 450×400×22×14mm，立柱箱型断面尺寸为 400×300×10mm。框格式钢结构在顶、底部箱型钢梁与立柱连接位置处采用铰接板与混凝土连接，立柱间设置 5 条竖向 ϕ22.5mm 不锈钢拉索，水平方不设受力索（图 5）。

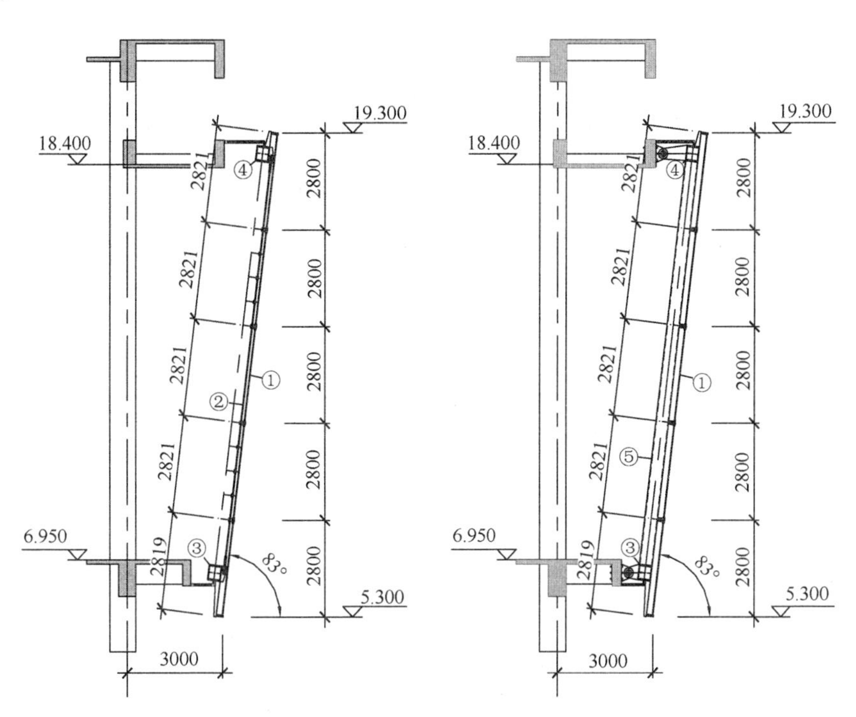

图 5　幕墙结构支撑体系剖视图
（①幕墙玻璃，②不锈钢拉索，③底部箱梁，④顶部箱梁，⑤箱型立柱）

为保证幕墙玻璃的安全，应控制单索结构体系的变形，变形过大，会对幕墙玻璃造成不利影响；反之，单索变形控制过严，索的拉力亦随之增大，对单索边界支撑条件的刚度要求就越高。单层索网本身不变形时，不能抵抗法向荷载，只有产生变形后才有法向承载力，因而索网的挠度和结构受力密切相关。随着荷载的增加，结构的位移在增加，随之结构承载力也在增加。因而在相同荷载增量下，结构的位移增量随之减小，相应索的伸长量减小和索拉力增加的减少。为达到理想的设计效果，以 L/45 挠度限值来进行设计。为增加单层索网结构体系安全储备，竖向拉索采用 ϕ22.5 不锈钢绞线。

3.4.1 幕墙结构传力途径

水平荷载由玻璃面板及不锈钢菱形夹具通过竖向不锈钢拉索传给顶部及底部 450×400×22×14mm 箱形钢梁，最后传递给顶部及底部混凝土梁；幕墙自重由竖向拉索通过顶部箱形钢梁和钢立柱传递给混凝土梁；竖向拉索的预张力及在荷载作用下产生的拉力由其周边框格式钢结构自身承担，不传递给主体结构。

3.5 节点构造设计

3.5.1 标准节点构造设计

竖向单层索网玻璃幕墙标准节点，采用了不锈钢菱形夹具连接的构造措施（图 6），菱形夹具根部开凹槽，竖向不锈钢拉索采用 2 根 M10×40 不锈钢螺栓将其与菱形夹具不锈钢压块相连。利用不锈钢拉索与压块间的摩擦力来承担幕墙玻璃的自重（图 6）。

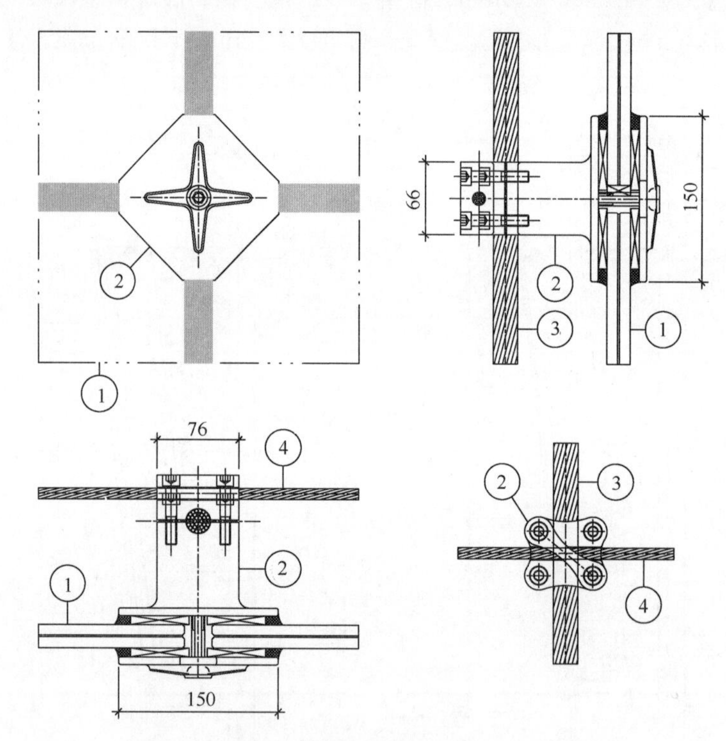

图 6 竖向单层索网玻璃幕墙标准节点

（①幕墙玻璃，②不锈钢菱形夹具，③不锈钢竖向拉索，④不锈钢水平装饰拉索）

在施工中，采用内六角扭矩扳手将 2 根 M10×40 不锈钢螺栓拧紧，扭矩扳手的扭矩值的设定按下式进行计算：

$$M=k\times d\times p$$

式中：d——螺栓公称直径；

p——螺栓轴力，$p=G/u$；

M——施加在螺母上的扭矩；

k——扭矩系数；

G——玻璃及菱形夹具等自重设计值；

u——不锈钢拉索与不锈钢压块间摩擦系数。

3.5.2 竖向拉索端部节点构造设计

竖向不锈钢拉索顶部及底部节点锚固在顶部及地部箱形钢梁的外侧，为防止竖向单索在承受水平荷载变形时使拉索端部锚固端头螺杆产生弯曲，单拉索端头调节张拉装置采用半球铰机构（图7）。

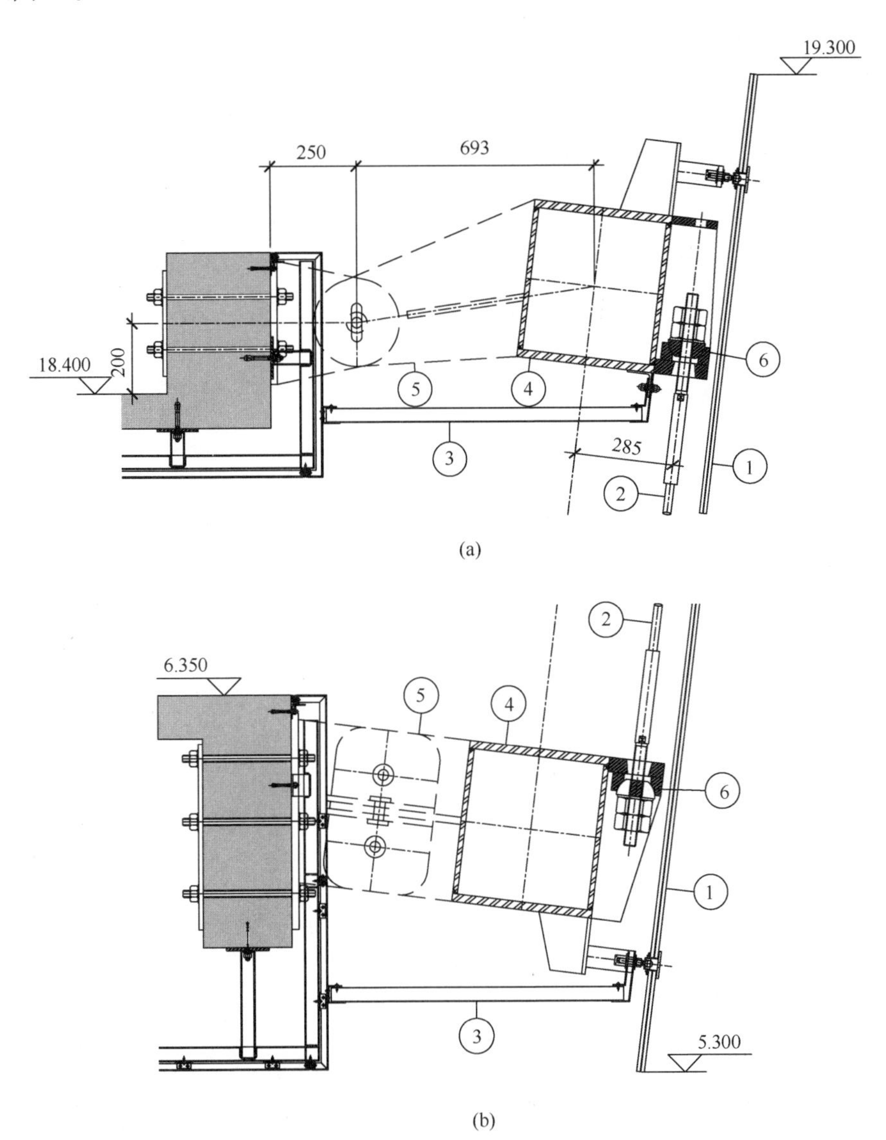

图7 竖向拉索端部节点构造

a. 上部节点构造；b. 下部节点构造

（①幕墙玻璃，②不锈钢拉索，③底部及顶部通风格栅，④底部及顶部箱梁，⑤铰接机构）

为承受竖向不锈钢拉索的拉力，在顶部及底部箱形钢梁的外侧设计采用钢板拼焊成“U”型装置，U槽内底部钢板开大圆孔，上或下部放置半球铰机构带半球型（内凹）的压块，外凸半球型压块中间开螺纹孔，通过拉索锚固端头螺杆与内凹半球型不锈钢压块相吻合。拉索锚固端螺杆通过半球铰机构在“U”槽内底部钢板内沿垂直幕墙玻璃面有±5°的万向旋转自由度，来适应单索幕墙的比较大的柔性变形。为防止半球铰机构在转动时产生金属噪声及保证转动灵活，半球铰机构内安装有1mm厚ETFE垫片（聚四氟乙烯－乙烯共聚物）。

3.5.3 水平五线谱装饰索节点构造设计

从下至上第2、第4块玻璃后竖向不锈钢拉索上设置5根ϕ10mm装饰性水平拉索（图8,），用于悬挂音符标志。顶、底部ϕ10mm装饰性水平拉索置于不锈钢菱形夹具后，中间三根ϕ10mm装饰性水平拉索采用不锈钢夹具安装在竖向不锈钢拉索上，在平面上分成7段固定安装，水平装饰索两端均采用弹簧套筒支座固定。(图9)。

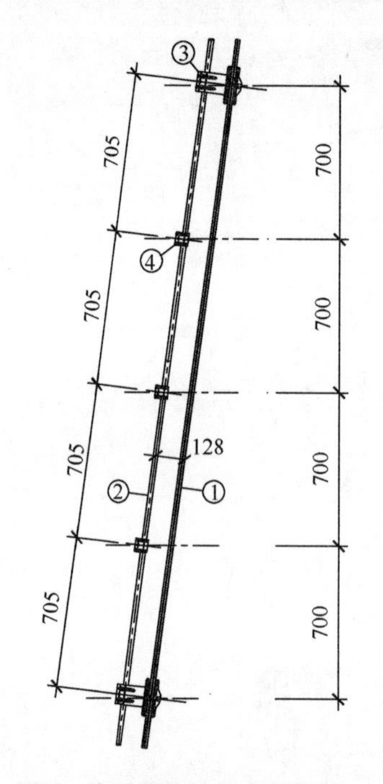

图8 水平装饰性拉索剖视图

(①幕墙玻璃，②不锈钢拉索，③不锈钢梅花夹具，④不锈钢装饰索夹具，⑤不锈钢装饰索，a不锈钢前压块，b不锈钢中间压块，c不锈钢后压块，d不锈钢螺栓)

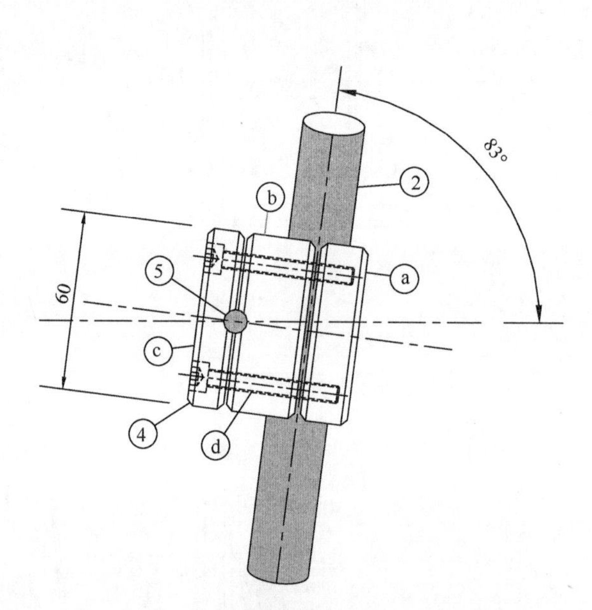

图9 水平装饰性拉索构造示意图

为避免ϕ10mm装饰性水平拉索参与结构作用，水平拉索在施工安装时给予100kg的预张力，拉直即可，采用2个M10不锈钢螺栓通过不锈钢压块将其紧固在竖向拉索上，水平拉索在夹具上的固定孔径采用ϕ12mm，保证水平装饰索可以在孔内水平滑动。另外，为保证水平五线谱装饰索在竖索承受正负风压时不参与受力及不至于失去预拉力弯曲下垂，故水平ϕ10mm五线谱装饰索两端采用弹簧套筒支座固定（图10）。

图10 弹簧套筒支座示意图

音符标识安装挂接在竖向拉索菱形夹具上，由竖向拉索承担其重量。

4　结构计算

在结构计算过程中，采用 ANSYS9.0 对单拉索结构进行空间有限元分析，并对施工状态、正常使用极限状态、承载能力极限状态三种状态进行分析，为施工提供技术参数和指导。

4.1　拉索设计

对于拉索轴心拉压构件：

轴心拉力设计值：$N \leqslant Z_B$（拉索承载能力设计值）。

4.2　结构计算的基本理论

a. 本工程结构设计采用承载能力极限状态法和正常使用极限状态法设计；

b. 玻璃幕墙构件内力应采用弹性方法计算，其截面最大应力设计值不应超过材料强度的设计值：$\sigma < f$；

c. 荷载和作用效应可按下式进行组合：

$$S=\gamma_G S_{GK}+\gamma_w \psi_w S_{wK}+\gamma_E \psi_E S_{EK}$$

玻璃幕墙结构按各效应组合中的最不利组合进行设计。

4.3　计算工况

根据单索幕墙工程施工工艺以及结构承受载荷要求需要进行下面几种工况的幕墙结构模型程序计算。

4.3.1　施工状态模拟计算

a. 1.0×拉索预拉力＋1.0×自重。

4.3.2　正常使用极限状态计算

b. 1.0×预拉力＋1.0×自重＋1.0×风荷载＋0.6×地震荷载；

c. 1.0×预拉力＋1.0×自重＋1.0×风荷载＋0.6×ΔT（＋60℃）。

4.3.3　承载能力极限状态计算

d. 1.0×预拉力＋1.2×自重＋1.4×风荷载＋0.6×1.3×地震荷载；

e. 1.0×预拉力＋1.2×自重＋1.4×地震荷载＋0.6×1.3×ΔT（－20℃）。

在施工深化设计过程中负责提供幕墙结构对建筑主体混凝土结构的支座反力，由设计院考虑负责建筑主体结构的安全复核。同时需要注意的是，但竖索幕墙拉索位移（变形）由于目前尚无国家标准，参照国内外大量类似工程经验以及相关试验结果，本工程按 1/45 控制。

需要指出的是，本工程拉索属于斜向单索体系，拉索位移应不考虑幕墙自重产生的位移，而是幕墙成形后外部荷载作用下产生的位移。

4.4　有限元建模

模型计算采用的有限元程序 ANSYS9.0，计算模型如图 11。拉索模型计算基本假设为：

a. 拉索构件材料完全符合线弹性；

b. 拉索构件只能承受轴向拉力，不能承受轴向压力；

c. 拉索构件不能承受任何方向的弯矩。

4.5　边界条件

结构计算模型下端箱形钢横梁采用三向铰支座与建筑物主体结构连接，上端箱形钢横梁

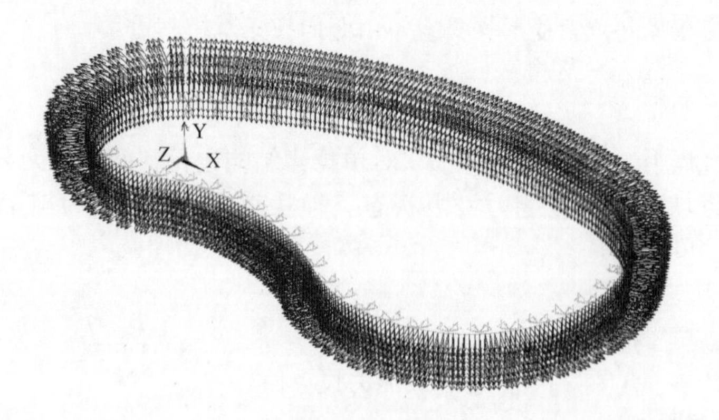

图 11　单索幕墙计算模型

采用竖向平面铰支座与建筑物主体结构连接。幕墙自重经箱形钢立柱传递给标高 6.35m 处的建筑主体混凝土结构梁。

4.6　荷载施加

计算工况包括幕墙结构承受外荷载作用要求的所有工况，构件本身的自重和地震荷载在有限元模型中为均布荷载，而玻璃自重及地震作用，以及风荷载等效为相应的集中荷载。钢结构自重由程序自动考虑。

4.7　计算结果

4.7.1　施工状态计算结论

（1）幕墙拉索张拉完毕＋安装玻璃面板后，主体钢结构箱形横梁构件产生 16.6mm 的竖向位移；

（2）幕墙拉索张拉完毕＋安装玻璃面板后，主体钢结构箱形立柱构件产生 26.6mm 的竖向位移；

（3）幕墙拉索玻璃完毕后，主体钢结构箱形梁构件产生 16.6mm 的竖向位移；因此主体钢结构制作安装应采取预起拱，以满足幕墙需要；

（4）分析施工过程结构计算，竖向拉索了理论预拉力 $T=127.9$kN，张拉完毕后其拉力稍稍减少；竖向拉索在整个张拉过程中的内力变化比较复杂，实际张拉施工时应严格根据计算报告采取合理措施。

4.7.2　正常使用极限状态计算结论

（1）幕墙在最不利荷载作用下，竖向拉索位移 $f=274.4\text{mm}<12450/45=276.7\text{mm}$，因此拉索位移满足要求；

（2）幕墙在最不利荷载作用下，箱形钢横梁位移 $f=22.4-15.9=6.5\text{mm}<8532/600=14.2\text{mm}$，因此钢横梁位移满足要求；

4.7.3　承载能力极限状态计算结论

（1）幕墙结构在最不利荷载作用下，竖向拉索应力 $\sigma=590.4\ \text{N/mm}^2<[\sigma]=630.8\ \text{N/mm}^2$，拉索应力满足要求；

（2）幕墙结构在最不利荷载作用下，箱形钢横梁应力 $\sigma=159.3\ \text{N/mm}^2<[\sigma]=205\ \text{N/mm}^2$，钢横梁应力满足要求；

（3）幕墙结构在最不利荷载作用下，箱形钢立柱应力 $\sigma=114.3\ \text{N/mm}^2<[\sigma]=215\ \text{N/}$

mm^2，钢立柱应力满足要求。

5 不锈钢单向拉索幕墙施工

5.1 施工张拉设备

考虑到 ANSYS 计算中设定的拉索理论预拉力在钢框架的变形、工况计算中拉索的预拉力会减小，故理论预拉力并不是施工时的有效预拉力，经计算，施工时有效预拉力为 103KN，采用扭矩扳手人工张拉方法很难使单索达到预拉力值，实际施工时采用液压泵＋液压千斤顶机械张拉方法。

5.2 施工张拉顺序

在进行拉索张拉前，先将竖向不锈钢拉索安装到位，采用扭矩扳手先将拉索拉直，使拉索的拉力在 10KN 左右，拉索在每个施工张拉步骤中按“先中间，后左右两侧”的顺序进行，即在每个施工张拉步骤中先张拉钢框内中间竖向拉索，中间竖向拉索张拉完毕后，在张拉其左右两侧竖向拉索，以次进行，直到竖向拉索张拉完毕。

5.3 施工张拉步骤

（1）采用带拉力传感器的液压千斤顶进行第一级张拉，第一级张拉到预拉力值的 25%，达到张拉值后测量单索支撑结构的变形情况；

（2）待所有竖向单索第一级张拉完毕后进行第二级张拉，第二级张拉到预拉力值的 50%，达到张拉值后测量单索支撑结构的变形情况及采用索内力测力仪测量拉索的内力；

（3）待所有竖向单索第二级张拉完毕后进行第三级张拉，第三级张拉到预拉力值的 75%，达到张拉值后测量单索支撑结构的变形情况及采用索内力测力仪测量拉索的内力。然后持续 24 小时后在进行第二次测量，对达不到预拉力值的拉索进行补偿和调整；

（4）待所有竖向单索第三级张拉完毕后进行第四级张拉，第四级张拉到预拉力值的 105%（5%为超张拉数值，具体超张拉数据，要依靠张拉设备装卸、环境温度、支撑钢结构变形等多种因素来加以判定），达到张拉值后测量单索支撑结构的变形情况及采用索内力测力仪测量拉索的内力。然后持续 72 小时后在进行第二次测量，对达不到预拉力值的拉索进行补偿和调整，使每根拉索的预拉力值满足设计要求；

（5）每阶段预拉力张拉值误差控制在±8%。

5.4 施工注意事项

（1）施工时预拉力值的确定要按施工时的气温变化调整预拉力，要按照合拢温度与预拉力值对照表最终确定每一级张拉预拉力值；

（2）张拉设备的拉力传感器及索内力测力仪在使用前应进行标定，保证测量的准确性。

（3）竖向单索张拉完毕且索夹具及驳接爪件安装后应进行沙袋配重试验。将相当于 1.2 倍玻璃重重的沙袋挂在每个节点处，与玻璃的重力线在同一竖向平面内，沙袋的挂放按玻璃安装顺序进行。对索的内力进行测量，并测量节点的位移情况，考察玻璃安装后索的内力变化情况及节点的位移和变形是否在设计允许范围内。在沙袋卸载后考察拉索的复位情况及内力变化，符合设计要求后方可进行玻璃的安装。

基于 BIM 技术的建筑幕墙设计下料

曾晓武
中森（深圳）建筑幕墙咨询有限公司　广东深圳　518053

摘　要　BIM 技术在国内建筑幕墙行业已应用多年，目前主要用于幕墙工程的方案投标阶段以及施工图三维建模阶段。本文通过建筑幕墙工程应用示例，阐述 BIM 技术如何应用于建筑幕墙的设计下料。
关键词　BIM 技术；幕墙；设计下料

Abstract　BIM technology has been used for many years in curtain wall industry in China. At present, it is mainly used in the bidding phase and 3D model stage of the shop drawing of the curtain wall project. Through the case of building curtain wall project, I will explain how to apply the BIM technology to the design of building curtain wall in this article.
Keywords　BIM; Curtain wall; design

1　引言

近年来，BIM 技术已广泛应用于建筑行业的各个专业中，如建筑、结构、水电管线、建筑节能、工程施工、运营维护等等，发挥着越来越大的管理作用。

作为建筑行业的重要一环，建筑幕墙行业也开始逐渐将 BIM 技术应用于幕墙工程中，特别是幕墙方案投标阶段，如建立三维模型、进行碰撞分析、施工模拟管理等，但应用于幕墙工程的设计下料阶段的很少。本文阐述了 BIM 技术如何应用于幕墙工程，自动生成幕墙工程的设计下料，从而极大地提高了设计效率，减少设计失误。通过本文的介绍，希望对从事幕墙行业的人士有所帮助。

2　幕墙常用 BIM 软件

市场上常用的 BIM 软件按厂家分主要有四大公司：美国欧特克（Autodesk）公司、美国宾利（Bentley）公司、法国达索（Dassault）公司和匈牙利图软（Graphsoft）公司。

而按 BIM 软件的功能可分为三维建模软件、机械设计软件、施工管理软件等，其中三维建模软件主要有欧特克公司的 Revit、达索公司的 Catia 和图软公司的 Archi；机械设计软件主要有达索公司的 Catia 和 Solidworks、德国 Siemens 公司的 UG、美国 PTC 公司的 ProE、美国 CNC 公司的 Mastercam 以及欧特克公司的 Inventor；施工管理软件主要有欧特克公司的 NavisWorks、宾利公司的 ProjectWise 和达索公司的 Delmia。

目前，幕墙行业常用的 BIM 软件详见表 1，它们主要被应用于幕墙工程的招投标阶段、施工图过程中的三维建模和幕墙工程施工管理阶段。然而，在设计下料阶段，仅有为数不多的幕墙公司采用专业的机械设计软件进行幕墙设计，使得BIM技术在建筑幕墙行业中的作用没有得到充分发挥。

表1　幕墙用BIM软件汇总表

	Autodesk公司	Bentley公司	Dassault公司	Graphsoft公司
三维建模	Revit	Bentley	Catia	Archi
机械设计	Inventor		Catia \ Solidworks	
施工管理	NavisWorks	ProjectWise	Delmia	

3　BIM如何应用于建筑幕墙的设计下料

建筑幕墙设计主要包括三个阶段：方案投标设计、施工图设计（含深化设计）以及设计下料。其中，方案投标设计人员数量一般占幕墙设计总人数的10%～15%，施工图设计人员一般占幕墙设计总人数的20%～25%，而设计下料人员一般占幕墙设计总人数的60%～70%，也就是说六成以上的幕墙设计人员每天都在做重复性的、易出错的设计工作，工作压力大，责任重，容易产生厌烦情绪。

另外，幕墙行业里历年来通常都是采用Autocad二维平面设计软件进行全过程设计，包括设标阶段的方案图、施工阶段的施工图设计、设计下料阶段的零部件加工等，如普通框架式幕墙、单元式幕墙的设计。当遇到三维异形幕墙（屋面）时，通常采用犀牛（Rhino）进行三维建模，再导入Autocad中通过LSP进行二次编程开发，手动生成幕墙设计数据，达到三维异形幕墙（屋面）设计下料的目的。此法不但设计效率很低，容易产生设计失误，而且可能严重影响幕墙工程进度甚至成本控制。

如果采用BIM技术应用于建筑幕墙的设计下料，可以极大房地提高设计效率，降低设计成本和设计失误，那么，BIM技术如何才能应用于建筑幕墙的设计下料呢？

3.1　技术路线

首先，根据建筑师提供的幕墙分格图或建筑三维表皮模型，建立建筑幕墙的三维模型，可采用BIM三维建模软件，如Revit、Catia、Archi等；其次，将幕墙参数化信息模块导入幕墙三维模型中，自动生成幕墙材料订购表或下料单（亦称提料单）；最后，通过BIM的机械设计软件与三维模型软件进行关联，自动生成幕墙材料下料单及加工工艺图。

3.2　基于BIM技术的幕墙设计下料全过程

下面主要通过美国欧特克（Autodesk）公司的BIM相关软件进行说明，三维建模软件采用最常用的Revit，机械设计软件采用Inventor。

（1）首先，建立建筑幕墙标准族库，如立柱、横梁、标准单元板块等，并将幕墙常用的变量赋予参数化设计，如立柱的截面宽高度、玻璃厚度、标准单元板块的宽度和高度、横梁高度等，参数化设计后，只需通过调整预先设定的设计参数，就能即时改变幕墙系列、规格等，以满足不同系列、不同幕墙类型的设计下料要求，减少建立标准族库的工作量；

(2) 根据建筑师提供的幕墙分格要求，采用Revit软件建立幕墙立面分格图或三维表皮模型；

(3) 将幕墙标准族库导入Revit建立的幕墙立面分格图或三维表皮模型中，自动生成幕墙三维模型；

(4) 通过幕墙三维模型可自动计算生成该幕墙工程所需的幕墙材料，如型材名称、长度、面板尺寸、数量等，并可输出Excel格式幕墙材料订购表；

(5) 将Revit生成的参数化的三维模型与机械设计软件Inventor进行关联，自动生成幕墙板块部件组装图、零件加工工艺图以及材料下料单等；

(6) 最后，将生成的幕墙板块部件组装图、零件加工工艺图等转化成Autocad格式的DWG文件或加工中心格式的文件，以方便工厂生产加工使用。

4 基于BIM技术的建筑幕墙设计下料应用示例

经多个幕墙工程模拟测试验证，基于BIM技术的建筑幕墙设计下料完全可以应用于各种幕墙类型，如普通框架式幕墙、单元式幕墙以及三维造型的异形幕墙等，下面对单元式幕墙和异形幕墙这两种常用幕墙类型的应用示例进行详细说明。两个示例均选用了简单的幕墙系统设计，以方便表述。

4.1 单元式幕墙设计下料示例

(1) 选用标准化的单元式幕墙系统，创建参数化的幕墙单元板块嵌板族，详见图1；

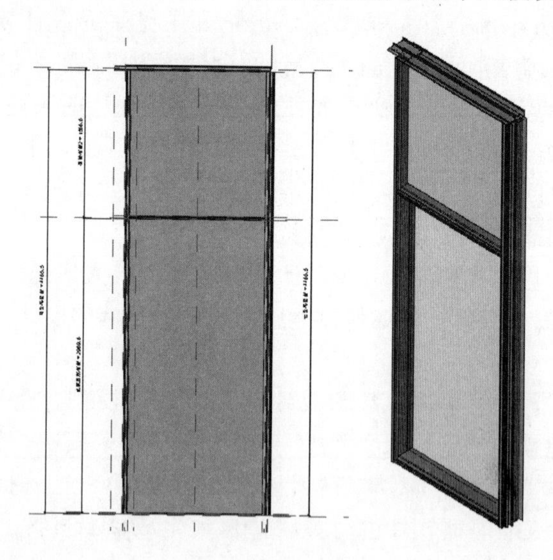

图1 单元板块嵌板族

(2) 将幕墙单元板块嵌板族插入到幕墙立面分格中，生成幕墙三维建模图，详见图2；

(3) 三维建模软件将根据预先设定的参数自动生成下料单，包括玻璃订购表、型材下料单等，详见图3和图4；

(4) 将三维建模软件中的参数自动关联到机械设计软件后，自动生成幕墙单元板块的组框图、型材加工图等，详见图5和图6，不同的单元板块加工工艺只需改变板块编号即可完成；

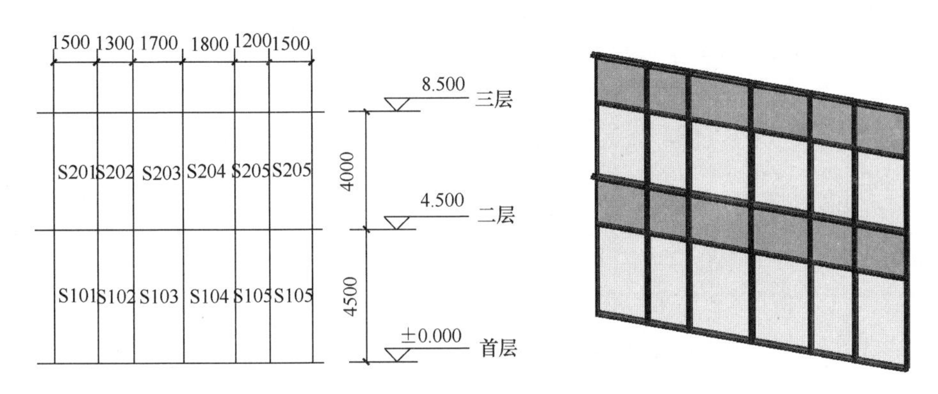

图 2　单元式幕墙三维建模图

<单元板块玻璃定购表>

A	B	C	D	E	F	G	H	I
板块编号	分格宽度	分格高度	顶部玻璃宽度	顶部玻璃高度	底部玻璃宽度	底部玻璃高度	面积	合计
S101	1500.0	4500.0	1435.0	1469.0	1435.0	2969.0	6.75	1
S102	1300.0	4500.0	1235.0	1469.0	1235.0	2969.0	5.85	1
S103	1700.0	4500.0	1635.0	1469.0	1635.0	2969.0	7.65	1
S104	1800.0	4500.0	1735.0	1469.0	1735.0	2969.0	8.10	1
S105	1200.0	4500.0	1135.0	1469.0	1135.0	2969.0	5.40	1
S105	1500.0	4500.0	1435.0	1469.0	1435.0	2969.0	6.75	1
S201	1500.0	4000.0	1435.0	1469.0	1435.0	2469.0	6.00	1
S202	1300.0	4000.0	1235.0	1469.0	1235.0	2469.0	5.20	1
S203	1700.0	4000.0	1635.0	1469.0	1635.0	2469.0	6.80	1
S204	1800.0	4000.0	1735.0	1469.0	1735.0	2469.0	7.20	1
S205	1200.0	4000.0	1135.0	1469.0	1135.0	2469.0	4.80	1
S205	1500.0	4000.0	1435.0	1469.0	1435.0	2469.0	6.00	1
总计: 12								

图 3　生成玻璃定购表

<单元板块主要型材下料单>

A	B	C	D	E	F	G	H	I	J
板块编号	分格宽度	分格高度	公立柱长度	母立柱长度	上横梁长度	中横梁长度	下横梁长度	面积	合计
S101	1500.0	4500.0	4465.5	4465.5	1484.0	1390.0	1390.0	6.75	1
S102	1300.0	4500.0	4465.5	4465.5	1284.0	1190.0	1190.0	5.85	1
S103	1700.0	4500.0	4465.5	4465.5	1684.0	1590.0	1590.0	7.65	1
S104	1800.0	4500.0	4465.5	4465.5	1784.0	1690.0	1690.0	8.10	1
S105	1200.0	4500.0	4465.5	4465.5	1184.0	1090.0	1090.0	5.40	1
S105	1500.0	4500.0	4465.5	4465.5	1484.0	1390.0	1390.0	6.75	1
S201	1500.0	4000.0	3965.5	3965.5	1484.0	1390.0	1390.0	6.00	1
S202	1300.0	4000.0	3965.5	3965.5	1284.0	1190.0	1190.0	5.20	1
S203	1700.0	4000.0	3965.5	3965.5	1684.0	1590.0	1590.0	6.80	1
S204	1800.0	4000.0	3965.5	3965.5	1784.0	1690.0	1690.0	7.20	1
S205	1200.0	4000.0	3965.5	3965.5	1184.0	1090.0	1090.0	4.80	1
S205	1500.0	4000.0	3965.5	3965.5	1484.0	1390.0	1390.0	6.00	1
总计: 12									

图 4　生成型材下料单

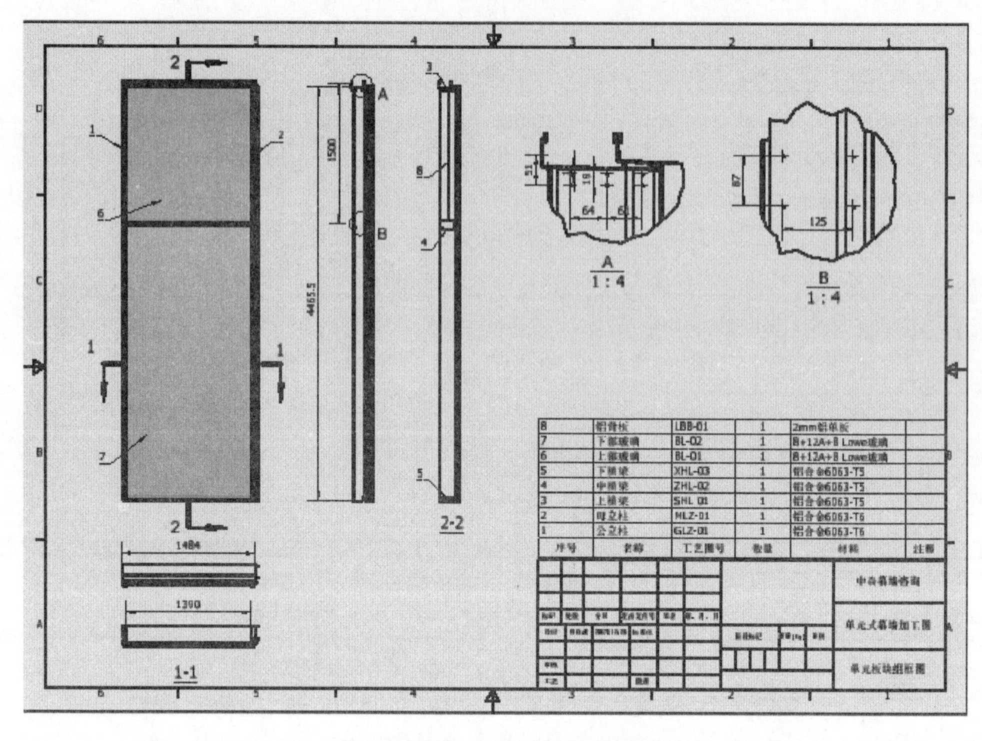

图 5　自动生成单元板块组框图

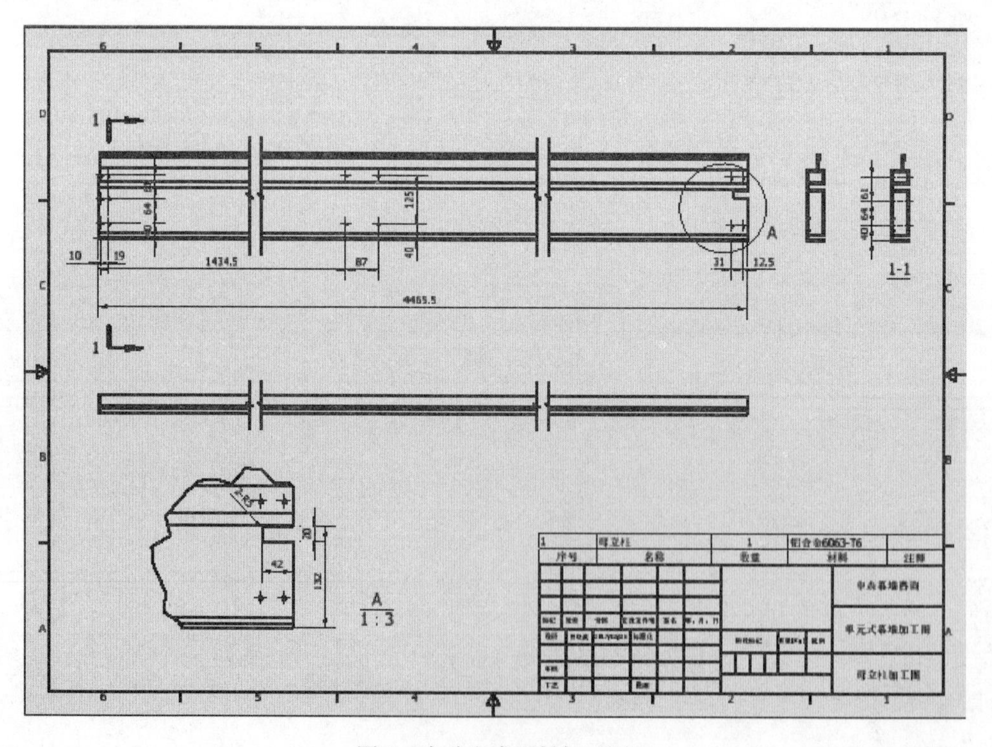

图 6　自动生成型材加工图

（5）零、部件加工工艺图生成 CAD 格式后输出存档。

当单元式幕墙建立了系统标准库后，单元板块的设计下料工作变得非常简单，只需提供幕墙立面分格图，就能及时输出标准的 CAD 格式的加工工艺图纸。

4.2 异形幕墙（屋面）设计下料示例

一直以来，异形幕墙（屋面）的设计下料是幕墙工程中的难点，板块分格的不规则、异形、三维定位等特点往往需要耗费大量的人力和物力，假如采用 BIM 技术，就能够极大地提高设计和生产的效率，下面对一个异形玻璃采光顶屋面进行示例说明。

异形采光顶屋面分格为三角形分格，玻璃为平面玻璃，与玻璃框铝型材采用结构胶进行粘接。为方便表述，只建立了简单的三角形玻璃框标准板块，三维屋面表皮视图详见图 7。

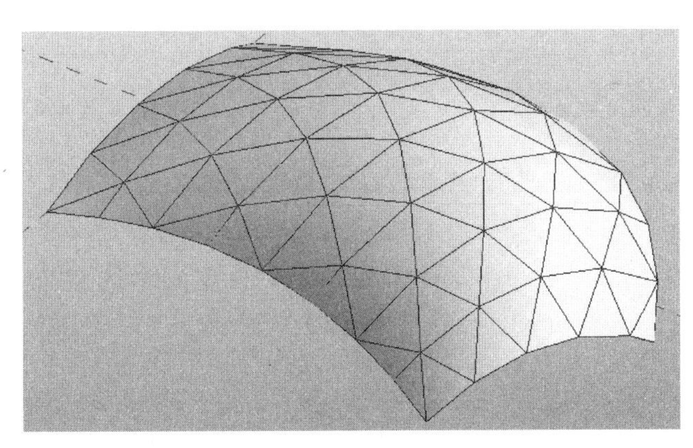

图 7　三角形异形玻璃屋面表皮三维视图

（1）将创建好的参数化三角玻璃板块输入异形屋面分格图中，自动生成三维屋面系统图，详见图 8；

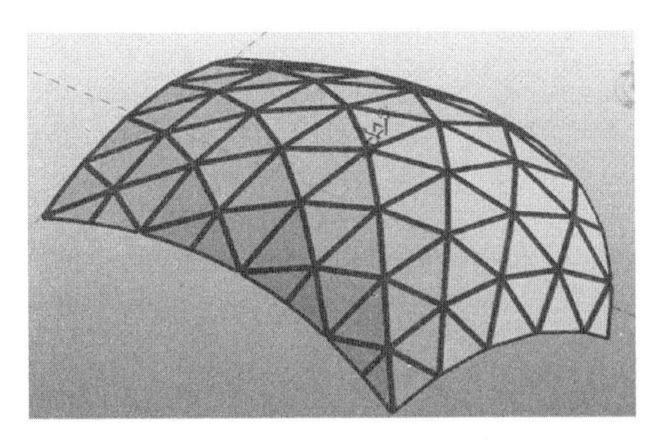

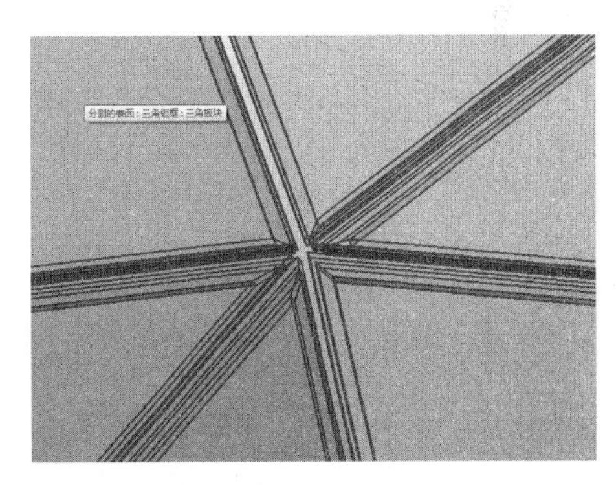

图 8　自动生成三维屋面系统图

（2）三维建模软件根据预先设定的参数自动生成下料单，包括玻璃订购表、型材下料单等，详见图 9 和图 10；

（3）将三维建模软件中的参数自动关联到机械设计软件后，自动生成三角形玻璃框的组框图、型材加工图等，详见图 11 和图 12，同样，不同的三角形玻璃框板块加工工艺只需改变板块编号即可完成；

<三角形玻璃定购表>

A	B	C	D	E	F	G	H	I
板块编号	玻璃边长1	玻璃边长2	玻璃边长3	组角角度1	组角角度2	组角角度3	面积	合计
101	1839.1	1817.8	2365.4	49° 18' 22"	80° 36' 05"	50° 05' 33"	1.71	1
102	1694.8	1833.1	2251.0	53° 07' 09"	79° 11' 17"	47° 41' 34"	1.58	1
103	1520.7	1834.4	2104.7	58° 09' 16"	77° 04' 44"	44° 46' 00"	1.41	1
104	1336.7	1821.4	1920.5	65° 09' 01"	73° 05' 38"	41° 45' 21"	1.22	1
105	1805.6	1946.1	2290.4	55° 12' 49"	75° 08' 49"	49° 38' 22"	1.76	1
106	1660.3	1954.4	2188.4	59° 09' 16"	74° 00' 52"	46° 49' 52"	1.62	1
107	1500.2	1948.8	2063.3	64° 02' 20"	72° 09' 42"	43° 47' 58"	1.45	1
108	1360.5	1929.6	1906.6	70° 08' 17"	68° 19' 26"	41° 32' 17"	1.27	1
109	1920.0	2011.3	2277.4	56° 29' 30"	70° 45' 34"	52° 44' 56"	1.89	1
110	1810.6	2018.7	2187.5	59° 46' 12"	69° 25' 53"	50° 47' 55"	1.77	1
111	1682.0	2018.9	2104.9	63° 16' 45"	68° 38' 00"	48° 05' 15"	1.64	1
112	1551.6	2011.8	2011.6	67° 19' 17"	67° 18' 43"	45° 22' 00"	1.50	1
113	1954.1	2014.0	2126.7	58° 57' 49"	64° 47' 48"	56° 14' 23"	1.84	1
114	1861.0	2013.1	2051.2	61° 42' 35"	63° 47' 51"	54° 29' 34"	1.74	1
115	1749.0	2011.8	1997.1	64° 34' 03"	63° 41' 54"	51° 44' 03"	1.64	1
116	1631.8	2010.2	1949.5	67° 37' 09"	63° 44' 05"	48° 38' 46"	1.53	1
117	2070.7	1932.1	2048.5	55° 56' 23"	61° 26' 56"	62° 36' 41"	1.82	1
118	2011.6	1926.9	1950.5	58° 10' 31"	59° 19' 27"	62° 30' 02"	1.73	1
119	1918.7	1925.1	1891.8	60° 41' 12"	58° 58' 06"	60° 20' 43"	1.64	1
120	1798.2	1926.8	1872.1	63° 17' 41"	60° 13' 31"	56° 28' 47"	1.56	1

图 9　生成三角形玻璃定购表

<三角形组框玻璃框下料单>

A	B	C	D	E	F	G	H	I	J	K
板块编号	玻璃框长度1	玻璃框长度2	玻璃框长度3	玻璃框1下料角度	玻璃框1下料角度	玻璃框2下料角度	玻璃框2下料角度	玻璃框3下料角度	玻璃框3下料角度	合计
101	1805.5	1767.9	2310.2	65° 20' 49"	49° 41' 57"	49° 41' 57"	64° 57' 14"	64° 57' 14"	65° 20' 49"	1
102	1662.2	1792.9	2201.0	63° 26' 26"	50° 24' 21"	50° 24' 21"	66° 09' 13"	66° 09' 13"	63° 26' 26"	1
103	1487.6	1797.3	2059.2	60° 55' 22"	51° 27' 38"	51° 27' 38"	67° 37' 00"	67° 37' 00"	60° 55' 22"	1
104	1300.8	1779.0	1878.3	57° 25' 29"	53° 27' 11"	53° 27' 11"	69° 07' 19"	69° 07' 19"	57° 25' 29"	1
105	1771.7	1905.7	2238.0	62° 23' 36"	52° 25' 35"	52° 25' 35"	65° 10' 49"	65° 10' 49"	62° 23' 36"	1
106	1625.8	1917.0	2140.8	60° 25' 22"	52° 59' 34"	52° 59' 34"	66° 35' 04"	66° 35' 04"	60° 25' 22"	1
107	1464.6	1910.0	2020.0	57° 58' 50"	53° 55' 09"	53° 55' 09"	68° 06' 01"	68° 06' 01"	57° 58' 50"	1
108	1322.9	1883.3	1866.0	54° 55' 52"	55° 50' 17"	55° 50' 17"	69° 13' 52"	69° 13' 52"	54° 55' 52"	1
109	1882.2	1972.6	2222.0	61° 45' 15"	54° 37' 13"	54° 37' 13"	63° 37' 32"	63° 37' 32"	61° 45' 15"	1
110	1772.5	1981.9	2137.6	60° 06' 54"	55° 17' 03"	55° 17' 03"	64° 36' 03"	64° 36' 03"	60° 06' 54"	1
111	1644.4	1981.8	2060.3	58° 21' 37"	55° 41' 00"	55° 41' 00"	65° 57' 23"	65° 57' 23"	58° 21' 37"	1
112	1514.8	1971.8	1971.1	56° 20' 22"	56° 20' 39"	56° 20' 39"	67° 19' 00"	67° 19' 00"	56° 20' 22"	1
113	1910.2	1978.8	2074.8	60° 31' 05"	57° 36' 06"	57° 36' 06"	61° 52' 49"	61° 52' 49"	60° 31' 05"	1
114	1819.2	1977.5	2005.0	59° 08' 42"	58° 06' 04"	58° 06' 04"	62° 45' 13"	62° 45' 13"	59° 08' 42"	1
115	1710.5	1975.0	1956.0	57° 42' 59"	58° 09' 03"	58° 09' 03"	64° 07' 59"	64° 07' 59"	57° 42' 59"	1
116	1596.7	1971.1	1911.6	56° 11' 26"	58° 07' 57"	58° 07' 57"	65° 40' 37"	65° 40' 37"	56° 11' 26"	1
117	2020.6	1898.8	1997.4	62° 01' 48"	59° 16' 32"	59° 16' 32"	58° 41' 39"	58° 41' 39"	62° 01' 48"	1
118	1964.7	1892.8	1903.7	60° 54' 44"	60° 20' 17"	60° 20' 17"	58° 44' 59"	58° 44' 59"	60° 54' 44"	1
119	1876.5	1890.2	1850.2	59° 39' 24"	60° 30' 57"	60° 30' 57"	59° 49' 39"	59° 49' 39"	59° 39' 24"	1
120	1761.0	1890.9	1834.3	58° 21' 09"	59° 53' 14"	59° 53' 14"	61° 45' 36"	61° 45' 36"	58° 21' 09"	1

图 10　生成玻璃框型下料单

（4）零、部件加工工艺图生成 CAD 格式后输出存档。

从三角形玻璃屋面设计下料的示例可以看出，异形幕墙（屋面）的设计下料变得非常简单、快捷，立等可取。只要参数化模块和幕墙（屋面）三维模型输入正确，理论上不可能存在下料错误，极大地提高了异形幕墙（屋面）的设计效率，使异形幕墙（屋面）的快速下料变为可能。

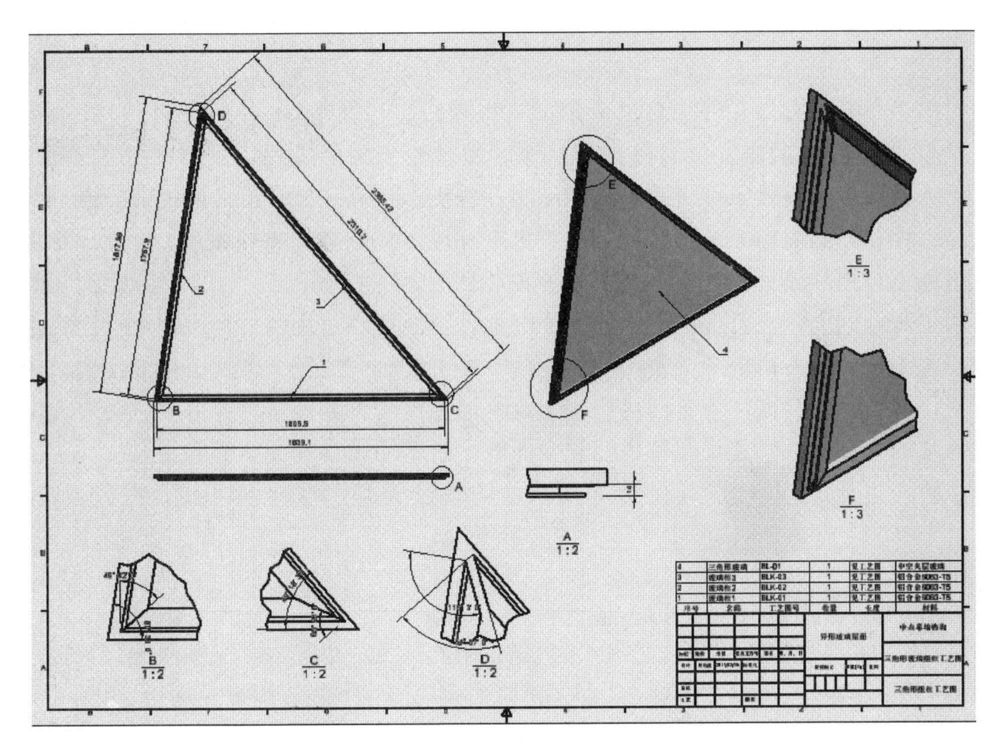

图 11　自动生成三角形玻璃板块组框图

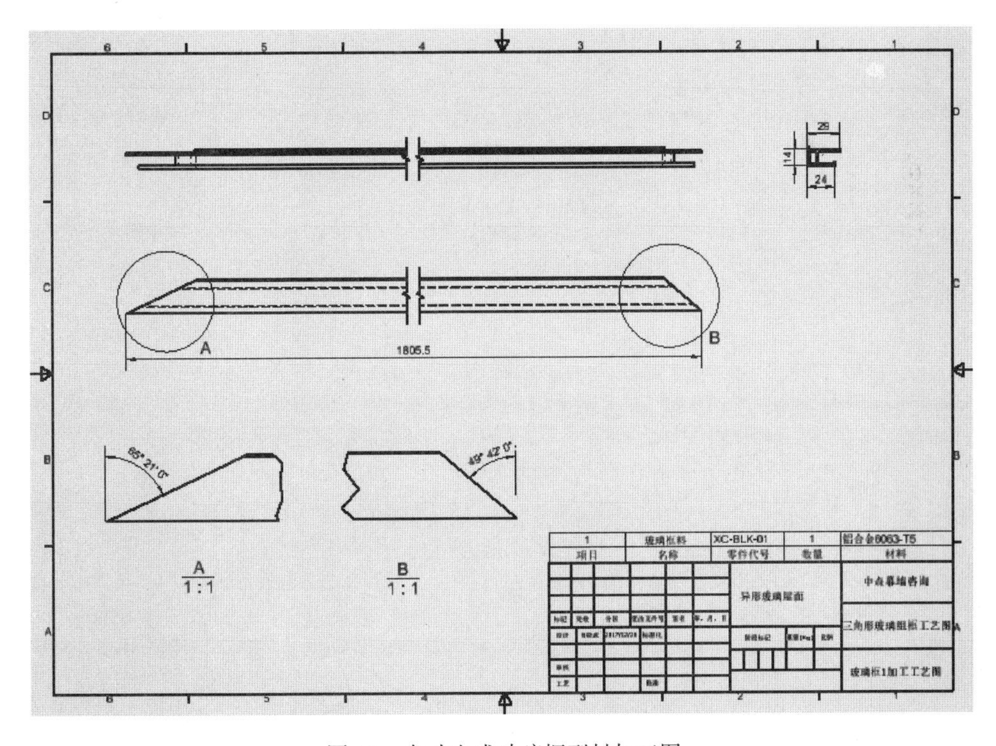

图 12　自动生成玻璃框型材加工图

5 结语

通过以上单元式幕墙和异形幕墙的示例可以得出，BIM 技术是建筑幕墙设计下料的倍增器。基于 BIM 技术的建筑幕墙设计下料将原本枯燥无味的幕墙下料工作变得非常简单、轻松，大大地解放了设计下料人员的工作压力，极大地提高了建筑幕墙的设计效率，降低了人为设计错误，乃至对整个幕墙工程的施工进度和成本控制都将起到非常大的推动作用。

试想一下，当建筑幕墙行业开始大量应用 BIM 技术进行幕墙设计时，幕墙施工单位在签订幕墙工程合同前期，已经能够迅速、准确地计算出幕墙工程的材料成本，只需将报价的重点放在人工费、施工措施费等费用测算上面，便能准确完成整个幕墙工程的报价；或者上午刚刚签订幕墙工程合同，下午即可制定完成幕墙主材的订购计划；或者可以考虑大幅减少幕墙设计师的人数；或者建设单位也能较全面地了解幕墙设计和成本等等。

综上所述，基于 BIM 技术的建筑幕墙设计如果是一场革命，会革谁的命？

参考文献

[1] 清华大学 BIM 课题组等．中国建筑信息模型标准框架研究．北京：中国建筑工业出版社，2011.
[2] 清华大学 BIM 课题组等．设计企业 BIM 实施标准指南．北京：中国建筑工业出版社，2013.
[3] 廖小烽，王君峰，编著．Revit 2013/2014 建筑设计．北京：人民邮电出版社，2013.

节能铝合金窗与普通铝合金窗区别

王　鹏

中国建筑金属结构协会铝门窗幕墙委员会　北京　100037

摘　要　普通铝合金窗、节能铝合金窗、断桥窗、真空玻璃、中空玻璃、三玻两空玻璃。普通铝合金门窗发展到节能铝合金窗的技术革新，优点是节能减排，并且能保护建筑结构和装修结构免受空气中自然出现的冷凝水或者雨水破坏，以此达到减少维护成本营造一个健康舒适的居住环境。

关键词　节能铝合金窗；技术创新；节能减排

1　铝合金窗的历史

窗：通风、采光（观景眺望的作用）—大小、形式、开启、构造。

在20世纪80年代初期，中国刚刚使用铝合金窗来代替木窗和钢窗，是窗的产品升级换代，是当时窗产品的一场革命，铝合金有着耐腐蚀、重量轻、可以二次回收利用，挤压加工简单等特点风靡一时。

1984年，欧洲、美国等国家和地区已采用系统铝合金窗，并采用节能系统，但当时由于我国的国民经济等问题，始终采用普通铝合金窗＋单玻璃。其中，铝合金窗有38系列、60系列、70系列、90系列等，其窗型有上旋窗、下旋窗、平开窗、推拉窗、中旋窗等。

普通铝合金窗特点：铝合金型材室内外一个型材，在中国南方的室内外温差不是很大，所以对密封、温度及工艺没有要求，而在华北、东北、西北地区，由于室内外温差较大，有时能差40～60℃，而铝合金型材本身是导体，很容易出现结露、结冰和室内温度外泄，浪费大量热能，会产生冷热桥，水会滴到墙纸上或者地毯上，容易发霉。冬天滴露的地方容易形成冰挂。曾经在有一家酒店就出现大面积的墙皮、地毯发霉，以及冬天的冰挂问题。

图1

图 2

2 铝合金节能窗

2000 年以后国家对门窗幕墙建筑外围护结构进行高水平的保温隔热处理非常重视和鼓励，特别是公用建筑节能设计标准 GB 50189 颁布实施以后，对门窗的节能提到了强制性标准的高度。目前铝窗采取用中空玻璃、低反射玻璃，推广隔热型材等方法，使整窗传热系数大幅降低，提高其节能水平。在冬季，带有隔热条的窗框通过窗框散失的热量能够减少 1/3；在夏季，带有隔热条的窗框能够更有效地减少外界热量的进入。

门窗传热系数由 1990 年的 6.4W/(m^2 · K) 逐步提高到居住建筑四步节能标准南向 2.0～2.3W/(m^2 · K)、北向 1.5～1.8W/(m^2 · K) 技术指标。

全国大力推行节能减排，节能门窗是建筑不可或缺的一部分，担负着采光、通风、节能等重要作用。节能门窗是指符合节能要求的窗，就是节能门窗。一个断面由两个或三个铝合金型材断面用尼龙 66 或注胶材料的隔热条进行断开，采用隔热条与铝合金镶嵌一起的工艺，来阻隔热量的传递，以保证室内温度不被泄露到室外。

(1) 铝合金断桥窗按其所处的位置不同分为围护构件或分隔构件，它们有不同的设计要求，但要分别具有保温、隔热、隔声、防水、防火等功能，新的要求节能，寒冷地区由门窗缝隙而损失的热量，占全部采暖耗热量的 25%左右。门窗密闭性的要求，是节能设计中的重要内容。门和窗是建筑物围护结构系统中重要的组成部分。

(2) 门和窗又是建筑造型的重要组成部分（虚实对比、韵律艺术效果，起着重要的作用）所以它们的形状、尺寸、比例、排列、色彩、造型等对建筑的整体造型都有很大的影响。

(3) 现在很多人都装双层或三层玻璃的铝合金断桥窗，甚至采用中空加真空玻璃，除了能增强保温的效果，很重要的作用就是隔声，城市的繁华，居住密集，交通发达，隔声的效果愈来愈受人们青睐。

(4) 铝合金断桥窗是被动式建筑不可或缺的一部分，是绿色节能城市不可或缺的一个角落，可以节省大量的燃煤、天然气，减少排放。铝合金断桥窗质量较高，对于凸显优势产品，强化市场化机制也有积极的贡献，也可以满足人民对物质的越来越高的需求，有着多方面的作用和意义。

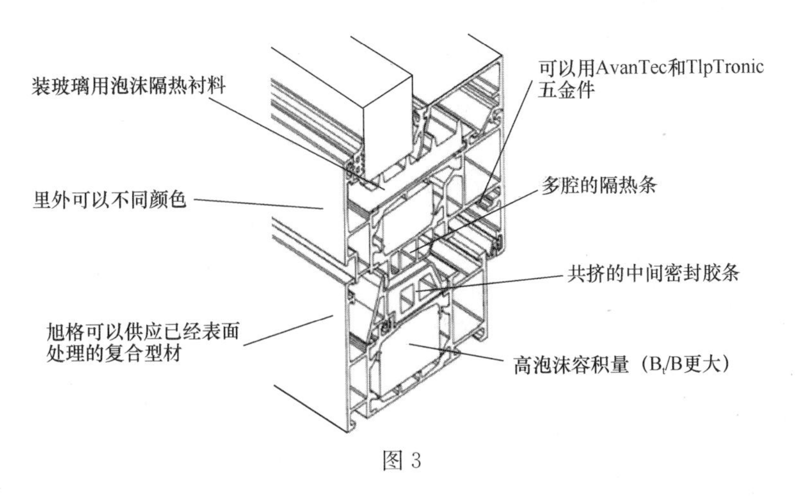

图 3

我国每年新增建筑约 25 亿平方米，但由于节能门窗和节能标准普及率低而造成的建筑能耗是发达国家的 2～3 倍，建筑围护结构中，墙体、门窗对建筑能耗的影响各占了 30%左右。进一步提高门窗节能性对降低建筑能耗有着重大的意义。

3 提高门窗自身节能性的途径

门窗是建筑节能的关键部位，提高门窗的保温、隔热、气密性能是降低建筑能耗的主要途径。节能门窗具有一定的性能优势，已成为人们关注的焦点。作为门窗重要组成部分的中空玻璃提高门窗自身节能性的途径有以下几各方面：

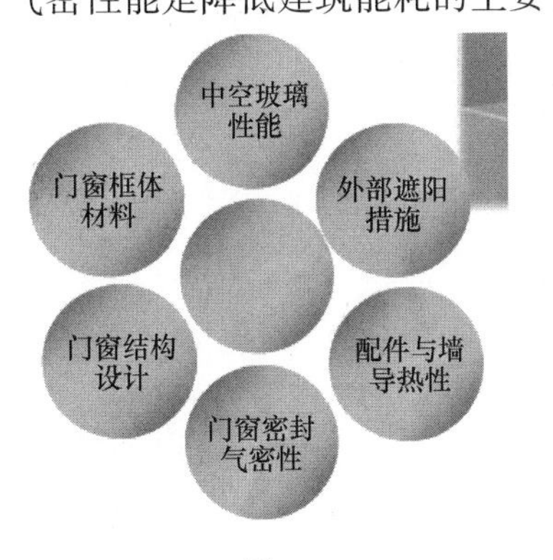

图 4

3.1 中空玻璃性能

玻璃，其性能的优劣直接影响着门窗的节能指标，提高中空玻璃的性能和质量是降低门窗能耗的重要手段。

透过每平方米玻璃传递的总热功率可由下式表示：

$$Q=\underbrace{630\times Sc}_{\text{太阳直接辐射部分}}+\underbrace{U\times(T_{内}-T_{外})}_{\text{对流传导部分}}$$

3.2 中空玻璃的性能之玻璃镀膜

（1）不同玻璃的辐射率 E 值

图 5

① 6mm 白玻：0.84；
② 热反射镀膜：0.5～0.8；
③ 在线镀膜：0.2～0.4；
④ 单银 Low-E ：0.07～0.15；
⑤ 双银 Low-E ：0.03～0.07；
⑥ 三银 Low-E ：0.01～0.03
⑦ 学术上：辐射率 E≤0.15 为低辐射物体；
⑧ GB /T 18915.2—2002［镀膜玻璃第 2 部分低辐射镀膜玻璃］规定：
辐射率离线低辐射镀膜玻璃应小于 0.15，在线低辐射镀膜玻璃应小于 0.25。

(2) 不同镀膜玻璃的遮阳系数-透过光谱特性

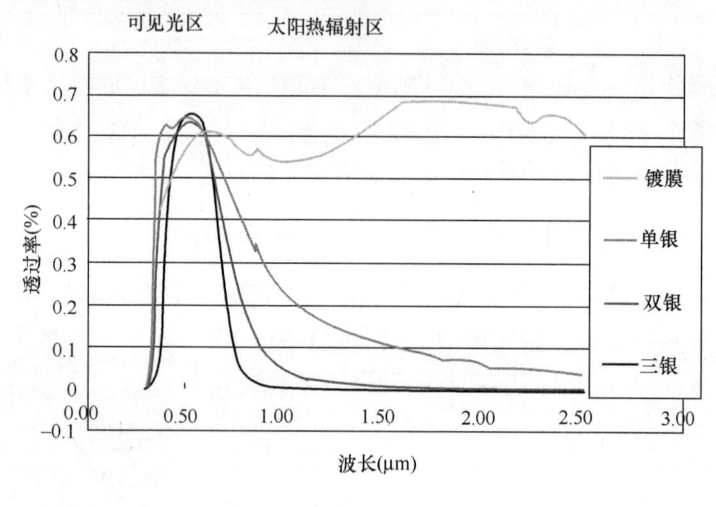

图 6

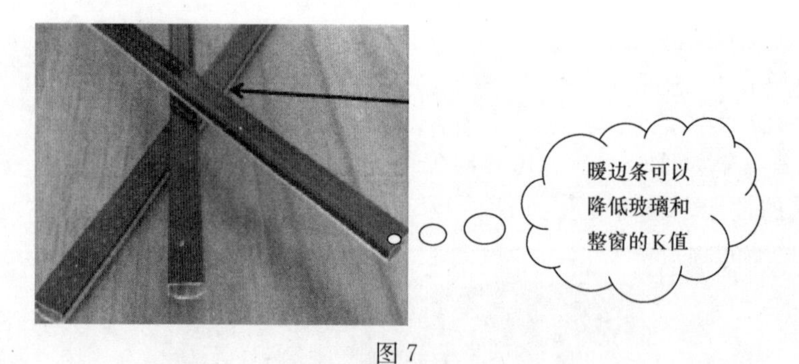

图 7

(3) 不同厚度下的中空玻璃产品性能对比

表 1

玻璃名称	玻璃结构	遮阳系数 Sc	传热系数 K (W/m²·K)
单银 Low-E 中空	6XETG0141+9A+6c	0.348	1.97
单银 Low-E 中空	6XETG0141+12A+6c	0.341	1.78
单银 Low-E 中空	6XETG0141+16A+6c	0.334	1.83
单银 Low-E 中空	6XETG0141+20A+6c	0.331	1.88

（4）不同膜面位置下的中空玻璃产品性能对比

表 2

玻璃名称	玻璃结构	透光率	遮阳系数 Sc	传热系数 K[w/(m^2·K)]
单银 Low-E 中空	6XETG0141 ＃2＋12Ar＋6c	36	0.332	1.50
单银 Low-E 中空	6c＋12Ar＋6XETG0141 ＃3	36	0.612	1.50

（5）节能三玻两空镀膜玻璃性能

表 3

产品及结构可见光	透过率	太阳能	遮阳系数 Sc	传热系数 K
5C＋12Ar＋5C＋12Ar＋5XETN0180-T＃5	66	43	0.64	1.12
5C＋12Ar＋5C＋12Ar＋5XETN0187-T＃5	72	47	0.67	1.02

① 对可见光线的高透射，提高自然光的利用；
② 对近红外线的高透射，获得太阳热能；
③ 对长波辐射的低透射，阻止室内的热能流失；
④ 对近红外线的高透射，获得太阳热能；
⑤ 对长波辐射的低透射，阻止室内的热能流失。

4　稳定性和性能方面

节能隔热铝合门窗会针对其各部件进行严格的测试和检验，所以各个部件搭配较好，不容易出现故障，也就是我们常说的稳定性好。普通门窗就是按照自己的需求订购不同的部件进行组装，但是在使用的过程中会出现一些问题，其稳定性相对较差。铝合金断桥门窗对材料、整个门窗的性能、质量进行全面检测，达到预期的目标后推出的成熟产品。

节能窗的隔热配件的技术要求不同，节能效果也不同。

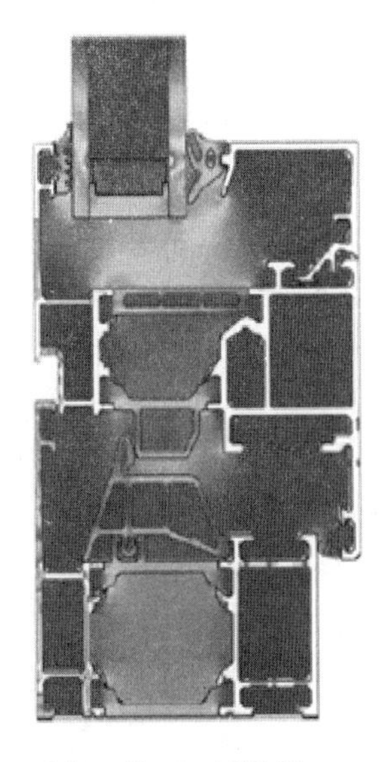

Schuco Fenster AWS 65
传统隔热

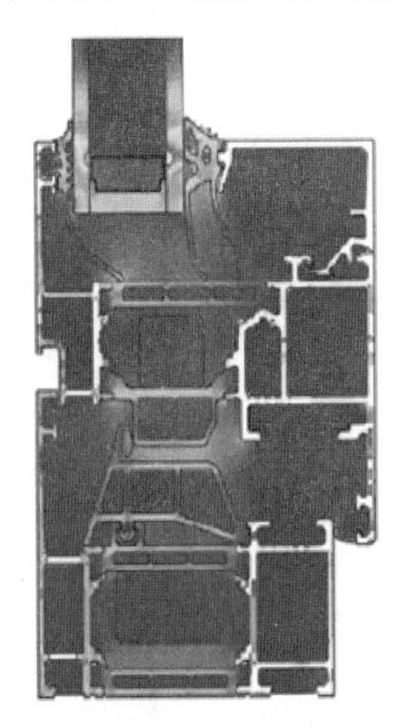

Schuco Fenster AWS 70.HI
热能损失减少

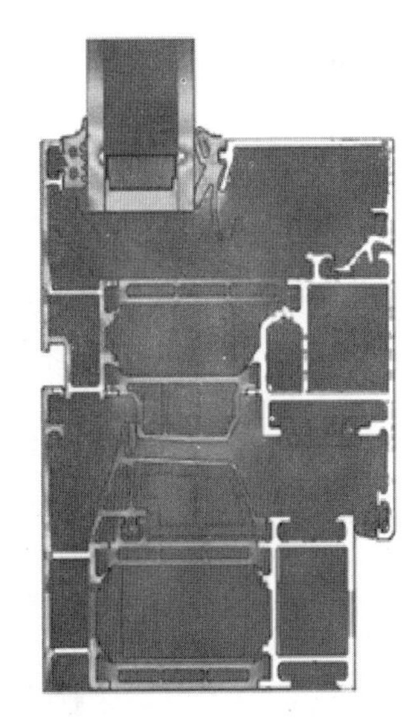

Schuco Fenster AWS 75.SI
热能损失最少

图 8

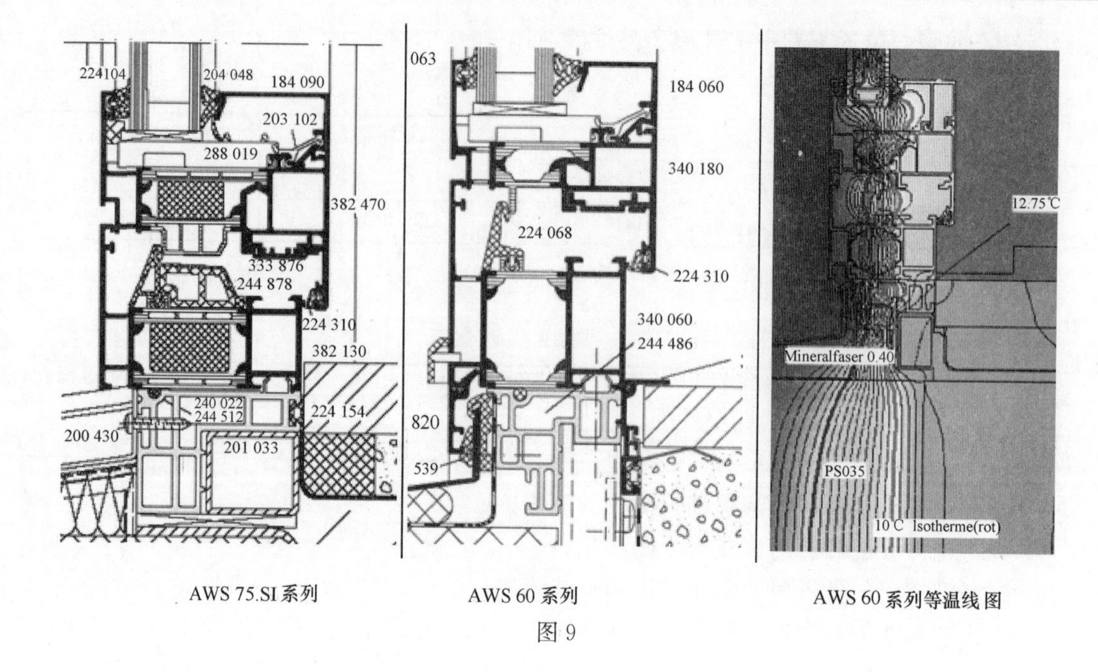

AWS 75.SI系列　　AWS 60系列　　AWS 60系列等温线图

图9

5　节能门窗的技术特点以及设计要求

按照DB11 891—2012北京市居住建筑节能设计标准，窗墙面积比小于等于0.2时，K值为2.0。所以在北京满足K值为2.0的窗户就是节能窗了。

按照国家标准《公共建筑节能设计标准》GB 50189—2015，窗墙面积比小于等于0.2时，K值为2.5。

节能门窗的优点：水密、气密、保温节能、抗风压性能优于国家标准，隔声效果也比较好。多腔体节能窗，采用断热构造，同样也能有效阻隔声声的传输。

节能铝合金隔热窗户可以作为户外窗，在寒冷的北方，可以遮风挡雨，使得室内温暖如春；并且节约能源，对环境治理有很大的推进作用。

图10

5.1 现行节能铝合金断桥窗技术特点

（1）由于隔热条的革新导致的突出隔热性能：Uf 值 1.3W/m^2 · K（可视面宽度103mm）；

（2）由于双道中间密封胶条和 2 块玻璃导致卓越的隔声性能；

（3）2 块玻璃之间迷宫式的胶条控制通风；

（4）可以在两块玻璃之间加上通过欧纷泰执手遥控的遮阳系统；

（5）扇可以做成结构玻璃的效果；

（6）在最低的型材位置排水；

（7）隐藏式的欧纷泰五金件可以承重 130kg；

（8）有安装手动换挡的五金件的扇型材；

（9）扇重最大可以到 160kg；

（10）防盗等级可以到 WK3（DIN V ENV 1627）；

（11）开启扇的玻璃厚度可以达 42mm，固定扇的玻璃厚度可以达 75mm；

（12）使用特殊的玻璃时空气声隔声可以达到 48dB；

（13）里外型材可以用不同颜色；

（14）平齐式的隔热条可以使这个区域没有积水。

5.2 隔热窗的结构特性及性能要求

（1）隔热窗抗风压变形设计

隔热窗的抗风压变形是指建筑隔热窗在与其相垂直的风压作用下，保持正常使用功能，不发生任何损坏的能力。在各分级指标值中，窗主要受力杆件相对挠度单层、中空玻璃挠度$\leqslant L/180$。其绝对值不应超过 15mm，取其较小值。

（2）隔热窗气密性设计

空气渗透性能是指在风压作用下，其开启部分为关闭状态时，隔热窗阻碍空气的能力。建筑隔热窗是具有多功能的建筑外围护结构，防止空气渗漏是隔热窗的基本功能之一。在设计中，隔热窗细部结构形式充分考虑气密性，固定部分采用双道胶条密封，在开启部分采用多道密封。按现行国家标准《建筑隔热窗空气渗透性能检测方法》GB/T 15226 规定的实验方法。

（3）隔热窗水密性设计

雨水渗漏性能是指在风雨同时作用下，隔热窗透过雨水的能力。雨水渗漏应具有三个要素，即孔隙、雨水和风压。本工程隔热窗设计中，采用等压腔原理防水，隔热窗采用多道密封，密封性能好，形成可靠密封系统 。

（4）隔热窗的隔声设计

隔声性能是指通过空气传到隔热窗外表面的噪声经过隔热窗反射，吸收和其他能量转化后的减少量，称为隔热窗的有效隔声量，隔声是隔热窗的基本功能之一。隔热窗型材为三腔结构，开启部分有多道密封胶条，以上措施使隔热窗形成一个密封体，可反射和吸收相当部分的声能。按现行国家标准《建筑外窗隔声性能分级及检测方法》GB 8485—87 规定的实验方法。

（5）隔热窗的防腐蚀性能

隔热窗主材采用氟喷涂铝合金型材，装饰面上涂层最大局部厚度$\leqslant$120μm，最小局部厚度≥45μm. 其他铝型材表面进行氧化处理，氧化膜厚度AA15级标准。附件为不锈钢件，所有的密封件为耐腐蚀的非金属材料。

（6）隔热窗的防结露结构设计

玻璃隔热窗选用中空玻璃，一般情况下玻璃不会结露，若有微量结露水，则沿胶条导入扣条沟槽中自然蒸发。

（7）隔热窗的保温性能

保温性能是指在隔热窗两侧存在空气温度差条件下，隔热窗阻抗从高温一侧向低温一侧传热的能力。

在隔热窗设计中，根据功能要求选择材料，由于玻璃为中空玻璃，它可有效地阻碍热交换量，保温性能良好。

（8）隔热窗的耐久性能

对于隔热窗的铝合金型材系统，应保证在正常使用和保养条件下，其正常使用性能10年不变。对于本系统的玻璃和胶及其他附件的耐久性保证书可以由其专业生产厂提供。

6 结语

《国务院关于印发“十三五”节能减排综合工作方案的通知》国发〔2016〕74号中明确写道：“坚持政府主导、企业主体、市场驱动、社会参与的工作格局。要切实发挥政府主导作用，综合运用经济、法律、技术和必要的行政手段，着力健全激励约束机制，落实地方各级人民政府对本行政区域节能减排负总责、政府主要领导是第一责任人的工作要求。要进一步明确企业主体责任，严格执行节能环保法律法规和标准，细化和完善管理措施，落实节能减排目标任务。要充分发挥市场机制作用，加大市场化机制推广力度，真正把节能减排转化为企业和各类社会主体的内在要求。要努力增强全体公民的资源节约和环境保护意识，实施全民节能行动，形成全社会共同参与、共同促进节能减排的良好氛围。”

现在北京等19个地区都已经有了地方性的激励政策：

《北京市超低能耗建筑示范工程项目及奖励资金管理暂行办法》：示范项目的奖励资金标准根据示范项目的确认时间进行确定。2017年10月8日之前确认的项目按照1000元/平方米进行奖励，且单个项目不超过3000万元；2017年10月9日至2018年10月8日确认的项目按照800元/平方米进行奖励，且单个项目不超过2500万元；2018年10月9日至2019年10月8日确认的项目按照600元/平方米进行奖励，且单个项目不超过2000万。

平锁扣金属板的应用

张　洋　杨　涛
珠海市晶艺玻璃工程有限公司华北分公司　北京　100062

摘　要　北京民生美术馆、天津老城厢鼓楼中心街区、天津公馆服务式公寓项目，建筑师在建筑立面上采用了比较新颖的金属锁扣板为装饰面料。平锁扣金属板正面有凸起边缘，背面有凹向边缘，结合简单，平锁扣金属板层次感强，视觉效果突出，为建筑学的创新追求打开了一个全新景象。

关键词　平锁扣金属板体系；边界防水

1　引言

目前，建筑师在建筑上采用了比较新颖的金属锁扣板为装饰面料，这种体系在欧洲是比较常见的斜屋面做法，具有很好的装饰性和防水性能。平锁扣金属板系统层次感强，视觉效果突出，具有古典建筑风格；系统安装简便，用扣件固定在下层支撑结构上，无需繁杂的机械安装；平锁扣系统可以适合在绝大部分形状的建筑物表面安装（幕墙和地面的夹角不小于25°）。锁扣板可以实现建筑设计的几何多样化，锁扣板的材质也有很多选择，比如铝板、锌版、钛板、不锈钢板、铜板等，不同的材质配合不同的表面处理，可以实现丰富的建筑效果。通过几个工程的实践，平锁扣金属板体系、幕墙收边防水做法等可以在后继的工程中借鉴、推广、应用。

2　建筑工程概况

北京民生美术馆项目位于北京市朝阳区北京彩色显像管厂厂区内，南邻酒仙桥北路，地属798艺术区。其结构类型为框架剪力墙钢筋混凝土、局部钢结构，地下1层，地上2层，局部3层，总幕墙面积约11852平方米。由朱锫建筑设计咨询（北京）有限公司与北京市建筑设计研究院有限公司共同进行建筑设计。建筑在保留了原工业建筑的粗旷、质朴与真实的基础上，融入了当代艺术的细腻、豪放与奢华，顺势而为，无用之用，将建筑与艺术进行了完美的融合。目前，北京民生现代美术馆正在以其开放性、多元性、灵活性成为中国当代艺术的最大公共平台。

（1）北京民生美术馆项目幕墙形式的简单介绍工程基本特点

为了突出建筑的表现力，设计师通过不同的幕墙形式，赋予了陈旧的工业厂房新的生命力。北京民生美术馆幕墙项目的幕墙形式主要包括：明框透明玻璃幕墙系统，明框磨砂玻璃幕墙系统，金属锁扣板幕墙系统，玻璃采光顶、采光天窗系统，铝单板金属幕墙系统以及直立锁边金属屋面系统。

（2）金属锁扣板在北京民生美术馆项目上的分布

北京民生美术馆项目包括旧楼改造部分和新建部分，建筑师在建筑上采用了平锁扣金属板为装饰面料，在原有的工业建筑改造上，金属锁扣板与原混凝土直接收口，预留了原工业建筑的粗犷与质朴；在新建建筑体上及火山口部分，金属锁扣板错落有致的分割效果极具装饰性。金属锁扣板在北京民生美术馆上的分布如图 1 所示。

图 1　金属锁扣板的分布效果图

3　金属锁扣板系统说明

金属锁扣板是通过固定形式的金属板折边后相互搭接形成的瓦状结构，金属锁扣板系统按其锁扣样式不同，具体可分为直立锁边系统、内锁扣系统、平锁扣系统等。

3.1　直立锁边系统说明

直立锁边金属面板通过机械加工形成公母扣，然后通过机械咬合或手工咬合成型，使得不同的金属板块被连接，并通过隐藏在内部的扣件将金属面板与基层固定，直立锁边系统是一个传统的安装系统，按咬合程度分为单锁边和双锁边两种形式，通常屋面用双锁边，墙面和吊顶用单锁边。

3.2　内锁扣系统说明

内锁扣系统属于开放式雨幕体系（即墙体内有通风空间），墙板用隐藏的扣件和螺钉安装于框架结构之上，连续纯净的平直线条展现出结构性的图案美感，强调了建筑物的体量和魅力。

3.3　平锁扣系统说明

平锁扣系统金属板块四边采用简单的折边互相咬合，使用隐蔽式的扣件和螺钉安装，不同方式的板型排布，能够表达出不同的美学形式，平锁扣系统分为浮雕式和嵌入式两种加工形式。平锁扣金属板按其形状又分为方形和菱形两种。

（1）平锁扣系统的特点及分类

在北京民生美术馆项目上应用的金属板为嵌入式的平锁扣金属板，平锁扣金属板正面有凸起边缘，背面有凹向边缘，结合简单。特定形式的平锁扣金属板由工厂专用设备冲压形成，精度很高。由于平锁扣金属板规格不大，因此通过互相锁扣可以完成复杂的几何造型。嵌入式的平锁扣金属板按其形状分为方形和菱形两种。其基本构造如图 2 所示。

（2）平锁扣金属板与内层的搭接

平锁扣金属板与内层的搭接包括防水层、保温层，吸音层、装饰层等构造，其基本构造中的钢板找平层固定在压型钢板上，不仅用于平锁扣金属板的固定，而且与下层的压型钢板可作为系统的面层刚性防水层；平锁扣金属板与压型钢板之间的防水材料为一道柔性防水层；压型钢板下的保温层，其保温棉的厚度可根据工程的节能要求设置；室内侧可根据建筑

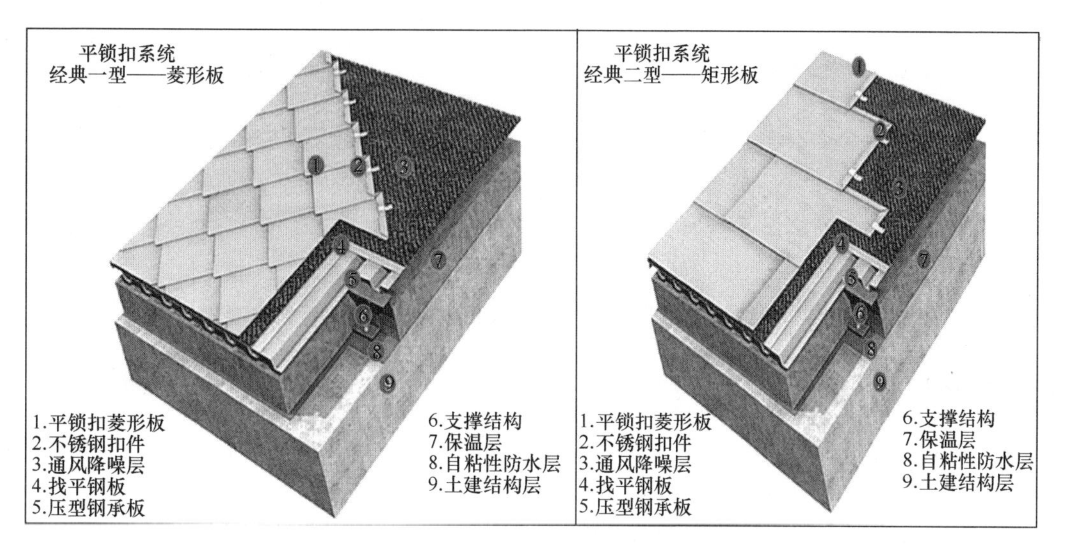

图 2　平锁扣系统经典构造示意图

需求设置吸声层，吸音层由吸声棉与穿孔板组成；室内侧也可设置内装饰层，内装饰层可用 GRC 板或者其他面板完成。

（3）平锁扣金属板的加工

平锁扣金属板可在工厂预先加工成型，由于采用工厂专用设备冲压形成，其重复精度高、规格一致，可高效成批生产符合要求的金属锁扣板，其标准板型如图 3 所示。

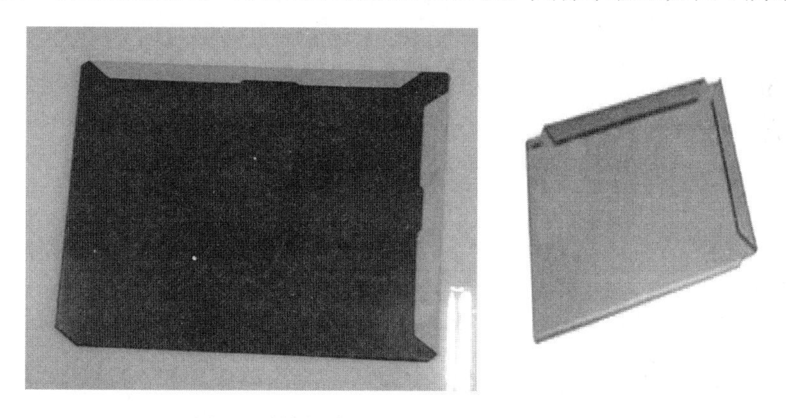

图 3　平锁扣成型金属板（矩形、菱形）

（4）平锁扣金属板的安装

平锁扣金属板的安装为面板之间上下搭接咬合，就如同传统瓦式屋面中的瓦片之间的安装。例如，菱形锁扣板的安装，菱形板利用金属扣件固定，板与板之间相互咬合，菱形板的咬边为上下搭接的关系，利于排水，其构造可形成一道防水体系，其安装示意图如图 4 所示。

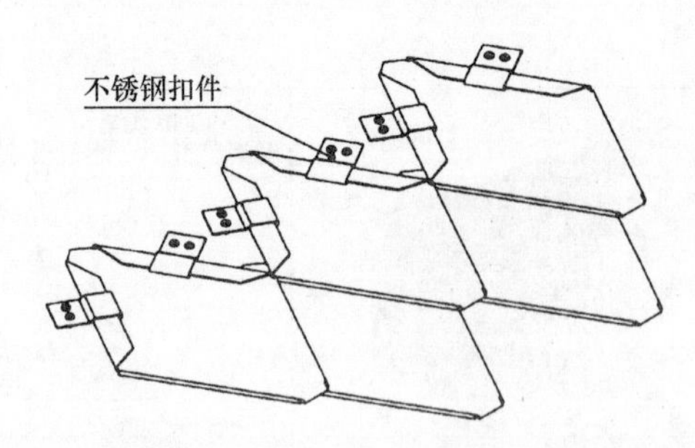

图4　平锁扣金属板的安装示意图

4　平锁扣金属板在本工程中的应用

本工程采用有金属光泽、抗氧化性好的铝镁锰合金板作为金属幕墙面材。应用的平锁扣金属板主要有以下三个体系：

4.1　原建建筑墙面上梁柱之间的方形平锁扣金属板

方形平锁扣金属板分布于北京民生美术馆的南立面东西两侧及庭院东西立面的旧建筑改造部分，位于原建筑梁柱之间。由于原建筑存在较多设备用地脚，单梁吊车支座、轨道地基等原有结构，同时在旧建筑采光窗拆除后，建筑洞口存在边界不齐，形状不规整，大小尺寸不统一等问题，需要处理好锁扣板与混凝土的交接。方形平锁扣金属板主要是起到装饰与防水的作用，保温由原建筑的砌体完成，方形平锁扣金属板分布于混凝土之间。墙面方形平锁扣金属板的基本节点如图5所示。

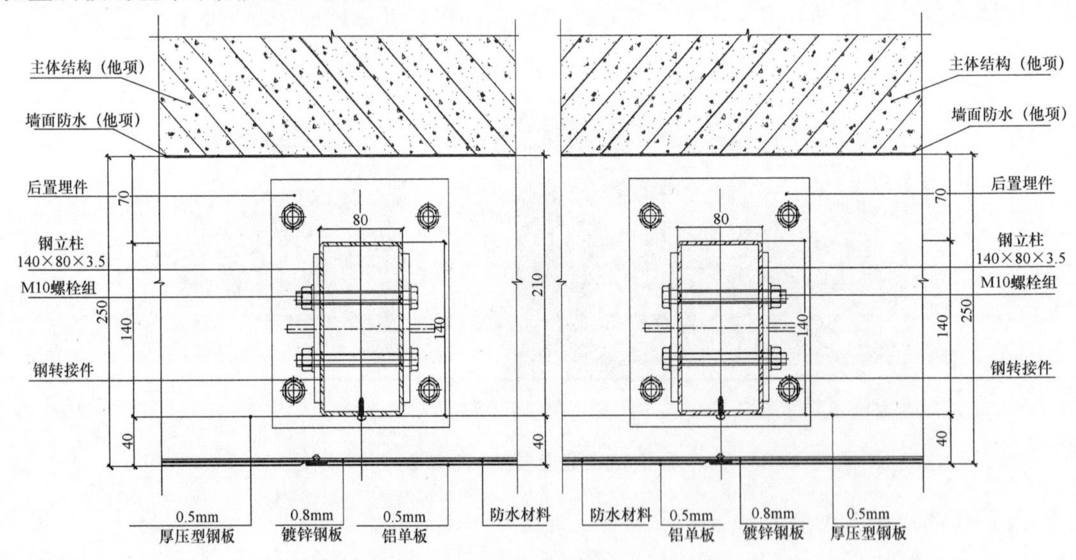

图5　墙面方形平锁扣金属板的基本节点示意图

由于不考虑保温与内装的效果，此体系并不是常规的做法，需要引起重视的是金属锁扣板与周边混凝土的交接处理方式，如处理不好其交接位置极易出现漏水，我们的处理方式是在砌体上先做砂浆及SBS防水涂料，锁扣板的防水卷材在边部与内层防水层搭接，但由于是旧楼改造项目，原结构混凝土表面平整度较差，与金属锁扣板之间如果采用对口的方式无法实现比较美观的效果。通过与建筑师的交流，确定在边部预留 50mm 的槽口，金属板内嵌，这样既可解决混凝土不整齐的收口问题，又能解决防水层搭接的处理问题。其具体做法如图 6 所示。

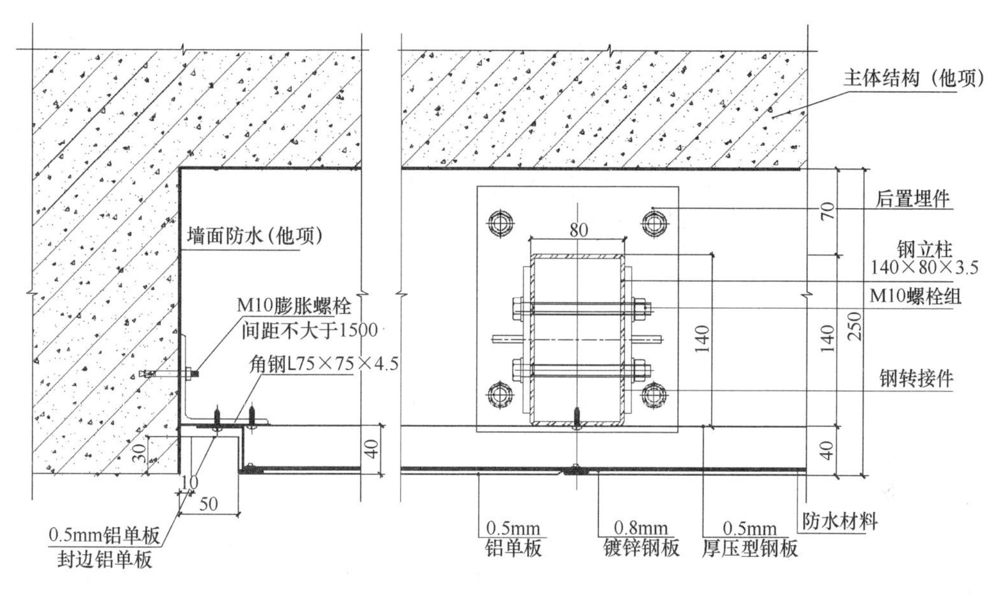

图 6　墙面方形平锁扣金属板的收口节点示意图

方形平锁扣金属板在北京民生美术馆原有建筑改造上，金属锁扣板与原混凝土直接收口，不仅预留了原工业建筑的粗犷与质朴，而且金属锁扣板的细腻与精巧也充分地展现了出来。建成后的旧楼改造部分效果如图 7 所示。

图 7　墙面方形平锁扣金属板的效果图

4.2　新建建筑墙面上的菱形平锁扣金属板

菱形平锁扣金属板分布于建筑中部新建造型及屋顶火山口部分的立面与斜屋面，其立面的典型的形状如图 8 所示。

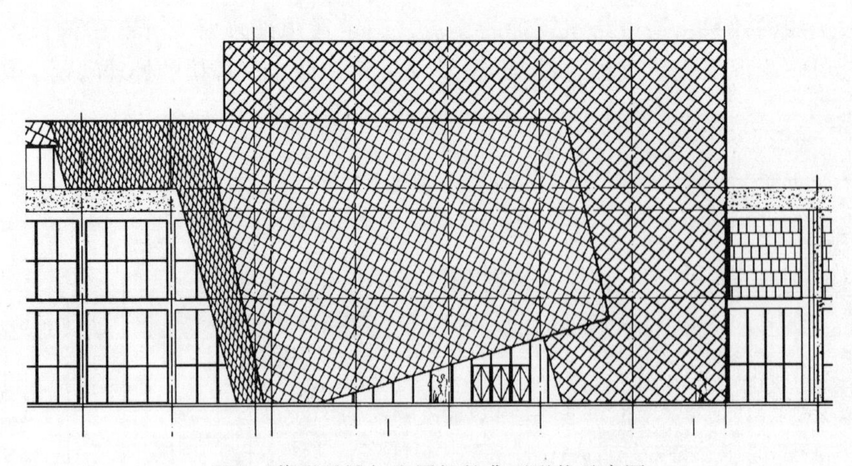

图 8　菱形平锁扣金属板的典型形状示意图

由于新建建筑的外立面的各面之间的夹角各不相同，外形多样，拐角纵多。但是采用菱形平锁扣金属板可解决拐角问题，平锁扣板在转角处通过金属板直接折边，有连续性，能够适应各面之间的转换。由于是新建建筑，需要考虑保温及室内的处理方式，因此在菱形平锁扣金属板后面增加了保温层，根据需要还可以增加室内吸声层及装饰层。墙面上的菱形平锁扣金属板基本节点做法如图 9 所示。

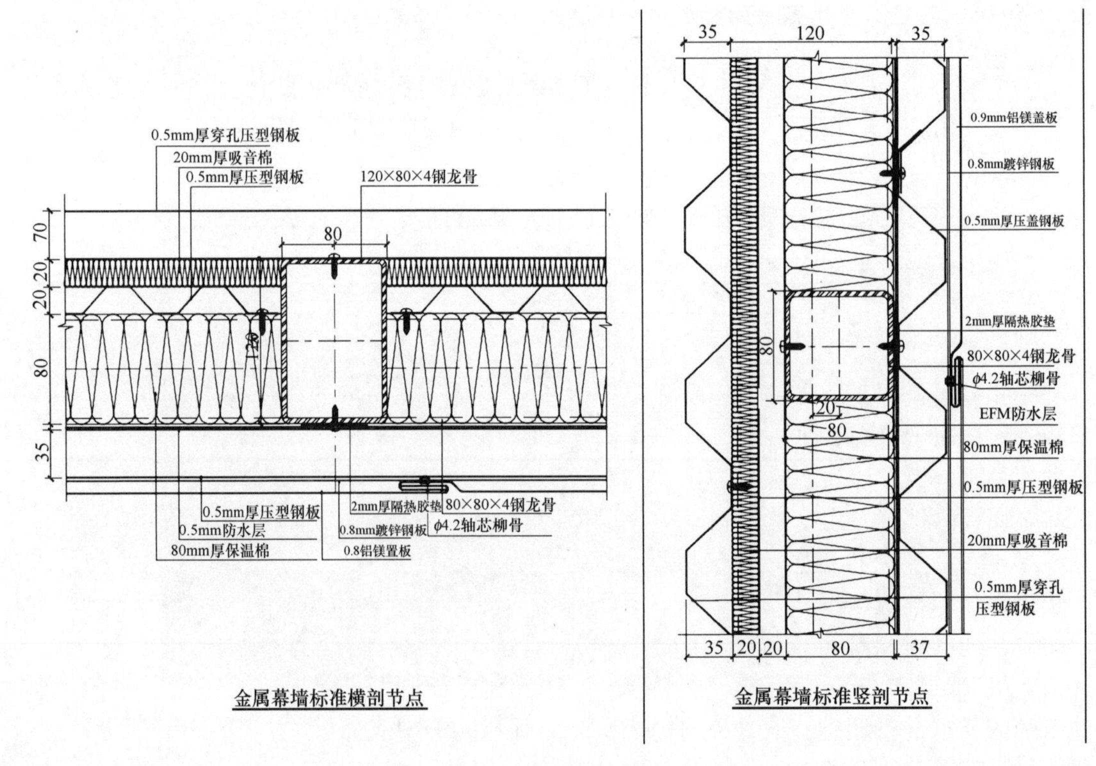

图 9　菱形平锁扣金属板基本节点示意图

菱形平锁扣金属板应用北京民生美术馆现有钢制结构上，幕墙外形整洁，拐角处理规整，其整体造型完美地呈现在眼前，建成后的新建金属幕墙效果如图 10 所示。

图 10　新建建筑体菱形平锁扣金属板的现场图片

4.3　新建建筑斜屋面及吊顶上的平锁扣金属板

斜屋面及吊顶位置与立面情况相似，由于新建建筑的外立面与水平面夹角各不相同，同时综合了立面、屋面、吊顶等多种形式。菱形平锁扣金属板可在转角处通过金属板直接折边，能够适应各面之间的转换。立面与屋面及吊顶之间的过渡自然，建筑物的外形整体性高，能够将建筑师理想的建筑外形完美的呈现。

建筑中部新建造型的斜屋面及吊顶部位分布为菱形平锁扣金属板，完工后的效果如图 11 所示。

图 11　斜屋面及吊顶平锁扣金属板现场图片

5　平锁扣金属板系统的特性

平锁扣金属板系统是比较成熟的墙面与屋面体系，平锁扣金属板不仅适用于平直墙面、弧形墙面及屋面系统，还可以用于吊顶等系统，当设计为斜屋面时可适用于 25%以上的坡度。平锁扣金属板的排布方式也是多种多样，可适用于横向、竖向以及菱形排布。平锁扣金属板系统外装饰层上的选择非常丰富，铝镁锰板、锌板、铜板、钛锌板、不锈钢板等延展性好的、耐候性佳的材料都可以选择。平锁扣金属板的厚度可为 0.5mm、0.7mm、0.9mm 等，平锁扣金属板的规格也可以根据建筑师的要求进行调整。通常的规格在 600mm 以内，过大的板将导致其平坦度下降，而且由于扣件只能分布于四周，对金属板的支撑不利，但是可以选择单方向的加长、增加扣件固定数量并计算后确定规格。由于平锁扣金属板加工为标准板，有利于控制每块板的尺寸误差，板与板的视觉接缝均匀错开，比常规矩形分格线更加容易保证平齐，而且面板之间无密封胶，保证了板面整洁的同时，免去了打胶工艺的不利影响。平锁扣金属板系统按其连接方式分为浮雕式和嵌入式两种加工形式，体现出不同的建筑外观效果，具体的连接方式如图12所示。

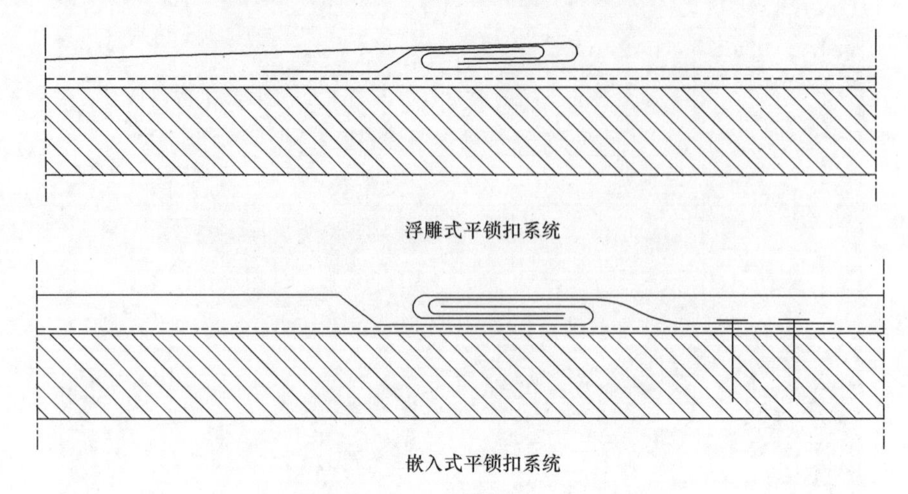

图12　平锁扣金属板连接方式示意图

6　平锁扣金属板系统的相似项目介绍

6.1　天津老城厢鼓楼中心街区改造项目

天津老城厢鼓楼中心街区改造项目，建筑面积197015平方米，在该项目的四个地块中，设计师在屋面采用直立双锁边系统和外墙立面中大量采用了钛锌板平锁扣系统，灰色的色调既呼应了传统大院的地区特色，同时，金属的质感也增添了时尚感和现代性，使传统建筑既能重现往日风采，又能满足时代要求，进而成为老城厢的历史文化载体。工程实例如图13所示。

图13　天津市鼓楼商业街墙面平锁扣系统实例

6.2　天津公馆高端服务式公寓项目

天津公馆高端服务式公寓项目，建筑面积52400平方米，在该项目中其屋面采用了菱形平锁扣金属板，材质为铝锰镁合金板及钛锌板，颜色为烟雾蓝色及天然灰色。天津公馆以新一代知识财富阶层的生活价值观为设计导向，菱形平锁扣金属板层次感强，视觉效果突出，更增添了天津公馆的古典风格及高贵感。工程实例如图14所示。

图 14　天津公馆菱形平锁扣金属屋面系统实例

除在我国有少量类似工程以外，在欧洲、美洲、澳大利亚及亚洲的一些国家和地区，从私人住宅到公共建筑，如机场、歌剧院、会展中心、体育馆和博物馆等，也可以看到平锁扣金属板的身影。

7　结语

金属锁扣板在北京民生美术馆建筑上的应用将建筑师的设计理念完美地展现了出来，并得到了建筑师的认可。欧洲在 20 世纪就已经大量采用金属锁扣板装饰建筑斜屋面及墙面，在金属锁扣板面材的选择上，铜板、锌板随着时间推移而演变出古朴的质感也备受欢迎，平锁扣系统为建筑学的创新追求打开了一个全新景象，此系统产生的光学效果在大面积的幕墙上尤其突出。金属锁扣板系统给建筑师在建筑效果上增添了更多的选择，建筑师极富创造的构思可将我们的视觉引领到另一层次。

参考文献

[1]《建筑幕墙》，中华人民共和国家标准，GB/T 21086—2007.

[2]《采光顶与金属屋面技术规程》，中华人民共和国行业标准，JGJ 255—2012.

[3]《金属与石材幕墙技术规范》，中华人民共和国行业标准，JGJ 133—2001.

[4] 王勇，郑家玉. TPO 防水卷材在某机场航站楼屋面翻修工程中的应用》，《中国建筑防水 . 屋面工程》，2011. 19.

[5] 王德勤、张洋、陈启明、廉洪波《鄂尔多斯博物馆双曲异形金属屋面的设计》2010. 06.

[6] 王德勤、张洋、杨涛《鲁台经贸中心-会展中心异型金属屋面》，《建筑幕墙》，2013. 01.

[7] 杨涛《北京民生现代美术馆幕墙工程的分析与设计》，《建筑幕墙》，2016. 04.

作者简介

张洋（Zhang Yang）男，1973 年 9 月生，河北秦皇岛，教授级高工，学士学位；曾任秦皇岛渤海铝幕墙装饰工程有限公司主任设计师；现任珠海市晶艺玻璃工程有限公司华北分公司总工程师；二十多年来，一直从事幕墙设计工作，对单元式幕墙、呼吸式幕墙、异形幕墙、异形金属屋面、双曲屋面等有比较多的设计经验。通信地址：北京市石景山区实兴大街 30 号院 16 号楼 1107 室；邮编：100114；电话：010-62720359/13241878168；E-mail：yang _ 90@126. com。

杨涛（Yang Tao），男，1979年9月生，河北张家口，高级工程师，学士学位，珠海市晶艺玻璃工程有限公司华北分公司技术部经理。从事幕墙设计研发工作十余年，擅长异型建筑幕墙、金属屋面的技术方案解决及技术难题攻关。对复杂形体的建筑幕墙的设计具有较丰富经验。通信地址：北京市石景山区实兴大街30号院16号楼1107室。邮编：100114；电话：010-62720359/13811146257；E-mail：84650667@qq.com。

一种特殊造型装配式干挂石材幕墙设计探讨

姜清海
中山盛兴股份有限公司　广东中山　528412

摘　要　本文阐述了北京嘉德艺术中心项目中的干挂石材幕墙的特殊性、设计难点及对应的解决方案，提出了菱形钢骨架的设计应用、菱形空缝石材背栓点支式连接的新结构形式的设计与应用。

关键词　钢结构锚板；菱形钢骨架；点支式连接

干挂石材作为一种具有更好耐久性、更贴近自然、庄重华贵的建筑材料，正在逐步取代早期广泛流行的大面积采用玻璃的幕墙设计，建筑师更加重视如何在新的建筑物上突出建筑的艺术效果和自然美的效果，尤其是代表实体的石材幕墙与代表虚幻的玻璃幕墙的有机结合更是很多建筑师的首选。

干挂石材幕墙所使用的石材主要为天然花岗岩。花岗岩具有较高的抗压强度和硬度、耐风化、抗腐蚀能力强，耐用年限久，天然色素均匀，是建筑中较为理想的外墙面装饰材料。天然石材美观、自然，用天然石材作为外墙装饰材料的建筑具有稳健、古朴的历史底韵。天然石材已逐渐为大众所认识和接受，被广泛地应用于各类建筑，其特点是既能营造出宏伟壮观的建筑艺术效果，又能给人带来清新舒适的自然观感。干挂花岗岩幕墙大约起始于20世纪60年代后期，80年代中期引入中国，经过三十多年实践和发展，在材料和构造方面均优于湿贴石材幕墙。目前，干挂花岗岩工艺已被广泛应用于大型公共建筑的内外墙饰面，尤其在建筑物裙房以及高度在30m以下的幕墙工程中使用最为广泛。

图1

位于北京市五四大街与王府井大街大街交口的西南角的北京嘉德艺术中心项目就是在裙楼使用天然花岗石以实现建筑师特殊的设计理念的典型代表。该项目由北京皇都房地产开发有限公司开发，泰康之家（北京）投资有限公司投资兴建，著名德国建筑师奥雷·舍人与北京市建筑设计研究院合作设计。该项目位于北京市区的繁华区段，建筑高度有限高要求，同时考虑到该项目的实际使用功能，无论其建筑设计、结构设计，还是幕墙系统设计以及工程施工，都将面临诸多困难和高难度的挑战。

这栋楼位于北京的城市中心处，对面是美术馆，旁边是一块历史胡同区，它前面正对着的就是扎哈·哈迪德设计的银河 SOHO 和 OMA 事务所设计的 CCTV 央视大楼总部，这座坐落于北京故宫附近的北京嘉德艺术中心将成为中国最早艺术品拍卖行的新总部。该建筑嵌进北京中心的历史文脉中，其下部像素化的体量，从纹理、颜色和繁杂的规模与建筑周边的城市胡同肌理相融合，建筑上部则通过大尺度玻璃砖与北京现代城市相呼应，其建筑肌理与邻近的胡同及四合院产生共鸣。与皇家的紫禁城相比，砖显得更具普适性，更能代表民间社会与其价值观念，一种中国文化中谦卑的、非精英主义观念。建筑下部的外立面由像灰色石头一样的像素化图案组成，建筑师通过成千上万的穿孔将中国历史上最重要的山水画《富春山居图》投映在立面上。

按照建筑师对外墙的设计理念，外墙采用“青砖”样式的砖石“像素”放置在建筑底部，以元代画家黄公望的著名山水画《富春山居图》为模板，通过精炼提取的数千个圆孔像素嵌入墙体之中，创造出抽象的山水轮廓。要实现上述建筑师的设计理念，外墙幕墙的设计与施工将面临巨大的挑战，这座体量并不大的建筑，其幕墙的设计和施工都将颠覆传统的幕墙设计和施工理念。本文仅介绍本建筑底部特殊的干挂石材幕墙的设计施工难点设计效果见图 2。

图 2

干挂石材幕墙位于建筑的下部 1 层～4 层，与上部中规中矩的矩形玻璃幕墙相比，下部的干挂石材幕墙外表面则形成巨大的反差，不仅立面有突出的凹凸、悬挑与退台，而且石材立面上有近四千个大小不一的孔洞，通过这些孔洞的有机排列组合，抽象形成了《富春山居图》的像素。为了这些像素的完整性，石材接缝均须呈菱形布置，并须将 41 个几何体形成连续贯通的石材拼缝，从而形成“搭积木”式的整体裙楼，由此可以想象，这与其说是建筑裙楼，不如说是一件雕塑艺术品更为恰当。因为仅从外表面看，怎么看也找不到一般建筑中的柱网、楼层、采光、通风等基本的建筑功能元素，但这又确实是一个特殊的建筑裙楼，所有的建筑功能都在这种特殊的外形设计下巧妙地实现了。下面分别就其干挂石材幕墙的结构形式、与主体钢结构的锚固设计、石材幕墙构造系统设计等三个方面分析其特殊性。

1 干挂石材幕墙的特殊结构形式

本项目干挂石材幕墙的结构形式与传统各种干挂石材幕墙形式均不相同，既不是单元式，也不是普通的构件式，这些多种结构系统经过多次论证后均被否定，最终选用了一种独特的幕墙结构系统，即“整体预制型菱形钢骨架系统”。

石材立面为了形成整体的有机肌理，并便于石材面板开孔，石材面板设计为1131×1131的菱形布局（图3），对角线长度为1600，故裙楼41个几何体按照1600/2=800的模数进行排列组合，形成有机的几何整体；特别强调的是，由于41个几何体形成了多个阴角

图3　石材面板均呈菱形方向布置

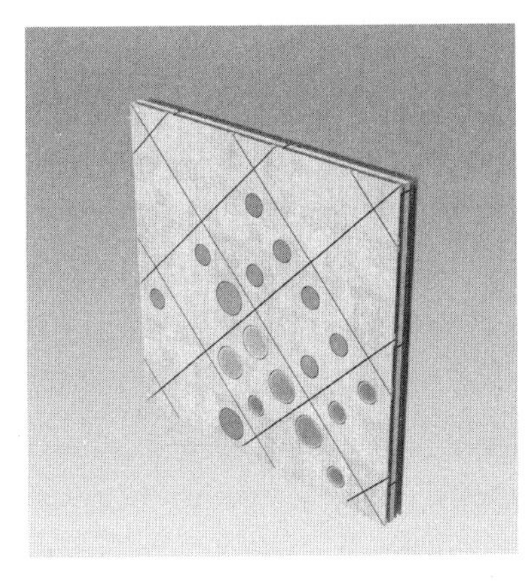

图4

和阳角，菱形立面所组成的阳角是整体效果的点睛之笔。为了整体效果美观，建筑师要求进行了多次实物样板的安装比较，最终选择所有的阳角均须采用整体石材进行装配。除此以外，石材面板上无规律的开孔布置，且孔洞中须安装深度达300mm的灯筒透镜，这些透镜必须安装在主次龙骨之间，不能打断主次龙骨。以上要求完全打破了石材幕墙的结构形式常规，即常规的横平竖直的龙骨框架不能使用，只能依照菱形石材的网络方向布置主次龙骨了。

这种特殊的龙骨结构设计形式无论从设计、结构计算，还是龙骨加工、安装等都给设计工程师和工厂构件加工及现场安装增添了很大的难度。为保证加工安装精度，本项目采用了特殊的钢骨架布置形式，针对各不同几何体的不同立面，对钢龙骨进行分块划分布置，选择“单元格”，对标准“单元格”的主次龙骨采用整体预制方式进行设计和施工，以减小现场的作业量，并大大提高加工及安装质量，有效缩短工期。

从以上各几何体的石材幕墙展开图看，所有的各折面上的石材拼缝均须贯通，全部41个几何体的石材拼缝均须贯通，仅此一项要求，就需要在BIM模型中反复调整，直至达到上述要求。为达到此目的，主体钢结构、室内各种管网均须建筑与结构专业的多次反复配合调整，并充分借助BIM技术才得以顺利实现。

为顺利而精确地实现上述立面效果，经过多方案的反复比选，最后选择了如图7所示的“整体预制菱形钢骨架”的小单元幕墙结构形式，即按立面规律将斜向的标准跨设计为整体钢框架单元，主龙骨140×6的热镀锌方钢管与次龙骨60×4的热镀锌方钢管整体预制焊接组装，现场进行整体吊装，相邻两跨单元钢框架之间在现场再补充安装次龙骨。最后形成完整的钢骨架立面。

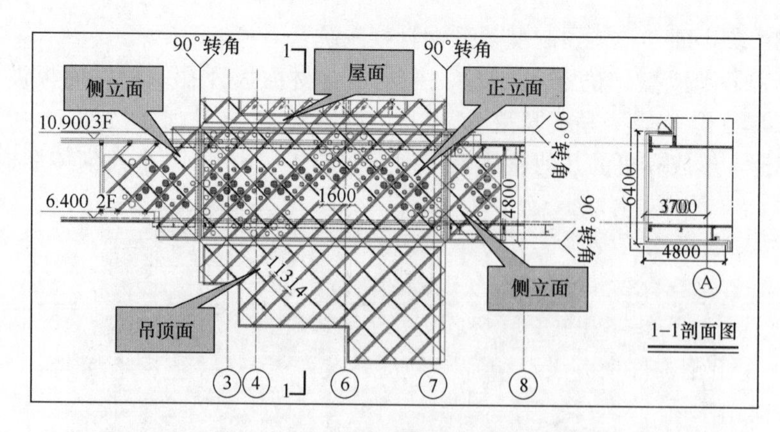

图 5　石材几何体各立面展开示意图

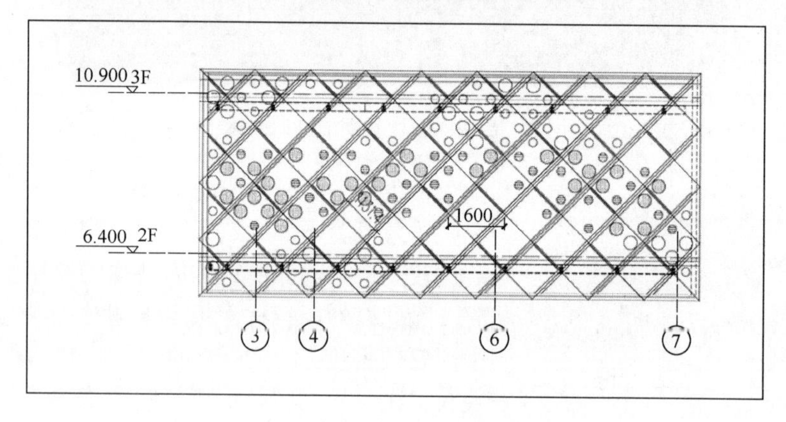

图 6　菱形布置的石材立面图

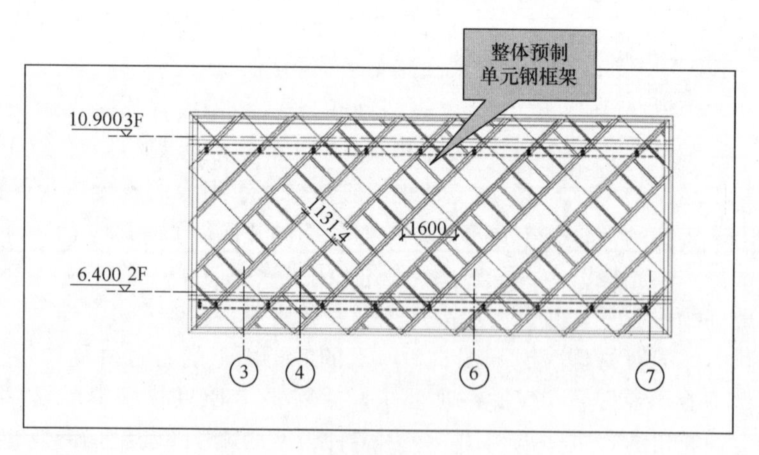

图 7　整体预制单元钢框架

2　石材菱形钢骨架与主体钢结构的锚固设计

该项目主体结构为钢结构，梯间核心筒为钢柱混凝土筒体结构，混凝土楼板为“几”形瓦楞板上浇捣混凝土，由于混凝土楼板厚度不够预埋铁件的锚固厚度要求，故不能采用在混凝土楼板内预埋铁件的方式提供幕墙的锚固点，因此 1 层～4 层石材幕墙连接的锚固支座只能设置在主体钢结构的H形钢梁及H形钢柱上。

鉴于主体钢结构施工时，幕墙方案尚未确定，故不能在主体钢结构上焊接幕墙用的预埋钢板，经与设计院结构工程师、监理公司、总包方反复研究讨论，并在现场钢结构焊接进行测试试验，选择对主体钢结构影响最小的施工方法实现后锚固钢板的焊接施工连接，最终确定后锚固钢板施工须达到如下要求：

① 后锚固钢板选用12厚钢板肋板焊接在主体钢结构的H形钢柱及钢梁的翼缘之间的腹板上，不得单独焊接在翼缘板边。

② 焊缝高度为4～6mm，焊缝必须分段焊接，连续施焊的长度不得超过100mm。

③ 施工顺序为沿钢构件中心线对称焊接，焊接部位按钢结构的防腐要求补刷防腐漆及防火涂料。

④ 幕墙与主体钢结构之间的连接必须为螺栓铰接，不得为全焊接刚接连接，即幕墙与主体钢结构之间的连接件必须一端是焊接，另一端为螺栓连接。

上述方案确定后，现场即可按实测钢梁的尺寸下料加工锚固钢板，再按上述要求进行焊接，解决了与总包及钢结构之间的工艺交叉施工问题。实际施工如上图8所示，在H形钢梁的上下翼缘板之间焊接竖向钢板肋板，幕墙连接件支座与此钢肋板采用不锈钢螺栓连接，与石材幕墙钢骨架进行焊接连接。

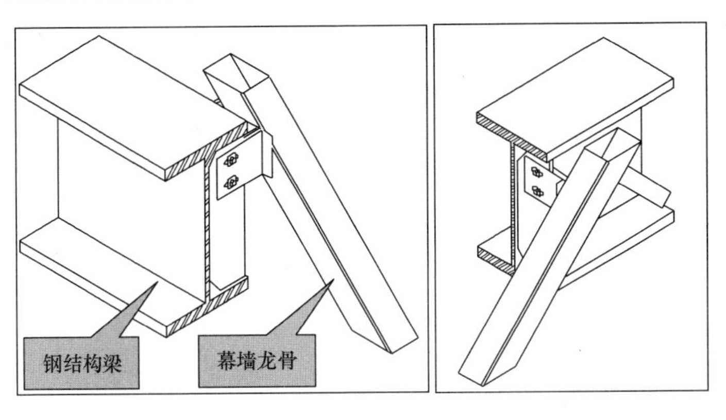

图8　施工图

3　菱形干挂石材的点支式系统构造设计

按照建筑师“像素化图案”设计理念，上部漂浮的青砖盒子由裙楼基座承托支撑，基座则由特殊选择的蒙古黑花岗石按菱形方式通缝连续布置，所有几何体外立面均为无密封胶的空缝式设计且要求方方正正，不能出现调坡、斜角等不规则体型，故所有建筑功能所需要的调坡、保温、通风、采光、排水、消防等均须在此严格规则的几何体内实现，这些繁杂的功能需要另撰文描述，本节仅说明石材面板的点支式系统构造设计。

基于石材设计的基本原理，空缝式干挂石材幕墙需要采用背栓式设计工艺来实现石材面板的固定，石材背后需要设置防水板实现石材幕墙的整体防水，在防水板的背面则是保温层、防火层等功能层。由于石材背栓连接是独立的点连接，每件石材需要四个背栓固定连接点，则需要两支横梁来固定背栓支座，而不能像其他卡条构造的方式共用横梁。

按照上述的基本设计原理，本项目中则需要更多的次龙骨来固定石材背栓，由于石材面

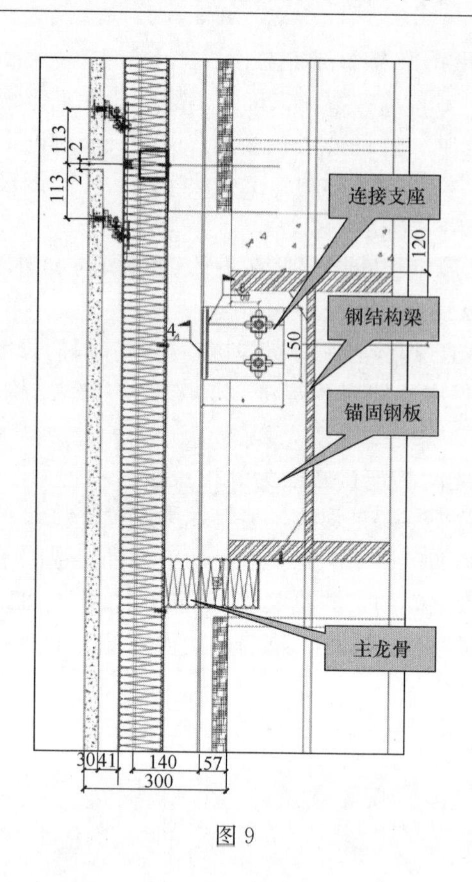

图 9

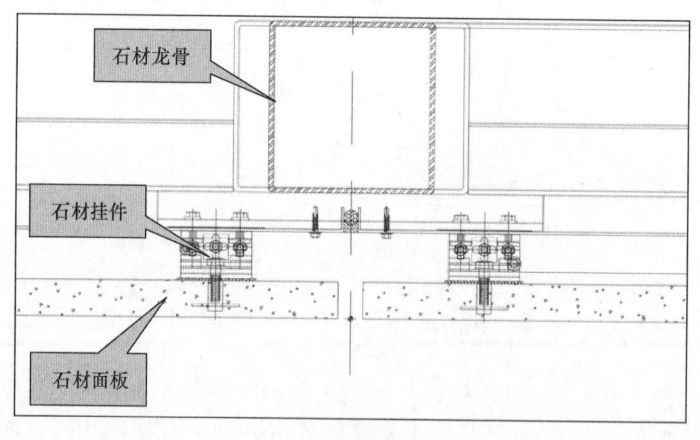

图 10

板中有近四千个灯筒开孔，导致石材主次龙骨必须与石材一致呈菱形布置，同时在实际施工时，蒙古黑矿山上无法生产 1131 见方的花岗石，建筑师最终确定 1131 见方的石材面板实际由一分为四的石材板块密缝拼接而成，因此主次龙骨的布置密度太密，钢材含量将高达 55kg/m^2，同时高密度的焊接也将导致钢骨架的变形严重。考虑到此工艺的缺陷，针对本项目的实际要求，将点支式玻璃幕墙的构造设计理念引用到本项目的石材幕墙设计中，通过在主次龙骨上设置支座钢板，在每个支座钢板上再设置四个支座点用于固定石材背栓。按此方法可以减少近一半的次龙骨用量，大大降低了钢材含量。

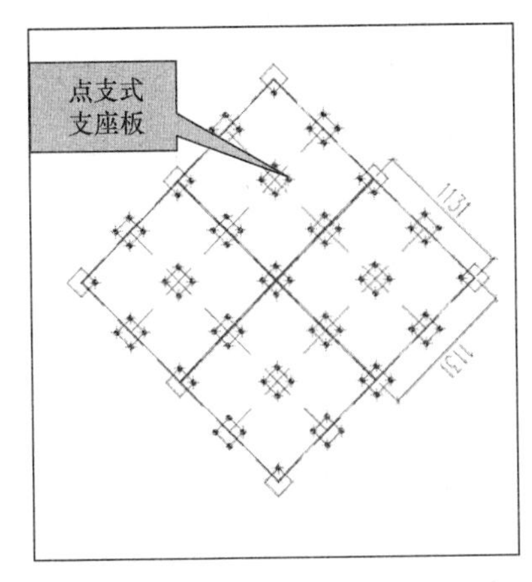

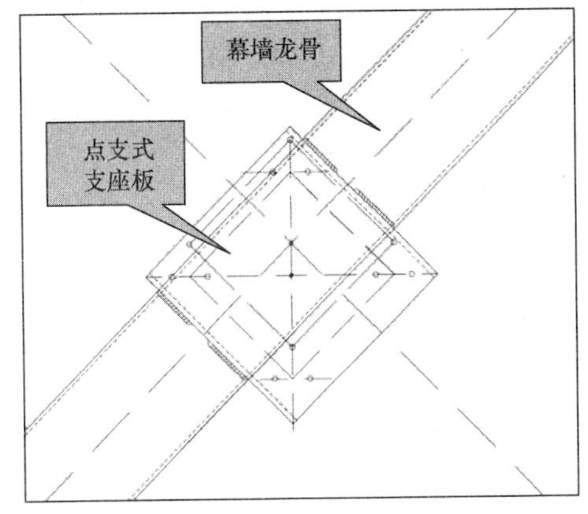

图 11

本文仅就上述三个方面分析了本项目裙楼干挂石材幕墙的特殊设计方法，而本项目的复杂之处还远不止这几个方面，如裙楼石材幕墙的采光设计、通风设计、消防设计、排水设计等均非常特殊，在以后的文章中将继续阐述。

参考文献

[1] 中华人民共和国建筑工业行业标准《小单元建筑幕墙》JG/T 216—2007.
[2] 中华人民共和国建筑工业行业标准《金属与石材幕墙工程技术规范》JGJ 133—2001.

玻璃幕墙室内侧耐撞击性能设计及计算

闭思廉　刘晓烽　林伟艺

深圳中航幕墙工程有限公司　广东深圳　518109

摘　要　玻璃幕墙内侧是否设置护栏，尤其是幕墙室内侧耐撞击性能指标取值、幕墙内侧水平撞击荷载取值等问题一直以来都存在争议和不同意见。本文以安全为前提，以规范为依据，通过相关计算分析和实际工程进行举例说明作者的观点，希望能给读者提供参考。

关键词　玻璃幕墙室内护栏；幕墙耐撞击性能；水平撞击荷载；荷载组合

出于外观效果需求，玻璃幕墙所在部位的建筑构造不设置窗台已然非常普遍。其带来的高通透效果和优异的采光能力显而易见，而备受建筑师和用户的青睐。然而在面对可能发生的室内侧撞击问题时，这种做法也屡受争议。很多地区要求必须在室内侧设置护栏，但这又与最初的建筑设计意图相违背。那么这种无窗台的玻璃幕墙是否必须在室内侧设置护栏呢?

其实从安全需求的角度来看，在足够大的撞击力作用下，对玻璃幕墙室内侧的撞击无非造成两个结果，一个是玻璃被撞碎，另一个是玻璃完好。当玻璃能被撞碎时，设置护栏或防护措施就是必需的手段，反之，当玻璃不被撞坏时，护栏或防护措施就不是必需的防护手段。事实上这一原则也在一些规范中予以体现，比如上海市幕墙标准中就明确规定了在某些情况下，无窗台的玻璃幕墙可以不设置护栏。所以在判断无窗台玻璃幕墙的室内侧是否设置护栏时，应进行计算校核和试验验证来作为决策的依据。

1　相关标准规范对幕墙室内侧耐撞击性能指标的规定或要求

在现有的标准和规范中，对幕墙室内侧撞击性能指标的要求是比较高的。比如，在国家标准《建筑幕墙》GB/T 21086—2007 中，第 5.7.1.1 条规定：建筑幕墙的耐撞击性能应满足设计要求，人员流动密度大或青少年、幼儿活动的公共建筑的建筑幕墙，不应低于表 22 中 2 级（即 900N·m）；而上海市地方标准《建筑幕墙工程技术规范》DGJ08—56—2012 的 4.2.7 条也规定：建筑幕墙的耐撞击性能应满足设计要求，耐撞击性能指标应不小于 700N·m。而参考即将颁布的《建筑防护栏杆技术规程》的 4.5.5 条规定：护栏抗软重物撞击性能检测时，撞击能量 E 为 300N·m。

之所以对幕墙的室内侧撞击性能给予较高的指标，主要也是考虑玻璃的易碎特性，所以给予其更高的安全裕度。

由于抗冲击性能的指标是抗撞击能量，为了便于直观感受，还需将其换算成撞击力。按照动势能之间的转换公式 $E=mgh=\frac{1}{2}mv^2$，可以将撞击能量转换为撞击速度。

① 假定撞击者为 50kg 的儿童，撞击能量为 900J（对应国标 GB/T 21086—2007 抗撞击

性能 2 级），则有：

$\frac{1}{2}\times50*v^2=900$，可计算出 $v=6\text{m/s}$，相当于奔跑速度达到 21.6km/h。

假定撞击玻璃的作用时间为 0.1s，按冲量定律则有：

撞击力 $F=m*(v-0)/t=50\times6\div0.1=3000\text{N}$

② 假定撞击者为 50kg 的儿童，撞击能量为 700J（对应国标 GB/T 21086—2007 抗撞击性能 1 级），则有：

$\frac{1}{2}\times50*v^2=700$，可计算出 $v\approx5.3\text{m/s}$，跑步速度达到 19km/h。

假定撞击玻璃的作用时间为 0.1s，按冲量定律则有：

撞击力 $F=m*(v-0)/t=50\times5.3\div0.1=2650\text{N}$。

当然，以上的计算假定了撞击作用时间为常数，但事实上撞击作用时间还受到很多其他因素的影响，甚至撞击部位是否存在横梁都会显著改变这一数值，所以实际情况与计算结果之间是存在出入的，这可能是为什么在 GB/T 21086 中只给出试验方法而未提供计算方法的一个原因。不过，在上海市标准《建筑幕墙工程技术规范》DGJ 08—56—2012 中对各种情况的撞击水平荷载取值却有明确的规定：

① 该规范第 4.3.5 条第 1 款：

楼层外缘无实体墙的玻璃部位应设置防撞设施和醒目的警示标志。不设护栏时，需在护栏高度处设有幕墙横梁，该部位的横梁及立柱已经进行抗冲击计算，满足可能发生的撞击。冲击力标准值为 1.2kN，应计入冲击系数 1.5、荷载分项系数 1.4。可不与风荷载及地震作用力相组合。

此处：冲击力标准值为 1.2kN，乘上冲击系数和荷载分项系数后设计值为 2.52kN。

② 该规范第 4.3.5 条第 4 款：

护栏高度处无横梁时，单块玻璃面积大 4.0m^2，中空玻璃的内片采用夹层玻璃，夹层玻璃厚度经计算确定，且应不小于 12.76mm，冲击力标准值为 1.5kN，荷载作用于玻璃板块中央，应计入冲击系数 1.50、荷载分项系数 1.40，且应与风荷载、地震作用组合。

此处：冲击力标准值为 1.5kN，乘上冲击系数和荷载分项系数后设计值为 3.15kN。

通过比较，我们可以直观地感受到，不同的幕墙构造条件下，抗冲击计算的荷载取值差异较大；进一步分析该规范的相关内容，可以发现在护栏高度位置有没有横梁对幕墙的抗撞击性能的要求也是存在差异的。

接下来，我们抛开玻璃幕墙的撞击荷载取值，来看一下相关规范对防护栏杆的撞击荷载取值情况：

① 即将颁布的《建筑防护栏杆技术规程》4.3.3 条规定，应对栏杆受水平集中力作用进行验算，水平集中力宜取 1.5kN，水平集中力作用于栏杆中的不利位置，与均布荷载不同时作用。

②《中小学建筑设计规范》GB 50099—2011 的 8.1.6 强制性条文："上人屋面、外廊、楼梯、平台、阳台等临空部位必须设防护栏杆，防护栏杆必须牢固，安全，高度不应低于 1.10m。防护栏杆最薄弱处承受的最小水平推力应不小于 1.5kN/m。"

③《建筑结构荷载规范》GB 50009—2012 的第 5.5.2 强制性条文：楼梯、看台、阳台

和上人屋面等的栏杆活荷载标准值，不应小于下列规定：

a. 住宅、宿舍、办公楼、旅馆、医院、托儿所、幼儿园，栏杆顶部的水平荷载应取1.0kN/m；

b. 学校、食堂、剧场、电影院、车站、礼堂、展览馆或体育场，栏杆顶部的水平荷载应取1.0kN/m. 竖向荷载应取1.2kN/m，水平荷载与竖向荷载应分别考虑。

通过比较分析，可以看到相关规范对防护栏杆的撞击力取值较低，如果按照撞击能量折算的话，大概在300N·m附近，连幕墙室内侧撞击性能的最低标准都达不到。具体对比数据详如表1所示。

表1 不同建构件形态所依标准、耐撞击性能、撞击力对比表

建筑构件形态	所依据标准	耐撞击性能（N·m）	撞击力（kN）
玻璃幕墙护栏高度有横梁	GB/T 21086—2007	1级700，2级900	*
玻璃幕墙护栏高度有横梁	DGJ 08—56—2012	大于700	2.52（设计值）
玻璃幕墙护栏高度无横梁	GB/T 21086—2007	1级700，2级900	*
玻璃幕墙护栏高度无横梁	DGJ08—56—2012	大于700	3.15（设计值）
建筑防护栏杆	《建筑防护栏杆技术规程》（即将颁布）	300	1.5
建筑防护栏杆	GB 50009—2012	*	1.0kN/m
建筑防护栏杆	GB 50099—2011	*	1.5kN/m

上海幕墙标准中对无窗台玻璃幕墙撞击力的取值规定是否完全合理恐怕也有争议，但至少其灵活运用可靠性进行安全设计的思路是正确的。玻璃虽然是易碎材料，但只要确保其强度储备大到足以保证其损伤概率降到足够低时，完全可以不另行设置单独的防护栏杆或防撞措施也能确保使用安全。

2 针对护栏高度处无横梁的玻璃面板进行耐撞击计算的案例

以下通过一个案例介绍有关幕墙的耐撞击计算：

(1) 玻璃幕墙计算玻璃面板品种、规格

玻璃幕墙位置的玻璃面板选用10mmTP+12（A）+10mmTP中空钢化玻璃，取最不利位置进行校核；分格为1500×3300mm。

(2) 计算说明

幕墙玻璃面板选用10(Low-E)+12(A)+10mm中空钢化玻璃。取最不利位置进行校核；分格为1500×3300mm，力学模型为承受均布荷载的四边支承，计算标高取50.000m。

局部大样见图1。

计算简图如图2所示。

(1) 荷载计算

① 风荷载计算。根据以下标准进行荷载取值：

a. 中华人民共和国国家标准：GB 50009—2012 建筑结构荷载规范。

b. 中华人民共和国行业标准：JGJ 102—2003 玻璃幕墙工程技术规范。

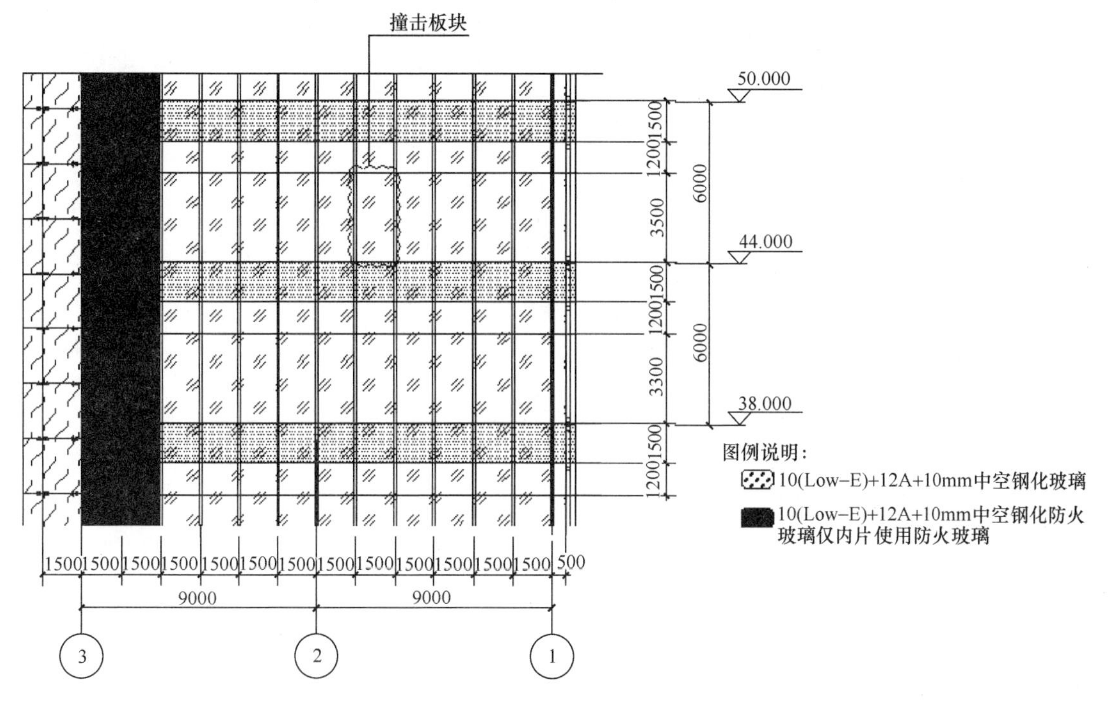

图 1　局部大样

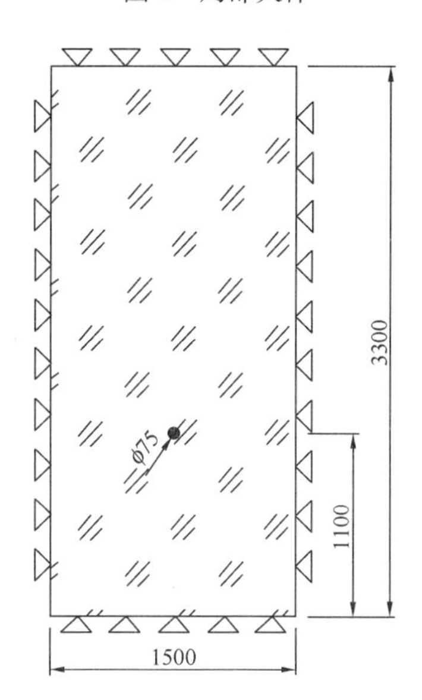

图 2　计算简图

$$W_k = \beta_{gz} \cdot \mu_{sl} \cdot \mu_z \cdot w_0$$

w_0 ——基本风压，深圳地区取：$w_0 = 0.75$kPa。

μ_{sl} ——局部风压体型系数，取：$\mu_{sl} = -1.6$。

工程项目地面粗糙度：C 类

μ_z ——风压高度变化系数，取 $\mu_z = 1.1$

β_{gz} ——高度 Z 处的阵风系数，取 $\beta_{gz} = 1.8$

作用在玻璃上风荷载标准值为:

$$W_k = \beta_{gz} \cdot \mu_{sl} \cdot \mu_z \cdot w_0 = 2.395\text{kPa}$$

则外片玻璃（第1片）承受的风荷载标准值为:

$$W_{k1} = 1.1W_k \frac{t_1^3}{t_1^3 + t_2^3}$$

$$= 1.1 \times 2.395 \times \frac{10^3}{10^3 + 10^3}$$

$$= 1.3173\text{kPa}$$

内片玻璃（第2片）承受的风荷载标准值为:

$$W_{k2} = W_k \frac{t_2^3}{t_1^3 + t_2^3}$$

$$= 2.395 \times \frac{10^3}{10^3 + 10^3}$$

$$= 1.1975\text{kPa}$$

② 玻璃幕墙自重荷载计算。

玻璃按10（Low-E）+12（A）+10mm中空钢化玻璃进行荷载取值，根据《玻璃幕墙工程技术规范》JGJ 102—2003表5.3.1条规定

玻璃的自重标准值25.6kN/m^3；

外、内片玻璃分厚度分别为：$t_1 = t_2 = 10$mm；

GAK_1：外片玻璃自重面荷载标准值；

GAK_2：内片玻璃自重面荷载标准值；

$GAK_1 = GAK_2 = 10 \times 10^{-3} \times 25.6 = 0.256$ kPa。

考虑到各种结构构件，内、外玻璃自重面荷载标准值取：

$GGK_1 = GGK_2 = 0.3$ kPa

③ 水平地震荷载计算。

抗震设防烈度：7度；

影响系数：$\alpha_{max} = 0.08$；

按《玻璃幕墙工程技术规范》JGJ 102—2003表5.3.4条规定：

动力放大系数：$\beta = 5.0$

按《玻璃幕墙工程技术规范》JGJ 102—2003第5.3.4条规定：

qEK_1：作用在外片玻璃幕墙上的地震荷载标准值；

qEK_2：作用在内片玻璃幕墙上的地震荷载标准值；

$qEK_1 = qEK_2 = \alpha_{max} \cdot \beta E \cdot GGK_1 = 0.08 \times 5.0 \times 0.3 = 0.12$kPa。

④ 撞击荷载。

模型建立荷载输入模拟为人的肩部撞击与玻璃幕墙的内片玻璃表面，高度为1100mm，与玻璃面板接触面积假设为直径75mm区域。

ϕ75mm区域内片玻璃面板承受的撞击荷载：

$$P = \frac{F}{A} = \frac{3000}{\frac{3.14 \times 75^2}{4}} = 0.6794\text{N/mm}^2 = 679.4\text{kPa}$$

⑤ 内片玻璃荷载组合。

玻璃荷载组合根据《建筑结构荷载规范》GB 50009—2012 第 3.2.3 条 1 点（基本组合）和第 3.2.6 条 1 点（偶然组合）。

组合一：风荷载起控制作用时（荷载组合按基本组合考虑）：

内片玻璃：

$$\begin{aligned} q_{12} &= \gamma w \cdot \psi w \cdot W_{k2} + \gamma E \cdot \psi E \cdot qEK_2 \\ &= 1.4 \times 1.0 \times 1.1975 + 1.3 \times 0.5 \times 0.12 \\ &= 1.7545\text{kPa} \end{aligned}$$

组合二：冲击荷载起控制作用时（荷载组合按偶然组合考虑）：

冲击力作用 ϕ75mm 区域：

$$q_{22\text{-}1} = SA_d + \psi f_w \cdot W_{k2} = 679.4 + 0.4 \times 1.1975 = 679.88\text{kPa}$$

其他区域：

$$q_{22\text{-}2} = SA_d + \psi f_w \cdot W_{k2} = 0 + 0.4 \times 1.1975 = 0.479\text{kPa}$$

（2）玻璃强度校核

① t_2=10mm 内片玻璃在荷载组合一 q_{12}=1.7545kPa 作用下利用 ANSYS 软件进行分析，横型网格划分及节点约束和玻璃在荷载组合一作用下的应力图如图 3 和图 4 所示。

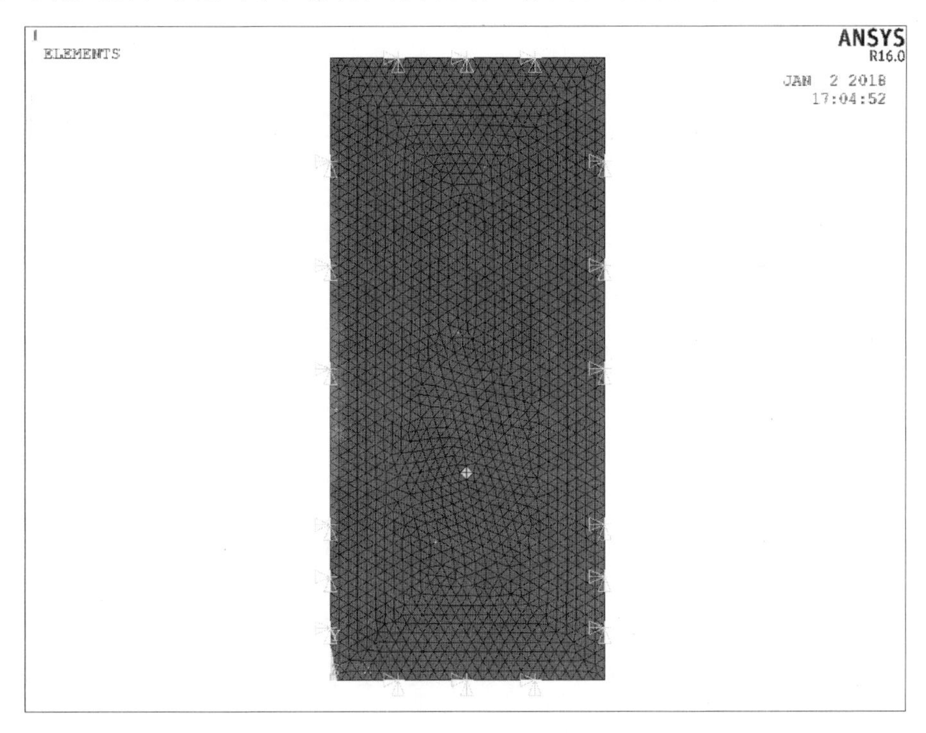

图 3　模型网格划分及节点约束

由图④知玻璃在荷载组合一作用下的最大应力为 f_g = 22.085MPa ≤ 84MPa，满足强度要求。

② t_2=10mm 内片玻璃在荷载组合二 $q_{22\text{-}1}$=679.88kPa 和 $q_{22\text{-}2}$=0.479kPa 作用下利用 ANSYS 软件进行分析，玻璃在荷载组合二作用下的应力图如图 5 所示。

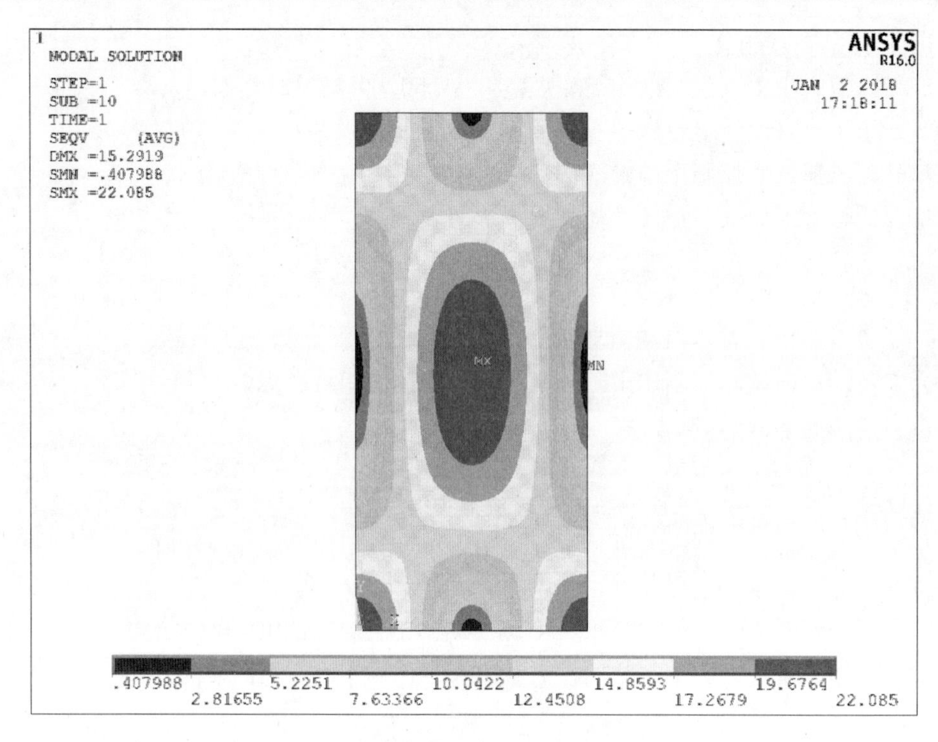

图 4 玻璃在荷载组合一作用下的应力图

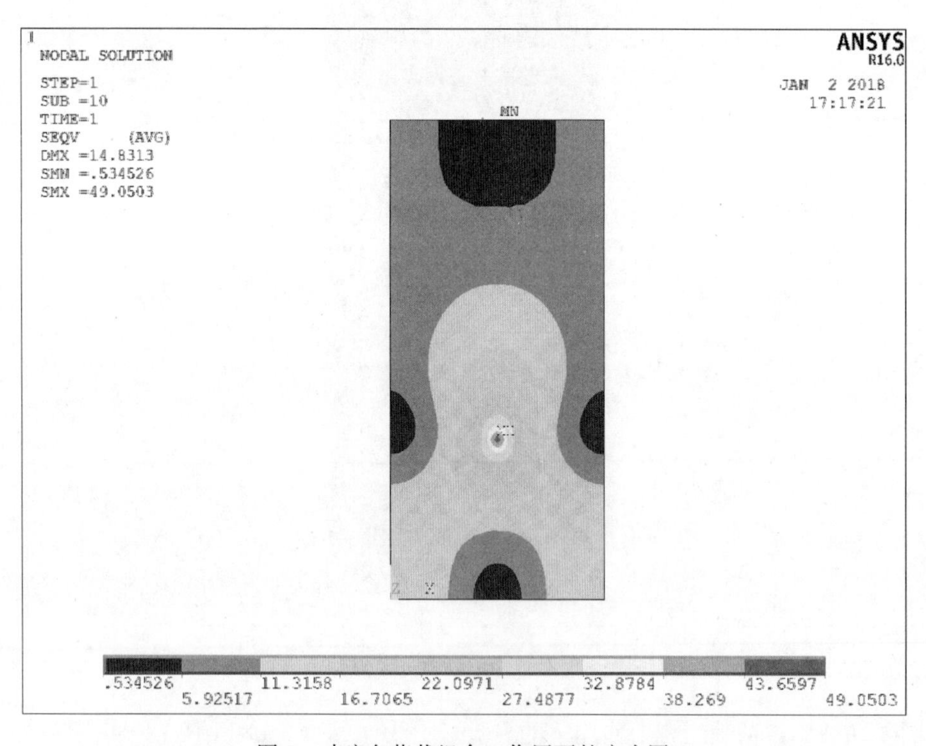

图 5 玻璃在荷载组合二作用下的应力图

由图⑤知玻璃在荷载组合二作用下的最大应力为 $f_g = 49.05\text{MPa} \leqslant 84\text{MPa}$，满足强度要求。

3 结论和建议

无窗台玻璃幕墙在满足相关条件下，其室内侧是可以不单独设置防护栏杆的。但考虑到安全性需求以及有关结构计算情况，其室内侧的耐撞击设计也有一些必须注意的细节：

（1）玻璃面板的配置

相关国家标准规范对无窗台玻璃幕墙的玻璃配置没有明确规定。因此，此处可以采用夹层中空钢化玻璃，也可以采用普通中空钢化玻璃。上海幕墙标准中无窗台玻璃幕墙的玻璃配置可以是夹层中空钢化玻璃，也可以是普通中空钢化玻璃，比如小于 3m^2 的玻璃其单片厚度可以用 8mm；3m^2 到 4m^2 之间的玻璃其单片厚度可以用 10mm。在通过撞击力的计算以及通过撞击性能检测后，可以证明玻璃能够承受撞击，可不单独设置防护栏杆。考虑到钢化玻璃可能存在自爆的特性，更可靠的做法是使用至少一面是夹层的中空钢化玻璃。至于夹层玻璃是位于室内侧还是室外侧其实并不重要，只要计算满足即可。事实上，夹层玻璃位于室外侧对玻璃幕墙的整体安全性会更有利，因为其能够有效地避免玻璃破损后的坠落问题。

（2）幕墙的分格设计

参考上海幕墙地方标准，影响幕墙撞击荷载取值的两大主要因素是单片玻璃的面积和在防护栏杆高度部位有无横梁。如果按照幕墙的常见分格宽度尺寸在 1.5m 左右考虑，单块玻璃面积不大于 4m^2 就意味着玻璃分格的高度尺寸不超过 2.7m，一旦超过这个尺寸，有关撞击计算取值相应提高，所以实际上幕墙玻璃做全落地的设计不是一个好的做法。比较理想的情况是在防护栏杆的高度位置设置横梁，不仅实实在在地提高了幕墙的耐撞击安全性，也提高了使用者的安全感受。当然，也有的做法是将横梁位置提高，与设置在梁底的高窗分格统一，对室内视野影响也不大。这种做法一定程度减小了单块玻璃的面积，因此也提高了玻璃的耐撞击能力。

（3）幕墙的防撞设施设计

在幕墙的相关规范中，有规定“当与玻璃幕墙相邻的楼面外缘无实体墙时，应设置防撞设施。”这里所指的防撞设施主要是两个方面的内容，一个是隔离设施，另外一个是警示标识。警示标识比较简单，对幕墙构造本身并无影响，但隔离设施的设计就要考虑很多问题。这中间比较重要的部位是幕墙的踢脚设计。玻璃的边缘强度较大面低很多，所以需要对边缘部位予以必要的隔离和保护。有的幕墙室内侧没有设置踢脚，玻璃面直接接触室内地板，在使用过程中很容易受到家具、清洁工具的撞击而造成玻璃破损，因此设置一定高度的踢脚线是一个好的做法。另外，在防护栏杆高度设置防撞杆或透明的玻璃栏板都是有效的隔离防撞设施。

以上撞击作用的计算是基于一定假设条件下进行的，特别是将撞击作用时间假设为一个常数。但事实上作用时间会受撞击部位和横梁设置位置等多种因素的影响，所以实际计算结果可能会有一定的误差。因此，耐撞击型式试验或现场的耐撞击试验就很有必要。检测指标可以按照幕墙的实际使用环境选取相对应的耐撞击性能指标值，如果能够通过耐撞击计算校核满足要求，同时通过耐撞击试验证实是安全的，就可以作为后续设计的依据。

BIM 助力幕墙的工业化

姜 仁[1] 付 震[2] 韩智勇[1] 黄旻斐[1]
1 中国建筑科学研究院 北京 100013
2 山东营特建设项目管理公司 山东济南 250014

摘 要 幕墙工业化需要设计标准化、工厂生产集约化、现场施工装配化与机械化、组织管理科学化。BIM 贯穿于幕墙工程的全生命周期，是幕墙工业化的实施手段。通过 BIM 在幕墙设计、生产、施工和运维各个阶段应用，分析总结 BIM 的技术特点，通过引入先进的知识工程原理，把幕墙、门窗设计知识融入了 BIM 建模过程；通过建立幕墙、门窗标准件和标准构件"单元"的知识库，提高了 BIM 建模效率和设计的可靠性；通过合理设置变量和特征，解决了 BIM 模型各类信息的抽取问题；通过 BIM 模型的虚拟装配和运动仿真，解决了幕墙设计和施工中碰撞检查、施工进度模拟以及具有运动关系系统仿真难题；通过 BIM 模型轻量化和虚拟现实技术，实现以 BIM 模型为载体的运行维护管理平台的智能化。本文还介绍了三个成功应用幕墙 BIM 模型的案例。

关键词 工业化；BIM 建模；幕墙；知识工程；模型仿真

Abstract The curtain wall industrialization needs to design to standardize, the factory produce intensive, the spot construction the assemble with mechanization, organization manage scientific. BIM is pierced through to act the whole life cycleses of the curtain wall engineering is an curtain wall to industrialize of implementation means. By BIM each stage application of design, produces, construction and maintenance, analyze the technique characteristics of summary BIM, By leading into the forerunner' s knowledge engineering principle, make the curtain wall, doors and windows integrating into the BIM model process design knowledge; By building up standard piece of curtain wall, doors and windows and standard to reach the knowledge base of the piece" unit", raised BIM model efficiency and the credibility of design; By a reasonable constitution to change to varibles and features, worked out a sampling of BIM model each kind of information problem; Virtual assemble and simulation to sport that by BIM model imitate really and solved an curtain wall design and under construction collision check, construction progress imitate and have to exercise to relate to system to imitate a true hard nut to crack; By lightweight of BIM model and virtual realistic technique, the realization takes BIM model as host to support the intelligence of managing the platform of the building. This text still introduced three cases of successful application curtain wall BIM models.

Keywords industrialization; BIM; curtainwall; knowledge engineering; simulation

1 引言

幕墙工业化是采用现代工业的生产和管理手段完成幕墙的全过程，从而达到降低成本、提高质量的目的。其基本特征在于：设计标准化、工厂生产集约化、现场施工装配化与机械化、组织管理科学化。幕墙工业化特征包括：

（1）设计方面：包括产品系列化和产品标准化。

产品系列化：单元化、通用化。幕墙设计的单元化（积木化）和通用化是提高设计效率、减少设计失误和降低综合成本的重要手段，同时幕墙设计单元化也是幕墙产品未来的发展势趋。

产品标准化：产品系列化、加工工艺规范化、附件标准化。

幕墙附件主要包括连接件、五金配件、五金件、绝缘件、密封材料等，应进行工艺标准化设计，形成通用加工件。

（2）生产方面：设备机械化、加工流水化、工序规范化、操作人员熟练化。

（3）施工方面：设备机械化、措施标准化、工序规范化。

（4）管理方面：办公或财务自动化、专用的大型数据库（BIM）、设计、加工、施工资料库信息化、技术信息交流平台、工程项目管理平台。

BIM是以建筑工程项目的各项相关信息数据作为基础，通过数字信息仿真模拟建筑物所具有的真实信息和三维建筑模型，实现工程监理、物业管理、设备管理、数字化加工、工程化管理等功能。它具有信息完备性、信息关联性、信息一致性、可视化、协调性、模拟性、优化性和可出图性八大特点。将建设单位、设计单位、施工单位、监理单位等项目参与方在同一平台上，共享同一建筑信息模型。BIM不再像CAD一样只是一款软件，而是一种管理手段，是实现建筑业精细化、信息化管理的重要工具。

BIM就是利用创建好的BIM模型提升设计质量，减少设计错误，获取、分析工程量成本数据，并为施工建造全过程提供技术支撑，为项目参建各方提供基于BIM的协同平台，有效提升协同效率。确保建筑在全生命周期中能够按时、保质、安全、高效、节约完成，并且具备责任可追溯性

本文在幕墙BIM建模阶段，采用基于知识工程的参数化设计方法，创建幕墙设计知识库，把知识工程与参数化设计有机地结合起来，用知识工程原理来组织构件产品数据，形成幕墙产品知识库。用面向对象的高级语言来描述特征，并驱动变量和特征，提高幕墙BIM设计的效率和可靠性。总结幕墙BIM信息抽取的方法，同时还对BIM模型的碰撞检查、模型仿真等进行了研究，还对基于BIM载体的运行维护管理平台进行介绍。本文提供了三个成功案例。

2 幕墙、门窗设计阶段BIM模型的创建技术

2.1 传统参数化设计和知识工程结合使用

参数化设计方法是建筑BIM经常采用的一种方法。在参数化设计系统中，设计人员可根据工程关系和几何关系来指定设计要求。参数可分为可变参数（如尺寸值）和不变参数（如几何元素间的各种连续几何信息）。参数化设计是CAD技术的高端表现形式，有着强大的实用价值。

知识工程是一门新兴的边缘学科，以研究知识信息处理为主，研究如何由计算机表示知识，并进行问题的智能求解。她提供开发智能系统技术，是人工智能、数据库技术、数理逻辑、认知科学、心理学等学科交叉发展的结果。知识工程使人工智能研究从理论转向了应用，从基于推理模型转向基于知识模型，是新一代计算机的重要理论基础。知识表示、知识利用、知识获取构成了知识工程的基础[1]。

本文在幕墙、门窗参数化设计中引入知识工程，采用特征造型理论，来弥补参数化设计的不足。特征的描述采用面向对象技术，包含成员变量和成员函数，特征尺寸值可作为变量，可随时作适当改变。特征以及特征之间的依附关系也可以随一定的条件改变，即可实现参数化特征。在幕墙设计过程中把涉及构件设计的所有信息集合起来，包括行业设计标准、构件的尺寸关联、尺寸约束、特征关联和工艺顺序等，组成一个知识库。

知识表达方法有多种形式，如规则、谓词逻辑、语义网络、框架、Petri 网、脚本语言(或特定知识语言)、图表等。知识的推理方式主要有基于规则的推理法（RBR)、基于实例的推理法（CBR)。知识管理的核心是对所建立的各种知识进行存储和分类管理，便于以后重复使用。

在参数化设计时引入知识工程有以下几个优点：

（1）单一的尺寸驱动只能对三维模型的外形尺寸进行调整，难以对特征进行调整，如孔、倒角等特征的显示，通过知识工程可以方便地对这些特征进行控制。

（2）知识工程采用面向对象的高级程序语言，实现多参数之间的相互关联，减少单一参数驱动产生的不便。

（3）通过知识工程提供的功能模块对参数进行参数验证，减少参数的输入错误。

2.2 幕墙、门窗标准件和标准构件“单元”特征参数的选取

为了能够在 BIM 模型中提取需要的信息，必须在三维模型的基本“单元”中进行输入和定制，然后通过软件系统的知识工程模块进行提取，以便达到信息的传递和重用。例如：六角头螺栓可以采用 9 个特征参数进行描述：螺纹公称直径 d、螺杆长度 l、螺纹杆部分长度 b、六角头厚度 k、六角头约束尺寸 s 及倒角倒圆等。通过这些参数的设置，可以在交付的 BIM 模型中提取这些信息，达到信息传递、交付的目的[4]。特征参数设置应遵循以下基本原则：

（1）选取关键参数作为变量。在幕墙设计中应选择那些对幕墙结构、构件形状和装配位置等起决定作用的尺寸作为变量。定义适当的变量后，构件的其他尺寸可以通过公式进行驱动。这样当关键变量被修改时，系统会自动根据公式计算出其他相关的尺寸值，达到自动修改设计的目的。

（2）变量应与材料统计、工程算量相关联。BIM 模型的基本功能是提供可视化信息，造价是比较重要的项目，因此设置参数应考虑工程算量的需要。

（3）应便于设计成果可视化演示。设计完成后，只需在特征树的参数表修改变量的值，即可实现包含尺寸修改和特征修改的参数化设计目标演示，同时能够检验产品是否符合设计要求，并及时与设计人员对话，给出适当的建议，让设计人员对设计作出进一步调整。

（4）应满足参数化出图的需要。

（5）变量数目不宜过多，并且避免重复定义。

2.3 定制幕墙、门窗标准件和标准构件单元知识库

幕墙和门窗工程的BIM模型可以分解成若干个标准构件单元，每个单元是一组包含预定义信息的三维模型。类似建筑设计软件中的“族”和机械设计软件中的产品、部件。通过对单元的预定义，将单元内的产品（或称为零件）的属性信息（生产企业、产品型号、商标、造价和性能指标等）、一般几何信息（构造尺寸、数量和材料等）和参数化信息（通过变量或公式能够计算的几何信息）进行设置，并通过校验信息和自学习信息进行管理和校验[2][3]，以便在幕墙的设计、统计、加工制作、安装施工等各个环节达到信息的共享与重用。

（1）建立幕墙、门窗通用标准件库。对幕墙、门窗经常使用的标准件、紧固件、连接件（如转接件、挂件、角码等）、五金配件等创建知识库，并建立存储管理机制和调用机制。

（2）定制幕墙、门窗标准构件的特征库和特征关联、尺寸关联库[2]。特征是采用对象来描述的，可为特征设置一个属性变量，通过该变量控制特征被激活还是被隐藏。这样就可以通过自定义变量值的范围、特征之间的依附关系等方法来确定某些特征是否被激活，是否出现在设计中。这也就意味着在参数化设计过程中实现了特征驱动。同时尺寸关联库的建立更能很好地组织和明确各特征的尺寸、特征间的位置关系。这样产品的特征和尺寸的关联信息将更明确、清晰。

（3）建立设计校验知识库。在幕墙设计、加工过程中应遵循相关国家或地方标准、技术指南等，设计变量需要有一定的范围限制，还有些变量与变量之间存在一定的函数、约束关系，将这些函数、约束关系通过规则和校验语言表述出来，并设置好相应的报错信息和推荐建议，形成一个设计检验知识库。在参数化设计过程中，一旦有些变量的改变引起其他变量违反其允许值的范围，即违反了某一校验，则立即提示出相应的报错信息，同时给出一定的更正方案推荐给设计人员，设计人员可以及时修正设计。设计人员也可以通过学习算法将好的设计经验写入设计检验库，或由设计检验库通过学习算法自动学习知识。这一方法有效地增强了参数化设计的可靠性，并能积累优秀的设计经验，以扩充产品知识库，在设计时就能得到产品的最佳设计。

3 幕墙、门窗设计及生产阶段BIM模型信息的抽取

3.1 信息抽取的目的

（1）方案及深化设计研究与判定。建筑幕墙是建筑设计外观的表现载体，通过合理提取幕墙特征变量，可以进行基于知识工程的参数化设计，并根据表现效果进行选择和判定。

（2）进行设计校核计算。通过BIM模型可以导出幕墙构件信息，再通过ANSYS、SAP200、PKPM等结构计算系统进行结构计算、通过热工软件进行节能分析、通过光学分析软件进行采光分析等。

（3）出具参数化工程图纸。指导机械加工、现场施工安装等。

（4）工程算量。统计工程量、成本核算和造价分析等。

（5）指导工程施工和运维。导出构件的编号，确定构件的安装位置和施工偏差。

（6）专业间、机构间信息交换。促进各个专业间的协同工作，为图纸报审提供支持等。

3.2 信息抽取方法

信息的抽取方法取决于采用的软件系统。在幕墙行业通常采用机械类软件系统进行BIM建模和参数化设计，其主要方法如下：

(1) 采用商品化软件进行。碰撞检查可采用 Autodesk Navisworks。

(2) 采用系统提供的二次开发工具进行。如采用 Rhino 和 Grasshoper 进行设计的幕墙模型，可采用内嵌 VBA 进行，也可以采用 Excel 格式进行信息抽取。采用 CATIA/DP 进行设计的 BIM 系统可采用基于 C++ 的 CAA 系统进行[5]，可采用 VBA 和 COM 等方式进行信息抽取，对一些容易提取的信息，可直接采用 Excel 格式进行信息抽取。

(3) 采用标准交换文件格式 STP/IEGS 等进行几何信息的抽取[6]。

4 幕墙（门窗）施工安装阶段 BIM 模型仿真与信息复用

4.1 幕墙构件的虚拟装配[5]

虚拟装配是一种构件模型按约束关系进行重新定位的过程。根据构件设计的形状特性、精度特性，真实地模拟幕墙三维装配过程，并能以交互方式控制三维真实模拟装配过程。实现三维设计过程与实际构件的设计制造、装配过程的高度统一，是有效分析设计合理性的一种手段。通过虚拟装配，可以尽早发现设计、制造中可能出现的问题，在幕墙实际施工前就采取纠正措施，从而降低生产成本、缩短开发周期。虚拟装配可分为三种类型：

(1) 以设计为中心的虚拟装配（design-Centered Virtual Assembly）。它是指在产品三维模型用于产品研制过程中，结合产品研制的具体情况，突出以设计为核心的应用思想。

(2) 以过程控制为中心的虚拟装配（Process-Centered Virtual Assembly）。它强调设计过程，将设计过程划分为三个阶段：总体设计阶段、装配设计阶段和详细设计阶段。通过对三个设计阶段的控制，实现对产品总体设计进程的控制。

(3) 以仿真为中心的虚拟装配（Simulate-Centered Virtual Assembly）。它是在产品装配设计模型中溶入仿真技术，并以此来评估和优化装配过程，其主要目标是评价产品可装配性。

在幕墙 BIM 模型设计中，多采用第二种虚拟装配方式，对有运动要求、开启要求的幕墙，可采用第三种虚拟装配方式。

4.2 运动仿真[6]

运动仿真是指通过构建运动机构模型，分析其运动规律，进行机构的干涉分析；跟踪零件的运动轨迹，进行运动参数分析；寻找零件装配路径，将设计与实际生产联系起来。通过其分析结果，可以有针对性地修改零件的结构设计或调整零件的材料。图 1 为山东高速广场开合屋面 1∶1 样机的试运行情况和数字样机仿真情况的对比。

图 1 实体样机运行和数字样机仿真结果对比图

4.3 碰撞检查

碰撞检查是建筑工程中一项常见也是非常重要的环节，分为设计碰撞检查和施工碰撞检查两类。通过BIM软件碰撞检查功能找出构件的空间碰撞点，并对碰撞性质进行分析，及时发现问题，并在施工前预以解决。达到节省工时，避免不必要的变更与浪费。检查类型分为硬碰撞与间隙碰撞两种，硬碰撞是对于检测两个几何图形间的实际交叉碰撞，而间隙碰撞用于检测制定的几何图形需与另一几何图形具有特定距离。图2是间隙检查的例子。

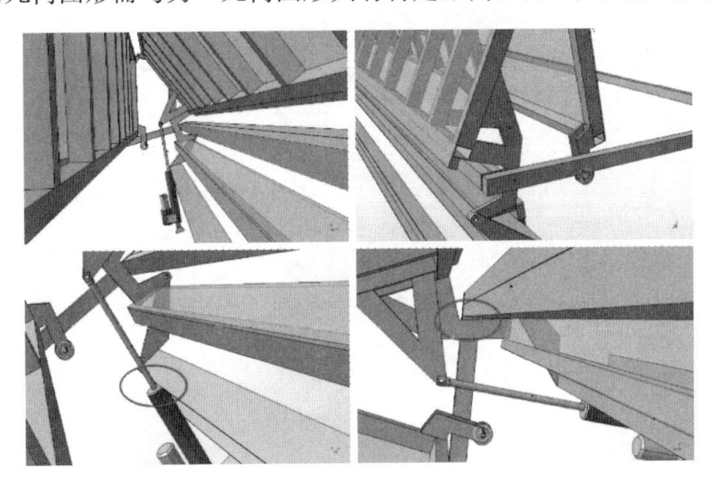

图2 碰撞检查

4.4 施工进度模拟

施工进度模拟将BIM模型与施工进度计划相链接，将空间信息与时间信息整合在一个可视的4D（3D+时间）模型中，能够直观、精确地反映整个建筑的施工过程，还能够实时追踪当前的进度状态，分析影响进度的因素，协调各专业制定应对措施，以缩短工期、降低成本、提高工程质量。

5 运行维护和管理阶段BIM的应用

在建筑的运行和管理阶段，将BIM信息进行轻量化，导入到运行维护管理平台（图3）。采用BIM虚拟现实仿真技术，构建空间虚拟环境，包括地形影像、道路、基础设施（路灯、桥梁等）、景观（树木、绿化等）、园区管线、建筑等三维数据。通过管理平台可以通过自定义视点位置、视线方向、视点高度、俯仰角大小以及漫游速度任意进行三维场景漫游，并能对相关参数进行设置，提供环绕飞行功能。

Unity 3D和Unreal Engine 4是比较流行的游戏引擎，通过开发能够支持BIM模型的导入，并能与建筑软件及机械类软件实现无缝链接。以原生BIM模型为载体，能实现设备运维管理（比如空调系统、管线、消防设备、视频、照明、UPS等）、档案文件管理、监控设备管理、漫游巡检、报警提示、消防管理、安防管理、会议室管理、停车场管理等。

幕墙BIM模型应能传递以下信息：

（1）构件、附件等维护维修的必要信息。如生产企业、规格、性能、预计更换时间等。

（2）精确的3D信息，为实现第一人称虚拟现实漫游提供条件。

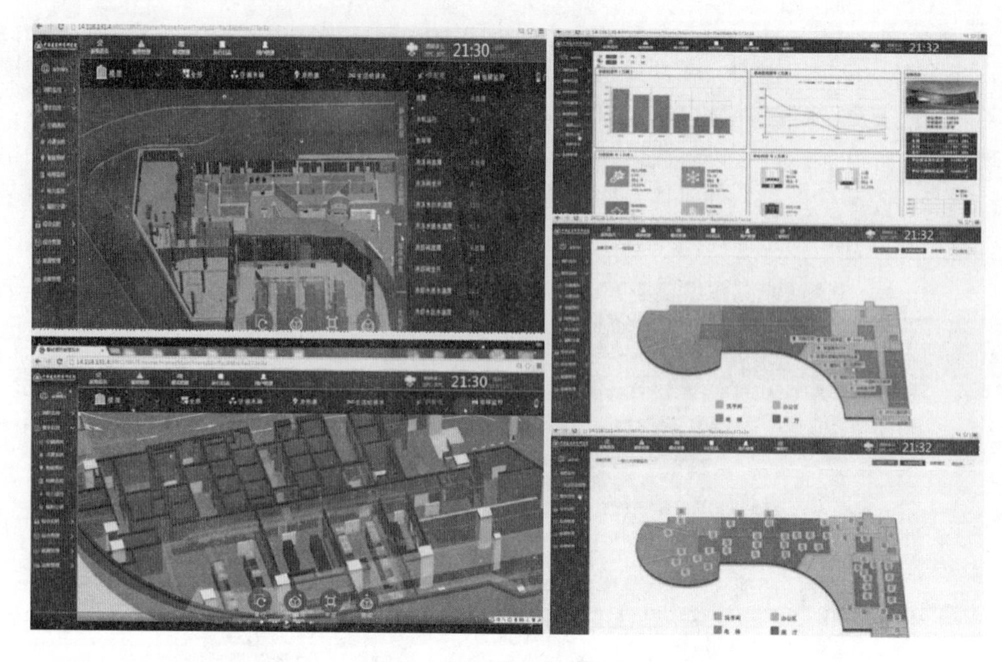

图 3　运行维护管理平台

6　成功案例

（1）北京凤凰国际传媒中心

该项目是凤凰国际媒体办公总部，兼做媒体制作和办公楼。采用莫比乌斯环的概念——周而复始、循环往复的逻辑，用同一个连续的形态将这两种功能统和为一个整体。项目紧邻北京市 CBD，位于朝阳公园一角的珍惜地段，以柔和、内敛却不失表现力的形态融入场所环境。

凤凰国际媒体采用 CATIA/DP 进行幕墙的设计，采用二次开发技术进行曲面拟合、信息抽取和出图，采用 BIM 信息进行空间测量定位和施工误差校核（图 4）。

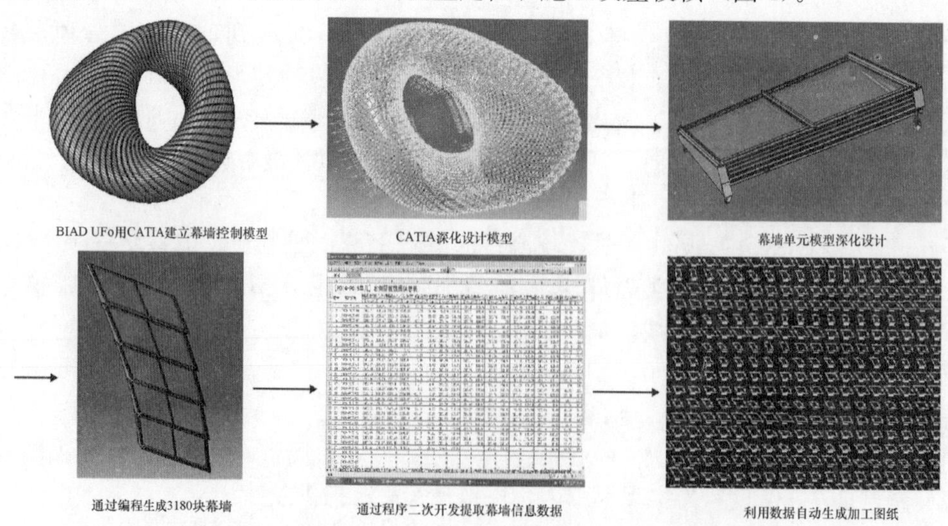

图 4　凤凰国际传媒中心幕墙 BIM 设计流程（资料提供邵伟平）

图5　凤凰国际传媒中心外景

图6　凤凰国际传媒中心 BIM 模型

（2）湖南长沙梅溪湖国际文化艺术中心

梅溪湖国际文化艺术中心位于长沙市梅溪湖国际新城，由大剧场、小剧场以及艺术馆三个部分组成。这三朵绽放于梅溪湖畔的芙蓉花（图7），再次继承了扎哈的建筑理念，诠释了令人震撼的“扎哈”美学。外立面采用 GRC 异形面板，由江河创建和沈阳远大共同承建，采用 Rhino 和 CATIA 进行 BIM 建模（图8）。

图7　梅溪湖文化艺术中心效果图
（资料提供陶伟）

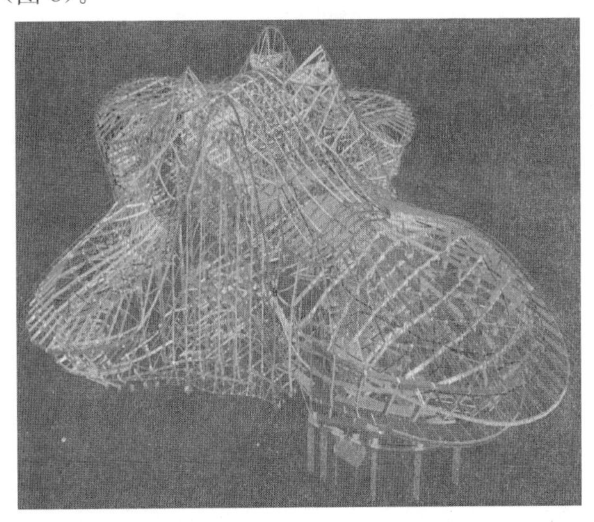

图8　梅溪湖文化艺术中心 BIM 模型

（3）山东济南高速广场开合屋面项目

山东济南高速广场开合屋面项目位于济南市槐荫区腊山河景观带和西客站中央景观轴交汇点。三座塔楼高度分别为 110m、200m 和 150m（图9）。为确保擦窗机能够正常工作，在每座塔楼顶部采光顶处设置开合屋面，长度在 24m～25m，宽度为 4m。为确保建筑物立面效果和开合屋面满足设计性能，中国建筑科学研究院采用 BIM 建模，创建了数字样机（图10），并进行运动仿真，攻克了全部技术难题，完美实现了保罗·安德鲁“高山流水”的美学意境。

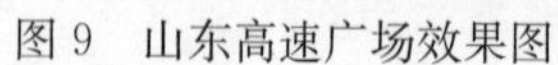

图9　山东高速广场效果图

图10　山东高速广场试验样机和数字样机

7　结语

与建筑BIM不同，幕墙和门窗BIM建模最终需要指导构件加工和现场施工安装，因此从建模开始，就应该明确BIM的精度目标，如果需要达到LOD300及以上，一般需要采用机械类计算机软件进行BIM建模。经过本文的研究与讨论，认为：

（1）采用基于知识工程原理的参数化设计方法，将知识融于设计过程，方便地指导设计人员完成幕墙、门窗设计，最终实现智能化CAD，是幕墙BIM的成熟之路。

（2）基于幕墙、门窗标准件和标准“单元”构件的知识库，能够大幅提高幕墙BIM的建模效率，提高幕墙设计的可靠性。

（3）通过合理设置参数化变量及特征，能满足幕墙、门窗BIM各类信息的抽取要求，提高BIM模型信息的传递和交付水平。

（4）基于幕墙、门窗BIM模型的碰撞检查、虚拟装配和运动仿真，能够提前发现设计和施工阶段的干涉错误，方便更正，并且能够处理工程中具有运动关系系统的技术难题，是行之有效的解决方案。

（5）通过BIM模型轻量化，利用成熟Unity 3D和Unreal Engine 4游戏引擎，实现运行维护管理平台的智能化。确保建筑幕墙在全生命周期中能够按时、保质、安全、高效、节约完成，在运行维护阶段能够及时维修更换，进而提高幕墙的安全性。

参考文献

[1]　史忠植. 知识工程[M]. 北京：清华大学出版社，1988.

[2]　姜仁，王严艺，韩智勇，等. 幕墙BIM模型定制技术及其应用[J]. 全国幕墙门窗行业论文集，2015.

[3]　王智明，杨旭. 知识工程及专家系统[M]. 北京：化学工业出版社，2006.

[4]　张学文. CATIA机械零件参数化设计[M]. 北京：机械工业出版社，2013.

[5]　刘宏新，宋微微. CATIA数字样机运动仿真详解[M]. 北京：机械工业出版社，2013.

[6]　何波，王铁群. Revit与Navisworks实用疑难200问[M]. 中国建筑工业出版社，2015.

作者简介

姜仁（Jiang Ren），男，1965年6月生，研究员，研究方向：建筑幕墙。工作单位：中国建筑科学研究院；地址：北京北三环东路30号环境与节能研究院；邮编：100013；联系电话：010-64693015；E-mail：jiangren@chinaibee.com。

三、方法与标准

建筑幕墙用硅酮结构密封胶标准有关设计要求的分析探讨

程　鹏　崔　洪

郑州中原思蓝德高科股份有限公司　河南郑州　450001

摘　要　本文分析了建筑幕墙用硅酮结构密封胶国内外相关标准有关设计的要求，指出各标准有关设计要求的差异及与我国相关规范的协调问题，结合国内外幕墙设计相关要求，对幕墙用硅酮结构密封胶设计采用产品标准的合理性做出探讨和建议。

关键词　建筑幕墙；硅酮结构密封胶；标准；设计

Abstract　This paper analyzes the design requirements of the domestic and foreign related standards of the structural silicone sealant for the building curtain wall, and points out the differences between the design requirements of each standard and the coordination with the relevant specifications of our country. According to the related requirements of curtain wall design at home and abroad, the rationality of adopting product standard for design of structural silicone sealant for curtain wall is discussed and suggested.

Keywords　building curtain wall; structural silicone sealant; standard; design

1　引言

我国现行标准《玻璃幕墙工程技术规范》JGJ 102—2003 对建筑幕墙用硅酮结构密封胶的设计和选用作出相应的规定，同时国内外有关建筑用硅酮结构胶的多个标准也提出了技术指标要求，目前主要有我国国家标准 GB 16776—2005《建筑用硅酮结构密封胶》、建工行业标准 JG/T 475—2015《建筑幕墙用硅酮结构密封胶》、美国标准 ASTM C1184—2005《硅酮结构密封胶》、欧洲标准 ETAG 002—2012《结构密封胶装配套件（SSGK）欧洲技术认证指南》、EN15434—2010《建筑用玻璃-结构用或抗紫外线密封胶产品标准（用于结构密封装配或外露密封中空玻璃单元）》。硅酮结构密封胶的设计和选择涉及建筑幕墙安全，选用合理的标准以便做出规范的设计对幕墙安全起着关键作用，本文通过分析国内外相关标准，对幕墙设计采用标准的合理性做出探讨。

2　产品标准与设计相关的要求

2.1　ASTM C1184

美国标准 ASTM C1184—2005 中对结构胶粘结强度的试样方法为取 5 个试样进行拉伸试验，记录 5 个试样的最大拉伸强度并计算其平均值，要求温度为 23℃时，强度平均值≥

0.345MPa[3]。按照强度设计值0.14 MPa计算，其最小设计安全系数约为2.5。虽然最小设计安全系数不大，但是标准ASTM C1184—2005中要求结构胶在高温88℃、低温−29℃、浸水、水紫外光照老化后的强度平均值均≥0.345MPa，即结构胶老化后的拉伸粘结强度性能和初始的要求一致，且经过老化后设计安全系数仍保持在2.5以上，意在保证结构胶的耐久稳定性。但实际上，有些结构胶产品为通过该标准要求，将初始强度提高至很大，即使老化后有大幅度的衰减，仍然能够满足标准要求。例如：产品初始强度1.5MPa，经老化试验后强度衰减70%，仅仅保留30%，则老化后强度值为0.45MPa，仍然满足标准中≥0.345MPa的要求。

2.2　GB 16776

GB 16776—2005主要参照美国标准ASTM C1184进行编制的，23℃拉伸粘结性的考察也是取5个试样进行拉伸试验，要求5个试样的拉伸粘结强度平均值≥0.60MPa[4]。按照强度设计值0.14 MPa计算，其最小设计安全系数约为4。标准GB 16776—2005对结构胶的耐老化性能要求结构胶在高温90℃、低温−30℃、浸水、水紫外光照老化后的强度平均值均≥0.45MPa，较初始强度的要求有所降低，但老化后的设计安全系数保持在3以上，意在控制结构胶产品仍然具有一定的耐久性。但该要求与美国标准ASTM C1184—2014有同样的弊端，一些结构胶产品将初始强度提高至很大，即使老化后有大幅度的衰减，仍然能够满足标准要求。但这类产品老化后性能衰减明显，易出现过早失效现象，使用寿命很短。

2.3　JG/T 475（ETAG002、EN15434）

JG/T 475—2015适用于设计使用年限不低于25年的建筑幕墙工程使用的硅酮结构密封胶，其相关指标参考了欧洲ETAG 002—2012、EN15434—2010标准[5~7]。关于硅酮结构胶23℃拉伸粘结的强度，JG/T 475—2015要求强度标准值$R_{u,5}$≥0.50MPa，标准取值方法参照欧洲标准ETAG 002—2012、EN15434—2010，与我国GB 50068—2001《建筑结构可靠度设计统一标准》规定一致，即材料强度的概率分布宜采用正态分布或对数正态分布，材料强度的标准值取其概率分布的0.05分位值确定[8]。强度标准值计算方法为10个平行试样的强度平均值扣除其标准偏差影响后得出的数值，计算公式如下：

$$R_{u,5} = X_{\text{mean},23℃} - \tau_{\alpha\beta} S$$

$$S = \left\{ \frac{1}{n-1} \sum_{i=1}^{n} (X_i - X_{\text{mean}})^2 \right\}^{1/2}$$

式中：$R_{u,5}$——75%置信度时给定的典型强度值，95%试验结果将高于该值；

$X_{\text{mean},23℃}$——23℃平均拉伸、剪切强度；

$\tau_{\alpha\beta}$——具有75 %的置信度，5 %偏差时因子，取值与试件数量有关，10个试件时取值2.1；

S——试验结果的标准偏差；

n——每组试件数量。

由上述公式可以看出，“标准值”和“平均值”两者概念不同，不宜将JG/T 475—2015和GB 16776—2005标准中强度值技术指标的大小进行直接比较。JG/T 475—2015标准规定拉伸粘结强度标准值≥0.5MPa，一般是高于GB 16776—2005中强度平均值≥0.6MPa的要求。

JG/T 475—2015标准要求报告结构胶的初始刚度及拉伸模量（刚度模量），GB

16776—2005 对该项没有提出要求。初始刚度表征粘结材料及粘结件抵抗弹性变形的能力，以某一特定应变时的应力表示（$K_{12.5}$即表示应变 12.5%时的应力）；刚度模量是密封胶粘结构件变形时拉应力与对应变形量的比值，表征粘结材料及粘结构件抵抗弹性变形的能力，初始刚度及模量是结构按承载能力极限状态设计的重要参数，幕墙用结构胶的尺寸设计与刚度模量有着密切关系。

对结构胶的耐老化性能要求方面，JG/T 475—2015 规定 80℃、－20℃、水紫外光照、高温 100℃、盐雾、酸雾、清洁剂、机械疲劳等老化试验处理后拉伸粘结强度保持率≥75%，是一动态指标，并非一定值。旨在控制结构胶产品的耐久性，即要求结构胶在长期使用过程中经受各种老化因素的影响，仍然能够保持较稳定的性能，具有较长的使用寿命。这也是满足 JG/T 475—2015 标准的结构胶之所以具有预期 25 年使用寿命的关键要求。相比较标准 ASTM C1184—2005 和 GB 16776—2005 中静态指标要求更合理，避免一些产品为了满足标准要求，大幅度提高 23℃条件下拉伸粘结强度，以达到老化处理后拉伸粘结强度大量衰减后仍然满足标准 ASTM C1184—2005 和 GB 16776—2005 的要求。例如，前述示例：结构胶初始 23℃条件下拉伸强度 1.5MPa，老化后为 0.45MPa，是符合标准 ASTM C1184—2005 和 GB 16776—2005 的，但是保持率只有 30%（＜75%），不符合 JG/T 475—2015 要求。

3 幕墙设计规范要求

3.1 美国相关要求

设计强度最大取值为 0.14MPa 是由许多验证试验及实践得出的结果，已得到验证和业界广泛认可。美国标准 ASTM C 1401—2014《结构密封胶装配标准指南》中第 27.4、27.5 条规定，结构密封胶的最大拉伸强度应符合标准 ASTM C1184—2005 中规定的≥0.345MPa 的要求，最大设计强度为 0.14MPa，最小设计安全系数为 2.5，根据特定结构密封胶的最大拉伸强度和所确定设计安全系数，设计强度可小于 0.14MPa[2]。ASTMC 1401—2014 中第 24.3.1 条指出，虽然结构密封胶的最大拉伸强度一般是高于 0.345MPa，但不能因此就将设计强度提高到 0.14MPa 以上，延长结构胶使用寿命的关键在于经过环境老化后还能保持良好的粘结性能。ASTMC 1401—2014 中第 30.3.5 条指出，结构胶承受反复拉伸疲劳的次数随着应力幅度的增大而剧减，即提高设计强度会导致疲劳寿命明显降低。因此，为保证幕墙安全，应当主要关注结构密封胶的耐老化性能以延长使用寿命；为降低设计风险，可提高设计安全系数，而不是提高强度设计值，设计强度值不应超过 0.14MPa，否则会造成安全风险。

3.2 国内相关要求

关于硅酮结构密封胶粘结强度设计值取值，我国参照美国相关规范，将强度设计值 0.14MPa 纳入相应规范要求，用于结构胶的粘结尺寸设计。

（1）幕墙用硅酮结构密封胶粘结宽度设计

JGJ 102—2003 第 5.6 章节规定，在风荷载作用下，硅酮结构密封胶的粘接宽度 c_s 按式（1）计算：

$$c_s = \frac{wa}{2000 f_1} \tag{1}$$

式中：c_s——硅酮结构密封胶的粘接宽度（mm）；

w——作用在计算单元上的风荷载设计值（kN/m^2）；

a——四边打胶时，指矩形玻璃板的短边长度；仅两对边打胶时，指两对边胶的胶体相对距离（mm）；

f_1——硅酮结构密封胶在风荷载或地震作用下的强度设计值，取 $0.2N/mm^2$。

（2）幕墙用硅酮结构密封胶厚度设计

JGJ 102—2003 第 5.6.5 条规定，硅酮结构密封胶的粘接厚度 t_s 按照下面公式（2）、（3）计算：

$$t_s \geqslant \frac{u_s}{\sqrt{\delta(2+\delta)}} \tag{2}$$

$$u_s = \theta h_g \tag{3}$$

式中：t_s——硅酮结构密封胶的粘接厚度（mm）

u_s——幕墙玻璃相对于铝合金框的位移（mm），必要时还应考虑温度变化产生的相对位移；

θ——风荷载标准值作用下主体结构的楼层弹性层间位移角限值（rad）；

h_g——玻璃面板高度（mm），取其边长 a 或 b；

δ——硅酮结构密封胶的变位承受能力，取对应于其受拉应力为 $0.14N/mm^2$ 时的伸长率。

JGJ 102—2003 中结构胶强度设计值取值 $0.2N/mm^2$，条文说明指出这是套用概率极限状态设计方法，风荷载分项系数取 1.4，将标准值 $0.14N/mm^2$ 乘以分项系数 1.4 约等于 $0.2N/mm^2$，定为风荷载作用下的强度设计值，可见结构胶的粘结强度设计值仍为 $0.14N/mm^2$[1]。硅酮结构密封胶的变位承受能力 δ 是取极限设计强度 $0.14N/mm^2$ 对应的应变，通过 JG/T 475—2015 标准要求报告的初始刚度及模量可以获取 δ 值的大小。经大量工程的实践证明，采用 0.14MPa 设计值进行设计选材为建筑幕墙结构安全提供了基本的保证。

3.3 欧洲相关要求

欧洲标准体系将强度标准值用于设计选材，强度设计值是根据材料的强度标准值可以按 6倍的设计安全系数进行计算，即强度设计值可以取标准值的 1/6。设计方法不同于我国规范要求——强度设计值取定值 0.14MPa。有观点认为按照欧洲标准要求结构密封胶的强度标准值应该达到 6 倍的设计强度即 $0.14\times6=0.84$MPa 以上，其实这种观点是错误的，原因有以下几个方面：

① 该观点将欧洲体系的设计方式与我国的相关要求断章取义、混为一谈，将我国规范要求的强度设计值 0.14MPa 套用欧洲标准要求的安全系数 6 来确定对标准值的要求。

② 欧洲在产品标准 EN15434—2010 中规定了 23℃ 拉伸粘结强度标准值 $R_{u,5}\geqslant$ 0.50MPa，并不是要求结构胶产品的强度值一定要达到 0.84MPa 以上。标准 ETAG 002—2012 附录 A2.0 中指出设计安全系数可以选用 6 进行计算，并非是要求必须取定值 6 作为安全系数。

③ 如果按照该观点片面地将结构胶强度标准值要求由“≥0.50MPa”提升至“≥0.84MPa”，引导结构胶产品朝着较高强度发展，按照 6 倍的安全系数进行设计，强度设计值必然远远超过 0.14MPa，如结构胶强度达到 1.5MPa，按照 6 倍的安全系数计算，设计值

高达 0.25MPa，大大超出业界公认的强度设计值限值 0.14MPa，势必增大幕墙安全风险[2,9]

欧洲标准设置强度保持率指标，控制结构胶在经过各种环境及复杂受力老化后，力学性能没有大的衰减，始终保持较稳定的性能。标准 JG/T 475—2015 标准同样采用了该要求，这也是满足欧洲标准 ETAG 002—2012 及行业标准 JG/T 475—2015 的结构胶之所以具有预期 25 年使用寿命的主要原因，而并非是其设计的安全系数取值高于我国要求。

4 结语

① 我国《玻璃幕墙工程技术规范》JGJ 102—2003 中对硅酮结构密封胶的设计，强度设计值取定值 0.14MPa，是采用结构胶的强度“标准值”，并非强度“平均值”，“标准值”和“平均值”两者概念不同，标准 JG/T 475—2015 规定的“标准值≥0.5MPa”，一般是高于 GB 16776—2005 规定的“平均值≥0.6 MPa”的要求，此外，标准 JG/T 475—2015 还要求报告初始刚度及刚度模量，标准 JG/T 475—2015 与规范 JGJ 102—2003、GB 50068—2001 要求相协调一致，更加适合规范要求。

② 幕墙用结构胶的设计方法，国内外各国均有相应要求，不能将各国的不同要求混为一谈，误导结构胶的正确使用。为降低建筑幕墙设计风险，可提高设计安全系数，而不是提高强度设计值，设计强度值不应超过 0.14MPa，否则会造成安全风险。

③ 标准 JG/T 475—2015 主要参照欧洲标准 ETAG002—2012 要求，符合该标准要求的硅酮结构密封胶产品，按照规范进行设计施工，可达到预期 25 年使用寿命，与我国规范 JGJ 102 规定“幕墙的结构设计使用年限不应少于 25 年”相协调。JG/T 475—2015 标准科学先进，应得到正确的引导宣传和应用，以促进建筑幕墙工程质量稳定及安全。

参考文献

[1] JGJ 102—2003，玻璃幕墙工程技术规范[S].

[2] ASTM C1401—2014，Standard Guide for Structural Sealant Glazing[S].

[3] ASTM C1184—2014，Standard Specification for Structural Silicone Sealants [S].

[4] GB 16776—2005，建筑用硅酮结构密封胶[S].

[5] JG/T 475—2015，建筑幕墙用硅酮结构密封胶[S].

[6] ETAG 002—2012，Guideline for European Technical Approval for Structural Sealant Glazing kits：Part 1 Supported and Unsupported Systems [S].

[7] EN 15434—2010，Glass in building-Product standard for structural and/or ultra-violet resistant sealant (for use with structural sealant glazing and/or insulating glass units with exposed seals)[S].

[8] GB 50068—2001，建筑结构可靠度设计统一标准[S].

[9] 马启元．倍增幕墙玻璃粘结强度设计值的风险[C]. 全国铝门窗幕墙行业年会．2009. 67-73

作者简介

程鹏（Cheng Peng），男，硕士研究生，工程师，主要从事密封胶研发、质控工作，E-mail：chengpeng308@163. com。

玻璃 U 值理论计算与软件分析的对比

刘长龙　晁晓刚
江苏合发集团有限责任公司　江苏丹阳　210005

摘　要　本文通过对玻璃 U 值理论计算和软件分析对比，寻求二者间计算结果的差别。
关键词　热工；玻璃；理论计算；软件分析

玻璃作为幕墙的面板材料，其热量传递主要有热传导、热对流、热辐射。以中空玻璃为例，其热量散失过程如图 1 所示。冬天，内侧玻璃表面比室内空气温度和室内物体表面温度低，通过玻璃表面就会产生失热现象。这种散热，主要通过两个途径发生：一是玻璃内表面和室内物体表面之间进行长波辐射交换，二是室内空气在玻璃表面运动产生的对流和传导。当热量从内层玻璃内表面传到外表面后，内层玻璃的外表面与外层玻璃的内表面之间，由于温差产生长波辐射交换，并通过玻璃间层空气产生传导和对流。热量再从外层玻璃的内表面传出后，其外表面就会由于外界空气对流（下雨时还有雨淋）散失热量，同时还要和天空及周围环境进行长波辐射交换。知道了玻璃传热的各个途径，玻璃的传热系数 U 值的计算也正是对以上各种传热途径的热损耗计算得出的。

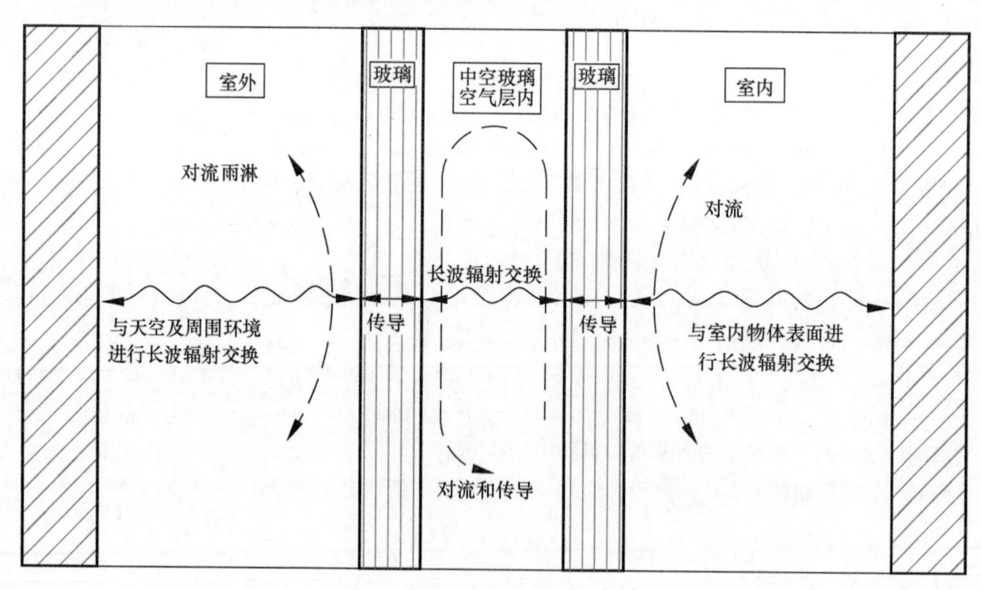

图 1　中空玻璃的热损失过程

1 玻璃 *U* 值计算理论

（1）玻璃 U 值计算方法

U 值表示玻璃传热的参数，表示热量通过玻璃中心部位而不考虑边缘效应，稳定条件下，玻璃两表面在单位环境温度差条件时，通过单位面积的热量。单位为 W/(m^2 · K)

U 值按下列公式计算：

$$\frac{1}{U}=\frac{1}{h_e}+\frac{1}{h_i}+\frac{1}{h_t} \quad \text{(JGJ 113—2003 附录 C. 0. 2-1)}$$

式中 h_e——玻璃外表面换热系数，W/(m^2 · K)

h_i——玻璃内表面换热系数，W/(m^2 · K)

h_t——多层玻璃系统内部热传导系数，W/（m^2 · K）

（2）室内外换热系数 h_i、h_e计算

① 室外表面换热系数 h_e

室外表面换热系数 h_e是玻璃附近风速的函数，可用下式近似计算：

$$h_e=10+4.1v \quad \text{(JGJ 113—2003 附录 C. 0. 4-1)}$$

式中 v——风速，m/s

在比较 U 值时，可选用 h_e等于 23W/(m^2 · K)

② 室内表面换热系数 h_i

室内表面换热系数 h_i 可用下式表达：

$$h_i=h_r+h_c \quad \text{(JGJ 113—2003 附录 C. 0. 4-2)}$$

式中 h_c——对流导热，对于自由对流，h_c=3.6W/（m^2 · K）。

h_r——辐射导热，普通玻璃表面的辐射导热为 4.4W/(m^2 · K)，如果内表面校正发射率较低，辐射导热率由下式给定：

$$h_r=4.4\times\frac{\varepsilon}{0.837} \quad \text{(JGJ 113—2003 附录 C. 0. 4-3)}$$

式中 ε——是镀膜表面的校正发射率，对于透明玻璃 ε=0.837

（3）多层玻璃系统内部热传导系数 h_t计算

多层玻璃体系内部传热系数 h_t按照以下公式计算：

$$\frac{1}{h_t}=\sum_{s=1}^{N}\frac{1}{h_s}+\sum_{m=1}^{M}d_m r_m \quad \text{(JGJ 113—2003 附录 C. 0. 2-2)}$$

式中 h_s——气体空隙的热导率；

N——空气层的数量；

M——材料层的数量；

d_m——每一个材料层的厚度；

r_m——每一个材料层的热阻率（玻璃的热阻为率 1m · K/W）

气体空隙的导热率按下式计算：

$$h_s=h_g+h_R \quad \text{(JGJ 113—2003 附录 C. 0. 2-3)}$$

式中 h_R——气体空隙的辐射导热系数；

h_g——气体空隙的导热系数（包括传导和对流）

① 气体空隙的辐射导热系数 h_R 按下式计算：

$$h_R = 4\sigma\left(\frac{1}{\varepsilon 1}+\frac{1}{\varepsilon 2}-1\right)^{-1}\times T_m^3 \quad \text{(JGJ 113—2003 附录 C. 0. 2-4)}$$

式中 σ——斯蒂芬-波尔兹曼常数，为 5.67×10^{-8} W/(m^2 · K)；

ε1 和 ε2——气体间隙中两表面在气体平均温度 T_m 下校正发射率；

T_m——气体平均温度，可取 T_m=283K；

② 气体空隙的导热系数 h_g 按下式计算：

$$h_g = N_u\frac{\lambda}{s} \quad \text{(JGJ 113—2003 附录 C. 0. 2-5)}$$

式中 s——气体层的厚度，m；

λ——气体导热率，W/(m · K)；

N_u——努塞尔准数，由下式给出：

$$N_u = A\,(G_r\times P_r)^n \quad \text{(JGJ 113—2003 附录 C. 0. 2-6)}$$

式中 A——常数；

G_r——格拉晓夫准数；

P_r——普朗特准数；

n——幂指数；

如果 $N_u<1$，取为 1；

对于垂直空间：A=0.035，n=0.38；水平情况：A=0.16，n=0.28；倾斜 45 度：A=0.10，n=0.31；

格拉晓夫准数 G_r 由下式计算：

$$G_r = \frac{9.81s^3\Delta T\rho^2}{T_m\mu^2} \quad \text{(JGJ 113—2003 附录 C. 0. 2-7)}$$

普朗特准数 P_r 由下式计算：

$$P_r = \frac{\mu c}{\lambda} \quad \text{(JGJ 113—2003 附录 C. 0. 2-8)}$$

式中 ΔT——气体空隙前后玻璃表面的温度差，可取 ΔT=15K；

ρ——气体密度，kg/m^3；

μ——气体的动态黏度，kg/(ms)；

c——气体的比热，J/(kg · K)；

T_m——气体平均温度，可取 T_m=283K；

2 软件计算玻璃 *U* 值的室内外计算条件

利用软件计算玻璃 v 值的外界条件如表 1 所示。

表 1 冬季计算 *U* 值的外界条件

名称	热流量 q（W/m^2）	空气温度 θ（℃）	对流系数 h［W/(m^2 · k)］
室外的，标准的		0	23.0000
室内的，标准的		20	8.0000
对称/隔热	0.0000		

3　6mm 透明＋12A＋6mm 透明中空玻璃 U 值计算

A. 理论计算

（1）计算基础及依据

U 值表示玻璃传热的参数，表示热量通过玻璃中心部位而不考虑边缘效应，稳定条件下，玻璃两表面在单位环境温度差条件时，通过单位面积的热量。单位为 $W/(m^2 \cdot K)$。

U 值按下列公式计算：

$$\frac{1}{U}=\frac{1}{h_e}+\frac{1}{h_i}+\frac{1}{h_t} \qquad \text{(JGJ 113—2003 附录 C.0.2-1)}$$

式中　h_e——玻璃外表面换热系数，$W/(m^2 \cdot K)$

h_i——玻璃内表面换热系数，$W/(m^2 \cdot K)$

h_t——多层玻璃系统内部热传导系数，$W/(m^2 \cdot K)$

（2）室外表面换热系数

室外表面换热系数 h_e 是玻璃附近风速的函数，可用下式近似计算：

$$h_e=10+4.1v \qquad \text{(JGJ 113—2003 附录 C.0.4-1)}$$

式中　v——风速，m/s

在比较 U 值时，可选用 h_e 等于 $23W/(m^2 \cdot K)$

（3）室内表面换热系数

室内表面换热系数 h_i 可用下式表达：

$$h_i=h_r+h_c \qquad \text{(JGJ 113—2003 附录 C.0.4-2)}$$

式中　h_c——对流导热，对于自由对流，$h_c=3.6W/(m^2 \cdot K)$。

h_r——辐射导热，普通玻璃表面的辐射导热为 $4.4W/(m^2 \cdot K)$，如果内表面校正发射率较低，辐射导热率由下式给定：

$$h_r=4.4\times\frac{\varepsilon}{0.837} \qquad \text{(JGJ 113—2003 附录 C.0.4-3)}$$

式中　ε——是镀膜表面的校正发射率，本计算室内侧为透明玻璃面 $\varepsilon=0.837$

故　$$h_i=h_c+4.4\times\frac{\varepsilon}{0.837}=3.6+4.4\times\frac{0.837}{0.837}=8W/(m^2 \cdot K)$$

（4）多层玻璃系统内部传热系数

① 总体计算公式：

$$\frac{1}{h_t}=\sum_{s=1}^{N}\frac{1}{h_s}+\sum_{m=1}^{M}d_m r_m \qquad \text{(JGJ 113—2003 附录 C.0.2-2)}$$

式中　h_s——气体空隙的热导率；

N——空气层的数量，此处为 1；

M——材料层的数量，此处为 2，即 2 片玻璃；

d_m——每一个材料层的厚度，2 片玻璃的厚度均为 0.006m；

r_m——每一个材料层的热阻率（玻璃的热阻为率 $1m \cdot K/W$）

气体空隙的导热率按下式计算：

$$h_s=h_g+h_R \qquad \text{(JGJ 113—2003 附录 C.0.2-3)}$$

式中　h_R——气体空隙的辐射导热系数；

h_g——气体空隙的导热系数（包括传导和对流）

② 气体空隙的辐射导热系数 h_R：

$$h_R = 4\sigma\left(\frac{1}{\varepsilon 1}+\frac{1}{\varepsilon 2}-1\right)^{-1}\times T_m^3 \qquad \text{(JGJ 113—2003 附录 C.0.2-4)}$$

式中：σ——斯蒂芬-波尔兹曼常数，为 $5.67\times10^{-8}\mathrm{W/(m^2\cdot K)}$；

$\varepsilon 1$ 和 $\varepsilon 2$——气体间隙中两表面在气体平均温度 T_m 下校正发射率，此处空气层两侧均为透明玻璃，取 $\varepsilon 1=\varepsilon 2=0.837$；

T_m——气体平均温度，可取 $T_m=283\mathrm{K}$；

带入相关参数

$$\begin{aligned} h_R &= 4\sigma\left(\frac{1}{\varepsilon 1}+\frac{1}{\varepsilon 2}-1\right)^{-1}\times T_m^3 \\ &= 4\times5.67\times10^{-8}\times\left(\frac{1}{0.837}+\frac{1}{0.837}-1\right)^{-1}\times283^3 \\ &= 3.700\mathrm{W/(m^2\cdot K)} \end{aligned}$$

③ 气体间隙的导热系数 h_g：

$$h_g = N_u\frac{\lambda}{s} \qquad \text{(JGJ 113—2003 附录 C.0.2-5)}$$

式中 s——气体层的厚度，此处 $s=0.012\mathrm{m}$；

λ——气体导热率，此处为空气 $\lambda=2.416\times10^{-2}\mathrm{W/(m\cdot K)}$；

N_u——努塞尔准数，由下式给出：

$$N_u = A\,(G_r\times P_r)^n \qquad \text{(JGJ 113—2003 附录 C.0.2-6)}$$

式中 A——常数，此处为垂直空间，取 $A=0.035$；

G_r——格拉晓夫准数；

P_r——普朗特准数；

n——幂指数，此处为垂直空间，取 $n=0.38$；

格拉晓夫准数 G_r 由下式计算：

$$G_r = \frac{9.81s^3\Delta T\rho^2}{T_m\mu^2} \qquad \text{(JGJ 113—2003 附录 C.0.2-7)}$$

普朗特准数 P_r 由下式计算：

$$P_r = \frac{\mu c}{\lambda} \qquad \text{(JGJ 113—2003 附录 C.0.2-8)}$$

式中 ΔT——气体空隙前后玻璃表面的温度差，可取 $\Delta T=15\mathrm{K}$；

ρ——气体密度，此处为空气，取 $\rho=1.277\mathrm{kg/m^3}$；

μ——气体的动态黏度，此处为空气，取 $\mu=1.711\times10^{-5}\mathrm{kg/(ms)}$；

c——气体的比热，此处为空气，取 $c=1.008\times10^3\mathrm{J/(kg\cdot K)}$；

T_m——气体平均温度，可取 $T_m=283\mathrm{K}$；

带入相关参数

$$G_r = \frac{9.81s^3\Delta T\rho^2}{T_m\mu^2} = \frac{9.81\times0.012^3\times15\times1.277^2}{283\times(1.711\times10^{-5})^2} = 5005$$

$$P_r = \frac{\mu c}{\lambda} = \frac{1.711\times10^{-5}\times1.008\times10^3}{2.416\times10^{-2}} = 0.7139$$

$$N_u = A(G_r \times P_r)^n = 0.035 \times (5005 \times 0.7139)^{0.38} = 0.7838 < 1\text{，取为 }1$$

$$h_g = N_u \frac{\lambda}{s} = 1 \times \frac{2.416 \times 10^{-2}}{0.012} = 2.013\text{W/(m}^2\cdot\text{K)}$$

④ 气体空隙的导热率 h_s

$$h_s = h_g + h_R = 2.013 + 3.700 = 5.713\text{W/(m}^2\cdot\text{K)}$$

⑤ 多层玻璃系统内部传热系数 h_t

$$\frac{1}{h_t} = \sum_{s=1}^{N} \frac{1}{h_s} + \sum_{m=1}^{M} d_m r_m = \frac{1}{5.713} + 0.006 \times 1 + 0.006 \times 1 = 0.187\text{(m}^2\cdot\text{K)/W}$$

（5）6mm 透明＋12A＋6mm 透明中空玻璃 U 值

$$\frac{1}{U} = \frac{1}{h_e} + \frac{1}{h_i} + \frac{1}{h_t} = \frac{1}{23} + \frac{1}{8} + 0.187 = 0.355\text{(m}^2\cdot\text{K)/W}$$

$$U = \frac{1}{0.355} = 2.813\text{W/(m}^2\cdot\text{K)}$$

THERM6.0 软件计算

THERM6.0 软件计算 6mm 透明＋12A＋6mm 透明中空玻璃，U=2.8276W/(m^2·K)，如图 2 所示。

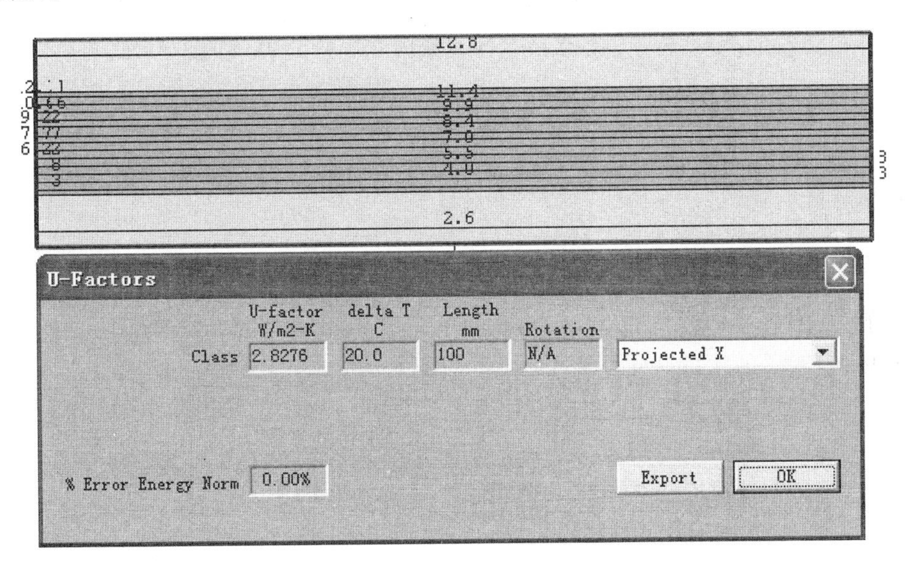

图 2　6mm 透明＋12A＋6mm 透明中空玻璃 U 值

4　6mm 透明＋12A＋6mm Low-E 中空玻璃 U 值计算

A. 理论计算

（1）计算基础及依据

U 值表示玻璃传热的参数，表示热量通过玻璃中心部位而不考虑边缘效应，稳定条件下，玻璃两表面在单位环境温度差条件时，通过单位面积的热量。单位为 W/(m^2·K)。

U 值按下列公式计算：

$$\frac{1}{U} = \frac{1}{h_e} + \frac{1}{h_i} + \frac{1}{h_t} \qquad \text{(JGJ 113—2003 附录 C.0.2-1)}$$

式中 h_e——玻璃外表面换热系数，W/(m^2·K)

h_i——玻璃内表面换热系数，W/(m^2·K)

h_t——多层玻璃系统内部热传导系数，W/(m^2·K)

(2) 室外表面换热系数

室外表面换热系数 h_e 是玻璃附近风速的函数，可用下式近似计算：

$$h_e = 10 + 4.1v \qquad \text{(JGJ 113—2003 附录 C.0.4-1)}$$

式中 v——风速，m/s

在比较 U 值时，可选用 h_e 等于 23W/(m^2·K)

(3) 室内表面换热系数

室内表面换热系数 h_i 可用下式表达：

$$h_i = h_r + h_c \qquad \text{(JGJ 113—2003 附录 C.0.4-2)}$$

式中 h_c——对流导热，对于自由对流，h_c=3.6W/(m^2·K)。

h_r——辐射导热，普通玻璃表面的辐射导热为 4.4W/(m^2·K)，如果内表面校正发射率较低，辐射导热率由下式给定：

$$h_r = 4.4 \times \frac{\varepsilon}{0.837} \qquad \text{(JGJ 113—2003 附录 C.0.4-3)}$$

式中 ε——是镀膜表面的校正发射率，本计算室内侧为透明玻璃面 ε=0.837

故 $$h_i = h_c + 4.4 \times \frac{\varepsilon}{0.837} = 3.6 + 4.4 \times \frac{0.837}{0.837} = 8\text{W/(m}^2\cdot\text{K)}$$

(4) 多层玻璃系统内部传热系数

① 总体计算公式：

$$\frac{1}{h_t} = \sum_{s=1}^{N} \frac{1}{h_s} + \sum_{m=1}^{M} d_m r_m \qquad \text{(JGJ 113—2003 附录 C.0.2-2)}$$

式中 h_s——气体空隙的热导率；

N——空气层的数量，此处为 1；

M——材料层的数量，此处为 2，即 2 片玻璃；

d_m——每一个材料层的厚度，2 片玻璃的厚度均为 0.006m；

r_m——每一个材料层的热阻率（玻璃的热阻为率 1m·K/W）

气体空隙的导热率按下式计算：

$$h_s = h_g + h_R \qquad \text{(JGJ 113—2003 附录 C.0.2-3)}$$

式中 h_R——气体空隙的辐射导热系数；

H_g——气体空隙的导热系数（包括传导和对流）

② 气体空隙的辐射导热系数 h_r：

$$h_R = 4\sigma\left(\frac{1}{\varepsilon 1} + \frac{1}{\varepsilon 2} - 1\right)^{-1} \times T_m^3 \qquad \text{(JGJ 113—2003 附录 C.0.2-4)}$$

式中 σ——斯蒂芬-波尔兹曼常数，为 5.67×10^{-8}W/(m^2·K)；

ε1 和 ε2——气体间隙中两表面在气体平均温度 T_m 下校正发射率，此处空气层外侧为透明玻璃，取 ε1=0.837，空气层内侧为 Low-E 玻璃，取 ε2=0.12；

T_m——气体平均温度，可取 T_m=283K；

带入相关参数

$$h_R = 4\sigma\left(\frac{1}{\varepsilon 1}+\frac{1}{\varepsilon 2}-1\right)^{-1}\times T_m^3$$
$$= 4\times 5.67\times 10^{-8}\times\left(\frac{1}{0.837}+\frac{1}{0.12}-1\right)^{-1}\times 283^3$$
$$= 0.60277\text{W}/(\text{m}^2\cdot\text{K})$$

③ 气体间隙的导热系数 h_g：

$$h_g = N_u\frac{\lambda}{s} \qquad (\text{JGJ 113—2003 附录 C.0.2-5})$$

式中 s——气体层的厚度，此处 s=0.012m；

λ——气体导热率，此处为空气 $\lambda=2.416\times10^{-2}$W/(m·K)；

N_u——努塞尔准数，由下式给出：

$$N_u = A\,(G_r\times P_r)^n \qquad (\text{JGJ 113—2003 附录 C.0.2-6})$$

式中 A——常数，此处为垂直空间，取 A=0.035；

G_r——格拉晓夫准数；

P_r——普朗特准数；

n——幂指数，此处为垂直空间，取 n=0.38；

格拉晓夫准数 G_r 由下式计算：

$$G_r = \frac{9.81s^3\Delta T\rho^2}{T_m\mu^2} \qquad (\text{JGJ 113—2003 附录 C.0.2-7})$$

普朗特准数 P_r 由下式计算：

$$P_r = \frac{\mu c}{\lambda} \qquad (\text{JGJ 113—2003 附录 C.0.2-8})$$

式中 ΔT——气体空隙前后玻璃表面的温度差，可取 ΔT=15K；

ρ——气体密度，此处为空气，取 ρ=1.277kg/m^3；

μ——气体的动态黏度，此处为空气，取 $\mu=1.711\times10^{-5}$kg/(ms)；

c——气体的比热，此处为空气，取 $c=1.008\times10^3$J/(kg·K)；

T_m——气体平均温度，可取 T_m=283K；

带入相关参数

$$G_r = \frac{9.81s^3\Delta T\rho^2}{T_m\mu^2} = \frac{9.81\times0.012^3\times15\times1.277^2}{283\times(1.711\times10^{-5})^2} = 5005$$

$$P_r = \frac{\mu c}{\lambda} = \frac{1.711\times10^{-5}\times1.008\times10^3}{2.416\times10^{-2}} = 0.7139$$

$$N_u = A\,(G_r\times P_r)^n = 0.035\times(5005\times0.7139)^{0.38} = 0.7838 < 1\text{，取为 }1$$

$$h_g = N_u\frac{\lambda}{s} = 1\times\frac{2.416\times10^{-2}}{0.012} = 2.013\text{W}/(\text{m}^2\cdot\text{K})$$

④ 气体空隙的导热率 h_s

$$h_s = h_g + h_R = 2.013 + 0.60277 = 2.61577\text{W}/(\text{m}^2\cdot\text{K})$$

⑤ 多层玻璃系统内部传热系数 h_t

$$\frac{1}{h_t} = \sum_{s=1}^{N}\frac{1}{h_s}+\sum_{m=1}^{M}d_m r_m = \frac{1}{2.61577}+0.006\times1+0.006\times1 = 0.3943(\text{m}^2\cdot\text{K})/\text{W}$$

5. 6mm 透明+12A+6mm Low-E 中空玻璃 U 值

$$\frac{1}{U}=\frac{1}{h_e}+\frac{1}{h_i}+\frac{1}{h_t}=\frac{1}{23}+\frac{1}{8}+0.3943=0.5628(\mathrm{m}^2\cdot\mathrm{K})/\mathrm{W}$$

$$U=\frac{1}{0.5628}=1.7769\mathrm{W}/(\mathrm{m}^2\cdot\mathrm{K})$$

B. THERM6.0 软件计算

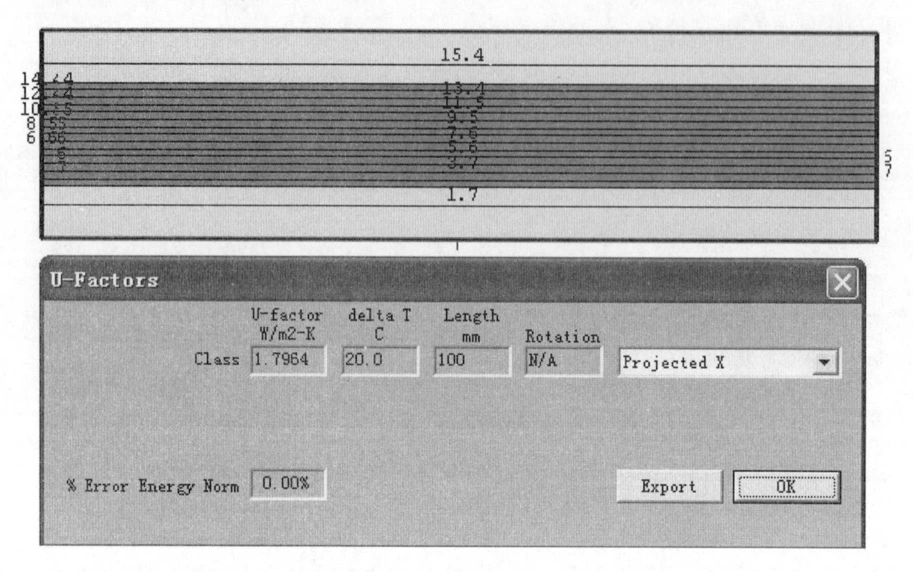

图3 6mm透明+12A+6mm Low-E中空玻璃 U 值

THERM6.0软件计算6mm透明+12A+6mm Low-E中空玻璃，U=1.7964W/(m^2·K)，如图3所示。

5 理论计算玻璃 U 值与软件分析对比

按以上计算方法，可计算出以下各种玻璃的 U 值，如表2所示。

表2 不同做法幕墙传热系数

	玻璃配置	传热系数	
		手工理论计算	软件计算
1	6mm透明玻璃	U=5.731W/(m^2·k)	U=5.7315W/(m^2·k)
2	6mm透明+12A+6mm透明中空玻璃	U=2.813W/(m^2·k)	U=2.8276W/(m^2·k)
3	6mm透明+12A+6mm透明中空玻璃充氩气	U=2.645W/(m^2·k)	U=2.6631W/(m^2·k)
4	6mm透明+12A+6mm透明中空玻璃充氪气	U=2.536W/(m^2·k)	U=2.4785W/(m^2·k)
5	6mm透明+12A+6mm Low-E中空玻璃	U=1.7769W/(m^2·k)	U=1.7964W/(m^2·k)
6	6mm透明+12A+6mm Low-E中空玻璃充氩气	U=1.4504W/(m^2·k)	U=1.4732W/(m^2·k)
7	6mm透明+12A+6mm Low-E中空玻璃充氪气	U=1.2280W/(m^2·k)	U=1.2435W/(m^2·k)
8	6mm透明+1.14PVB+6mm透明+12A+6mm Low-E中空玻璃	U=1.7371W/(m^2·k)	U=1.7558W/(m^2·k)

6 结语

由以上计算结果可以看出：

① 理论计算和软件计算各种常用玻璃的 U 值，得到的结果基本吻合，误差在3%左右。

② 中空玻璃空气层中气体由普通空气换为氩气、氪气等惰性气体后，由于惰性气体的密度重、动态黏度系数大、比热容小、导热率小等特性，能明显降低玻璃空气层的热传导和热对流导热，从而降低中空玻璃的传热系数 U 值。

③ 中空玻璃空气层内增加低辐射 Low-E 膜后，由于普通透明玻璃面的校正发射率为0.837，离线 Low-E 膜的校正发射率一般在0.08～0.15之间，故中空玻璃空气层内增加低辐射 Low-E 膜可有效降低玻璃的辐射导热，从而有效降低玻璃的传热系数 U 值。

参考文献

[1] 公共建筑节能设计标准：GB 50189—2005[S]. 北京：中国建筑工业出版社，2005.
[2] 民用建筑热工设计规范：GB 50176—1993[S]. 北京：中国建筑工业出版社，1993.
[3] 建筑玻璃应用技术规程：JGJ 133—2003[S]. 北京：中国建筑工业出版社，2003.
[4] 公共建筑节能设计标准宣贯辅导教材。中国建筑工业出版社，2005.
[5] 涂逢祥. 节能窗技术[M]. 北京：中国建筑工业出版社，2003.
[6] 张芹. 玻璃幕墙如何贯彻执行公共建筑节能设计标准[J]. 门窗幕墙信息，2005.9.
[7] 张芹. 玻璃幕墙与建筑节能[J]. 门窗幕墙信息，2005.11.
[8] 谢士涛，董格林. 节能型建筑幕墙的构造设计[J]. 中国建筑装饰，2006.1.
[9] ISO 10077-1：2000-07；窗、门和百叶窗的热性能—热传送的计算—第一部分：简化方法。
[10] prEN ISO 10077-2：2000-12；窗、门和百叶窗的热性能—热传送的计算—第二部分：框的数值化方法。
[11] EN ISO10211-2：2001；建筑物的热桥—热流和表面温度—第二部分：线性热桥计算。
[12] EN 673：1999-01；建筑物玻璃—测定热传输(U 值)—计算方法(德文版 EN673：1997)
[13] EN ISO6946：1996；建筑组件和建筑构件—耐热和热传输—计算方法。
[14] WINDOW5.1，加州大学董事，国际玻璃窗数据库(IGDB)版本。
[15] SO/FDIS 15099：2003；窗，门和遮阳装置的热性能—详细计算。
[16] ASHRAE，2001，《能量计算的国际现状》(IWEC 现状文件)，用户手册和 CD-ROM，亚特兰大，ASHRAE。

新规范下的防火玻璃应用

郦江东　徐松辉　杨永华
中山市中佳新材料有限公司　广东中山　528437

摘　要　本文简述了《建筑防火规范》GB 50016—2014 出台背景，详细讲述了新规范对防火玻璃墙耐火完整性的要求，指出在新规范下防火玻璃的耐火完整性不低于 1.00h；简述了防火玻璃的定义，并对其进行了分类；重点阐述了干法复合防火玻璃及湿法防火玻璃的性能特点，并根据各自特点，提出新规范下的防火玻璃应用前景。
关键词　建筑防火规范；玻璃防火墙；耐火完整性；新型隔热复合防火玻璃

1　引言

随着经济的高速发展，生活水平的不断提高，人们日益意识到建筑安全、环保的重要性，建筑规范也越来越完善。绿色、环保、安全成为新的建筑标签，人们迫切需要对建筑规范进行修订。

2　《建筑防火规范》GB 50016—2014 简述

新版国家标准《建筑设计防水规范》（GB 50016—2014）（以下简称《建规》是由原《建筑设计防水规范》GB 50016—2006 和《高层民用建筑设计防火规范》GB 50045—97（2005 年版）（以下简称《高规》）整合修订而成。原《建规》、《高规》自颁布实施以来，对于保障建筑消防安全，服务国家经济社会发展，保护人身财产安全，引导相关防火规范的制修订都发挥了极其重要的作用。

但是，随着我国经济社会和城市建设的快速发展，两部规范也面临许多挑战：一是各类用火、用电、用油、用气场所大量增加，引发火灾，导致火灾蔓延扩大的不安全因素越来越多，各类建筑火灾事故相继发生，在对这些火灾事故进行多层面的分析研究中发现，火灾防范和灭火救援等技术对策还有待进一步完善或加强，而修订完善防火规范则是在工程建设中落实这些对策措施的重要途径；二是各类高层超高层建筑、大规模大体量建筑、结构功能复杂建筑、地下建筑、大型石化生产储存等工程建设项目大量涌现，新技术、新产品、新材料不断研发应用，原有规范已涵盖不了新的发展情况，急需补充完善相关内容，使规范适应新情况、新技术的发展需要；三是近年来建筑防火领域开展了大量的科学试验研究，对建筑火灾规律、火灾防控理念和对策措施的认识有了进一步提升，取得了一批科研成果，原有规范也需要通过调整不相适应的内容，使这些新成果、新理念能够在工程建设中得到推广应用；四是原《建规》《高规》之间以及两部规范与其他防火设计规范之间在工程实践中还出现了一些不协调、不明确的问题，需要通过修订规范加以解决。新版《建规》集中体现了建筑火灾防控领域的实践经验和理论成果，将两部规范合二为一，实现了建筑防火领域基础性、通用性要求的统一，这在我国建筑防火标准发展史上具有里程碑式的意义。新版《建规》的发布实施对于提升建筑物抗御火灾的能力，从源头上消除火灾隐患，预防和减少火灾事故具有十分重要的意义。

3 新规范对防火玻璃墙耐火完整性的要求

（1）中庭防火玻璃墙及建筑外墙上门、窗耐火完整性的要求

新规范的5.3.2中要求，与周围连通空间应进行防火分隔：采用防火隔墙时，其耐火极限不应低于1.00h；采用防火玻璃墙时，其耐火隔热性和耐火完整性不应低于1.00h，采用耐火完整性不低于1.00h的非隔热性防火玻璃墙时，应设置自动喷水灭火系统进行保护；采用防火卷帘时，其耐火极限不应低于3.00h，并应符合本规范第6.5.3条的规定；与中庭相连通的门、窗，应采用火灾时能自行关闭的甲级防火门、窗。

（2）有顶棚的步行街耐火完整性的要求

新规范的5.3.6中要求，餐饮、商店等商业设施通过有顶棚的步行街连接，且步行街两侧的建筑需利用步行街进行安全疏散时，应符合下列规定：

步行街两侧建筑的商铺，其面向步行街一侧的围护构件的耐火极限不应低于1.00h，宜采用实体墙，其门、窗应采用乙级防火门、窗；当采用防火玻璃墙（包括门、窗）时，其耐火隔热性和耐火完整性不应低于1.00h；当采用耐火完整性不低于1.00h的非隔热性防火玻璃墙（包括门窗）时，应设置闭式自动喷水灭火系统进行保护。相邻商铺之间面向步行街一侧应设置宽度不小于1.0m、耐火极限不低于1.00h的实体墙。

（3）挑檐耐火完整性的要求

新规范的6.2.5中要求，当上、下层开口之间设置实体墙确有困难时，可设置防火玻璃墙，但高层建筑的防火玻璃墙的耐火完整性不应低于1.00h，单、多层建筑的防火玻璃墙的耐火完整性不应低于0.50h。外窗的耐火完整性不应低于防火玻璃墙的耐火完整性要求。

（4）建筑外墙上门、窗的耐火完整性的要求

新规范的6.7.7中要求，除本规范第6.7.3条规定的情况外，当建筑的外墙外保温系统按本规范第6.7节规定采用燃烧性能为B1、B2级的保温材料时，应符合下列规定：

① 除采用B1级保温材料且建筑高度不大于24m的公共建筑或采用B1级保温材料且建筑高度不大于27m的住宅建筑外，建筑外墙上门、窗的耐火完整性不应低于0.50h。

② 建筑高度大于54m的住宅建筑，每户应有一间房间符合下列规定：内、外墙体的耐火极限不应低于1.00h，该房间的门应具有防烟性能，其耐火完整性不宜低于1.00h，窗的耐火完整性不宜低于1.00h。

新规范无论是对防火玻璃墙还是对建筑上门、窗的耐火完整性都提出了更高的要求，这要求防火玻璃的耐火完整性不低于1.00h。

4 防火玻璃及其分类

（1）防火玻璃定义

防火玻璃属于安全玻璃的一种，是采用物理与化学方法对浮法玻璃进行处理而得到的，

在火灾情况下，能在一定时间内保持玻璃的耐火完整性和隔热性。因具有透光性好、强度高、能阻挡和控制热辐射、烟雾及防止火灾火焰蔓延等特点，被大量用于各类高层建筑、大空间建筑的幕墙、防火隔墙、防火隔断、防火窗、防火门等方面。

（2）防火玻璃分类

根据《建筑用安全玻璃防火玻璃》GB 15763.1—2001的规定，建筑用防火玻璃可按照产品结构分类：

① 单片防火玻璃（DFB）：由单层玻璃构成，并满足相应耐火等级要求的特种玻璃。市场上常见产品有硼硅酸盐防火玻璃、铝硅酸盐防火玻璃、微晶防火玻璃、单片铯钾防火玻璃、低辐射镀膜防火玻璃等。

② 复合防火玻璃（FFB）：由2层或2层以上玻璃复合而成或由1层玻璃和有机材料复合而成，并满足相应耐火等级要求的特种玻璃。主要有复合型防火玻璃、灌注型防火玻璃、夹丝防火玻璃、中空防火玻璃等。

按照耐火性能分类：

① A类隔热型防火玻璃：能同时满足耐火完整性和耐火隔热性要求的玻璃，其耐火等级分为五级，对应的耐火时间分别为0.50h、1.00h、1.50h、2.00h、2.50h、3.00h。

② C类非隔热型防火玻璃：能满足耐火完整性要求的玻璃，其耐火等级可分为五级，对应的耐火时间分别为0.50h、1.00h、1.50h、2.00h、2.50h、3.00h。

（3）各类防火玻璃性能比较

近年来国内厂家较多地关注单片防火玻璃，其耐候性好，美观、轻便等特点，却忽略了复合防火玻璃优异的隔热性能，火灾发生时能避免热辐射灼伤人体，保证背火面人员的安全逃生。而目前的复合防火玻璃复合型（干法）防火玻璃由于工艺和配方陈旧，导致夹层材料耐候性差，使产品在使用一段时间后透明性降低，产品应用受限；而灌浆型防火玻璃多以聚丙烯酰胺作为夹层材料，此类凝胶材料除自身具有易起泡、长期使用后会发黄甚至失透等缺点外，夹层中残留的丙烯酰胺单体还易在防火玻璃的制造和使用过程中对人体和环境造成伤害。

因此，提升复合防火玻璃的耐候性及降低复合防火玻璃自重，开发满足《建筑设计防火规范》GB 50016—2014新型隔热复合防火玻璃势在必行。

5 新型隔热复合防火玻璃

通过对防火玻璃防火胶的成分进行调整，分别采用干法和湿法开发新型隔热复合防火玻璃。

（1）干法隔热复合防火玻璃

采用干法生产5mm钢化玻璃+1mm防火胶+3mm浮法玻璃+9A+5mm钢化玻璃组成的铝合金耐火窗经国家建筑工程质量监督检验中心根据GB/T 12513—2006检验，其的耐火完整性≥61min。

① 距试件背火面1m处热流计测得的试验数据如表1所示。

② 温升曲线及距试件背火面1m处热通量曲线及炉顶压力如图1和图2所示。

③ 试件照片如图3至图7所示。

表 1　背火面热通量数据（kW/m²）

时间（min）	热通量（kW/m²）	时间（min）	热通量（kW/m²）
10	0.16	49	5.49
20	1.93	50	4.8
30	2.63	60	7.22
40	4.33	61	7.47

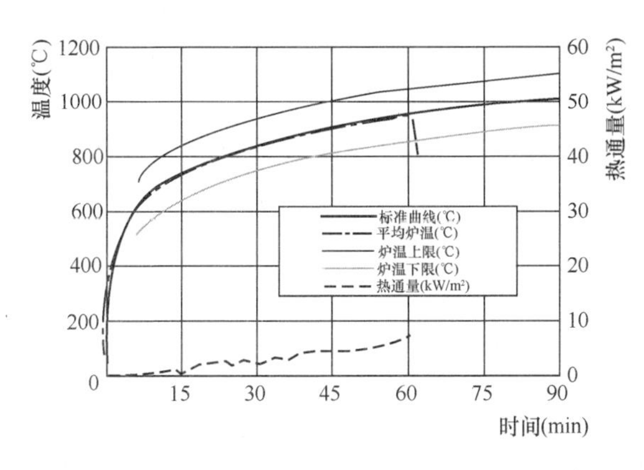

图 1　温升曲线及热通量曲线图

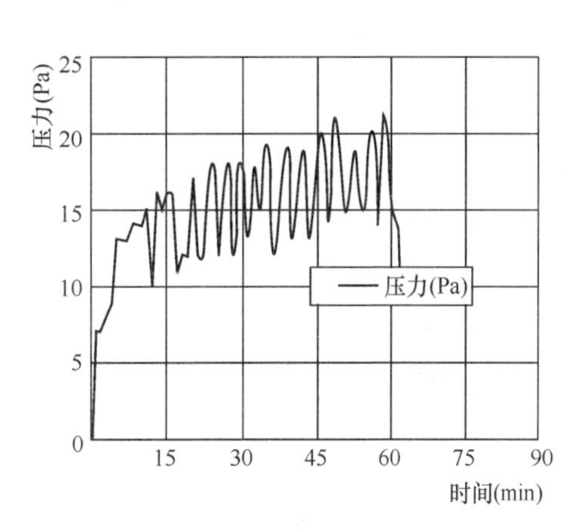

图 2 压力曲线图

图 3　试验前向火面

图 4　试验前背火面

图 5　试验 30min 背火面

图 6　试验 61min 背火面

上述结果表明，新型干法生产的复合防火玻璃满足耐火完整性1.00h的要求，符合《建筑防火规范》GB 50016—2014。

图7　试验后向火面

(2) 湿法隔热复合防火玻璃

新型湿法隔热防火玻璃由两层玻璃原片（特殊需要也可用三层玻璃原片），四周以特制阻燃胶条密封，中间灌注单层或多层新型防火硅，经固化后为透明胶冻状与玻璃粘结成一体。单层防火硅制成的隔热防火玻璃耐火完整性可达1.00h，双层或多层防火硅制成的隔热防火玻璃的耐火完整可达1.50h。

① 单层防火硅隔热复合防火玻璃。该单层防火硅隔热复合防火玻璃采用6mm钢化单片玻璃+10mm防火硅+6mm钢化单片玻璃，该产品经国家固定灭火系统和耐火构件质量监督检验中心检验，耐火试验进行到60min时，未丧失完整性；试件背火面最高平均温升63.7℃，最高单点温升70.1℃，未丧失隔热性。

耐火隔热性大于1.00h；耐火完整性大于1.00h。

试验前后对比如图9至图10所示。

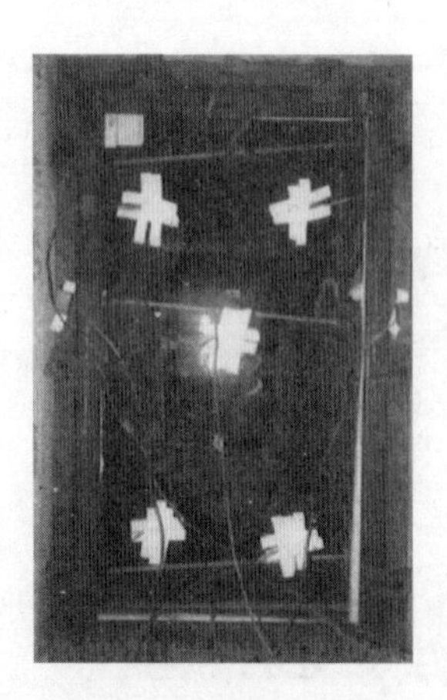

图8　试验前（0min）

图9　试验后（60min）

图10　样品实物

② 双层防火硅隔热复合防火玻璃。该双层防火硅隔热复合防火玻璃采用5mm钢化单片玻璃+7mm防火硅+5mm钢化单片玻璃+7mm防火硅+5mm钢化单片玻璃，该产品经国家固定灭火系统和耐火构件质量监督检验中心检验，耐火试验进行到90min时，未丧失完整性；试件背火面最高平均温升64.7℃，最高单点温升80.1℃，未丧失隔热性。

耐火隔热性大于1.50h；耐火完整性大于1.50h。

试验前后对比如图11至图13所示。

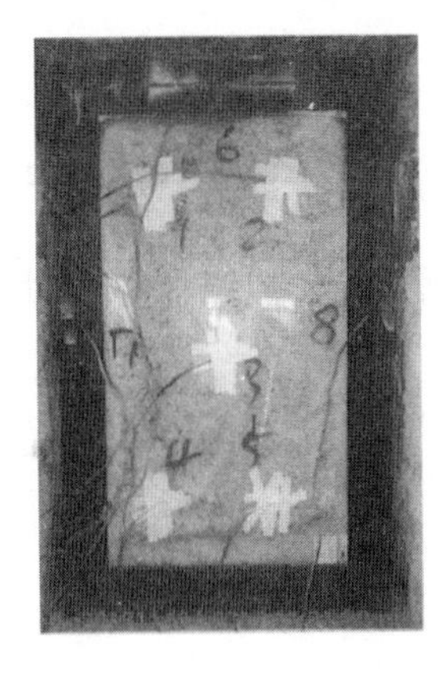

图 11 试验前（0min） 图 12 试验后（90min） 图 13 样品实物

6 结语

近年来，国内厂家较多地关注单片防火玻璃耐候性好、美观、轻便等特点，却忽略了复合防火玻璃优异的隔热性能，火灾发生时能避免热辐射灼伤人体，保证背火面人员的安全逃生。尤其是新规范《建筑防火规范》GB 50016—2014 的实施，对耐火完整性及耐热完整性提出了更高的要求，新型隔热复合防火玻璃将大有所为。

作者简介

郦江东(Li Jiangdong)，男，高级工程师，数十年玻璃深加工行业高管从业经验。工作单位：中山市中佳新材料有限公司；地址：广东省中山市火炬开发区小引村工业大街 6 号。

团体标准《建筑接缝密封胶应用技术规程》的研究和编制

宋 婕[1] 马启元 顾泰昌[1]
中国建筑标准设计研究院有限公司 北京 100048

摘 要 本文详述了工程建设标准化协会团体标准《建筑接缝密封胶应用技术规程》在编制过程中主要进行的研究和思考，包括国内外相关标准的情况进行归纳整理，对该标准编制的意义和作用进行了阐述。

关键词 建筑；接缝；密封胶；技术规程

Abstract This article introduces the study and thinking during the development of the CECS standard- "Technical specification for application of construction joint sealant", including the research on the standards both from abroad and China. And the meaning and effect of the application of the standard were also be described.

Keywords construction; joint; sealant; technical specification

《建筑接缝密封胶应用技术规程》(简称"规程")由中国建筑标准设计研究院有限公司作为主编单位，集结了科研、生产和应用密封胶的多家企业共同经过一年多的研究和编制，于近日完成标准送审稿。主编单位和各参编单位在接缝密封胶在建筑领域的应用情况进行了分析，结合国内外密封胶的产品标准，对密封胶的材料、设计、施工、验收及维修等方面进行研究后，完成了本规程的编写工作。

1 标准编制过程中的相关研究

1.1 建筑接缝密封胶国内外规范整理

编制组成员进行了大量国内外规范的整理工作，对建筑用密封胶相关产品标准、工程标准目前存在的问题进行了研究，确保规程能解决我国在工程中实际遇到的问题，为《规程》的编制奠定了良好的基础。

国内规范目前主要的问题是建筑结构设计或工程技术规范对接缝密封的要求是"嵌填弹塑性密封胶""保证密封"，但对密封相关的结构变位及接缝伸缩位移量计算，构件接缝间距设定、接缝密封尺寸和密封材料级别选择的验算等均未给予具体规定，导致最佳接缝密封设计技术要素的缺失。已有可供借鉴的建筑接缝密封规范和选材标准，涉及的内容包括接缝各种因素影响的综合分析方法和验算方法，合理设定密封接缝宽度、深度和间隔距离的计算公式，密封胶类型、级别和次级别的正确选择方法，接缝密封施工、养护和维护程序和检查验收标准。该主体内容和范围只能是独立的标准，并为其他建筑规范引用，不能也无法由其他规范完全涵盖。

国际标准 ISO 11600《建筑结构·密封胶·分级和要求》制订了一系列建筑接缝密封胶产品标准，按功能、适用性、位移能力、模量和密封耐久性进行分型、分类和分级供设计选择。值得注意的是部分设计将伸长率混同位移能力，以为伸长率 100％的密封胶就应能承受同幅度的位移，这是极大的误解，实际上密封胶位移能力级别的认定依据接近接缝的实际位移条件。

目前，美国有关建筑工程接缝密封已建立较为完整的标准体系，其中除了配套的产品标准、试验方法标准以外，还包括建筑工程接缝密封设计、施工和应用技术标准，如 ASTM C1193《建筑接缝密封胶应用标准规范》、C 1299《密封胶选择的标准指南》、C 1375《建筑密封和密封胶应用基材的标准指南》、C 1472《密封胶接缝宽度设定中接缝位移和其他效应的计算》、C 1382《外部隔热和装饰体系（EIFS）用密封胶决定粘结拉伸特性的指南》、C 1401《建筑结构密封粘结装配标准指南》、C 1249《结构密封胶粘结装配系统中空玻璃二道密封的标准指南》、C 1564－ 0《安全玻璃装配系统用硅酮密封胶的标准指南》等。

1.2 不同类型密封胶性能分析

对密封胶的调查研究主要是了解建筑接缝的形成和基本特征、密封胶的分类、密封胶基本性能及主要表征、密封胶的技术性能要求、密封胶的试验方法等几个方面进行了深入的研究。

按聚合物分类，有硅酮、聚氨酯、聚硫、丙烯酸等类型，近几年采用共聚、接枝、嵌段、共混等方法，发展了改性硅酮、环氧聚氨酯、聚硫聚氨酯、环氧聚硫、硅化丙烯酸等改性型密封胶，技术性能超出原有类型密封胶，使分类多样化。

幕墙玻璃接缝密封胶目前基本是硅酮型密封胶，下垂度，垂直方向≤3，水平方向不变形；挤出性≥ 80 ml/min，表干时间≤3h，弹性恢复率≥ 80％。

建筑窗用密封胶按模量及位移能力大小分为 3 个级别。由于有窗框及受力结构件，该类密封胶主要用于接缝密封，不承受结构应力。适应要求的密封胶可以是硅酮、改性硅酮、聚氨酯、聚硫型等，洞口一窗框可以是硅化丙烯酸型或丙烯酸型，下垂度≤2，挤出性≥ 50 ml/min，表干时间按照等级分别是≤24h（1 极品）、≤48h（2 极品）、≤72h（3 极品），水一紫外线试验后弹性恢复率按照等级分别是≥100％（1 极品）、≥60％（2 极品）、≥25％（3 极品）。

混凝土建筑接缝密封胶，由于构件材质、尺寸、使用温度、结构变形、基础沉降影响等使用条件范围宽，对密封胶接缝位移能力及耐久性要求差别较大，产品包括 25 级至 7.5 级的所有级别。按流动性分为 N 型——非下垂型，用于垂直接缝；S 型——自流平型，用于水平接缝。主要包括聚氨酯、聚硫橡胶型、中性硅酮和改性硅酮密封胶，还包括丙烯酸、硅化丙烯酸、丁基型密封胶、改性沥青嵌缝膏等，后三种主要用于建筑内部接缝密封。

防霉密封胶按防霉性为 0 级及 1 级，并按模量及位移能力分为 20LM 级、20HM 级、12.5E 级三个级别。其主要用于厨房、厕浴间、整体盥洗间、无菌操作间、手术室及微生物实验室及卫生洁具等建筑接缝密封。

石材用建筑密封胶按位移能力及模量该类密封胶分为五个级别。它用于花岗岩、大理石等天然石材接缝结构防水、耐候密封及装饰。适用的密封胶可以包括中性硅酮密封胶、聚氨酯、聚硫型，还包括丙烯酸型密封胶。

彩色涂层钢板用建筑密封胶有七个级别。七个级别中能满足要求的产品主要是中性硅酮密封胶、聚氨酯、聚硫型弹性密封胶。此密封胶主要用于轻钢结构建筑彩色涂层钢板接缝、轻钢结构建筑彩色涂层钢板屋面或墙体接缝防水、防腐蚀和耐候密封。

1.3　密封胶试验研究

密封胶的工艺性能及物理性能对环境温度、湿度敏感，其粘结性能对不同基础材料有不同表现，密封胶性能试验必须规定标准试验条件和标准基材。基材一般分为标准试验基材、玻璃基材、铝合金基材，其中标准试验基材分为水泥砂浆基材、水泥、砂子。

试验主要包括密度的测定、挤出性测定、适用期测定、表干时间测定、流动性测定、低温柔性测定、拉伸粘结性测定（含应力-应变曲线及密封胶的模量）、定伸粘结性测定、拉压循环粘结性测定、热压-冷拉后粘结性测定、弹性恢复率测定、粘结剥离强度测定、污染性测定、渗出性测定、水浸-紫外线辐照后粘结拉伸性、嵌缝膏耐热度测定。

1.4　密封胶设计和施工验收

由于我国尚未建立建筑工程接缝密封设计和施工相关的技术规范和验收标准，缺失对建筑接缝应力、变形位移及其他因素分析和计算的指导性文件，以致有些建筑规范涉及接缝密封时，往往只简单地规定“嵌填弹塑性密封胶”，建筑结构接缝工作环境和尺寸大小，密封胶具备多大弹性和强度规定较少，误识为填入最廉价的塑性沥青也能保证密封。因此，编制组进行了设计和施工验收的专题研究。

以往过于简单化的处理方法往往是导致渗漏的重要根源，有效地密封必须依据接缝具体情况进行认真处理，应综合各种因素的影响进行必要的分析和验算，合理设定密封接缝宽度、深度和间隔距离，正确选定密封胶的类型、级别和次级别，实现最佳接缝密封设计，这就要求在对密封胶产品的功能特点基本认知的基础上，对接缝位移和有关因素的影响和计算有基本的了解，这是密封设计的基础。

（1）接缝设计程序

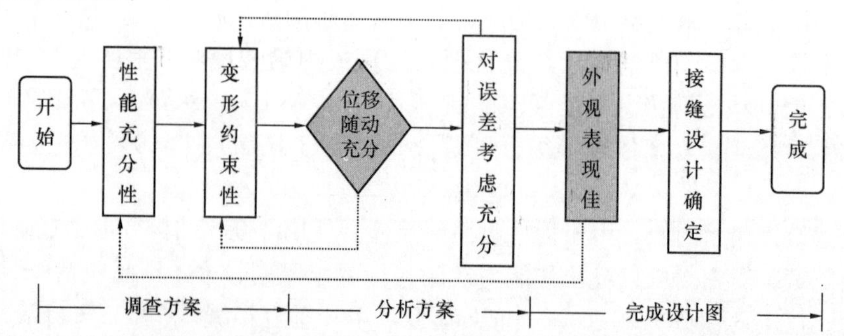

接缝密封设计首先确定接缝的构造、位置和接缝宽度，计算出接缝的位移量，然后根据接缝密封材料具有的位移能力进行修正，设计出安全的接缝宽度。如果设定的接缝位移量超出现有密封材料的位移能力，接缝宽度不能满足移位量要求，就必须重新安排整个结构的接缝的布置系统，以减小各个接缝的位移量。

（2）接缝位移量的确定

设计必须首先给定构件的长度（或体积），确定在接缝部位可能发生的位移变化，即接缝的位移量。造成接缝移动的原因有多个因素，除材料自身收缩而产生的固有变形外，还有温度、湿度（长期位移）和风荷载、地震（短期位移）等原因。引起接缝移动的原因和特点，不论长期的还是短期的，都必须给予充分考虑，由此提出计算位移量的原则和值得重视的注意事项，如果考虑不充分，将可能导致接缝设计失当。必须考虑的因素包括：材料及系统的锚固、热位移、潮湿溶胀、荷载运动、密封胶固化期间的运动、框架弹性形变、蠕变、收缩、建筑公差等。

在热位移及其他影响因素作用下，密封胶接缝位移基本类型有四种，包括：压缩（C），拉伸（E），竖向切变（E,）和水平切变（E,）。密封胶在接缝中要适应上述位移或其中几种组合的位移，包括拉伸一压缩，或拉伸一压缩同竖向切变或水平切变的组合位移，或者拉伸及压缩之一同竖向切变或水平切变的组合位移。

（3）接缝宽度设定和密封胶位移能力级别的选择

示例如下图所示。

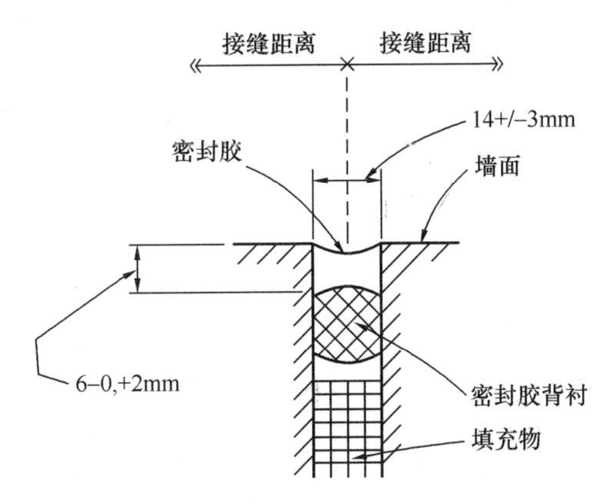

典型的对接密封胶接缝示意图

如上图所示，垂直相交的两片宽度均为 2 000mm 的玻璃，接缝密封选用 20 级密封胶，现场密封装配时气温为 20℃，建筑物当地冬季最低气温为－20℃，按公式 $\Delta LT=\Delta T\alpha L$ 计算水平切变位移和拉伸位移：

$$\Delta LT=40\times0.00001\times2000=0.80(\mathrm{mm})$$

$$\Delta LT=40\times0.00001\times2000=0.80(\mathrm{mm})$$

则接缝最小宽度：

$$W_{\mathrm{R}}=\frac{-(-2\Delta L_{\mathrm{E}})+\sqrt{(-2\Delta L_{\mathrm{E}})^2-4(S^2+2S)[-(\Delta L_{\mathrm{E}}^2+\Delta L_{T}^2)]}}{2(S^2+2S)}=4.39\mathrm{mm}$$

（4）接缝密封胶深度尺寸的考虑

密封胶的形状系数在密封接缝设计中也很重要，即接缝宽度和深度的比例应限定在一定范围内，保证密封胶处于合适的受力状态，否则将会减弱密封胶适应位移的能力。

（5）接缝尺寸公差和密封修补接缝尺寸的计算

应考虑以下几种因素公差产生的影响：

① 制造及施工装配公差的影响。

② 对接接缝公差的确定和表示。

③ 密封修理及接缝修理形式。

2 标准中重点内容确定的依据及其成熟程度

本次制订中，《规程》主要的制订内容包括以下几项：

2.1 材料

建筑接缝密封胶应用工程应保证基材正常变形而不产生内聚破坏和裂缝，同时应保证系统内层次间具有变形协调能力。

建筑工程选用密封胶的基本准则是位移能力级别（%）大于接缝位移量（%）、基材相容、密封胶不出现三面粘接，以保证密封胶粘接耐久，内聚稳定，持续承受接缝的反复位移作用。

现行建筑密封胶标准按产品用途、位移能力、模量及耐久性规定了产品类别、型别、级别，表征产品技术性能水平和适用性。产品标准规定：应在产品最小包装的显著位置标志产品名称、类型、类别、级别、次级别、标准号。目前市场上多见缺失类别、级别、次级别标志的产品，常混杂有劣质廉价的密封胶，诱使建筑工程不当应用。必须强调密封胶产品应按标准规定完整标记。对不按标准标记的产品，用户应视为最低级的密封胶。

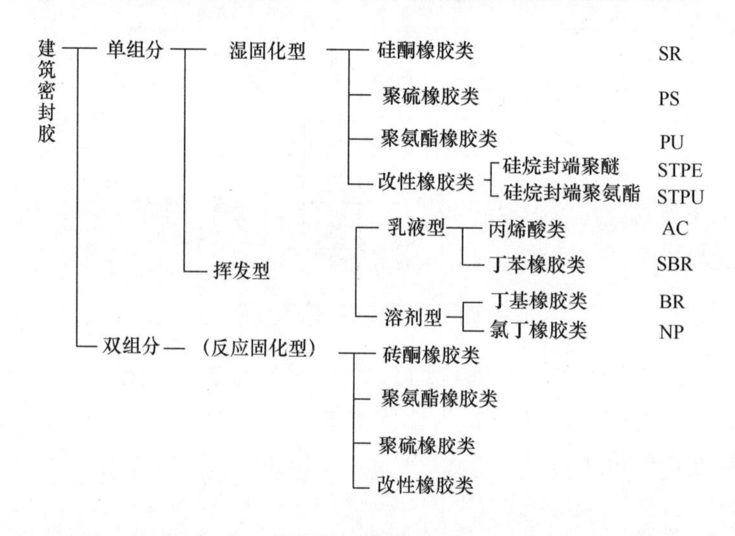

建筑密封胶分类

不同类型密封胶的基本功能是粘结密封，但相互间物理化学性能、耐久性、适用范围、使用方法及成本构成等存在较大差别。建筑工程对密封胶基本功能要求包括防水、气密、隔音、防火、防尘、防腐蚀等，对适用基材也有不同要求，如：

（1）建筑幕墙接缝用密封胶，适用于幕墙玻璃接缝密封要承受幕墙接缝的拉伸、压缩、剪切等变形，位移能力级别要求较高。各种条件相同的情况下，所选接缝密封胶位移能力越高，接缝密封的耐久性也就越好。

（2）石材用建筑密封胶主要应用于石材幕墙及其他多孔型面板材料幕墙（如陶板、瓷板等），其重要性能要求防止密封胶中增塑剂扩散到石材中，对石材造成污染。

（3）阻燃密封胶主要适用于建筑防火墙及封堵构造系统的承托板与主体结构、板间缝隙、防火分区接缝密封等，要求耐火时间≥3h；垂直燃烧性能符合 GB/T 2408 规定的 V-0 级要求；燃烧性能分级满足 GB 8624《建筑材料及制品燃烧性能分级》规定的 B1 级。

密封胶防粘背衬及填充物可选用材料用途、性能及敷设方式如表1所示。

材料	成分	用途	主要性能	敷设方式
柔性闭孔泡沫材料	聚乙烯、聚氨酯、聚氯乙烯、聚丙烯	膨胀缝填充 适配多种接缝密封胶衬垫	可预先压缩，恢复性好，无吸收性	手工工具压入缝内
胶条或海绵体	天然橡胶	膨胀缝填充、施工缝浇筑	不吸收，可压缩	预压在塑性混凝土内
橡胶海绵条	聚氯乙烯或丁基橡胶	衬垫材料，用于窄的接缝中	高压缩性和恢复性	手工工具压入缝内
泡沫塑料条	聚苯乙烯	膨胀缝填充	压缩量大，恢复性差	手工压入缝内； 浇灌混凝土时就位，事后扯出
沥青浸润纤维质	沥青	膨胀缝填充料	有一定刚性，中等恢复性	浇灌混凝土时保持原位
绳	麻、棕	衬垫	密封施工前预填接缝，后压入缝内	手工压入缝内

清洁剂和底涂料：清洁剂用于去除玻璃、金属材料表面污渍和油污，为稳定粘结提供洁净的表面，一般采用有机溶剂为基础的复配溶液，具体成分及配比应征询密封胶供应商。

底涂料用于提高基材与密封胶的相容性，特别用于基材难粘表面的增粘处理具有重要意义。底涂料一般为偶联剂稀溶液，具体配方、比例、使用及储存方法，应征询密封胶供应商。

2.2　接缝密封设计

《规程》中为防止建筑正常使用条件下出现开裂、过渡挠曲变形或在应力下产生裂缝，规定结构设计必须对混凝土构件凝固收缩、干缩湿涨、热胀冷缩、地震荷载及不均匀沉降等因素引起的构件变位进行计算，设定构件的最大间距限值，设置伸缩缝、抗震缝、温度补偿缝等各种变形缝，复核验算结构极限应力安全性及伸缩缝的最大间隔距离，同时计算结构变位引发接缝的伸缩位移量，设定接缝宽度、厚度及密封构造，选择功能和位移能力适用的密封胶，保证建筑对防水、隔热、隔音、耐火、防腐蚀、防污染、耐久性及视觉美观性功能要求。最佳密封设计应避免密封胶三面粘结，防止接缝位移时约束密封胶变形，产生高应力引发脱胶或内聚破坏导致密封失效。

接缝密封设计应避免接缝密封胶对建筑外观产生不良影响，如非石材专用密封胶可能的渗透导致石材外观变色，固化残留粘性产生积尘，密封胶渗油产生油垢污染甚至使相邻密封胶软化变质或开裂等，密封设计选材时应予以足够重视。

接缝密封设计及施工图应规定密封胶的类型、级别、颜色及产品标准，确定背衬材料、防粘材料及填充物种类和尺寸规格。

2.3　接缝密封施工及验收

模块建筑拥有高预制率和高度的集成化，在设计时应统一考虑建筑、结构、水、暖、电等专业的一体化设计，建筑设备专业应在建筑设计阶段统一考虑，否则将大大影响制作和安装的效率，与装配式建筑理念背道而驰。

密封胶进场应按标准对图纸规定产品进行检查，查验产品包装标记，记录进场密封胶类别、级别、模量、等级、生产厂家、出厂日期，杜绝不按标准规定标记的产品进场，同时查验供应商的授权资质，按供货合同检查产品数量、包装容量、出厂批检验合格证明的符合性，进口胶应有随产品一起的商检证明。进场密封胶应现场抽检，抽检项目有产品外观、挤出性、下垂度、表干期，同时制备粘结试样测定定伸粘结性。

工欲成其事必先利其器，施工机具是实现表面清洁、密封尺寸正确、稳定粘结的必要条件，密封施工人员的责任心和操作技艺是保证密封质量的的基础，正确的施工准备对保证建筑接缝密封至关重要。

密封胶嵌填应充实接缝空间，表面应连续、光滑。施工时及养护一天内，应避免高温直接曝晒引起密封胶变形；应采用预置密封胶背衬、防粘隔离胶带或可滑动金属支撑等方法，防止密封胶三面粘结，保证密封胶的变形不受约束。

建筑接缝密封一般为建筑防水、节能或建筑装饰装修工程的分部或分项工程，验收应按建筑工程验收的规定，对相应的接缝密封工程质量进行验收。首先按图纸规定核查接缝尺寸、密封胶位移能力等级的符合性。

2.4 维修

检查不合格的密封及渗漏的接缝密封，应剔除失效密封胶用同类型、同级别或高级别密封胶嵌填修复。若由于设计失误接缝宽度过窄或位移量过大，现有密封胶无能力耐受导致接缝渗漏时，维修时剔除失效的密封胶并按《规程》示意的方法进行维修。

若混凝土结构预留宽度为 6mm 的接缝密封出现渗漏，经核查原因是温度变化及其他因素引起的综合位移量增大，位移量达到±50%（±3mm），超出密封胶的承受能力。密封维修可用一条宽度 15mm 的防粘胶带跨越宽 6mm 的接缝粘贴，然后覆盖宽度 15mm 胶带刮涂宽 32mm 的 20 级密封胶，刮涂厚度至少 6mm，在接缝两边的粘接尺寸各为 8.5mm，固化成型后成为跨越接缝宽度的密封胶条，相当于将接缝宽度补偿为 15mm，保证密封胶承受位移量不大于 20%（±3mm/15mm）。

3 结语

接缝渗漏是建筑质量中的顽症。而我国尚未建立建筑接缝密封设计和施工相关的技术规范和验收标准，缺失对建筑接缝应力、变形位移及其他因素分析和计算的指导性文件，许多无效密封和渗漏的建筑质量问题大多与这种简单化的处理有关。《规程》是针对现阶段在接缝渗漏成为十分棘手顽症的情况下，对实现可靠密封进行建筑接缝密封设计、施工和工程验收的规范性文件，《规程》的编制是建立在对接缝在各种因素影响下，给出合理设定密封接缝宽度、深度和间隔距离的计算公式，同时给出密封胶类型、级别和次级别的正确选择原则，提供接缝密封施工、养护和维护程序和检查验收方法。

《规程》实施后，将为我国的新建、扩建和改建民用建筑主体结构、围护结构和装饰装修工程接缝密封设计、施工、验收及维护提供技术支撑，保证建筑接缝密封的安全性，提升居住、办公舒适度，在促进建筑业的发展等方面发挥重要的作用。

《规程》充分考虑了设计单位和专业生产、施工等单位的技术水平，在制订工作中采取了力求简洁、明确、适用，保持良好的可操作性和实用性的指导思想，以便更好地推广和应用。

《规程》密切结合我国密封胶在各类建筑工程中发展状况，适用于建筑不同接缝和裂缝的特点，与我国经济近年来的发展水平相适应，与时俱进，提出“安全可靠、技术合理、适用经济”的编制原则，明确了密封胶的材料、设计、施工验收、维护等要求，以适应规范和促进建筑密封胶的发展要求。

《规程》内容可操作性强，技术措施安全适用，对我国建筑密封胶在生产、设计、施工、验收及维护方面的提升具有重要的技术指导意义。

参考文献

[1] 马启元．硅酮密封胶气泡和开裂原因及预防．
[2] 马启元．我国建筑结构粘结密封技术的发展．
[3] 马启元．建筑结构的粘结密封．
[4] ASTM C 1472—06 接缝设计有关位移及其他因素计算的标准指南．
[5] ASTM C1401—05 结构密封胶粘结装配的标准指南．
[6] ASTM C 1299—99 选择现场施工用密封胶的标准指南．
[7] ASTM C 1193—00 密封胶应用标准指南．
[8] ASTM C1401—02 结构密封胶装配玻璃标准指南．
[9] E002 结构密封胶装配体系(SSGS)欧洲技术认证指南．

作者简介

宋婕(Song Jie)，女，1983 年 12 月生，职称：中级，研究方向：结构。现就职于中国建筑标准设计研究院有限公司，美国纽约州立大学布法罗分校理学硕士毕业 专业：土木工程。

四、材料性能

浅析玻璃纤维对 PA66 隔热条增强的重要性

徐积清

宁波信高塑化有限公司　浙江余姚　315470

摘　要　本文主要概述了国内隔热条中玻璃纤维的生产应用，选用玻璃纤维增强的原因，对使用优质玻璃纤维和劣质玻璃纤维及其他填充物进行了分析，以及阐述了玻璃纤维长度、分布和玻璃纤维在隔热条中的取向问题，会对玻璃纤维增强 PA66 隔热条主要性能的影响，对制备高性能隔热条产品的玻璃纤维增强要点进行了分析和总结，指出了制造高性能国产隔热条的关键要素和发展方向。

关键词　玻璃纤维；PA66；隔热条；玻璃纤维增强

Abstract　This paper mainly summarizes production and application of glass fiber in the heat insulating, the reason of choosing glass fiber to reinforce was described. The high quality and inferior quality of fiber glasses were analyzed. The length, distribution and orientation of glass fiber were introduced in detail. The mainly performance influence of PA66 heat insulating strip effected by these features were listed. The key point of how to reinforce the performance of heat insulating was analyzed and summarized; the critical factors and the direction of development of manufacturing high quality of glass fiber were discussed.

Keywords　glass fiber; PA66; heat insulating strip; glass fiber reinforced

1　引言

（1）玻璃纤维增强的 PA66 隔热条的概念

20 世纪 70 年代初，世界石油危机的发生引起了世界各国对节约能源的重视。隔热条在 20 世纪 60 年代初诞生于德国，经过十多年的研究探索，PA66GF25 被公认为最佳的隔热条产品基质，综合性能远优于其他材料基质，且近几十来年均无变化。在欧洲，隔热条产品的生产已有四十多年的历史，技术工艺成熟，欧洲市场的隔热条均为优质产品。铝合金型材的隔热技术应势而生，并在欧美等发达国家和地区得到了广泛的应用。

用玻璃纤维增强的 PA66 隔热条近几年从国外引进到我国的新产品，而隔热铝合金型材又分为两大类：一类是穿条式，一类是浇铸式。目前市场上的玻璃纤维增强的 PA66 隔热条在隔热铝门窗超过 80％是采用穿条式隔热铝合金型材，因此，这一类隔热铝合金门窗成为市场上的主导产品，玻璃纤维增强的 PA66 隔热条在隔热型材应用中正以惊人的速度发展，2016 年玻璃纤维增强的 PA66 隔热条市场具权威机构统计用量可达 60 亿米以上。

（2）玻璃纤维的涵义

玻璃纤维是一种性能优异的无机非金属材料。英文原名为：glass fiber 。成分为二氧化硅、氧化铝、氧化钙、氧化硼、氧化镁、氧化钠等。原来大多是以玻璃球或废旧玻璃为原料经高温熔制、拉丝、络纱、织布等工艺，近几年随着工艺技术的创新，较多厂家直接从原矿石生产加工成玻璃纤维。最后形成各类产品，玻璃纤维单丝的直径从几微米到二十几微米，相当于一根头发丝的 1/20—1/5 ，每束纤维原丝都有数百根甚至上千根单丝组成，通常作为复材料中的增强材料，建筑材料、汽车材料、电绝缘材料和绝热保温材料，电路基板等，广泛应用于国民经济各个领域。

2 选用玻璃纤维增强的原因

2.1 选用玻璃纤维增强的理由

PA66 是性价比很高的工程塑料，具有较高的机械强度和很好的耐热性。但 PA66 本质是合成的有机高分子材料，它也具有高分子材料本身固有的特性，即材料蠕变特性。所谓的蠕变性就是指塑料材料在一定的外应力作用下，其形变随时间增加而增加的现象。未经增强改性的 PA66 是不可能直接做成隔热条使用的。如果真的采用未经增强改性的 PA66，我们可以想象在窗框和玻璃重量作用下，这种纯 PA66 隔热条将会随时间延长而逐渐变形，所造成的后果将不堪设想。为了抑制 PA66 的蠕变性可加入多种填充物进行改性，国内外的实验已经证明，在所有增强填充物中，玻璃纤维对蠕变的抑制效果是最好的！其次经玻璃纤维增强后的 PA66 在强度、刚性和热变形温度方面都有大幅度提高，如加入（25±2.5）%玻璃纤维增强的 PA66 比抗张强度可达 1500 以上，这与硬铝或合金钢的比抗张强度（1500—1600）相当，真正实现了隔热条与铝合金在力学性能上的匹配。此外纯 PA66 的线膨胀系数是 7＊10—5K—1，这一数值是铝合金的近三倍，而加入（25±2.5）%玻璃纤维增强后 PA66 线膨胀系数可降至（2.5～3）＊ 10—5K—1，与铝合金的线膨胀系数非常接近，这样就避免了由于热胀冷缩作用导致隔热条从型材间脱落的危险。无数实验已证明，在 PA66 所用增强填充物中唯有玻璃纤维增强的 PA66 才有可能达到与铝合金相同的线膨胀系数！

虽然玻璃纤维的加入能大幅提高或改善 PA66 的诸多性能，但其不利影响也是显而易见的：玻璃纤维的加入使 PA66 原有的光滑表面变得粗糙，从而影响到产品的表面质量；另外玻璃纤维对加工设备的磨损十分严重，大大增加了机器方面的损耗费用。因此玻璃纤维增强 PA66 隔热条的生产技术是一项高端技术，目前国内能完全掌握该生产技术的厂家并不多。

2.2 使用劣质玻璃纤维或其他填充物的危害

现在市场上多个厂家在销售 PA66 隔热条，它们都声称其中的填充增强物为玻璃纤维，可经检测发现事实并非如此：有的完全采用廉价的矿物（如碳酸钙、滑石粉等）进行填充，如图 1 所示；这类矿物填充除了带来成本降低之外，对隔热条其他性能（如强度、线膨胀系数等）的改善极为有限；有的采用大部分矿物与少量或劣质玻璃纤维混合填充的办法进行增强，殊不知玻璃纤维含量如达不到一定程度其增强作用会大打折扣；还有更假的非但填充增强物不能保证是玻璃纤维，连 PA66 都要在里面添加一些如聚丙烯、聚醋酸乙烯等之类的非工程塑料；用低成本的隔热条来替代玻璃纤维增强 PA66 隔热条。由于线膨胀系数与铝合金的线膨胀系数相差甚远，而且其强度低、耐热性差、抗老化性能差等许多缺陷，导致制成的隔热门窗在实际安装使用的，会由于热胀冷缩的原因造成劣质隔热条在铝型材内出现松动，轻则导致窗体松动、变形，破坏门窗的气密性和水密性等，重则造成窗体整体松散、脱离等，并在建筑中留下严重的安全隐患！

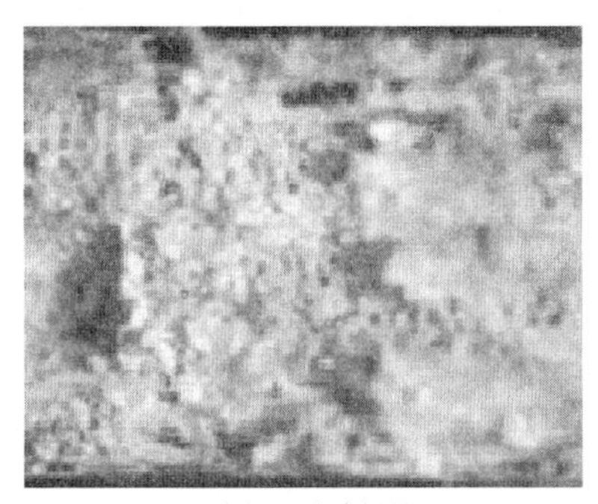

内部无玻璃纤维

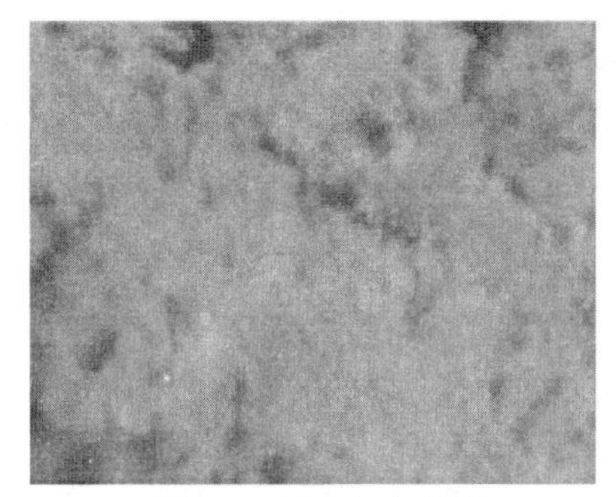

灼烧后：没有任何玻璃纤维

图 1　矿物填充的情况

3　玻璃纤维长度、分布和在隔热条中的取向问题

3.1　玻璃纤维长度及分布对隔热条性能的影响

在国外，隔热条生产企业通常直接选购已改性的高纤 PA66 母料，50％增强 PA66 等助剂，按比例混合后直接通过单螺杆挤出成型。但是，由于成本及不同形状隔热条对复合材料加工流动性能的特殊要求，国内厂家更多倾向于隔热条专用的玻璃纤维增强 PA66 复合改性材料。通过双螺杆造粒改性工艺，采用玻璃纤维分散技术和螺杆螺纹套组合技术，使玻璃纤维均匀分散于复合材料中，来确保力学性能要求，如图 2 所示。

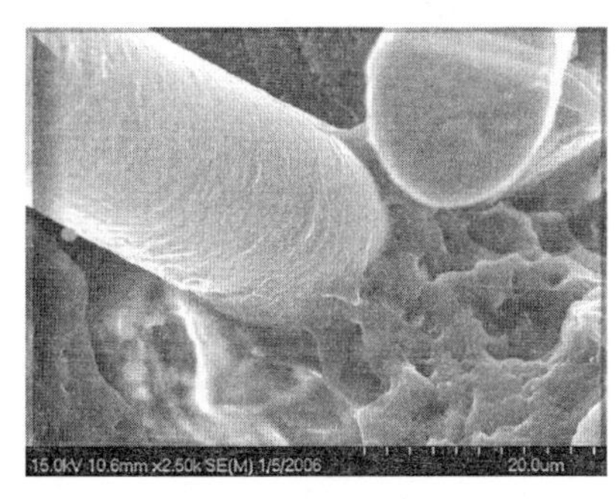

较好长玻

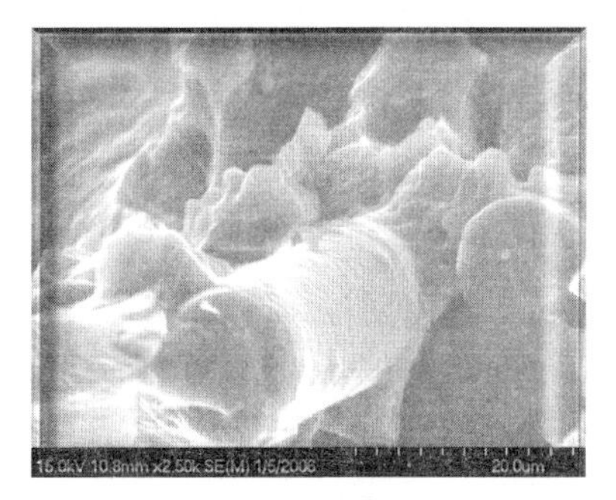

较好短玻

图 2　在高倍显微镜下观察复合材料冲击断面 SEM 照片

（1）玻璃纤维的分散排列和长度对隔热条产品的力学性能影响

玻璃纤维的分散和长度对隔热条产品的各项力学指标和表面质量影响比较显著。因此，在生产过程中除了拥有螺杆螺纹的剪切组合的优异分散效果之外，还需配以特定的相关助剂，加强玻璃纤维与 PA66 基体树脂的结合。玻璃纤维的排列在隔热条的性能提高上起着决定性的作用，如果横向玻璃纤维排列的数量不够多，或玻璃纤维的直径、剪切长度不标准，都会影响到隔热条的各项力学性能。如表 1 和图 2 所示，A1、A2 样品均加有相关助剂，表面光滑平整；A3 样品外表粗糙，玻璃纤维有外露现象。

表 1　玻璃纤维长度及分布对隔热条产品性能的影响

样品名称	A1	A2	A3
相关助剂处理	有	有	无
横向拉伸强度（MPa）	74.9	88.3	64.5
纵向拉伸强度（MPa）	76.7	89.7	67.8
冲击强度（无缺口）kJ/m²	34.6	45.3	31.9
产品表面质量	表面光滑平整	表面光滑平整	表面比较粗糙 玻璃纤维有外露现象

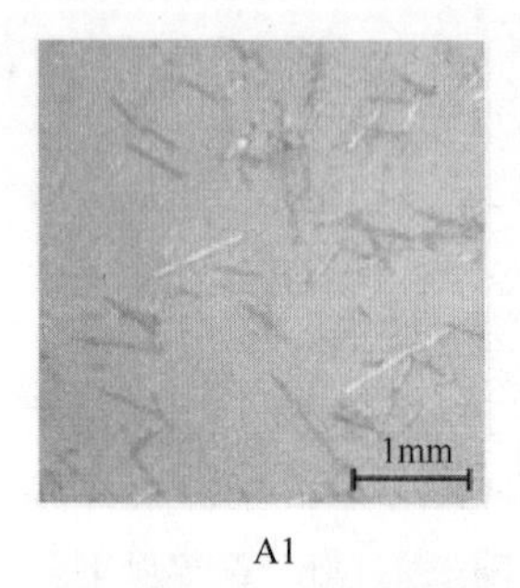

A1

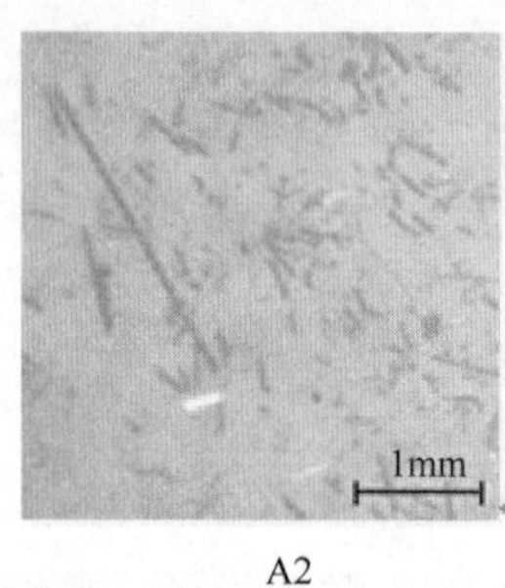

A2

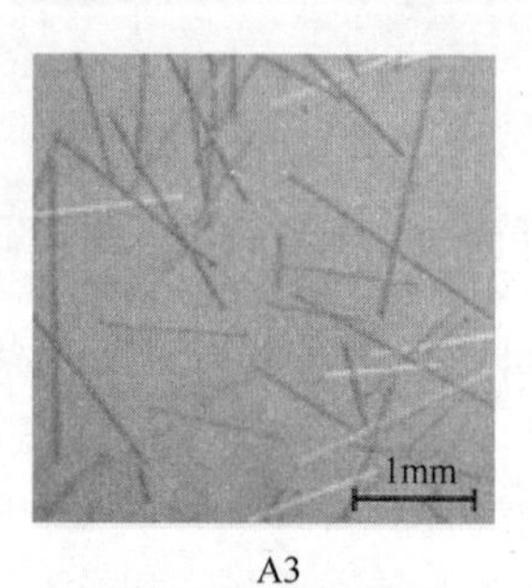

A3

图 2　在高倍显微镜下观察产品截面玻璃纤维的分布

（2）玻璃纤维的分散排列和长度对隔热条产品的力学性能影响

对隔热条复合材料改性过程中，挤塑机的螺杆螺纹组合对各组分物料分散和玻璃纤维长度影响非常重要。各配方好的物料需要加纤前在特定塑化区段（一般在五、六温度区间），加入玻璃纤维才能得到比较好的剪切塑化。经实验结果表明，粒料内玻璃纤维长度控制在 0.6～0.8mm，隔热条的综合力学性能较好。表 1 和图 3 中显示，A2 样品的玻璃纤维长度集中于 0.6～0.8mm 间，分散排列也较均匀，拉伸强度和冲击强度较好；A1 和 A3 样品玻璃纤维长度较大，分散排列也不均匀，因此这两种的拉伸强度和冲击强度也相应较低；只有通过改变玻璃纤维的排列结构，增加横向的分布数量才能达到隔热条的各项力学性能指标要求。

3.2　玻璃纤维在隔热条中的取向情况

在隔热条产品中起增强作用的玻璃纤维通常由 E 型玻璃熔融后。从熔炉中抽出纤维状细丝制成，其化学成分是钙-铝的硅酸盐。E 型玻璃纤维具有优良的力学性能，还有很好的耐热性、耐水解性、耐腐蚀性和尺寸稳定性。隔热条的成型加工要通过挤出机来完成，在挤出过程中，PA66 熔体中的聚合物分子链不可避免地受挤出机的剪切作用，这种剪切作用力方向与挤出方向是一致的，因此加工时，PA66 分子链会沿着挤出方向排列取向。而 PA66 熔体中的增强填充材料的玻璃纤维本身具有很高的长径比（通常在 50～100 之间），它也受挤出机剪切作用而取向，但二者取向有明显差别：PA66 分子链具有粘弹性因此当其熔体从挤出机挤出时由于剪切力瞬间消失，PA66 分子链马上收缩回弹；玻璃纤维不具有 PA66 特性，其刚性是主要的，故玻璃纤维沿挤出方向的取向是不会消失的，且这种取向很快随

PA66 熔体的冷却定型而被定形，如图 3 所示。从图 3 可以看出，隔热条里玻璃纤维分布大致上会沿挤出方向取向，即沿隔热条纵向方向取向。

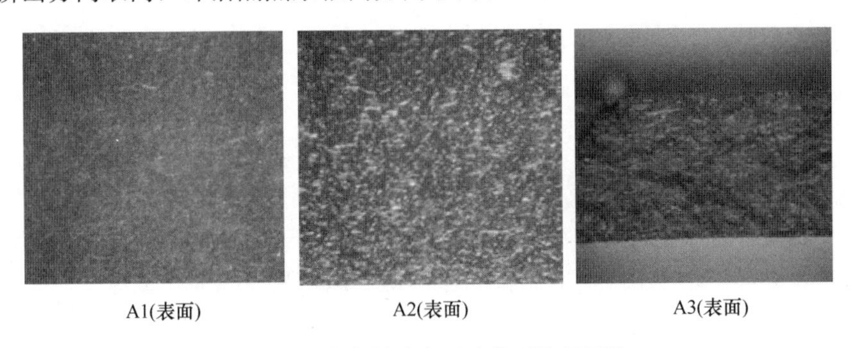

A1(表面)　　A2(表面)　　A3(表面)

图 3　隔热条样品表面及截面微观情况

从表 1、图 2 和图 3 中的数据和图示可以比较得出产品性能的区别。A1 和 A3 样品的横向抗拉强度与纵向抗拉强度数值可以看出，隔热条纵向抗拉强度远远大于其横向抗拉强度，造成这种现象原因是隔热条里的玻璃纤维沿加工挤出方向而取向，所以隔热条在沿玻璃纤维取向方向上的纵向抗拉强度远大于垂直纵向方向的横向抗拉强度。

有些厂家宣传其隔热条产品中的玻璃纤维不存在取向问题，并且以电镜照片加以证明，但从科学的角度来说这是对消费者的一种误导；电镜照片只是将隔热条的局部方面进行放大，并不能代表玻璃纤维在隔热条里的总体分布情况。隔热条的生产设备、模具以及复合材料改性工艺决定了玻璃纤维在隔热条里的取向情况。见表 1 和图 3 中 A2 样品的横向拉伸强度和纵向拉伸强度是比较一致的，而 A1 和 A3 样品的横向拉伸强度和纵向拉伸强度是相关较大；因此，隔热条在横、纵向拉伸强度数据的显著差异就证明了隔热条产品中的玻璃纤维存在取向问题。

4　玻璃纤维在隔热条中的增强作用

玻璃纤维与 PA66 是两种化学成分完全不同的材料，要实现玻璃纤维对 PA66 增强效果的最大化必须克服许多技术难题。国内好的隔热条厂家经过多年研发，采用以下技术成功地实现了玻璃纤维对 PA66 的最大增强作用：

① 独特的偶联剂配方最大限度地保证了玻璃纤维与 PA66 界面粘结强度，这是玻璃纤维在尼龙树脂基体起增强作用的基础。

② 针对 PA66 分子结构特点，选用无机/有机复配的方法，研制出 PA66 专用热稳定剂，保持 PA66 分子在加工过程中不断链，确保基体树脂的高性能。

③ 最优化的混合工艺使玻璃纤维在 PA66 里被剪切成合适的长度，这一长度避免了由于玻璃纤维长径比过大或过小而使其增强效果受到削弱。

④ 使用特殊螺杆结构来保证挤出机对物料的塑化，使隔热条生产能稳定连续地进行，同时这种螺杆结构亦能最大限度地减少物料在螺杆的停留避免其降解。

在国内，尽管国产隔热条已有十余年的发展历史，但大部分国产隔热条质量仍存在一定差距，其主要原因是原材料性能、玻璃纤维选用、螺杆组合、材料配方、生产设备、生产工艺、模具水平以及精密挤出等技术不足或工艺不完善。鉴于目前隔热条产品质量的混乱状况，因此让建筑设计、施工、开发等专业人员深入了解隔热条现状，知晓隔热条的生产过程，主动摒弃劣质隔热条，提升建筑门窗的整体质量水平，无论对建筑门窗业本身，还是对社会均有重要意义。

5 结语

本文通过对玻璃纤维的 PA66 隔热条自身特点和隔热条产品现状的分析，发现隔热条产品质量在应用方面存在着许多问题，这阻碍了玻璃纤维增强 PA66 隔热条的顺利发展。用玻璃纤维增强的 PA66 隔热条是一种新型的建筑材料，也得到中国建筑金属结构协会铝门窗幕墙委员会的推荐产品。这项技术充分利用了塑料低导热的特点阻断热量传导，从而达到了节能目的，成为目前全世界最理想的隔热节能材料。由此组合生产的新型隔热铝合金门窗幕墙以其显著的节能效果和优异的性价比迅速成为我国门窗幕墙行业的新技术亮点。

正确而深刻地认识玻璃纤维增强 PA66 隔热条材料的本质对推动隔热条的普及和发展无疑是有利的，也只有这样才能让铝门窗行业多些呼吁使用高性能隔热条的声音，杜绝使用那些假冒伪劣产品，为隔热铝门窗行业健康、有序、持续发展创造一个良好的氛围，为我们国家创造更好的经济效益和社会效益。

参考文献

[1] M. J. Folkes. Short fiber reinforced thermoplastics[M]. New York：John wiley，1982：120.

[2] Thomason J L. The influence of fiber P roperties and performance of glass fiber reinforced polyamide 66 [J]. Composites Science and Tech-nology，1999(31)127.

[3] J. Homs. TAPPI Polymer，Laminations，and Coating Conference Pro—ceed；ngs，1996，(2)：101.

[4] 龙文志．加强铝合金隔热型材产品质量的探讨[J]．建筑节能，2008. 5.

[5] 刘相果，彭晓东，刘江，等．偶联剂对短玻璃纤维增强 PA66 微观结构及性能影响研究[J]．工程塑料应用，2003，31(7).

[6] 高玉平．玻璃纤维增强 PA66 隔热条的制备与应用[J]．广东建材，2004. 7.

[7] 贾娟花，苑会林．耐水解玻璃纤维增强 PA66 的制备及性能研究[J]．工程塑料应用．2005，33(8)：10-12.

[8] 郑金峰．关注节能铝门窗幕墙发展与存在的质量问题[J]．中国建筑金属结构，2009(05).

[9] 工程科技[EB/OL]. http：//wenku. baidu. com/view/563f6083d4d8d15abe234e44. html2010-11-06/2011-08-03.

[10] 林郁彦，冼杏娟．纤维取向性对短纤维增强复合材料力学性能的影响 [J]．机械工程材料，2010. 5.

[11] 全国有色金属标准化技术委员会．GB/T 23615. 1—2009 铝合金建筑型材用辅助材料第一部分：聚酰胺隔热条．中国标准出版社，2009，5(12)：11-12.

[12] 住房和城乡建设部．JG/T 174—2014 建筑铝合金型材用聚酰胺隔热条．中国标准出版社，2014，2(01)：4-7.

作者简介

徐积清(Xu Jiqing)，1973 年 12 月出生，男，浙江余姚人，高级工程师，研究生硕士学位。现任宁波信高塑化有限公司副总经理、总工程师、管理者代表、市级工程技术中心主任，从事特种改性塑料和节能建筑用门窗隔热条等新品研发、技术质量管理工作。

2013 年获余姚市第三批“以职工名字命名的先进操作(打标)法”命名；2014 年获余姚市首批“技术革新

大师”称号；已经申请实用新型专利 8 个，发明专利 2 个，专利号：201210285553、201210285406 等。参与 JGT 174—2014《建筑铝合金型材用聚酰胺隔热条》行业标准和 GBT 23615. 1—2017《铝合金建筑型材用辅助材料 第 1 部分：聚酰胺隔热条》国家标准的主要起草人。单位名称：宁波信高塑化有限公司；NINGBO Xingao PLASTICS & CHEMISTRY CO.，LTD. 联系地址：浙江省余姚市泗门镇协力路 5 号；邮政编号：315470；联系电话：13958380166；传真号码：0574-62151194；E-mail：1014928669@qq. com。

电致变色智能玻璃在既有玻璃门窗改造上的应用前景

米 赛 牛 晓 刘 钧
合肥威迪变色玻璃有限公司 安徽合肥 230012

摘 要 电致变色(EC)智能遮阳系统是将EC玻璃搭配先进的电子控制系统，在给住户提供宽广视野的同时，可以实现对EC玻璃的智能化调光、遮阳、隔热、保温、节能、隔声以及隐私效果。在新兴建筑的门窗幕墙上，EC玻璃已经开始崭露头角。在既有建筑的节能改造上，将EC夹胶玻璃与微中空改造技术进行组合，则可以将既有门窗轻松改造成智能、节能的EC智能遮阳门窗系统。

关键词 微中空改造；电致变色玻璃；EC玻璃；智能；节能；调光；遮阳；隔声；隐私

Abstract Electrochromic(EC) smart sunshade system, a brilliant combination of EC glass with an advanced electronic control system, providing a broaderview sight for end-users, can achieve smart control to the functions of an EC glass, including dimming light, sunshade, heatinsulation, heatpreservation, energy consumption, sound blocking, and privacy protection. In glass windows/doors, and glass curtain walls of new buildings, EC glass has demonstrated its remarkable performances. For energy-saving reconstruction of theexisting buildings, EC laminated glass combined with mini-hollow glass reconstruction technique can be used, and then existingglass windows can be easily improved into energy-efficientECsmart sunshade windows.

Keywords mini-hollow glass reconstruction technique; electrochromic glass; EC glass; intelligence; energy consumption; light dimming; sunshade; sound blocking; privacy protection

门窗是建筑物的重要组成部分，是实现建筑功能与美感、决定居住环境舒适度的重要因素之一。门窗在我国的发展历程，大致可以归结为从木门窗一统天下，钢门窗部分代替木门窗，20世纪70年代铝合金门窗进入中国、90年代的塑钢门窗逐渐出现、再到2005年断桥铝门窗在国内兴起，目前是多种材质门窗百花齐放的概貌。但是在多元化发展的过程中，绿色化、节能化的趋势愈加明显。

我国各个气候区的《居住建筑节能设计标准》以及《公共建筑节能设计标准》的实施，标志着我国建筑节能工作在民用建筑领域全面铺开，对建筑门窗、幕墙行业的发展提出了新的要求。发展高性能、高技术生态建筑门窗与幕墙，不仅要从建筑外观效果、门窗及幕墙自身的基本物理性能以及造价等方面去思考，也要把幕墙及门窗的整体设计与生态环境，节能要求挂钩，要求建造后的门窗及幕墙具有良好的节能特性，在给人们营造舒适环境的同时，实现建筑节能。

中国能源消费构成中的建筑能耗比例已经接近 30％。在建筑能耗中，采暖及空调能耗占到 55％以上。降低建筑能耗，尤其是降低采暖及空调能耗已经成为中国社会节能降耗工作的重要构成部分。2010 年以后，我国对节能门窗的要求越来越高，常规的断桥热铝合金门窗产品已经无法满足相应的节能设计标准。例如，北京市的居住建筑节能设计标准中对门窗传热系数的最严格要求已经到 1.8W/（m^2·k)；而南方的江苏省、上海市已经要求门窗的传热系数要求低于 2.4W/（m^2·k)。被动房建筑对门窗的保温传热要求会更高。

除了更低的传热系数，更好的隔热保温性能，未来人们对于房间的更高要求还体现在以下几个方面：

① 更好的遮阳体验，尤其在夏季的南方，更好的遮阳效果意味着更舒适的温度和光照，以及更好的节能效果。在遮阳的同时，可以最充分地利用自然光室内采光。

② 在节能的前提下，实现更精细的温度控制、更舒适的居住体验。

③ 更好的景观视野，让窗外的美景和我们融为一体，仿佛身处其中，有利于医院病人的快速康复、提高办公室里面人员的工作效率。

④ 更好的噪声控制，房间的噪声水平应该控制的 40 分贝以下，有利于家庭里面给孩子提供一个更安静的学习环境。

⑤ 多功能化，集成更多的科技功能，比如实现显示屏功能，显示出美丽的图案及文字字幕。

⑥ 智能化，结合智能家居概念，实现智能控制，定制舒适的光照度生活环境，在周末可以定时让阳光从睡梦中唤醒您。

为了使门窗达到上述效果，只从门窗型材上做文章是远远不够的。除了型材以外，对门窗效果影响最大的因素就是玻璃本身。目前节能门窗使用的双银、三银 low-E 玻璃已经具有较低的 K 值，可以实现较好的节能效果。但是距离理想中的智能化遮阳、调光、节能的要求，尚远不能及。

研究国内外的最新科技走向，我们可以发现，助力传统的中空门窗实现上述功能，电致变色玻璃是最佳的选择！电致变色是指材料的光学属性，包括透过率、反射率、雾度、色度等，在－3V～3V 之间的低电压驱动下实现稳定可逆的变化的现象。电致变色玻璃结合了电致变色薄膜材料、玻璃封装领域和电子电控领域的最新技术，可以在玻璃上实现遮阳、隐私、节能效果的智能化控制。电致变色玻璃代表了玻璃未来的发展方向，在建筑领域，未来电致变色玻璃可以部分取代传统的外遮阳及内遮阳系统，同时提供宽广的视野、节能效果以及科技美感，实现智能遮阳、智能隐私、智能调光、智能节能的多重功能。

在这里简单介绍一下全固态电致变色玻璃（All-solid electrochromic glass，以下简称 EC 玻璃）的结构。在玻璃基板上通过磁控溅射镀上若干三明治结构的功能层，其中的上下导电层之间夹有电致变色层、离子导体层和离子储存层。以国外市场上常用的电致变色材料三氧化钨为例，在透明状态下，三氧化钨分子为空心立方结构，该结构只吸收少量的可见和红外光。在＋3V 直流低压的驱动下，金属锂离子进入三氧化钨的晶格，形成实心立方结构。该结构下，EC 玻璃可以吸收 98%以上的可见光和 99%以上的红外光，在该状态下具有极强的遮阳性能和良好的隐私性能，适合于夏季遮阳避暑。改变施加电压的方向，锂离子可以从三氧化钨晶格中可逆地脱离，恢复透明态，60%～70%的可见光以及 33%以上的红外光可以透过 EC 玻璃进入室内，适用于冬季采光和日晒取暖。

所以，在寒冷以及严寒区域，EC 玻璃的节能效果主要体现在透明态允许可见光和红外光进入室内，不妨碍冬季通过日晒取暖。不过整体来说，EC 玻璃在夏热冬暖地区、夏热冬冷以及温和地区可以更有效地发挥自身的遮阳、隔热、调光、节能效果。

江苏省对建筑节能水平的要求走在全国前列。由江苏省建筑科学研究院有限公司主编的江苏省工程建设标准 DGJ32/J 157—2013《居住建筑标准化外窗系统应用技术规程》中要求："建筑外窗不提倡采用 Low-E 玻璃，若采用 Low-E 玻璃，其外窗冬季遮阳系数不得小于 0.6，以避免对冬季阳光的遮挡。"这就给门窗产品提出了新的挑战，如何兼顾"夏天不热"和"冬季晒太阳"，实现全面节能？如何在夏季具有较低的遮阳系数（SC<0.1），而冬季具有较高的遮阳系数（SC≥0.6），合肥威迪的 EC 玻璃产品可以做到！所以，很多科研工作者把 EC 玻璃称为具有变色功能的动态 Low-E。

EC 玻璃可以进一步加工成夹胶或中空玻璃。美国的 View，Inc. 公司在迈阿密、亚特兰大、纽约、凤凰城以及旧金山搭建了同尺寸、同朝向、同条件的 EC 中空玻璃样板房和 Low-E 中空玻璃样板房，进行节能效果对比。结果发现，相比于 Low-E，EC 平均每年节省 27%的空调制冷容量，用电总能耗平均降低 20%。应用实例已经证实，EC 玻璃有效帮助建筑实现的更好的节能性、智能性与舒适性。

合肥威迪变色玻璃有限公司致力于电致变色智能玻璃的产业化和在中国的普及。公司核心团队包括国家"千人计划"特聘专家、安徽省"百人计划"特聘专家、美国硅谷产业化专家、高级工程师等专家。合肥威迪于 2017 年底建成国内首条年产能 10 万平方米的智能玻璃产线，产品最大幅宽 1.5 米，最大尺寸为 1.5 米×3.3 米的 EC 智能中空玻璃、EC 微中空、EC 智能夹胶玻璃以及各类控制器产品。秦皇岛国家玻璃质量监督检验中心对我司 EC 智能中空玻璃（12mm 充氩气，EC 玻璃置于中空第二面）的检验结果如表 1 所示。

表 1　EC 智能中空玻璃检验结果

状态	可见光透射比	太阳光直接透射比	太阳光直接反射比		太阳能总透射比 g	太阳能红外线总透射比 gIR	遮阳系数	U（K）值（冬季夜晚）
			室外	室内				
透明态	68.1%	49.2%	16.0%	18.4%	0.561	0.433	0.64	1.52
τ_V=17.8%	17.8%	8.1%	8.9%	16.3%	0.136	0.082	0.16	
τ_V=6.2%	6.2%	2.7%	8.8%	16.3%	0.082	0.07	0.09	
+3.0V 着色态	2.3%	1.0%	8.9%	16.6%	0.066	0.068	0.08	

由表 1 可知，在着色状态下，EC 智能中空玻璃的遮阳系数最低至 0.08，尤其适合南方没有安装外遮阳的用户，可以称为高科技的"遮阳神器"！冬季可以将玻璃调成透明态，遮阳系数高达 0.64，不影响冬季寒冷地区的用户通过日光采暖。

此外值得一提的是，合肥威迪变色玻璃有限公司生产的单片 EC 玻璃能够满足被动房在以下区域对太阳红外热能总透射比 gIR 和太阳能总透射比 g 的要求。

表2 不同地区gIR和g的数值

地区	太阳能红外总透射比gIR	太阳能总透射比g
夏热冬冷	≤0.35	≤0.40
夏热冬暖	≤0.20	≤0.35
温和地带	≤0.30	≤0.40
合肥威迪EC玻璃（着色态）	0.15	0.16
合肥威迪EC玻璃（透明态）	0.60	0.67

目前为止，国外仅有的两家EC玻璃生产商Sage Glass公司和View，Inc.公司，他们生产的内充惰性气体的EC中空玻璃基本都是应用在新增建筑的门窗幕墙。随着社会的发展，新增建筑市场不断趋于饱和，建筑节能的重点已经从新建建筑转移至既有建筑上。据中国幕墙网统计，国内既有门窗面积110亿平方米；旧门窗更换每年新增用量10亿平方米；城镇化建设每年新增门窗用量15亿平方米；新农村建设每年新增门窗用量5亿平方米；旧房改造每年新增旧门窗更换用量20亿平方米。如果将EC玻璃应用于既有门窗的智能节能改造项目中，EC玻璃可能会有更大的舞台！

在既有建筑的智能节能改造中，最快速的方法之一是贴片式的微中空方法。微中空改造技术即在既有门窗（幕墙）玻璃的基础上，再复合一片玻璃（单玻或者夹胶玻璃），使之与既有门窗（幕墙）玻璃形成微中空结构，从而达到降低建筑运行能耗、改善既有建筑室内环境和室内人员舒适度的目的。既有玻璃和改造用玻璃之间形成了3～6mm的微中空腔体，使得原有的单玻变成了中空玻璃，或使得原有的普通中空变成了三玻两腔。同时，微中空腔体可以降噪声约10分贝。由于玻璃选型目前大多采用Low-E夹胶玻璃，所以在K值、抗紫外和安全性能上也有较大的提升。如果将EC玻璃应用在既有门窗的微中空改造上，则可以在不破坏原有门窗结构的基础上，享受EC技术带来的科技体验。但是想将EC玻璃和微中空技术进行结合，必须克服以下问题：由于电致变色玻璃的功能层中的金属锂元素对水汽敏感，不能长期跟空气接触，SageGlass和View都是将EC玻璃的背面与钢化玻璃胶合，然后加工成内充氩气或者氪气的中空玻璃，依靠惰性气体保护EC膜面。但是中空玻璃重量和厚度过大，难以应用在微中空技术上。如果可以克服EC膜层与胶片的相容性问题，将EC膜面与胶片直接接触，并同时解决防水封装和电极引出问题，就可以减小EC玻璃的厚度和重量，实现EC玻璃在微中空后装改造中的应用！

合肥威迪通过不懈的努力，无数次的工艺调整、方案优化与性能测试，实现了EC膜面与胶片直接接触式的EC夹胶玻璃的工业化生产，并将这种夹胶方式命名为“EC内夹胶”。EC内夹胶玻璃的微中空操作与标准的微中空安装无异（可以参考《工程建设协会标准既有门窗幕墙玻璃微中空改造施工规范》），只需在打二道胶之前将一部分导线嵌于玻璃与窗框直接的凹槽内即可，导线引出的部分外接控制器和电源。通过遥控器或者手机APP可以随心所欲地控制玻璃在着色态和褪色态之间无级或者多档变化。而且每平方米耗电量低至0.8W。EC内夹胶玻璃搭配微中空改造，可以轻松让您的门窗实现夏季造阴凉，冬季晒太阳。我们通过Windows 6.3对EC玻璃微中空改造改造前后的光学数据进行了模拟比较。EC夹胶玻璃至于室内侧的计算结果如表3所示。

表3 EC夹胶玻璃在室内侧的光学数据计算结果

序号	配置	状态	可见光透过率	紫外光透过率	遮阳系数	传热系数
1	单玻6mm钢化	改造前	89.7%	65.4%	0.98	5.362
2	单玻+EC微中空	着色态	1.1%	0.0%	0.463	3.175
		透明态	74.5%	0.2%	0.741	3.175
3	中空6+12A+6	改造前	81.5%	49.8%	0.866	2.665
4	中空+EC微中空	着色态	1.0%	0.0%	0.416	1.96
		透明态	68.0%	0.2%	0.631	1.96

备注：1. 微中空腔体厚度为3mm，使用的是合肥威迪变色玻璃有限公司生产的盖科（GECKO）电致变色智能夹胶玻璃，配置是4mm钢化+2mmVDI。

2. 使用Window6.3进行拟合，拟合的工作环境为：JGJ 151—2008。

不管是新建门窗还是既有门窗的改造，电致变色技术都可以为国内建筑的节能化和智能化贡献力量。我们有理由相信，搭载EC智能玻璃的门窗将在十年之内逐渐走进中国的千家万户。我们期待与各位门窗幕墙界的同仁精诚合作，为中国门窗行业的发展注入新的活力。

作者简介

米赛(Mi Sai)，男，中级工程师，博士学位。工作单位：合肥威迪变色玻璃有限公司(Hefei VDI Corporation)；地址：安徽省合肥市新站区武里山路1399号；邮编：230012；E-mail：saimi@vdiglass.com。2011年毕业于大连理工大学应用化学系，2011-2016年于中国科学技术大学微尺度国家实验室攻读博士学位，研究方向为电致变色材料的开发与应用。

牛晓(Niu Xiao)，男，合肥威迪变色玻璃有限公司副总裁/高级工程师；办公室电话：0551-69111088；手机号码：13917385551；E-mail：xiaoniu@vdiglass.com从事玻璃和玻璃深加工工艺以及玻璃质量检验30多年，具有丰富的分析和解决玻璃、玻璃深加工质量问题的能力和方法；擅长新产品的市场推广和宣传工作，多年与设计院和门窗、幕墙企业打交道；发明了超级中空玻璃产品；具有丰富的市场工作经验和运作方法；通过与团队的合作使在线低辐射玻璃获得市场和政府的认可；将所有的知识内容都对团队进行培训；通过参与企业生产、经营，丰富了企业的管理经验；参与幕墙、门窗、玻璃行业的标准、规范、指南制修订和审核工作。

刘钧(Gordon Liu)，男，博士学位；合肥威迪变色玻璃有限公司总裁；1987年南开大学物理学硕士，1994年美国纽约州立大学ALBANY分校物理学博士；专长半导体器件研究及工艺技术开发，对电致变色智能玻璃、液晶显示(LCD)技术、有机发光二极管显示屏(OLED)技术及薄膜太阳能电池等领域进行过深入的研究；拥有6项美国及国际专利和10项中国专利；在美国先后领导过11项平板显示技术新产品、设备开发及产业化项目，近期内领导了电致变色智能玻璃生产设备的设计及制造；合肥威迪变色玻璃有限公司创始人及总裁，领导团队在合肥建立中国首个电致变色智能玻璃产业化生产基地，打破此项技术的国际垄断，填补了国内空白。办公室电话：0551-62736077；手机号码：13955103993；E-mail：gordonliu@vdiglass.com。

热塑性暖边间隔条的应用优势

王海利　张娜娜　朱吟湄　袁培峰　崔　洪
郑州中原思蓝德高科股份有限公司　河南郑州　450007

摘　要　50%的建筑能量损失是由门窗造成的，而门窗中玻璃约占70%，因此改善中空玻璃的节能效果可明显减少能量损失，热塑性暖边间隔条是热塑性弹性体，具有极低的传热系数，其制成的热塑性暖边中空玻璃能有效改善中空玻璃的节能效果，从而减少建筑门窗的能耗，实现环保节能。
关键词　热塑性暖边间隔条；节能；传热系数；中空玻璃

Abstract　50% of the building energy loss is caused by doors and windows, while the glass in doors and windows accounts for about 70%, so improving the energy saving effect of insulating glass can obviously reduce the energy loss. The thermoplastic warm edge spacer is a thermoplastic elastomer with very low heat transfer Coefficient. The insulating glass which is made of thermoplastic warm-edge can effectively improve the energy-saving effect of insulating glass, thus reducing the energy consumption of doors and windows and realizing environmental protection and energy saving.
Keywords　thermoplastic warm edge spacer; energy saving; heat transfer coefficient; insulating glass

1　引言

中空玻璃作为新型节能材料，自20世纪80年代引入我国之后得到了长远的发展，广泛用于公用建筑、民用建筑等诸多领域。目前，在我国400多亿平方米既有建筑中，还有90%以上属于高能耗建筑。在这些高能耗建筑中，门窗的能耗为45%～50%，占社会总能耗的20%。因此建筑能耗已成为制约社会经济发展的重要因素。山东省政府近日出台的《关于进一步提升建筑质量的意见》提出，从2015年开始全面执行居住建筑节能75%、公共建筑节能65%的设计标准。从节能角度来讲，整个建筑的能量损失中约50%是从门窗上损失，对于整幢建筑来说，门窗的面积占建筑面积的比例超过20%，玻璃在门窗中约占70%以上[1]，因此，增强门窗的保温隔热性能，减少门窗的能耗，是改善室内热环境和提高建筑节能的重要环节，而其中通过玻璃减少能量损失越来越被重视。因此要减少建筑门窗的能耗，开发新型的中空玻璃边部间隔密封材料是关键，间隔系统的性能直接决定中空玻璃的节能和使用寿命。我公司研发的MF910S中空玻璃用热塑性间隔条（以下简称MF910S）完全由高分子材料构成，能明显改善中空玻璃的传热系数，从而实现建筑节能和环保。

2 MF910S 中空玻璃用热塑性间隔条的构成

中空玻璃边部密封材料对中空玻璃的传热系数有一定的影响。间隔条主要用来控制中空玻璃内、外两片玻璃的间距，保证中空玻璃具有合理的空间层厚度和使用寿命。随着科技水平的不断提高，间隔条的类型日新月异，由金属间隔条逐渐向暖边间隔条过度。最初中空玻璃多采用的是槽铝式中空玻璃，但是由于铝间隔条的导热系数为 160w/（m・k）[2]，在一定程度上虽降低了中空玻璃的导热系数，但是仍然不能满足国家节能要求。顺应环境的要求，热塑性暖边间隔条应运而生。

目前，中空玻璃间隔系统主要分为两大类：一类为金属框与密封胶组成的刚性间隔系统；一类是暖边系统，暖边系统包含不锈钢间隔条、部分金属材料和非金属材料等。而我公司研制的 MF910S 中空玻璃用热塑性间隔条就是高分子材料暖边间隔条，其结构图如图 1 所示。

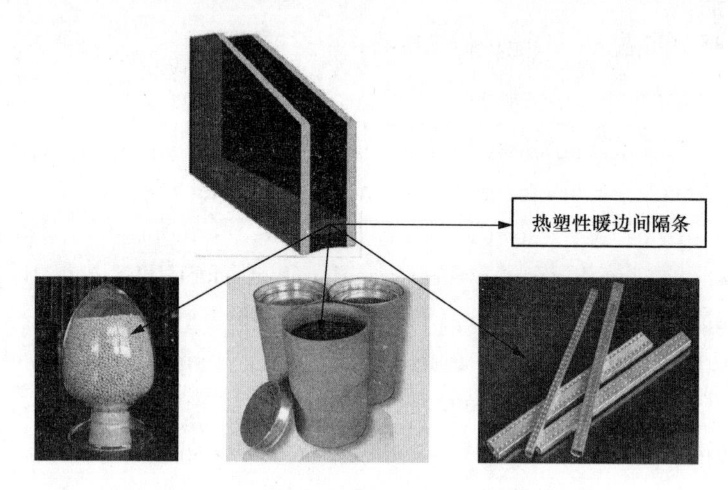

图 1　热塑性暖边间隔条结构图

MF910S 高分子材料暖边间隔条可完全取代丁基密封胶、干燥剂和间隔条。其优势主要体现在以下几方面：

（1）支撑作用

MF910S 因配方特殊设计赋予产品常温下具有一定的硬度，完全能起到金属间隔条的支撑作用。

（2）干燥作用

干燥剂均匀地混合在密封胶中，因为无论密封胶的质量是否过硬，其在制作中空玻璃时也不能完全隔绝外界水气的渗入，任何密封产品都有孔径，空气中含有的水气都会逐渐通过密封胶的孔径渗透到中空玻璃内部；从而使得中空玻璃结露失效。所以中空玻璃内部必须装有干燥剂来吸收水气，而且要求干燥剂不仅开始时有较强的吸附能力，而且其吸潮能力应保持几十年，能长时间吸收进入中空玻璃内部的水气。

（3）密封性能

热塑性暖边间隔条集丁基密封胶、干燥剂和间隔条与一体，使用过程中增加了丁基密封胶的量，加宽了水气通道，能够有效地阻止外界水气的进入，延长中空玻璃的使用寿命。

（4）粘结性

MF910S 中加入的改性物质能够完全改善丁基密封胶的理化性能，实现丁基胶与硅酮胶的化学粘结，在一定程度上改善了热塑性暖边间隔条不能用于幕墙中空玻璃生产的缺点。同时，暖边间隔条集丁基密封胶、干燥剂和铝间隔条于一体，可减少生产过程的繁琐性、提高生产效率。

3 MF910S 中空玻璃用热塑性间隔条的性能优势

3.1 低传热系数

采用不同的间隔条对中空玻璃的整体节能，特别是对中空玻璃边缘冷凝程度的影响是十分明显的，如图 2 所示。暖边间隔条其热传导值只有 0.168W/m^2 · K，是铝间隔条的 1/950，是不锈钢间隔条的 1/85。用暖边间隔条制作的中空玻璃与槽铝式中空玻璃相比，其边缘温度较高，大大提高了中空玻璃的抗冷凝性。

图 2 普通中空玻璃与暖边中空玻璃抗冷凝效果图

3.2 弹性记忆功能

热塑性暖边间隔条是高分子材料，具有一定的弹性。中空玻璃在使用过程中会受压力、温差和风荷载等因素的影响，使中空玻璃在使用过程中始终处于胀缩的“泵”运动状态，易引起中空玻璃的炸裂，而使用 MF910S 热塑性暖边间隔条制作的中空玻璃，当中空玻璃胀缩运动时，会与玻璃的运动方向一致，使得边部应力最小，从而最大限度地减少了中空玻璃炸裂的可能性，并且提高了中空玻璃的密封寿命。

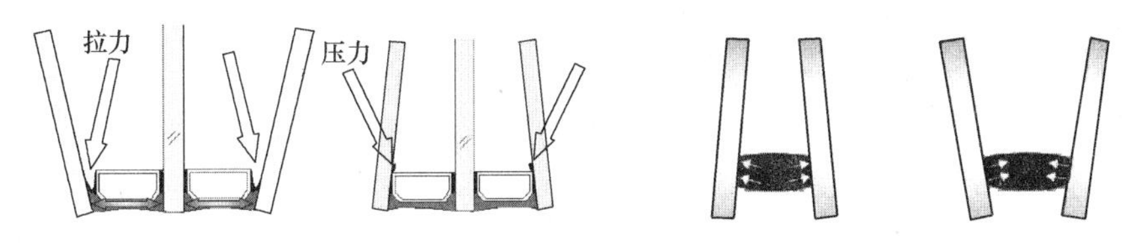

图 3 不同类型中空玻璃应力变化图

3.3 易于加工生产

MF910S 中空玻璃用热塑性间隔条完全由高分子材料构成，是热塑性弹性体，因此在生产过程中较易加工，可同时满足生产需求和特殊环境用途的要求，便于生产各种形状的异型中空玻璃。而且生产方便快捷，也可根据需求调整不同宽度的间隔条，满足不同中空玻璃类型的生产，具体效果如图3所示。

图4 异型中空玻璃

由图4可知，MF910S中空玻璃用热塑性间隔条在线成型非常方便，可用于各种异型中空玻璃的生产。

3.4 简化中空玻璃制作工艺

采用暖边间隔条制作中空玻璃简化了中空玻璃的制作工艺，而且制作过程中全部采用机械化操作，减少了人工出错的概率，转角区域的密封也会更严实[3]。

槽铝式中空玻璃制作工艺流程图如图5所示[4]：

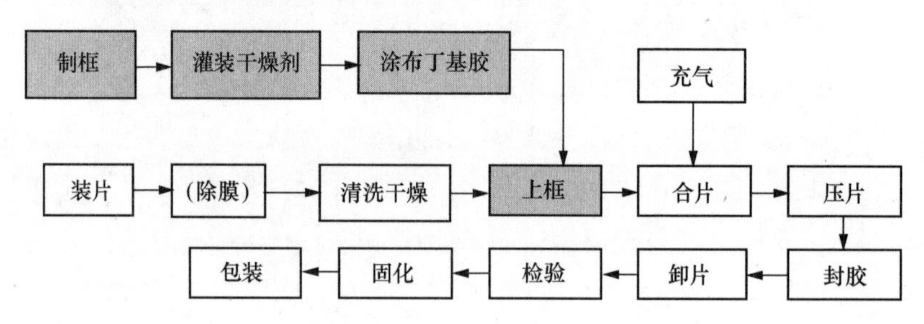

图5 槽铝式中空玻璃制作工艺流程图

热塑性暖边中空玻璃制作工艺流程图如图6所示：

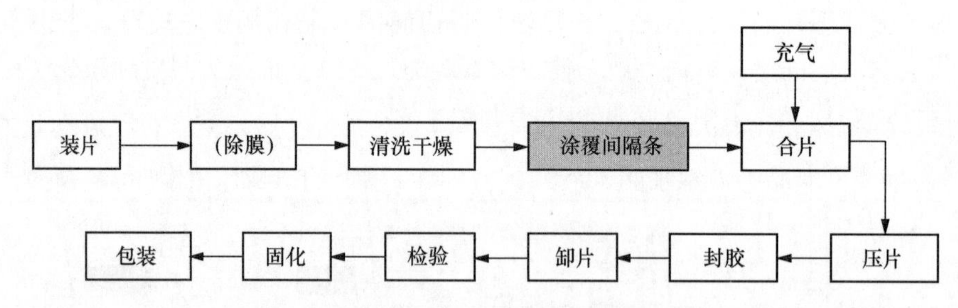

图6 热塑性暖边中空玻璃制作工艺流程图

由两者中空玻璃制作工艺流程图可知，暖边中空玻璃的制作工艺减少了铝间隔条的折弯、分子筛的灌装、上框等工序，图中填充部分在槽铝式中空玻璃制作中需要3～4人才能完成，而暖边中空玻璃采用机械化操作，无须人员操作就能完成，大大减少了人力资源的浪费，而且暖边中空玻璃在制作过程中自动定位，减少返工，使用暖边间隔系统可大大提高生产效率，降低原料的消耗。

3.5 MF910S 的性能优势

产品的质量与产品性能的优劣息息相关，优良的密封胶性能制成的中空玻璃可更大程度地提高中空玻璃的使用寿命，降低能源消耗，从而实现建筑节能。MF910S 热塑性间隔条既要起到间隔条的作用，还要具有丁基胶的作用，阻止外界水气的进入和气体的泄露，同时在施工时还具有预固定玻璃原片的作用，这就要求 MF910S 具有较高的性能，既能满足水蒸气透过率又要求在常温下具有一定的强度，表 1 是 MF910S 与国外同类产品的性能对比表。

表 1　MF910S 与国外产品对比表

项目＼样品	温度/℃	MF910S	国外样品
针入度（1/10mm）	22.5	21	23
	80	54	62
	90	67	75
	100	80	82
	110	96	98
	120	106	110
	130	121	119
标准水分吸附率（%）		4.0	3.6
水蒸气透过率（$g/m^2 \cdot d$）		0.18	0.20
热老化性		无龟裂、粉化、失粘现象	表面起泡
剪切强度（MPa）		0.35	0.30

从全面性能对比表上可以看出，MF910S 的各项性能与国外样品相当，剪切强度也较大，能够满足中空玻璃生产的需求。

同时，中空玻璃加工过程中，中空玻璃涂过第二道密封胶后，从生产线向堆垛架转移过程中，其一侧玻璃原片经常处于无支撑的悬空状态，在此期间原片玻璃的自重完全依靠 MF910S 热塑性间隔条的强度来固定。MF910S 热塑性间隔条粘接强度越大和持粘时间越长，对玻璃原片的定位能力就越强，中空玻璃更不易出现移动和滑落现象。表 1 中剪切强度这一项性能是表征动态条件下产品的力学性能，主要考察产品对玻璃粘结力的大小，持粘性是表征静态条件下产品的力学性能，MF910S 不同温度下的持粘性结果如表 2 所示。

表 2　不同温度下持粘性实验结果表

检测项目			MF910S	国外样品
持粘性	22℃	厚度（mm）	2.01	2.01
		滑落时间	64h 未动	64h 未动
	40℃	厚度（mm）	2.03	2.03
		滑落时间	90h 未动	90h 未动
	60℃	厚度（mm）	2.02	2.03
		滑落时间	90h 未动	90h 未动

由表 2 可知，MF910S 的持粘性与国外样品相当，即 MF910S 的抗滑移能力较强。

MF910S 经国际权威检测机构检验，性能满足 EN1279-4 标准要求，如图 7 所示。

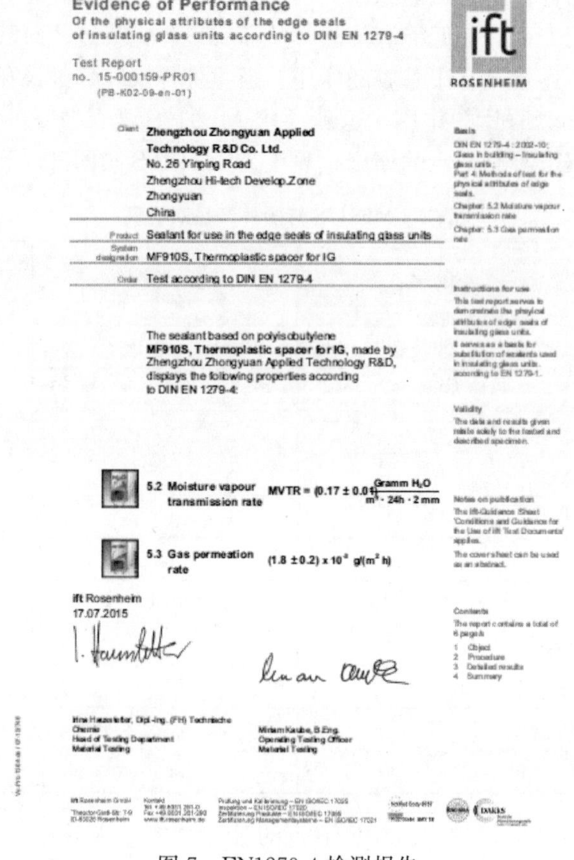

Evidence of Performance

Of the physical attributes of the edge seals of insulating glass units according to DIN EN 1279-4

Test Report no. 15-000159-PR01 (PB-K02-09-en-01)

ift ROSENHEIM

Client: Zhengzhou Zhongyuan Applied Technology R&D Co. Ltd.
No. 26 Yinping Road
Zhengzhou Hi-tech Develop Zone
Zhongyuan
China

Product: Sealant for use in the edge seals of insulating glass units

System designation: MF910S, Thermoplastic spacer for IG

Order: Test according to DIN EN 1279-4

The sealant based on polyisobutylene **MF910S, Thermoplastic spacer for IG**, made by Zhengzhou Zhongyuan Applied Technology R&D, displays the following properties according to DIN EN 1279-4:

5.2 Moisture vapour transmission rate: MVTR = (0.17 ± 0.01) $\frac{\text{Gramm } H_2O}{m^2 \cdot 24h \cdot 2mm}$

5.3 Gas permeation rate: $(1.8 \pm 0.2) \times 10^{-4}$ g/(m² h)

ift Rosenheim
17.07.2015

Irina Hausstetter, Dipl.-Ing. (FH) Technische Chemie
Head of Testing Department
Material Testing

Miriam Kaube, B.Eng.
Operating Testing Officer
Material Testing

Basis
DIN EN 1279-4 : 2002-10; Glass in building – Insulating glass units; Part 4: Methods of test for the physical attributes of edge seals.
Chapter: 5.2 Moisture vapour transmission rate
Chapter: 5.3 Gas permeation rate

Instructions for use
This test report serves to demonstrate the physical attributes of edge seals of insulating glass units.
It serves as a basis for substitution of sealants used in insulating glass units, according to EN 1279-1.

Validity
The data and results given relate solely to the tested and described specimen.

Notes on publication
The ift-Guidance Sheet 'Conditions and Guidance for the Use of ift Test Documents' applies.
The cover sheet can be used as an abstract.

Contents
The report contains a total of 6 pages
1 Object
2 Procedure
3 Detailed results
4 Summary

图 7　EN1279-4 检测报告

4　暖边中空玻璃系统

中空玻璃节能技术措施除了玻璃原片的选择、充惰性气体和增加玻璃原片的厚度外，低传热系数的热塑性暖边间隔条的应用也有利于改善中空玻璃的节能效果。高质量的暖边能够降低中空玻璃边缘线性传热系数，使得门窗表面温度差异更小，降低冷辐射。

为了验证 MF910S 热塑性间隔条产品的性能，将其配套制作的充气中空玻璃按照 EN1279 进行测试（外道胶分别为 MF840 双组分聚硫中空玻璃专用密封胶（高模量）和 MF881－25HM 硅酮结构密封胶）。

4.1　水气、气体密封耐久性能

中空玻璃在使用过程时，环境中的水和潮气的作用都会加速密封胶的老化，从而加快水气进入中空腔内的速度，最终使中空玻璃失效。水气密封耐久性能是测定中空玻璃使用寿命的重要指标之一。

暖边间隔条的诞生可改善中空玻璃的节能效果，特别是减少边部的冷凝现象。但是由于环境温度的变化，中空玻璃空腔内气体始终处于热胀或冷缩状态，从而使密封胶长期处于受力状态。气体密封耐久性是测定中空玻璃老化前后的密封（氩气浓度保持率）性能。经国际权威检测机构检验，MF910S 热塑性暖边中空玻璃能够满足 EN1279 关于中空玻璃性能测试的要求。图 8 是 MF910S 暖边中空玻璃的 EN1279 检测报告。

Evidence of Performance
Ageing behaviour of insulating glass units according to DIN EN 1279-2 and DIN EN 1279-3

Test Report
no. 16-001970-PR02
(PB-H01-09-en-02)

ift

Client: ZHENGZHOU ZHONGYUAN SILANDE HIGH TECHNOLOGY CO.,LT
No.100 Dongqing West St.
450001 Zhengzhou, Hennan Province
China

Product: Insulating glass units - gas filled

Designation: Gas-filled Thermoplastic Insulating Glass

Exterior dimensions (W x H) in mm: 352 mm x 502 mm

Construction in mm: 4 / 12 / 4 mm

Spacers: Basis Polyisobutylene (TPS), MF910S Thermoplastic Spacer for IG, company ZHENGZHOU ZHONGYUAN SILANDE HIGH TECHNOLOGY CO.,LTD

Sealants External: Basis Polysulfide, MF840 Two Component Polysulfide Sealant for IG, company ZHENGZHOU ZHONGYUAN SILANDE HIGH TECHNOLOGY CO.,LTD
Internal: Basis Polyisobutylene (TPS), MF910S Thermoplastic Spacer for IG, company ZHENGZHOU ZHONGYUAN SILANDE HIGH TECHNOLOGY CO.,LTD

Special features: Description of specimen is missing To-Value of the TPS spacer material necessary for calculating the lav value. Without lav value it can't be determined if IGU fulfils requirements of DIN EN 1279-2

The insulating glass unit fulfils the requirements of

DIN EN 1279-3

ift Rosenheim
14.03.2017

Maximilian Wall, B.Sc.
Operating Testing Officer
Material Testing

Basis
DIN EN 1279-2 : 2003-06
DIN EN 1279-3 : 2003-05

Instructions for use
This test report serves to demonstrate the moisture penetration, gas leakage rate and gas concentration tolerances of insulating glass units.
The results obtained can be used by the manufacturer for preparing the Declaration of Performance in accordance with the Construction Products Regulation 305/2011/EU. The provisions of the applicable product standard have to be observed.

Validity
The data and results given relate solely to the tested and described specimen.
The long term test does not imply any statement on characteristics regarding performance and quality.

Notes on publication
The ift-Guidance Sheet "Conditions and Guidance for the Use of ift Test Documents" applies.
The cover sheet can not be used as abstract.

Contents
The report contains a total of 6 pages
1 Object
2 Procedure
3 Detailed results
4 Evaluation
5 Summary

MF910S+MF840

Evidence of Performance
Ageing behaviour of insulating glass units according to DIN EN 1279-2 and DIN EN 1279-3

Test Report
no. 16-001970-PR01
(PB-H01-09-en-02)

ift ROSENHEIM

Client: ZHENGZHOU ZHONGYUAN SILANDE HIGH TECHNOLOGY CO.,LT
No.100 Dongqing West St.
450001 Zhengzhou, Hennan Province
China

Product: Insulating glass units - gas filled

Designation: Gas-filled Thermoplastic Insulating Glass

Exterior dimensions (W x H) in mm: 352 mm x 502 mm

Construction in mm: 4 / 12 / 4 mm

Spacers: Basis Polyisobutylene (TPS), MF910S Thermoplastic Spacer for IG, company ZHENGZHOU ZHONGYUAN SILANDE HIGH TECHNOLOGY CO.,LTD

Sealants External: Basis Silicone, MF881-25HM High Modulus Silicone Structural Sealant for Gas-filled IG, company ZHENGZHOU ZHONGYUAN SILANDE HIGH TECHNOLOGY CO.,LTD
Internal: Basis Polyisobutylene (TPS), MF910S Thermoplastic Spacer for IG, company ZHENGZHOU ZHONGYUAN SILANDE HIGH TECHNOLOGY CO.,LTD

Special features: Description of specimen is missing To-Value of the TPS spacer material necessary for calculating the lav value. Without lav value it can't be determined if IGU fulfils requirements of DIN EN 1279-2

The insulating glass unit fulfils the requirements of

DIN EN 1279-3

ift Rosenheim
14.03.2017

Maximilian Wall, B.Sc.
Operating Testing Officer
Material Testing

Basis
DIN EN 1279-2 : 2003-06
DIN EN 1279-3 : 2003-05

Instructions for use
This test report serves to demonstrate the moisture penetration, gas leakage rate and gas concentration tolerances of insulating glass units.
The results obtained can be used by the manufacturer for preparing the Declaration of Performance in accordance with the Construction Products Regulation 305/2011/EU. The provisions of the applicable product standard have to be observed.

Validity
The data and results given relate solely to the tested and described specimen.
The long term test does not imply any statement on characteristics regarding performance and quality.

Notes on publication
The ift-Guidance Sheet "Conditions and Guidance for the Use of ift Test Documents" applies.
The cover sheet can not be used as abstract.

Contents
The report contains a total of 5 pages
1 Object
2 Procedure
3 Detailed results
4 Evaluation
5 Summary

MF910S+MF881–25HM

图 8 MF910S 暖边中空玻璃 EN1279 检测报告

4.2 循环老化试验

为了进一步验证暖边中空玻璃的耐老化性能，实验室通过增加老化循环次数考察其老化性能，具体试验方法按照 GB/T 11944—2012 中 7.7 的要求进行，该老化循环实验从 2016 年 9 月份开始进行，试验结果如表所示。

表 3 循环老化试验结果表

项目	MF910S+MF840				MF910S+MF881－25HM			
	1	2	3	4	1	2	3	4
老化前	94.2	91.6	97.1	97.7	95.4	91.9	92.1	93.8
第一次老化后	93.2	90.9	96.4	96.9	94.7	91.8	91.7	93.4
减少量（%）	1.0	0.7	0.7	0.8	0.7	0.1	0.4	0.4
第二次老化后	93.0	90.5	95.7	96.2	94.6	91.7	91.5	93.1
减少量（%）	0.2	0.4	0.7	0.7	0.1	0.1	0.2	0.3
第三次老化后	92.9	90.2	95.2	95.8	94.6	91.5	91.4	92.9
减少量（%）	0.1	0.3	0.5	0.4	0	0.2	0.1	0.3
第四次老化后	92.6	90.1	94.7	95.3	94.4	91.4	91.2	92.7
减少量（%）	0.3	0.1	0.5	0.5	0.2	0.1	0.2	0.2
第五次老化后	92.2	89.9	94.1	94.9	94.1	91.3	91.0	92.3
备注	经过五次老化之后所放试样的气体含量均≥80%							

由表 3 可知，经过五次老化循环试验之后，其气体泄漏量仍较小，所放试样的气体含量均≥80%，能够满足中空玻璃标准 GB/T 11944 的要求。

5 结语

① MF910S 集金属间隔条、丁基胶和干燥剂的功能于一体，而且不含任何金属成分，有利于节能环保政策的实施；MF910S 是弹性材料且在线成型，有利于异型中空玻璃的生产，而且具有极低的传热系数，节能效果显著；MF910S 制作中空玻璃时全部采用机械化操作，减少了人工出错的概率，转角区域的密封也会更严实，可大大提高生产效率，降低原料的消耗。

② MF910S 热塑性间隔条配套制作的暖边中空玻璃的耐老化性能较强，经过五次气体密封耐久性试验之后，气体的泄漏量较小，所放试样的气体含量均≥80%，能够满足 GB/T 11944 标准的要求。

③ 节能和环保是我国实现可持续发展战略的保证。从国家宏观控制政策和国内整体大环境来看，中空玻璃产业符合国家的节能性和安全性的发展方向，发展前景广阔、潜力巨大。但是由于槽铝式中空玻璃中铝间隔条的导热系数大，因而造成的能源损失也较大。为了解决中空玻璃边部的热损失问题，暖边间隔条应运而生，在发达国家得到了广泛应用。近几年，国内连续引进了十几条暖边中空玻璃生产线，说明暖边中空玻璃的优良节能效果已被大家认可，再配合国家节能环保政策的陆续出台，暖边中空玻璃的市场会逐步走向强大。

参考文献

[1] 张司．建筑门窗节能之密封胶条[J]. 门窗，2011(8)：52-55.

[2] 戚永河．中空玻璃节能概述[J]. 门窗，2007(3)：25-28.

[3] 赵辉．非金属暖边系统在中空玻璃行业的应用和发展[J]. 化工时刊，2016(9)：39-41.

[4] 中华人民共和国工业和信息化部．JC/T 2071—2011 中空玻璃生产技术规程[S]. 2012.

[5] 秦皇岛玻璃工业设计研究院，国家玻璃质量监督检验中心，中国建材检验认证中心等．GB/T11944—2012 中空玻璃[S]. 北京：中国标准出版社，2013.

[6] BS EN 1279 Glass in building-Insulating glass units.

作者简介

王海利(Wang Haili)，女，1982 年 10 月生，工程师，研究方向：主要从事建筑及钢结构防腐密封材料的研发和生产；在郑州中原思蓝德高科股份有限公司工作。地址：河南省郑州市中原区华山路 213 号；邮编：450007；联系电话：15237105679；E－mail：yujie8866@126. com

硅酮密封胶对中空玻璃的粘结性讨论

张　明　周　静　罗诗寓　赵　为　王天强
成都硅宝科技股份有限公司　四川成都　610041

摘　要　本文从中空玻璃的实际使用环境出发，考察了不同厂家的硅酮密封胶对未镀膜浮法玻璃和离线 Low-E 玻璃的粘结性。在对比不同老化条件时发现，硅酮密封胶对未镀膜浮法玻璃和离线 Low-E 玻璃的粘结性受水紫外老化处理影响最大，不同厂家的硅酮密封胶耐水紫外粘结性各不相同。在除膜 Low-E 玻璃表面很难达到未镀膜浮法玻璃表面相同洁净程度的情况下，选择耐水紫外粘结性好的优质硅酮密封胶可达到对除膜 Low-E 玻璃良好的粘结密封效果。

关键词　硅酮密封胶；中空玻璃；水紫外粘结

Abstract　The adhesion of silicone sealants from different manufacturers to float glass and offline Low-E glass is discussed in this paper. The experimental results show that the water-UV aging condition has a greater impact on the adhesive silicone sealant. After water-UV aging, silicone sealants from different manufacturers showed different adhesive properties. It is important to select high-quality silicone structural adhesive if the quality of the removal Low-E glass can not be guaranteed.

Keywords　silicone sealant；insulating glass；water ultraviolet

1　引言

能源问题是当今世界经济发展的首要问题，节能是实现可持续发展的必然要求，因此，建筑节能也日益受到重视。玻璃门窗是建筑围护四大部件中节能最薄弱的部位，中空玻璃是减缓其能耗散失的有效方式之一[1]。Low-E 玻璃既能满足人们对建筑的审美需求，又能解决建筑在热量控制、制冷成本和内部阳光投射舒适平衡等方面的问题，已经成为建筑节能领域越来越重要的一环。Low-E 中空玻璃是在两片或多片低辐射镀膜玻璃中间，用注入干燥剂的铝、框或胶条将玻璃隔开，四周用胶接法密封，使中间腔体始终保持干燥气体，其独特的空间构造可以阻断热传导的通道，从而有效降低其传热系数，具有节能、隔音、环保功能的玻璃制品。卜宇波[2]等人针对中空玻璃失效原因进行了分析，指出密封胶是影响中空玻璃失效的因素之一。

在我国中空玻璃市场，中空玻璃的密封工艺可分为三道密封、双道密封和单道密封等类型，后两种密封类型较为普遍。最常见的室温固化密封胶采用双道密封工艺。双道密封的内道（或称一道）密封胶主要采用热塑性聚异丁烯密封胶，其主要作用是降低水汽及边缘的渗透性。外道（或称二道）密封胶主要有聚硫密封胶（PS）和硅酮密封胶（SD），主要起粘结密封作用[1]。硅酮密封胶具有良好的粘结性能和耐紫外老化性能，能适用于所有的中空玻璃，因此受到市场的广泛认可。本文主要讨论了中空玻璃用硅酮密封胶粘结性的影响因素。

2 实验部分

2.1 实验材料与仪器

无镀膜浮法玻璃、Low-E玻璃若干，市售；

市售五种硅酮结构胶（S1、S2、S3、S4、S5），其中S1为硅宝Low-E除膜玻璃专供密封胶，S2为某国外品牌硅酮密封胶，S3、S4、S5为国产不同品牌的硅酮密封胶；

三种除膜轮（L1、L2、L3），市售；

万能电子材料拉力试验机：AGS-J（5kN、精度0.5级），岛津仪器（苏州）有限公司；

紫外光照老化试验机：BR-PV-UVT，上海泊睿科学仪器有限公司。

2.2 实验测试

将硅酮结构密封胶按其产品使用说明书提供的使用方法，参照《中空玻璃用硅酮结构密封胶》（GB 24266—2009）标准，使用50mm×50mm×6mm规格的Low-E玻璃或无镀膜浮法玻璃为粘结测试对象，制备图1所示的H型拉伸粘结测试样件，在GB/T 16776—2005规定的标准条件下养护14天后，分别在45℃水紫外箱中处理300h（紫外光波长340nm）、浸水处理300h、紫外箱中处理300h（紫外光波长340nm），然后进行拉伸粘结测试。

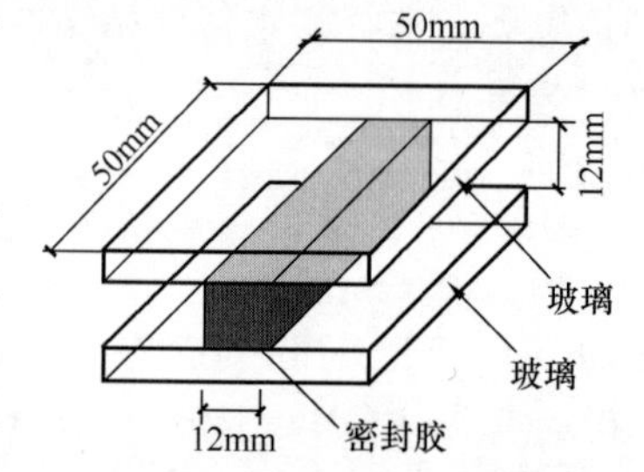

图1 硅酮结构胶对Low-E玻璃水紫外粘结测试模块

3 结果与讨论

3.1 硅酮密封胶对未镀膜玻璃的粘结性考察

本实验考察了不同厂家生产的硅酮密封胶对未镀膜浮法玻璃在常态、浸水处理300h、紫外箱中处理300h（紫外光波长340nm）、45℃水紫外箱中处理300h（紫外光波长340nm）等条件处理后的拉伸粘结性，其结果如表1所示。

从表1中可以看出不同厂家的硅酮密封胶对未镀膜玻璃的粘结性及拉伸粘结强度有一定的差异性，中空玻璃厂家应选择粘结性较好的硅酮密封胶，同时根据设计需求选用不同拉伸粘结强度的密封胶。在对比不同厂家硅酮密封胶对玻璃粘结性时，可以发现硅酮密封胶对未镀膜玻璃表现出良好的粘结性，但是S3、S4、S5胶样45℃水紫外条件处理后出现一定的粘结破坏，尤其是S5胶样出现30%的粘结破坏。从不同条件处理后的硅酮密封胶的拉伸粘结强度来看，45℃水紫外处理条件对胶体拉伸粘结强度影响最大，其中S4、S5的拉伸粘结强度下降幅度最大。中空玻璃在实际使用中会长时间暴露在阳光、雨水或湿气中，因此研究硅酮密封胶的水紫外粘结性是很有必要的，在生产中空玻璃时也应当选用耐水紫外粘结性较好的硅酮密封胶。

表 1　硅酮密封胶对未镀膜玻璃的拉伸粘结测试结果

处理条件	S1		S2		S3		S4		S5	
	粘结强度/MPa	粘结破坏面积(%)	粘结强度/MPa	粘结破坏面积(%)	粘结强度/MPa	粘结破坏面积(%)	粘结强度/MPa	粘结破坏面积(%)	粘结强度/MPa	粘结破坏面积(%)
常态	1.09	0	1.03	0	0.95	0	0.82	0	0.93	0
浸水 300h	1.07	0	1.02	0	0.95	0	0.79	0	0.82	10
紫外线 300h	1.09	0	1.02	0	0.92	0	0.81	0	0.85	2
45℃水紫外 300h	1.03	0	0.91	0	0.78	5	0.62	10	0.49	30

3.2　硅酮密封胶对离线 Low-E 玻璃的粘结性考察

由于 Low-E 中空玻璃较普通中空玻璃有优异的节能效果而越来越受到市场的欢迎，本实验考察了对未镀膜玻璃水紫外粘结性较好的 S1、S2、S3 对离线 Low-E 玻璃的粘结性，在不同处理条件下的测试结果如表 2 所示。

表 2　不同硅酮密封胶对离线 Low-E 玻璃的粘结测试结果

处理条件	S1		S2		S3	
	粘结强度/MPa	粘结破坏面积（%）	粘结强度/MPa	粘结破坏面积（%）	粘结强度/MPa	粘结破坏面积（%）
常态	1.08	部分 Low-E 膜被剥落	1.04	0	0.96	0
浸水 300h	1.08	部分 Low-E 膜被剥落	1.02	0	0.95	0
紫外线处理 300h	1.06	部分 Low-E 膜被剥落	1.00	部分 Low-E 膜被剥落	0.91	0
45℃水紫外 300h	1.04	部分 Low-E 膜被剥落	0.91	部分 Low-E 膜被剥落	0.77	部分 Low-E 膜被剥落

从表 2 中可以看出 S1、S2 硅酮密封胶由于胶体拉伸粘结强度较高，在 H 型试件测试过程很容易将 Low-E 膜从玻璃表面剥落，尤其是在 45℃水紫外条件下，三款硅酮胶制备的试件均出现了 Low-E 膜被剥落的情况。离线 Low-E 玻璃的生产过程通常是通过真空磁控溅射的方法在玻璃基材表面沉积大量的中性靶材原子（或分子）膜层，该工艺形成的膜层属于软膜，膜层的耐磨性、化学稳定性、热稳定性较差[3]，当密封胶的粘结强度较高时则容易出现 Low-E 膜被密封胶剥落的情况。图 2 为 Low-E 膜被 S1 硅酮密封胶剥落的情况。

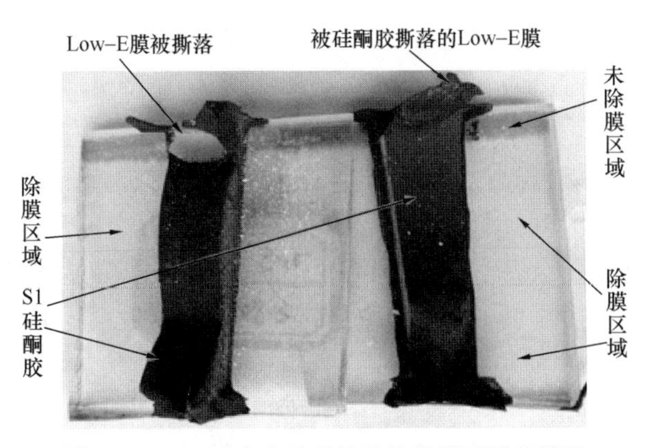

图 2　Low-E 玻璃水紫外拉伸粘结膜层脱落情况

从图 2 中可以看到 S1 硅酮胶对 Low-E 玻璃除膜部分粘结良好，而未除膜部分的 Low-E 膜被硅酮胶 S1 从玻璃面板上撕落的情况。膜层的脱落会造成中空玻璃的粘结密封失效，说明 Low-E 中空玻璃在生产过程中，对需要进行密封粘结的边部进行除膜处理是很有必要的，国内主要的 Low-E 中空玻璃生产厂家均对边部进行了除膜处理。因此本文研究考察了硅酮密封胶对 Low-E 除膜玻璃的水紫外粘结性。

3.3 硅酮密封胶对除膜Low-E玻璃的水紫外粘结性考察

(1) 除膜方式对粘结性的影响

本实验考察了不同硅酮密封胶对不同除膜程度的Low-E玻璃的水紫外粘结性，其结果如表3所示。

表3 硅酮密封胶对不同除膜程度的Low-E玻璃水紫外粘结性测试结果

不同除膜方式	未除膜 Low-E玻璃	手动除膜 玻璃	自动除膜线 除膜一次	自动除膜线 除膜二次	未镀膜 浮法玻璃
S1水紫外粘结破坏面积(%)	膜层剥落	30	0	0	0
S2水紫外粘结破坏面积(%)	膜层剥落	50	30	10	0
S3水紫外粘结破坏面积(%)	膜层剥落	100	60	50	5

图3 S1对一次除膜Low-E玻璃水紫外粘结测试结果

图4 S3对一次除膜Low-E玻璃水紫外粘结测试结果

从表3可以看出硅酮密封胶对未镀膜浮法玻璃的水紫外粘结性较好，而对Low-E玻璃或除膜Low-E玻璃的水紫外粘结性相对较差，尤其是未除膜玻璃还存在Low-E膜被剥落的情况，说明Low-E膜的存在是影响硅酮密封胶对Low-E玻璃粘结性的主要因素。其次硅酮密封胶对两次除膜的Low-E玻璃粘结性明显好于一次除膜的Low-E玻璃，而自动除膜线一次除膜的Low-E玻璃的粘结性明显好于手动除膜Low-E玻璃。对相同的Low-E玻璃和除膜设备而言，两次除膜工艺对Low-E膜的清除效果明显好于一次除膜工艺，而自动除膜设备的除膜效果明显好于手动除膜，可以看出除膜玻璃表面的除膜效果会影响硅酮密封胶对除膜Low-E玻璃的粘结性。在以手动除膜Low-E玻璃及自动除膜线除膜一次的Low-E玻璃为粘结基材时，可以明显看出不同的硅酮密封胶对除膜玻璃的水紫外粘结性有较大的差异性，其中S2的粘结性好于S3，而S3的粘结性明显好于S2。说明Low-E膜及Low-E膜的除膜效果对水紫外粘结性有影响，而硅酮密封胶的品质也是影响硅酮密封胶对除膜Low-E玻璃粘结性的主要因素之一。

(2) 除膜轮对粘结性的影响

在离线Low-E玻璃的除膜过程中，通常是使用高速旋转的除膜轮对Low-E玻璃需要进行二道密封的边部进行打磨除膜。在高速旋转除膜过程中势必会产生较高的温度，以及除膜轮在打磨Low-E膜层的同时Low-E膜也在磨损除膜轮，因此除膜玻璃面板上的残留物跟除膜轮有很大的关系，残留物中可能会有未除尽的Low-E膜、被氧化的Ag或其他因高温而分解的物质、除膜轮被磨损的残留物等，这些物质均可能会影响Low-E除膜玻璃的水紫外粘结性。本实验挑选了市售的三种除膜轮L1、L2、L3，通过二次除膜工艺去除Low-E膜后使用硅酮结构胶进行水紫外粘结破坏面积测试，其结果如表4所示。

表 4 不同除膜轮对水紫外粘结测试的影响

不同除膜轮	L1	L2	L3
S1 水紫外粘结破坏面积（%）	0	0	10
S2 水紫外粘结破坏面积（%）	10	10	40
S3 水紫外粘结破坏面积（%）	50	40	80

从表 4 中可以看出，不同的除膜轮在相同的除膜方式下，除膜效果存在一定的差异性。三种硅酮结构胶对 L1、L2 除膜轮二次除膜的 Low-E 玻璃水紫外粘结性明显好于 L3 除膜轮，这说明除膜轮的品质会影响离线 Low-E 玻璃的除膜效果，进一步影响硅酮结构胶对 Low-E 除膜玻璃的水紫外粘结性。

除膜工艺会影响硅酮结构胶对离线 Low-E 玻璃的水紫外粘结性，在离线 Low-E 中空玻璃的生产过程中应尽可能地将边部 Low-E 膜去除干净。但是对 Low-E 玻璃边部进行除膜处理很难达到与未镀膜浮法玻璃表面同样的清洁程度，而选用适用性好的优质硅酮结构密封胶可以弥补这一缺点。

4 结语

本文从中空玻璃的生产和实际使用环境角度考察了硅酮密封胶对未镀膜浮法玻璃和离线 Low-E 玻璃的粘结性。结果表明，市售的硅酮密封胶在常态条件下对未镀膜浮法玻璃的粘结性良好，但经 45℃水紫外处理后表现出不同粘结性。对 Low-E 玻璃粘结性测试时发现 Low-E 膜存在被剥落而造成 Low-E 中空玻璃粘结密封失效的可能，因此对离线 Low-E 玻璃需要粘结密封的边部进行除膜处理是很有必要的。对除膜 Low-E 玻璃进行水紫外粘结性测试发现，除膜轮会影响 Low-E 膜的除膜效果，而除膜效果会影响硅酮密封胶对除膜 Low-E 的粘结性。在除膜 Low-E 玻璃表面很难达到未镀膜浮法玻璃表面相同洁净程度的情况下，选择耐水紫外粘结性好的优质硅酮密封胶可达到对除膜 Low-E 玻璃良好的粘结密封效果。

参考文献

[1] 丁春华，姜宏，段光申．中空节能玻璃研究进展[J]. 玻璃，2016，(5)：39-43.
[2] 卜宇波．中空玻璃失效的主要原因分析及质量控制[J]. 山西建筑，2017，43(25)：124-125.
[3] 辛治林，朱桐林，迟晓红．浅谈 Low-E 玻璃的生产及其节能环保特性[J]. 玻璃，2009(7)：33-37.

作者简介

张明(Zhang Ming)，男，职称：工程师，硕士，主要从事室温硫化硅橡胶研发；工作单位：成都硅宝科技股份有限公司；E-mail：302719138@qq. com。

建筑幕墙用超高性能硅酮结构密封胶及其应用

汪 洋 曾 容 张冠琦 周 平 蒋金博
广州市白云化工实业有限公司 广东广州 510540

摘 要 随着人们对现代建筑美的追求，建筑师为达到设计效果，幕墙单元板块尺寸也越来越大，幕墙的体型也越来越复杂，在设计过程中会出现按标准规范取值计算后，结构密封胶宽度超出标准规范要求范围；或者按照设计宽度，反算出结构胶的强度设计值超出国家规范。针对此问题，我们介绍了超高性能硅酮结构密封胶，讨论了提高硅酮结构密封胶的强度设计值的依据和安全可靠性，同时介绍相应的工程案例和既有幕墙回访情况。
关键词 结构密封胶；强度设计值；隐框幕墙；粘结宽度

Abstract Based on design requirements of silicone structural sealant width specified in the technical code for curtain wall and experimental results, the article puts forward a solution to decrease the width of the sealant by selecting quality sealant and increasing designed strength of silicone structural sealant. The design basis and safety of the curtain wall are discussed. In addition, some cases are briefed and the current performance of these curtain walls is investigated.
Keywords structural sealant; sealant width; designed strength; concealed curtain wall

1 引言

幕墙作为建筑的外围护结构，除了具有隔音、隔热、防雨等使用功能外，还具有很好的装饰性，使整栋建筑呈现出美丽的外表；随着幕墙材料的发展，建筑师可通过建筑幕墙设计达到以前难以实现的建筑装饰效果，可以说，建筑幕墙是装点现代化城市的一道亮丽的风景线。

由于幕墙作为建筑围护结构，不承重，随着城市建筑高层、超高层的发展，更多高层建筑采用幕墙以达到建筑装饰设计效果，幕墙应用高度越来越高，对安全性的关注和要求也越来越高；与此同时，随着人们对现代建筑美的追求，建筑师为达到设计效果，幕墙单元板块尺寸也越来越大，幕墙的体型也越来越复杂，在设计过程中会出现按标准规范取值计算后，结构密封胶宽度超出标准规范要求范围；或者按照设计宽度，反算出结构胶的强度设计值超出国家规范。建筑师为此不得不相应更改设计方案或因此放弃自己的设计构想。

随着幕墙的广泛应用和发展，高层、超高层建筑的玻璃幕墙；板块尺寸特别大的玻璃幕墙；复杂体型的玻璃幕墙；在抗震 9 度设防的地区建造的玻璃幕墙；在台风多发的滨海地区建造的玻璃幕墙等这些幕墙出现设计与规范有冲突的情况越来越多。设计师迫切需要更高性能的硅酮结构密封胶产品。该产品能够提高结构胶强度设计值，满足设计师对建筑幕墙造型新颖美观、安全性高的设计要求。

随着社会的经济发展，人们对建筑幕墙安全性和耐久性的需求也更高了，在很多高层、超高层的建筑应用中，业主迫切希望建筑幕墙预期使用 50 年甚至更长时间，需要更高性能和高耐久性能的硅酮结构密封胶产品。

2 建筑幕墙用超高性能硅酮结构密封胶的推出

2004 年，白云超高性能硅酮结构密封胶 SS921 和 SS922 开发成功并推出市场，2005 年，白云化工超高性能硅酮结构密封胶通过建设部科技成果评定，成为中国第一个开发出超高性能硅酮结构密封胶并应用于超高层或其他特殊粘结要求的建筑密封胶企业。2008 年，成功应用于全球最高隐框玻璃幕墙——432 米的广州珠江新城西塔幕墙项目，这是国内第一个通过专家论证，提高硅酮结构胶强度设计值 2 倍的幕墙项目。

3 产品介绍

3.1 产品性能特点

建筑幕墙用超高性能硅酮结构密封胶，具有高强度、高伸展率、长期强度保持率高、广泛的基材粘结性和优异的耐久性特点。

高强度：能够保证硅酮结构密封胶在应用过程中受到的荷载远远小于其自身的强度，能够提高更高安全系数。相对于国标型硅酮结构胶提供的 4 倍安全系数，其可以提供 8 倍以上的安全系数。

长期强度保持率高：能够保证在长期气候老化的影响下，强度依然保持，不会出现明显下降的情况，能够给予幕墙更长的使用寿命，其耐气候老化性能优异，在通常的气候条件下使用寿命达 50 年。

高伸展率：能够保证硅酮结构胶在受到外力变形时候，不会出现应力集中而破坏。在长期气候老化的影响下，硅酮结构胶的硬度会逐渐变大，弹性下降，而高伸展率的硅酮结构胶具有更长的使用寿命。

3.2 符合标准

企业标准 Q/BYHG 13　　国家标准 GB 16776　　行业标准 JG/T 475

美国标准 ASTM C1184　　欧洲标准 ETAG 002

3.3 技术指标

ASTM1184、GB16776 与超高性能硅酮结构密封胶物理力学性能指标对比如表 1 所示。

表 1 ASTM 1184、GB 16776 与超高性能硅酮结构密封胶物理力学性能指标对比

检测项目		标准对比		
		美标 ASTMC1184	国标 GB 16776—2005	超高性能硅酮结构胶
拉伸粘结性/MPa	23℃	≥0.345	≥0.60	≥1.5
	90℃	≥0.345	≥0.45	≥1.0
	−30℃	≥0.345	≥0.45	≥1.2
	浸水后	≥0.345	≥0.45	≥1.2
	水—紫外线光照	≥0.345 (5000h)	≥0.45 (300h)	≥1.2
	粘结破坏面积（%）	/	≤5	

续表

检测项目		标准对比		
		美标 ASTMC1184	国标 GB 16776—2005	超高性能硅酮结构胶
23℃时最大拉伸强度时伸长率(%)		/	≥100	≥200
热老化	热失重(%)	≤10	≤10	≤5
	龟裂	无		
	粉化	无		

从表 1 中可以看出，超高性能硅酮结构密封胶不仅同时符合 ASTM C1184 和 GB 16776 的要求，而且标准状态下的拉伸粘结强度平均值达国标要求的 2.5 倍、美标要求的 4.3 倍，远高于国标和美标的要求。

ETAG002、JG/T 475 与超高性能硅酮结构密封胶物理力学性能指标对比如表 2 所示。

表 2 ETAG002、JG/T 475 与超高性能硅酮结构密封胶物理力学性能指标对比

检测项目		标准对比		
		欧标 ETAG002	行标 JG/T 475	超高性能硅酮结构胶
拉伸粘结性(MPa)	23℃标准值 $R_{U,5}$	报告值	≥0.5	≥1.2
	粘结破坏面积(%)	≤10	≤10	≤10
剪切粘结性(MPa)	23℃标准值 $R_{U,5}$	报告值	≥0.5	≥0.9
	粘结破坏面积(%)	≤10	≤10	≤10
耐紫外线拉伸强度保持率		/	≥0.75	≥0.75
强度保持率	80℃ 拉伸	≥0.75	≥0.75	≥0.75
	80℃ 剪切	≥0.75	≥0.75	≥0.75
	−20℃ 拉伸	≥0.75	≥0.75	≥0.75
	−20℃ 剪切	≥0.75	≥0.75	≥0.75
	水—光照 1008h	≥0.75	≥0.75	≥0.75
	NaCl 盐雾	≥0.75	≥0.75	≥0.75
	SO_2酸雾	≥0.75	≥0.75	≥0.75
	耐清洗剂	≥0.75	≥0.75	≥0.75
	撕裂强度	≥0.75	≥0.75	≥0.75
	100℃7d 高温	/	≥0.75	≥0.75
	疲劳循环	≥0.75	≥0.75	≥0.75
	粘结破坏面积(%)	≤10	≤10	≤10
弹性恢复率(%)		≥95	≥95	≥95
气泡		无	无	无
收缩率(%)		≤10	≤10	≤10
烷烃增塑剂	红外光谱	/	无	无

从表 2 中可以看出，超高性能硅酮结构密封胶不仅同时符合 ETAG002 和 JG/T475 的

要求，而且标准状态下的拉伸粘结强度标准值达行标要求的2.4倍。

4 超高性能硅酮结构密封胶强度设计值提高的依据

硅酮结构密封胶的强度设计值是否可以提高，我们通过美标、国标和欧标中的有关要求来论证。

4.1 美国标准中强度设计值

美国材料与试验协会（ASTM）发布的标准作为国际先进标准，已被世界多数国家所采用。美标ASTM C1184规定标准条件下结构胶强度值仅为不小于0.345MPa，ASTM C 1401结构密封胶粘结设计规定0.139MPa（20psi）是最大强度设计值；由于美标ASTM C1184对结构密封胶强度值要求不高，按ASTM C 1401强度设计值取值0.14MPa计算，其设计安全系数为2.5。

4.2 中国标准中强度设计值

现行的国家标准GB 16776—2005《硅酮结构密封胶》参照美国ASTM C1184编写，因此，多数性能指标测试要求与美标相同，但强度值要求比美标有提高，标准条件的最大强度值提高至0.60MPa。

在实际工程应用中，有关强度设计值取值，在JGJ 102—2003中的强制性条文第5.6.2条规定“硅酮结构密封胶的拉应力或剪应力设计值不应大于其强度设计值 f_1，f_1 应取 $0.2N/mm^2$；在永久荷载作用下，硅酮结构密封胶的拉应力或剪应力设计值不应大于其强度设计值 f_2，f_2 应取 $0.01N/mm^2$。”JGJ 102—2003对 f_1、f_2 的取值依据，在条文说明第5.6.2条中进行了相应解释。现行国家标准《建筑用硅酮结构密封胶》GB 16776中，规定了硅酮结构密封胶的拉伸强度值不低于 $0.6N/m^2$，在风荷载或地震作用下，硅酮结构密封胶的总安全系数取不小于4，套用概率极限状态设计方法，风荷载分项系数取1.4，地震作用分项系数取1.3，则其强度设计值 f_1 为 $0.21\sim0.195N/m^2$，本规范取为 $0.2N/m^2$，此时材料分项系数约为3.0。在永久荷载（重力荷载）作用下，硅酮结构密封胶的强度设计值 f_2 取为风荷载作用下强度设计值的1/20，即 $0.01N/m^2$。

由于JGJ 102—2003编制过程中同样参考了一些先进国家有关玻璃幕墙的标准和规范，JGJ 102—2003中结构胶强度设计值 f_1 取值 $0.2N/mm^2$，即0.2MPa，仅从数值上看比美标有所提高，但由条文说明可见这仅是为套用概率极限状态设计方法，将风荷载标准值乘分项系数1.4，改取为风荷载设计值，即 $1.4\times0.14\ N/mm^2=1.96\ N/mm^2\approx0.2\ N/mm^2$，可见实际强度设计取值仍是参照美标。因此，根据现行国家标准规范取值，普通硅酮结构密封胶可提供4倍的安全系数。

根据JGJ 102—2003第5.6.2条的条文说明的取值方法，超高性能硅酮结构密封胶在风荷载、水平地震荷载作用下，其拉应力或剪应力的强度设计值：

$$f_1=\frac{\text{结构胶拉伸强度}}{3}=\frac{1.5}{3}=0.5N/mm^2$$

根据已有专家论证的数据，f_1 最大取 $0.4N/mm^2$。

在永久荷载作用下，其拉应力或剪应力设计值：

$$f_2=\frac{f_1}{20}=0.02N/mm^2$$

f_2最大取0.02N/mm²。

4.3 欧洲标准中强度设计值

欧洲标准ETAG002《结构密封胶玻璃装配系统技术审核指南》对结构密封胶的最大强度值无具体数值要求，但其前置条件是产品性能经高温、低温、湿热及耐热水－UV辐照后，强度标准值保持率必须高于75%。

欧标的强度设计值按以下公式计算：

$$\sigma_{des}=R_{u,5}/r_{tot}$$

式中：σ_{des}——短期荷载下结构胶强度设计值（f_1）；

r_{tot}——安全系数，ETAG 002中建议取6。

根据欧洲标准，强度设计值按上述公式计算而得到的，一般是结构密封胶拉伸强度标准值的1/6，并不是都取0.14 MPa，性能低的结构密封胶，设计值按公式计算取值可能还达不到0.14 MPa。性能高的结构密封胶，只要符合欧洲标准，设计值按公式计算取值是可以超过0.14 MPa的。

超高性能硅酮结构密封胶按照欧标的强度设计值公式计算：

$$\sigma_{des}=\frac{R_{U,5}}{6}=\frac{1.2}{6}=0.2\text{MPa}$$（其中超高性能硅酮结构胶强度标准值≥1.2MPa）

因此，按欧洲标准要求，强度设计值是可以从0.14MPa提高到0.2MPa。我们了解到，在欧洲、美国也有提高强度设计值的应用案例。

通过上述分析可知，美标和欧标规定的强度设计值0.14 MPa、国标中规定的强度设计值0.2MPa不是不可逾越的。从欧洲标准来说，强度设计值由公式计算而得，只要采用新材料、新技术提高硅酮结构密封胶的最大强度标准值，强度设计值是可以相应按比例提高。对于现行中国国家标准规范而言，强度设计值取0.2MPa在JGJ 102—2003规范中为强制性条文，提高强度设计值的超规范设计需经专家论证。

4.4 关于提高结构胶强度设计值的政策依据

为了不限制新材料、新技术的发展，早在2000年发布的《建设工程勘察设计管理条例》第二十九条就明确规定："建设工程勘察、设计文件中规定采用的新技术、新材料，可能影响建设工程质量和安全，又没有国家技术标准的，应当由国家认可的检测机构进行试验、论证，出具检测报告，并经国务院有关部门或者省、自治区、直辖市人民政府有关部门组织的建设工程技术专家委员会审定后，方可使用。"

为了落实这条规定，建设部在2005年印发了《"采用不符合工程建设强制性标准的新技术、新工艺、新材料核准"行政许可实施细则》（建标〔2005〕124号），新材料通过两次专家论证，获得建设部"三新核准"的行政许可即可使用。在广州国际金融中心（广州西塔）项目中，经过专家论证和建设部的"三新核准"行政许可，超高性能结构胶就提高了强度设计值。

为简化和下放政府的管理职能，2013年，国务院发布了国发〔2013〕44号文件——《国务院关于取消和下放一批行政审批项目的决定》，取消了建设部的"三新核准"，建设部也于2016年发布公告（第1041号），宣布建标〔2005〕124号文件失效，不再作为行政管理的依据。但是，新材料的使用并没有被禁止，而是改为依据建质〔2009〕87号《危险性较大的分部分项工程安全管理办法》的规定进行管理。该文件规定，"超过一定规模的危险性较大的分部分项工程专项方案应当由施工单位组织召开专家论证会。实行施工总承包的，由施工总承包单位组织召开专家论证会”，其中“超过一定规模的危险性较大的分部分项工程范围”包括“采用新技术、新工艺、新材料、新设备及尚无相关技术标准的危险性较大的分部分项工程”和“施工高度50m及以上的建筑幕墙安装工程”。也就是说，使用超高性能结构胶，如果需要提高强度设计值，只要经过与高层幕墙施工安全评审同样的专家论证程序就可以了，这也使得新材料的应用既安全又简单。

5 提高强度设计值的安全性验证

5.1 疲劳试验验证

综上所述，根据欧洲标准ETAG002，强度设计值是由公式计算得到的，并不是都取0.14MPa，根据欧洲标准，强度设计值是可以提高至0.14MPa以上的。为验证超高性能结构胶提高强度设计值后的安全性，现假定将超高性能结构密封胶SS922强度设计值提高至0.28MPa，试验过程中以0.28MPa作为强度设计值按欧标ETAG002的要求进行疲劳试验，以验证提高强度设计值后的安全性。

测试试样承受重复的拉力荷载，循环周期为6s，具体循环次数如下：

—0.1倍的强度设计值至强度设计值100次；

—0.1倍的强度设计值至0.8倍强度设计值250次；

—0.1倍的强度设计值至0.6倍强度设计值5000次；

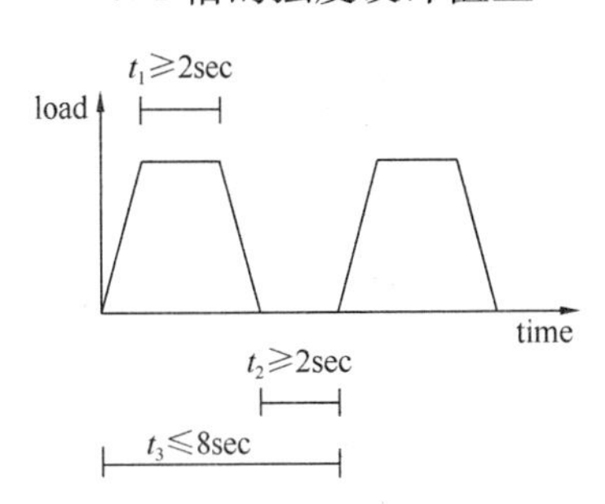

图1 循环施加荷载示意图

按上述测试过程，超高性能结构密封胶SS922疲劳试验后的测试结果：未经疲劳试验时最大强度标准值为1.58MPa，疲劳试验后最大强度标准值为1.52MPa，强度保持率高达96.2%。根据ETAG002要求，疲劳试验后所测得最大强度标准值保持率在75%以上即判定合格。因此，经上述疲劳试验验证，SS922以0.28MPa作为强度设计值进行疲劳试验测试，仍具有优异的抗疲劳性能。

5.2 欧洲标准检测实验验证

欧洲标准ETAG 002编写的基础是以假定结构密封胶使用寿命为25年为前提。考虑到各种环境影响因素，其对材料性能判断方法是以初始力学性能为参考，其他高、低温性能，疲劳后的性能，各种老化（盐雾、酸雾、浸清洗剂溶液、水一紫外辐照）后的性能与其进行比较，要求力学性能衰减率要小于25%，脱粘面积不大于10%，从而保障密封胶长期使用后的力学性能。

白云超高性能结构密封胶通过了欧洲标准ETAG 002的检测，即使提高强度设计值，其耐久性和安全性仍然是有保障的。

5.3 辅助安全保障措施

由于隐框幕墙的安全性受到越来越多的关注，在最新版的JGJ 102《玻璃幕墙工程技术规范》中规定：“建筑高度大于100m时，不宜采用隐框玻璃幕墙，否则应在面板和支承结构之间采取除硅酮结构密封胶以外的防面板脱落的构造措施。”

为进一步保障幕墙的安全和长期使用寿命，使用白云超高性能结构密封胶时，如需提高结构密封胶的强度设计值，并设置托条、安全夹等辅助安全措施，则足以充分确保幕墙工程的安全。

6 案例分享

6.1 广州珠江新城西塔项目

该项目 2009 年竣工，主塔楼标高 432 米，为全隐框单元式幕墙设计，是目前世界上最高的全隐框玻璃幕墙项目（见图 2）。西塔主塔楼外幕墙项目具有五大特点：超高层、全隐幕墙、风压大、板块大、玻璃自重大。该项目采用白云超高性能硅酮结构胶 SS922，采用了提高强度设计值的非常规设计方案。

图 2 广州珠江新城西塔

白云牌超高性能硅酮结构密封胶的拉伸强度大于 1.50MPa，大于普通硅酮结构密封胶拉伸强度国家标准规定（0.6MPa）的 2.5 倍，按照《玻璃幕墙工程技术规范》JGJ 102—2003 条文说明 5.6.2 对结构胶设计参数的取用方法，强度设计值提高至原来的 2 倍，经提高强度设计值后计算出西塔项目的硅酮结构密封胶的宽度没有超过 24mm。

2008 年，广州西塔项目经专家组反复论证，最终一致同意采用白云超高性能结构胶 SS922，采用了提高结构胶强度设计值的方案，提高在风荷载或地震作用下的强度设计值 f_1 为 0.4N/mm²；提高结构胶在永久荷载作用下的强度设计值 f_2 为 0.02N/mm²；计算后结构胶宽度＜24mm，实际取 24mm。同时设置了托条、安全夹等辅助安全措施充分确保工程安全。

6.2 舟山长峙岛香樟园项目

长峙岛绿城香樟园项目为高 79.95 米的高层建筑，属于台风地区，其外立面玻璃幕墙采用半、全隐框幕墙结构形式，板块分格大，采用中空玻璃，因此风荷载、自重荷载都较大，如采用规范设计，影响建筑幕墙立面美观。因此，采用白云牌超高性能硅酮结构密封胶，提高强度设计值。结构胶强度设计值提高到 JGJ 102—2003 规范要求的 2 倍，同时半隐框玻璃幕墙下端设置通长托条，全隐框玻璃幕墙设置通长安全夹，确保工程安全。

6.3 四川凉山烟草公司

该项目处于四川凉山（见图 3），为建筑抗震设防九度区，建于 2005 年，使用白云超高性能结构胶，采用不提高强度设计值的常规设计方案，安全系数大大提高，2008年经历了5.12汶川大地震后该项目完好无损！

图3　四川凉山烟草公司

6.4　重庆市第九人民医院，

该项目处于重庆北碚区（见图4），为建筑抗震设防八度区，建于2005年，为外倾斜玻璃幕墙，使用白云超高性能结构胶，采用不提高强度设计值的常规设计方案，提高了安全系数。

图4　重庆市第九人民医院

7　应用案例回访

7.1　广州珠江新城西塔项目：2008年使用，2017年回访

该项目的幕墙附框和中空用的硅酮结构密封胶是SS922，我司于2017年5月对其进行回访，结构胶已使用9年。回访时取回结构胶胶条，通过重新粘接法，测得其最大拉伸强度、最大强度伸长率的性能数据与我司该产品2008年的企业标准及国家标准GB16776对比

如表 3 所示。

表 3　广州珠江新城西塔项目回访数据

	2017 年回访	企业标准要求	GB16776
最大拉伸强度（MPa）	1.25	≥1.20	≥0.60
最大强度伸长率（%）	185	≥150	≥100

取样的硅酮结构密封胶已经过 9 年的老化，测得最大拉伸强度、最大强度伸长率等性能数据，相比老化前未见下降趋势，可以保证幕墙具备高安全系数。

7.2　四川凉山州烟草公司综合楼项目：2004 年使用，2017 年回访

该项目幕墙附框用的硅酮结构密封胶是 SS921，我司于 2017 年 5 月对其进行回访，结构胶已使用 13 年。回访时取回结构胶胶条，通过重新粘接法，测得其最大拉伸强度、最大强度伸长率的性能数据与我司该产品 2004 年的企业标准及国家标准 GB 16776 对比如表 4 所示。

表 4　四川凉山州烟草公司综合楼项目回访数据

	2017 年回访	企业标准要求	GB16776
最大拉伸强度（MPa）	1.35	≥1.20	≥0.60
最大强度伸长率（%）	170	≥150	≥100

取样的硅酮结构密封胶已经过 13 年的老化，测得最大拉伸强度、最大强度伸长率等性能数据，相比老化前未见下降趋势，可以保证幕墙具备高安全系数。

8　结语

① 超高性能硅酮结构密封胶技术指标远高于国标、美标、欧标的要求，为提高结构胶强度设计值提供了技术支持。

② 超高性能硅酮结构密封胶经过专家论证，确认可以提高结构胶强度设计值，并成功应用于超高层、大板块、复杂造型等幕墙上。

③ 众多使用超高性能硅酮结构密封胶的工程案例，用时间证明了该产品是安全可靠的。

无机微发泡耐高温隔热防火材料在防火门窗中的应用

化明杰　李洪斌　郭淑静
山东俊强五金股份有限公司　山东乐陵　253600

摘　要　本文介绍了一种无机微发泡耐高温隔热防火材料，它是一种无机环保、节能的绿色新型建筑材料。通过检验和对比分析，提出了采用这种无机微发泡耐高温隔热防火材料应用于建筑防火门窗填充的新思路。

关键词　防火门窗填充；自发泡；防火；隔热；节能

1　引言

2017年6月14日凌晨，英国首都伦敦西部一座20多层的公寓楼突发大火，事故是由大楼一住户家中冰箱起火引起的，大火造成至少79人死亡。相关调查显示，这栋高层大楼的外墙保温材料被发现存在严重问题。因使用不合格保温材料而造成建筑火灾的事件，在我国也并不鲜见。

2017年6月22日下午，杭州上城区鲲鹏路蓝色钱江公寓18层一住户清晨突发大火，除保姆逃生外，女主人与3个孩子获救后均抢救无效死亡。

火灾的燃烧是一个很复杂的过程。通常分为着火过程、旺盛阶段、衰减阶段。火源不同，产生火灾的过程也不同，有的火灾火势比较缓慢，有的也会很急烈，这取决于建筑物的外墙保温材料。

工业和民用建筑物中常见可燃物的燃点为300℃，从着火到形成火灾通常需5～20分钟，有时会更快。火灾的开始阶段，燃烧是局部的，升温也不同。此时建筑物还未烤热，对建筑物尚未造成明显的威胁。随着可燃物的继续燃烧，火灾进入旺盛阶段，放热范围也越来很大，因此温度升高很快，并出现持续性高温，大约持续30分钟，平均温度达到300℃，最高温度可达1000℃。火焰、高温、烟气从门窗缝隙处大量喷出，火灾蔓延到建筑物的其他部分，持续高温使建筑门窗及其他构件的承载能力下降，甚至造成局部或整体倒塌性的破坏。随着可燃物的挥发物质不断减少，以及可燃物数量的减少，火灾燃烧速度衰减，温度逐渐下降，火灾进入相应的熄灭阶段，火灾结束。

近几年来，国内外频发的火灾给我国的建筑物防火安全拉响了警钟，尤其是使用外墙保温的建筑，使用燃烧性能低于A级保温材料出现火情时，均会大面积过火造成严重的人员伤亡和财产损失。公安部组织相关部门广泛调研，并结合我国国情，提出了在特定环境下要求建筑外门窗具备耐火完整性的必要性，对于方便开展消防救援减少人员伤亡和降低财产损失有着重要而深远的意义。作为建筑物最直接的门窗幕墙，是抵御外界火灾发生时，保障居民生命安全的第一道屏障。

我国《建筑设计防火规范》GB 50016—2014 的实施，对建筑门窗的耐火性能提出了新的挑战。在我国现有建筑门窗中，除了钢质门窗的框架材料能满足耐火完整性不宜低于 1.00h 的要求外，其他种类的门窗难以达到此要求。为了适应国家对建筑外墙及门窗防火保温及建筑物在一定程度上外窗需要采用耐火窗的要求，在建筑行业内防火门窗加大了发展力度。

目前，各种新型防火材料发展迅速，为提高门窗的整体耐火性能提供了良好的条件，我们通过采用新型防火、阻燃复合技术，自主研发的无机微发泡耐高温隔热防火材料是一种无机材料，该材料不添加任何化学成分，无机耐高温材料相对于有机耐高温材料直接取材于自然界及再生物质（如粉煤灰的再利用为国家倡导绿色环保材料做出示范），为无毒绿色环保原料。在门窗原有特性和性能的基础上，提高了门窗的抗风压、气密性以及节能保温，使门窗的耐火性能提高到一个新的水平，以满足建筑设计和防火保温的要求。

2 材料特性

无机微发泡耐高温隔热防火材料是一种以无机材料为主要成膜物质的防火材料，是由无机聚合物和经过分散乳化的纳米氧化物材料、超微材料组成的无机聚合物。其产品特性如下：

2.1 防火隔热

无机微发泡耐高温隔热防火材料在持续一个半小时 1300℃高温下，不起火、不微燃、不变形、微碳化，属于 A 级不燃防火材料（图 1 至图 3），可广泛应用于各高层住宅建筑、外墙保温防火及民用建筑、外保温系统防护层及门窗型材的填充。该材料采用无机成膜技术和无机热固性树脂复合成为主要成膜物，添加热反射材料使得到的材料兼具耐腐蚀、耐高温、易于施工、防火隔热的效果。

图 1 燃烧前

图 2 高温燃烧中

图 3 燃烧后局部碳化

2.2 绿色环保

无机微发泡耐高温隔热防火材料是一种无机隔热、耐高温材料，其材料容重轻、耐温性好、加工方便，该材料不添加任何化学成分，无机耐高温材料相对于有机耐高温材料直接取材于自然界及再生物，为无毒绿色环保无机原料。而且，无机材料的生产及使用过程中对环境的污染较小，产品以水为分散介质，对环境保护和身体健康等方面无不良影响。

2.3 抗老化

无机微发泡耐高温隔热防火材料的配方中应用粉煤灰（此为绿色节能原料）、纳米氧化镁等成分，提高了材料抗腐蚀性能，增强材料的抗压强度和抗老化性，使该防火材料在持续高温下能保持较良好的稳定性。

2.4 使用寿命长

因无机微发泡耐高温隔热防火材料具有隔热防火、抗腐蚀、性质稳定，高温下不易变形，使用寿命长等特点。

2.5 工艺过程

门窗组装完毕后，在型材上打孔，注入无机微发泡耐高温隔热防火材料，15 分钟后其自动发泡填充，自发泡膨胀系数是原来的 6 倍，成窗后重量轻。

铝合金窗受到燃烧，高温 600°达到临界熔点，铝型材软化变形，此无机微发泡耐高温隔热防火材料在型材中起到支撑、隔热、防止型材变形的作用。

2.6 填充的各种形式

采用不同的填充形式效果如图 4 至图 6 所示。

图 4　灌装型材

图 5　灌装幕墙方管

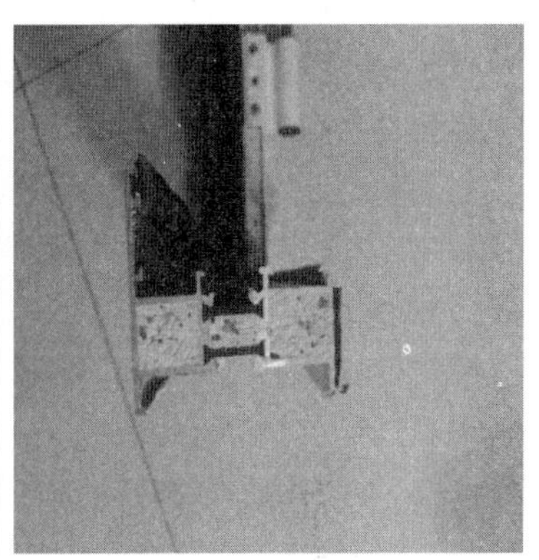

图 6　灌装型材

3 检测指标

根据我国 2015 年 5 月 1 日起实施的新版国标《建筑设计防火规范》GB 50016—2014，建筑材料及制品燃烧性能等级规定如表 1 所示。

表 1　建筑材料及制品燃烧性能等级规定

级别	名称	燃烧特性
A	不燃材料	在空气中受到火烧或高温作用时，不起火、不微燃、不碳化的材料，如金属材料和无机矿物质等
B1	难燃材料	在空气中受到火烧或高温作用时，难起火、难微燃、难碳化。当火源移走后燃烧或微燃停止的材料，在火灾初期，燃烧量较小，会产生烟和气体
B2	可燃材料	在空气中受到火烧或高温作用时，立即起火，当火源移走后燃烧或微燃仍会继续。燃烧时产生烟和气体较多，材料会出现熔融
B3	易燃材料	极易被点燃，燃烧速度十分快，可释放出大量的浓烟和有毒气体，危害极大

《建筑设计防火规范》(GB 50016—2014)之6.7有关条款:建筑外墙采用保温材料与两侧墙体构成无空腔复合保温结构体时,该结构体的耐火极限应符合本规范有关规定;当保温材料的燃烧性能为B1、B2级时,保温材料两侧的墙体应采用不燃材料且厚度均不应小于50mm,如表2所示。

表2 基层墙体、装饰层之前无空腔的建筑外墙保温系统的技术要求

建筑及场所	建筑高度(m)	A极保温材料	B1级保温材料	B2级保温材料
人员密集场所	—	应采用	不允许	不允许
住宅建筑	$h>100$m	应采用	不允许	不允许
	$27<h\leqslant 100$m	应采用	可采用:①每层设置防火隔离带。②建筑外墙上门、窗的耐火完整性不低于0.50h	不允许
	$h\leqslant 27$m	宜采用	可采用:每层设置防火隔离带	可采用:①每层设置防火隔离带。②建筑外墙上门、窗的耐火完整性不低于0.50h。
除住宅建筑和设置人员密集场所的建筑外的其他建筑	$h>50$m	应采用	不允许	不允许
	$24\text{m}<h\leqslant 50$m	宜采用	可采用:①每层设置防火隔离带。②建筑外墙上门、窗的耐火完整性不低于0.50h	不允许
	$h\leqslant 24$m	宜采用	可采用:每层设置防火隔离带	可采用:①每层设置防火隔离带。②建筑外墙上门、窗的耐火完整性不低于0.50h

注 1. 防火隔离带应采用燃烧性能为A级的材料,防火隔离带的高度不应小于300mm。

2. 有耐火完整性要求的窗,其耐火完整性按照现行国家标准《镶玻璃构件耐火试验方法》GB/T 12513中对非隔热性镶玻璃构件的实验方法和判定标准避行测定,有耐火完整性要求的门,其耐火完整性按照国家标准《门和卷帘耐火实验方法》GB/T 7633的有关规定进行测定。

无机微发泡耐高温隔热防火材料,经多次实验,检测性能指标如表3所示。

表3 无机微发泡耐高温隔热防火材料实验检测指标

性能	本发明	同行业材料对比
防火等级	A级	岩棉、吸水、变形、加工难度大,本产品不吸水、不变形、易加工
防火性能	1300摄氏度高温不燃、无融滴、不变形	岩棉、玻璃棉高温变形、有融滴
导热系数 25℃ [W/(M·K)]	≤0.05	发泡水泥≤0.06 岩棉≤0.045

续表

性能	本发明	同行业材料对比
容重（kg/m³）	≥150	发泡水泥≥260　岩棉≥160
抗压强度（MPa）	≥0.083	岩棉≥0.04　发泡水泥≥0.4
吸水率（%）	≤4	岩棉≤10　发泡水泥≤10

依据《建筑设计防火规范》GB 50016—2014 要求，此无机微发泡耐高温隔热防火材料即可广泛应用于各高层住宅建筑、其他民用建筑物中、外保温系统对 A 级保温材料性能的要求，又满足在使用 B 级保温材料时，作为防火（耐火）门窗填充料，满足门窗 1.5 小时耐火性能的要求。

4　结语

防火门窗是建筑防火的关键，无机微发泡耐高温隔热防火材料是建筑外墙及防火门窗的一个重要组成部分，因其具有特殊防火性能，在建筑领域占据非常重要的位置。

中国在 2014 年颁布了《建筑设计防火规范》GB50016－2014，成为高层建筑的强制性国家标准，强制要求建筑单位使用 A 级防火保温材料。在建筑施工过程中，因为外墙保温材料很容易被施工的火苗或者高温点燃，所以，如果使用安全符合国家标准的新型节能防火材料，就可以避免施工中发生火灾，降低人员伤亡。另外，建筑完成后，一旦发生火灾，新型节能防火材料可以最大限度防止火灾蔓延，保障人身财产安全。

然而，目前市场上可选择并被广泛应用的 A 级材料并不多，岩棉、胶粉聚苯颗粒等。以岩棉应用较为广泛，岩棉质量较轻，保温性能较好，但抗压性差，吸水率高。我公司研发的无机微发泡耐高温隔热防火材料具有较好的阻燃性、热反射性，可广泛应用于外墙保温领域，也可用作门窗填充剂，填充于门窗框架内部，可耐 1300℃高温。鉴于市场传统建筑门窗防火材料不足以达到国家标准，此类无机微发泡耐高温隔热防火材料将面临巨大市场。

参考文献

1.《建筑设计防火规范》GB 50016—2014.
2.《门和卷帘耐火实验方法》GB/T 7633.

作者简介

化明杰(Hua Mingjie)，男，1959 年 10 月生，山东俊强五金股份有限公司总经理，从事门窗五金行业 20 余年。地址：山东省乐陵市开元路西首高新技术开发区 18 号；邮编：253600；电话：18600075787；E-mail：893498611@qq. com。

李洪斌(Li Hongbin)，男，1963 年 9 月生，山东俊强五金股份有限公司副总经理，从事门窗五金行业 15 年。电话：15166971711；E-mail：543789454@qq. com。

郭淑静(Guo Shujing)，女，1975 年 7 月生，山东俊强五金股份有限公司研发部主管，从事门窗五金行业 15 余年。电话：13969276921；E-mail：401594822@qq. com。